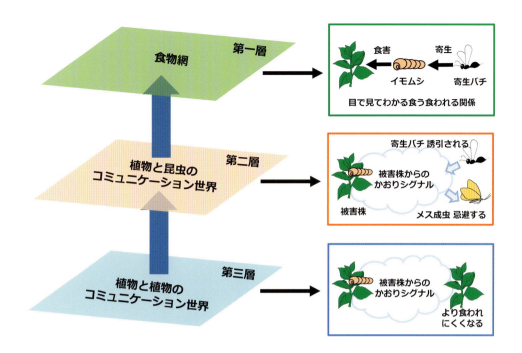

図1 植物−植食性昆虫−捕食性昆虫（寄生蜂）の食物連鎖とコミュニケーション（はじめに）
我々が認識できる「食う−食われる」世界と，それに重なって存在する認識できない世界の例として。
SOS：食害を受けた植物が放出する揮発性の情報物質（本書第3章参照）

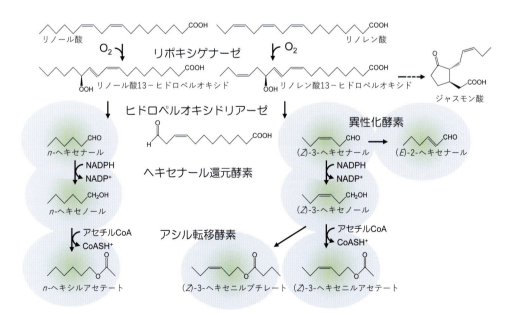

図1 みどりの香り生合成経路（p.13）
みどりの香り関連化合物はみどり色で示した

図 1　セージブラシ（*Artemisia tridentata*）（p. 24）

図 1　調査地の 1 つ。白みがかった緑のブッシュが全てセージブラシ（p. 48）

図2 セージブラシの発芽 (p. 48)

図7 セイタカアワダチソウ (p. 53)

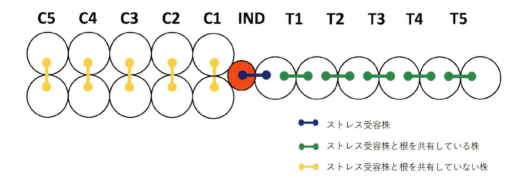

図1 エンドウを用いた干ばつストレスに応じた気孔応答の実験の様子 (p. 68)

Filka et al., (2011) を一部改変

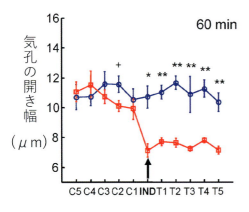

図2 エンドウを用いた干ばつストレスに応じた気孔応答の実験結果。ストレス誘導株と根を共有しているT1〜T5で顕著な気孔の閉鎖応答が観察されている（p. 68）

Filka et al., (2011) を一部改変

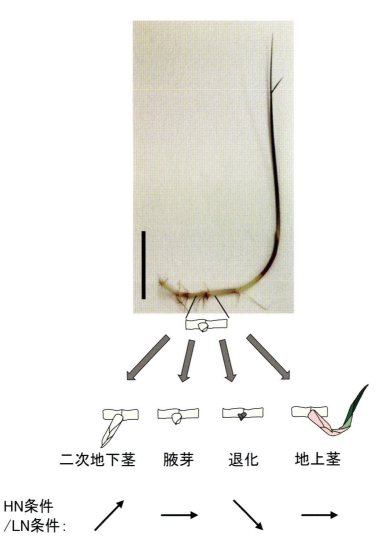

図2 *O. longistaminata* 地下茎腋芽の窒素栄養に対する成長応答（p. 76）

高窒素栄養条件（HN）と低窒素栄養条件（LN）で2週間生育後の腋芽の状態の占める割合を有意に増加（上向矢印），有意に減少（下向矢印），有意差なし（横向矢印）で示した。スケールバー：10 cm（文献6のデータを元に作成）

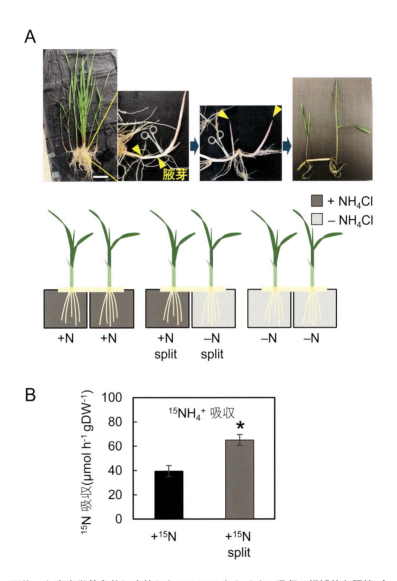

図4 不均一な窒素栄養条件に応答したアンモニウムイオン吸収の相補的な調節（p. 78）

A：ラメット対の根を独立した窒素条件に別々に曝す水耕実験システムの概略図。地下茎の節間を切断することで地下茎腋芽の伸長を誘導し，ラメット対を準備する。スケールバー：15 cm
B：アンモニウムイオンの相補的な吸収速度の増加。アンモニウムイオン取り込み活性は$^{15}NH_4$をトレーサーとして測定した。エラーバーは生物学的反復（$n=3$）の標準誤差を表す。$^*p < 0.05$（Studentのt検定（文献12の図を改変）

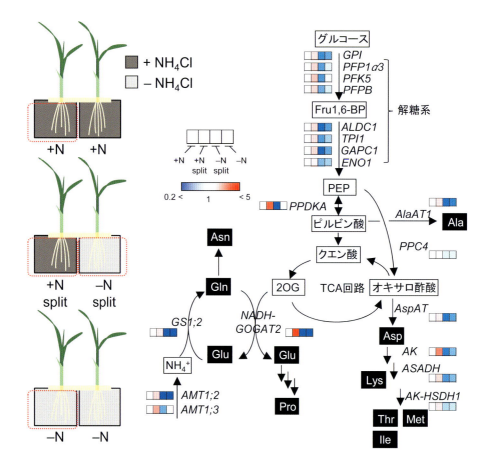

図5 *O. longistaminata* ラメット対の根における不均一な窒素栄養条件に応答した遺伝子の発現変動（p. 80）

Fru1,6-BP：フルクトース-1,6-ビスリン酸，PEP：ホスホエノール-ピルビン酸，2OG：2-オキソグルタル酸（文献12の図を改変）

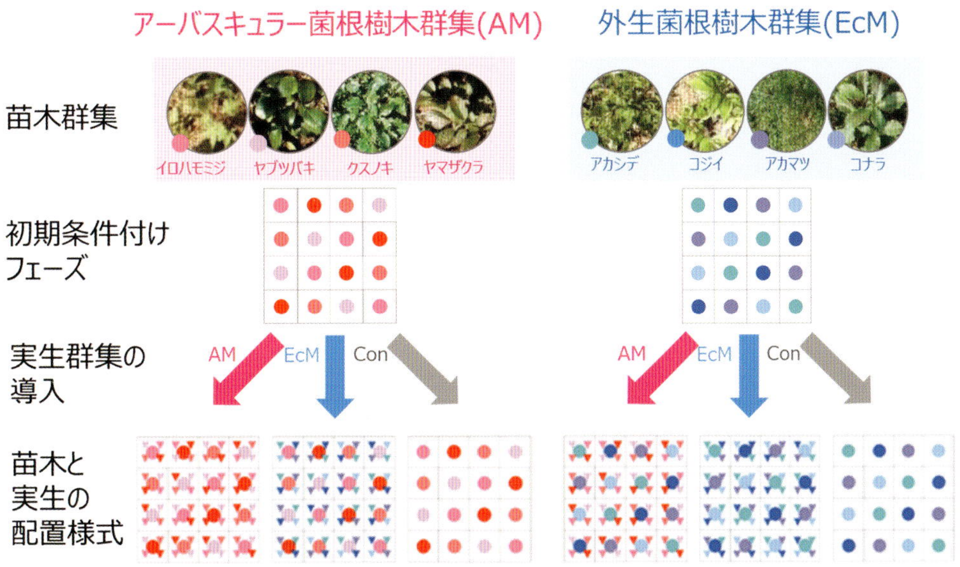

図2 菌根タイプに着目した実験デザインの概略図 (p. 94)

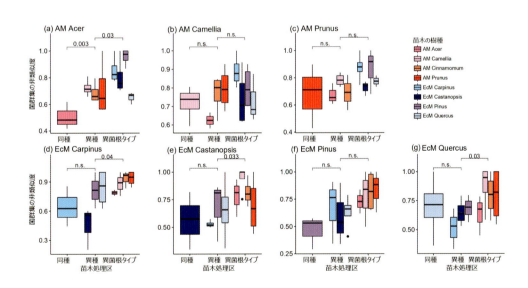

図4 苗木と実生の真菌群集の共有からみた土壌微生物のネットーワーク形成 (p. 98)

上段はアーバスキュラー菌根性の実生，下段が外生菌根性の実生についての結果を示す．菌群集の非類似度は，実験単位であるメソコズムにおいて，実生種に付随する真菌類の種組成と苗木種に付随する真菌類の種組成を MacArthur-Horn 非類似度指数を用いて計算した値を，実生と苗木が同種である組み合わせ (x軸のラベルでは「同種」と表記)，実生と苗木が同じ菌根タイプであるが異種である組み合わせ (「異種」と表記)，実生と苗木が異なる菌根タイプである組み合わせ (「異菌根タイプ」) でグルーピングのうえ統計的な検定を行っている．統計的に有意な対には p 値を付しており，有意でない場合は n.s. と付記している

図5 実験において観察された節足動物群集（クモやアリなどの捕食者とさまざまな植食性昆虫）(p. 99)

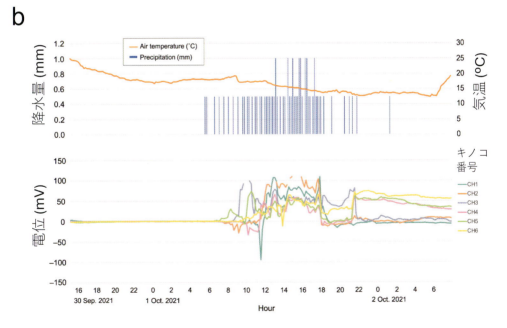

図3 (a) キノコに電極を設置した様子。(b) 測定期間中の降水量，気温，電位データ。全て10分ごとの値（p. 109）

柄の基部に基準電極，傘の中央に測定電極を設置してある。キノコごとに基準電極と測定電極の電位差を測定した（Fukasawa et al.[33] より改変）

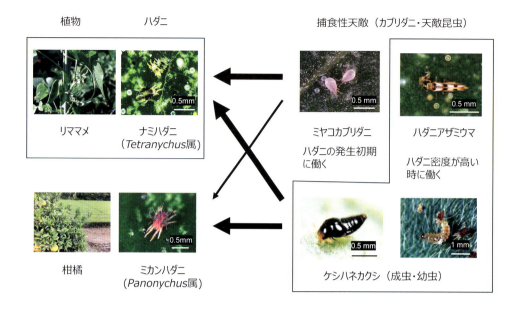

図1 本稿における主な研究対象。四角で囲った組み合わせを対象に，室内や野外での誘引試験を実施した。矢印の太さは，各天敵の餌選好性を示す（p. 125）

図6 京大構内での天敵誘引試験のイメージ（Shimoda and Takabayashi, 2001a より）（p. 130）

試験フィールド（約30 m×40 m）において雑草群落からカジノキ群落へのケシハネカクシの移動を人為的に誘導し，カジノキ群落に設置したトラップに対する天敵捕獲数を調査した

図1 アワヨトウ幼虫に産卵しようとする雌カリヤコマユバチ（蔵満氏原図）(p. 135)

図3 寄主卵塊に産卵するハマキコウラコマユバチ (p. 136)

図1 性擬態する花 (p. 152)

(A) ウメガシマテンナンショウと (B) その雌花序の断面。本種は性擬態であることが証明されてはいないが，同種のキノコバエを特異的に誘引していることからその可能性が強い。(C) *Ophrys fuciflora* の国内栽培株に誘引されたニッポンヒゲナガハナバチの雄

図2 腐肉に擬態する花（p. 154）

(A) *Stapelia grandiflora* の国内栽培株に訪花し産卵するキンバエ類。本種を含むスタペリアの仲間の花が腐肉擬態であることは18世紀末にはすでに認識されていた。(B) ショクダイオオコンニャクの国内栽培株の開花。この写真は開花直後の夜の様子で，この時花から放出された強烈な匂いは温室全体に充満している。(C) ラフレシアの1種，*Rafflesia keithii* の花

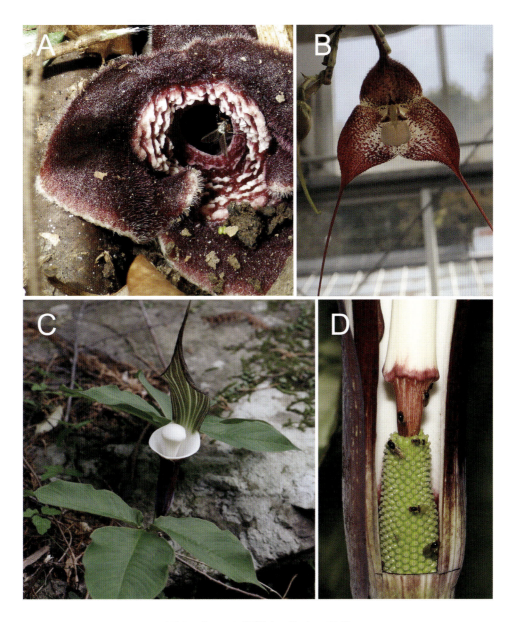

図3 きのこに擬態する花 (p. 156)

(A) タマノカンアオイの花に訪花したキノコバエの1種 Cordyla murina。胸部にたくさんの花粉がついており，有効な送粉者であることが窺える。(B) ドラクラ属の1種 Dracula polyphemus の国内栽培株の花。唇弁がきのこにそっくりであるだけでなく，花には明瞭なきのこ様の香りがある。(C) ユキモチソウの開花株とその雌花序の断面。大量のキノコショウジョウバエが花序内に閉じ込められている

図1 花色変化植物の1種，ハコネウツギ（*Weigela coraeensis*）を訪れるトラマルハナバチ（*Bombus diversus*）（p. 162）

開花から3～4日後，花弁の色は白から赤紫に変わる。赤紫の古い花はすでに繁殖を終え，蜜も分泌していないにもかかわらず，白い花とほぼ同じ形状を保ち，数日間株上に残る。この古い花の存在は，ハエやアブ，採餌経験の少ないハナバチなど，見かけのにぎやかさに釣られやすい送粉者を惹きつけるのに役立つ。一方で，古い花が色を変えるのは，報酬のない花を見分けさせ，見かけにだまされるのを嫌うマルハナバチのような賢い送粉者にも繰り返し訪問してもらうためだと考えられる。つまり花色変化は，異なる選好を持つ2タイプの動物を送粉に役立てるための，花の巧みな戦略なのである。（撮影・大橋一晴）

図1 送粉シンドロームの一例。(A) ハナバチ媒花:ヤマトリカブトとトラマルハナバチ,(B) 鳥媒花:ツバキとメジロ,(C) チョウ媒花:ヒガンバナとクロアゲハ,(D) スズメガ媒花:きわめて長い花筒をもつニューカレドニアのクチナシ属の一種,(E) ハエ媒:ミヤマキンポウゲとハナバエの一種,(F) ジェネラリスト:エゾノシシウド (p. 170)

図2 キノコバエ媒花の送粉シンドローム。(A) アオキの雄花，(B) チャルメルソウ，(C) キノコバエに送粉される5科7種の日本の野生植物。上段：ニシキギ科ニシキギ属のサワダツ（左），ムラサキマユミ（中），クロツリバナ（右），中段：アオキ科アオキの雄花（左）と雌花（右），下段：ユリ科タケシマラン（左），ユキノシタ科クロクモソウ（中），マンサク科マルバノキ（右），(D) ムラサキマユミを訪れるナガマドキノコバエの一種 (p. 171)

スケールバーは，1 mm (A, B ,D) と 2 mm (C)

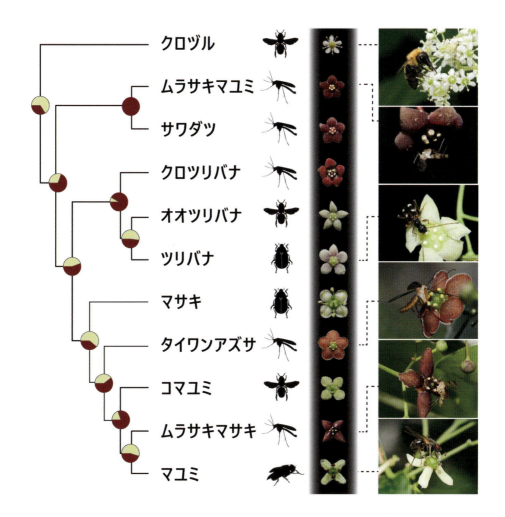

図3 ニシキギ属における花色と送粉様式の進化パターン（p. 173）

各枝の先端の影絵は送粉者を示す．系統樹上の円グラフは，その系統が分岐した時点において緑白色または暗赤色どちらの花色をもっていたかの確率を示す

図5 （A）荒涼としたアルメニアの大地に点在する花畑．（B）ポピーの野生種の1つ，*Papaver arenarium*（p. 177）

ポピーの類は送粉者が不明な種が多い

図1 *Yucca filamentosa* の花と送粉者の *Tegeticula yuccasella*。口器にユッカの花粉をたずさえている（白矢印）(p. 180)

図3 オオバイヌビワ（*Ficus septica*）の送粉者の *Ceratosolen* sp. のメス（左上）。オオバイヌビワの花期の花嚢（右上）。オオバイヌビワの雌花嚢（左下）と雄花嚢（右下）。白い粒状のものが花。ひだ状の構造はイチジクコバチが出入りする Ostiole (p. 183)

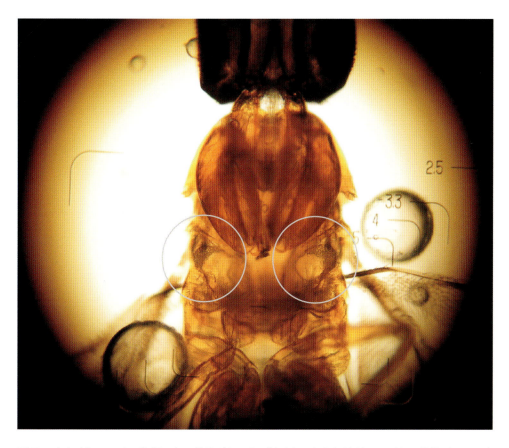

図5 イチジクコバチの胸部にある花粉ポケット(白丸)。小さな粒がイチジクの花粉(p. 184)

図6 ウラジロカンコノキ(*Glochidion acuminatum*)の雌花に授粉するハナホソガ(*Epicephala anthophila*)。口吻に大量の花粉がつき,黄色く太く見える(p. 186)

図1 ヌルデの虫瘤（a 上）は，ヌルデの果実（a 下）に色や形態は似ているが，大きさが異なる。ヌルデの虫瘤を割ると，数千個体ものヌルデシロアブラムシが観察される（b）（p. 190）

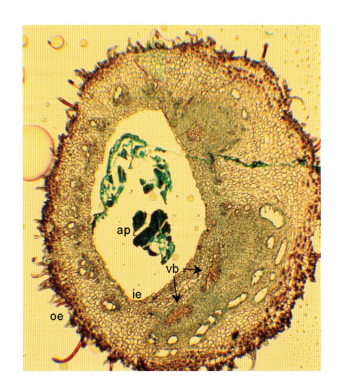

図2 ヌルデシロアブラムシがヌルデに作る虫瘤「五倍子」の構造（p. 190）

外部にはリグニン化した硬い外郭構造（oe），内部には柔らかい構造（ie）と維管束構造（vb）が発達しており，内部の空洞部分に，ヌルデシロアブラムシ（ap）が生息している

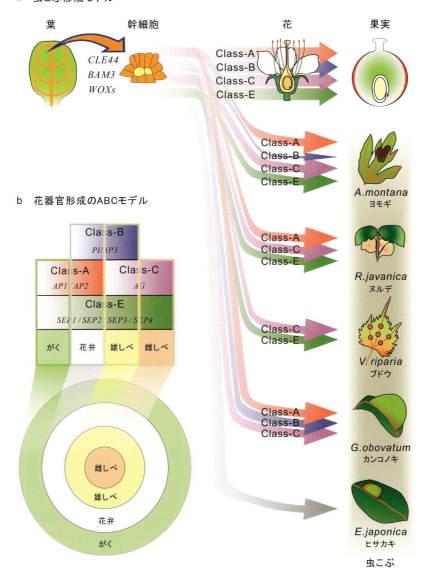

図3 虫瘤形成モデル（a）と花器官形成のABCモデル（b）（p.193）

(a) 幹細胞誘導遺伝子の発現の後，花器官形成のクラスA, B, C遺伝子の発現組み合わせによって虫瘤の形態が決まる。(b) クラスE遺伝子をベースに，クラスA遺伝子が働くとがくが，クラスA, B遺伝子が働くと花弁が，クラスB, C遺伝子が働くと雄しべが，クラスC遺伝子が働くと雌しべが形成される

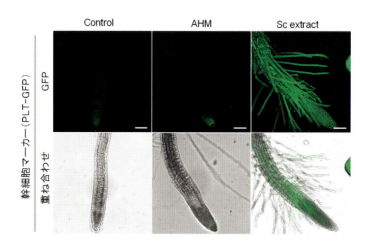

図5 シロイヌナズナの分化細胞における幹細胞化(p. 195)

植物の芽生えにおける、蛍光タンパク質で標識した幹細胞マーカー遺伝子の蛍光画像（上図・GFP）と明視野を重ね合わせた画像（下図・重ね合わせ）。ヌルデシロアブラムシ虫体の植物ホルモン組成を再現した溶液（AHM）で浸した方は根の先端で、ヌルデシロアブラムシ虫体破砕液（Sc extract）に浸した方は、根全体で高強度の蛍光が観察された。スケールバー＝ 100 μm

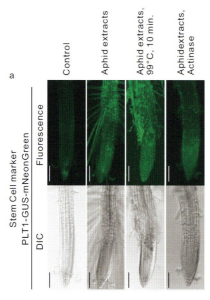

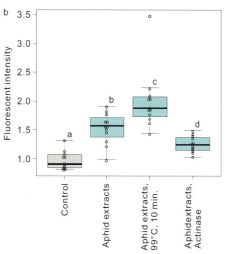

図6 アブラムシ抽出液を、無処理、99 ℃で10分間煮沸、または1 mg/mL アクチナーゼで5分間処理し、PLT1-GUS-mNeonGreen が発現する幹細胞マーカーラインの4日目芽生えを16時間浸したときの PLT1-GUS-mNeonGreen の局在（a）および蛍光強度（b）。文字が異なるグループは互いに有意に異なる（n = 12, $p<0.05$, Wilcoxon 検定, Steel-Dwass 検定）。スケールバー＝100 μm（p. 196）

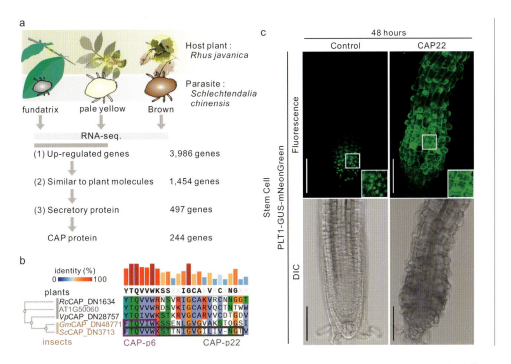

図7 虫瘤形成因子のスクリーニングにより同定された候補CAPペプチドは,幹細胞化誘導活性を持つ(p. 197)

(a) 虫瘤形成因子のスクリーニングスキーム。幹母および淡黄色アブラムシが,茶色アブラムシと比較して発現が上昇した3,986遺伝子のうち,1,454遺伝子は,植物にも類似タンパク質が存在した(シロイヌナズナゲノムデータベース TAIR10 より BLAST;Basic Local Alignment Search Tool 検索)。これらのうち,497遺伝子がN末端シグナルペプチドを持つ翻訳候補遺伝子であり,そのうち,244個のCAPタンパク質を含んでいた。(b) *R. javanica* (*Rj*), *S. chinensis* (*Sc*), *Arabidopsis thaliana* (AGIコード), *Veronica peregrina* (*Vp*), *Gymnetron miyoshi* (*Gm*) のCAPタンパク質配列の系統樹と部分アラインメントから,高度に保存された6アミノ酸配列CAP-p6と,CAP-p6と16アミノ酸からなる22アミノ酸配列(CAP-p22)が示されている。(c) PLT1-GUS-mNeonGreen を発現するシロイヌナズナ芽生えは,4 μM CAP-p22ペプチドに48時間浸すと,丸みを帯びた細胞が増殖し,広範囲に蛍光が観察される。スケールバー= 100 μm

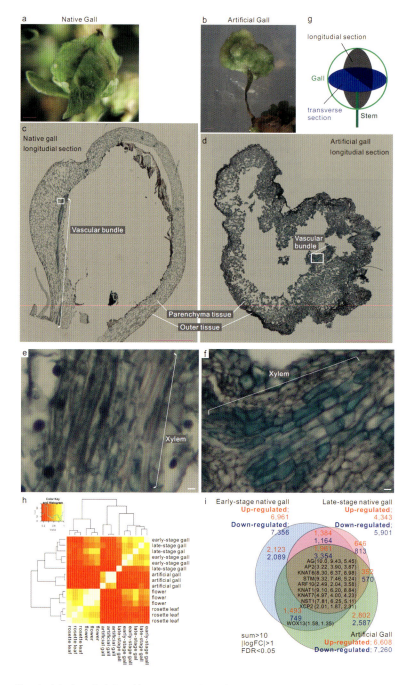

図9 天然の虫瘤と人工虫瘤を比較すると，形態も遺伝子発現プロファイルも類似していた (p. 199)

大阪府の堺ふれあいの森自然公園で採取したムシクサ (Veronica peregrina) の虫瘤 (a) と人工虫瘤 (b) の縦断面を，サフラニン/O，ファストグリーン，ヘマトキシリンで染色した (c～f)．両方に，柔組織 (Parenchyma tissue)，木質化した外層 (Outer tissue)，維管束 (Vascular bundle) の1つである管状要素 (TE) (e, f) を持つ導管 (Xylem) が観察される．(g) 天然の虫瘤と人工虫瘤それぞれの縦断面および横断面の模式図．(h) 天然虫瘤におけるロゼット葉，花，天然初期虫瘤，天然後期虫瘤，人工虫瘤の各組織から得られた遺伝子発現相関の階層的クラスタリング．(i) 初期虫瘤，後期虫瘤，人工虫瘤の間で，発現が上昇/減少した遺伝子の重なりを示すベン図；数種類の虫瘤で高発現する遺伝子名とその log FC 値を示す (sum>10, |log FC|>1, FDR<0.05)．スケールバー＝1 mm (a-d) および 10 μm (e and f)

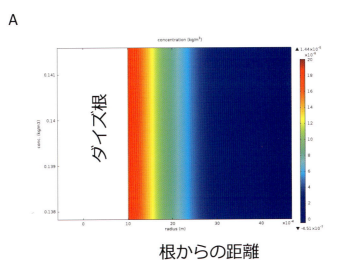

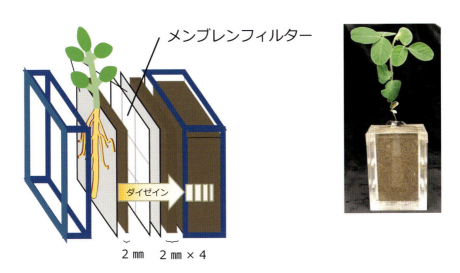

図3 ダイズ根圏でのダイゼイン動態のシミュレーションと根箱での検証（p. 209）
(A) ダイゼイン動態のシミュレーション，(B) ダイズの根箱栽培

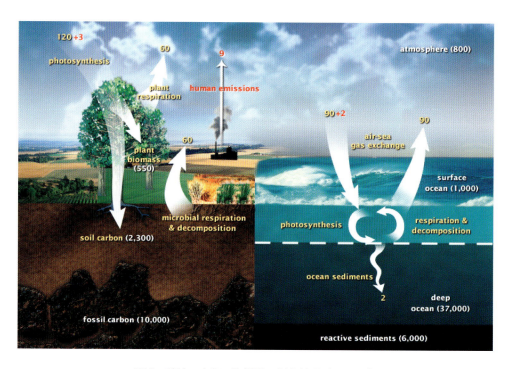

図1 陸地，大気，海洋間の炭素循環（p. 215）

黄色の数字は自然界の炭素循環量を，赤色の数字は人間の社会活動による炭素循環量を，白い数字は貯蔵された炭素量を示す。数字の単位は Gt/年。米国エネルギー省（DOE），Biological and Environmental Research Information System より転載

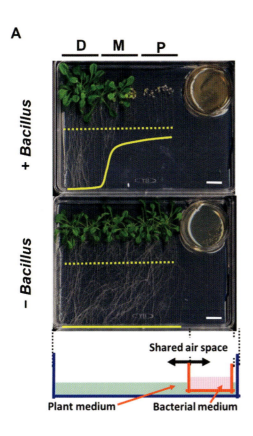

図2 *Bacillus* 属の mVOC によるシロイヌナズナの生長抑制因子をイソ吉草酸と同定した（p. 218）

（A）*Bacillus* 属微生物とシロイヌナズナ幼植物とを非接触的に共培養した結果，両者の距離依存的にシロイヌナズナの生長抑制が観察された。P，M，D は *Bacillus* 属微生物からのシロイヌナズナ幼植物の相対位置で，それぞれ近位，中間，遠位を示す。黄色の点線および実線は，それぞれバイオアッセイの開始日と写真を撮影した 14 日目の根端の位置を表す。Bar = 1 cm。（B）*Bacillus* 属微生物培養抽出物を ODS により分画し，得られた画分を用いたバイオアッセイおよび GC-MS 分析の結果。赤矢印は，植物の生長抑制活性と呼応するピークを示す。黄色の点線および実線は，それぞれバイオアッセイの開始日と写真を撮影した 3 日目の根先の位置を示す。Bar = 1 cm。（C）活性と呼応するピークの断片化イオンのパターンは，イソ吉草酸標品の断片化イオンのパターンと一致した。(J. Murata et al.: *Metabolites*, 12, 1043 (2022) より転載)

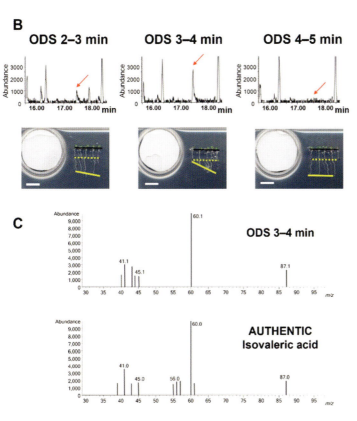

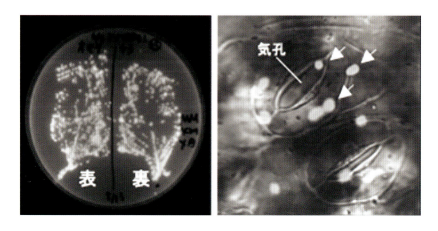

図3 蛍光タンパク質を発現させた *Methylobacterium* sp.OR01 株のアカシソ葉面での分布（左）と気孔周辺に存在する OR01 株蛍光タンパク質発現細胞（右）（p. 227）

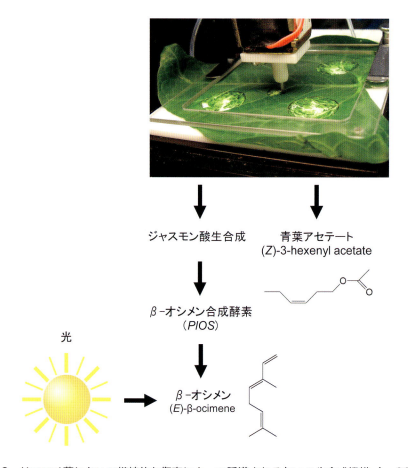

図2 リママメ葉において継続的な傷害によって誘導される匂いの生合成機構（p. 262）

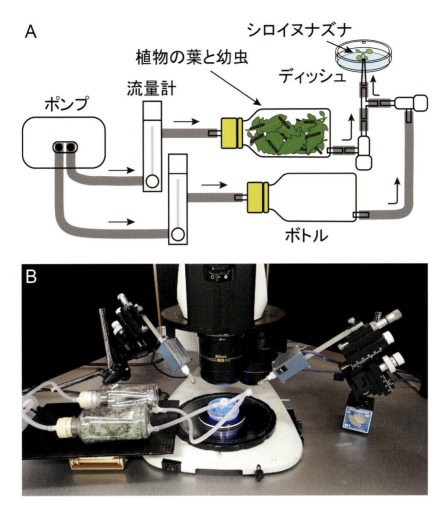

図1 植物間コミュニケーションを可視化するための広視野・高感度イメージングシステムおよび電気生理学的装置（p. 284）

食害を受けた植物から放出される揮発性物質をシロイヌナズナに吹きかける装置の模式図（A）と実験装置の外観（B）

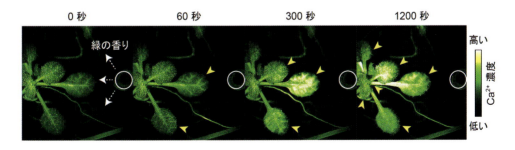

図2 （Z）-3-ヘキセナールによって起こる Ca^{2+} シグナル（p. 285）

緑色に見えるのが GCaMP の蛍光で，$[Ca^{2+}]_{cyt}$ が上昇すると明るく蛍光を発する。（Z）-3-ヘキセナール溶液を，シロイヌナズナから少し離れた容器（白丸）に滴下すると（0秒），$[Ca^{2+}]_{cyt}$ が次々と上昇する（矢尻，60，300，1200秒）

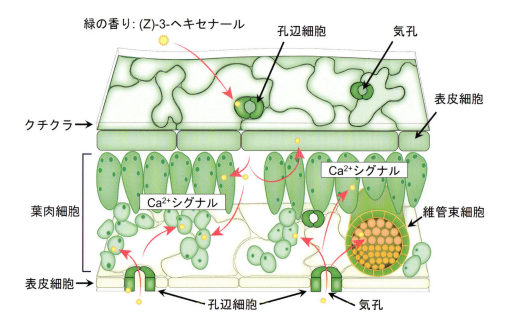

図3 シロイヌナズナの緑の香り感知・情報伝達モデル（p. 287）

図7 2-ヘキセナール（商品名：すずみどり）の農業現場での使用例（p. 297）

(A)「すずみどり」使用によりミニトマトの高温障害が軽減され花落ち率が減少する。(B) 無処理区のズッキーニは高温下でしおれて地面に触れた葉を取り除いているため，ほとんどの植物体で葉の数が少ない。すずみどり区では取り除かれた葉が少なく健全な植物体となっている。写真はいずれも2017年の茨城県の農場において撮影されたもの

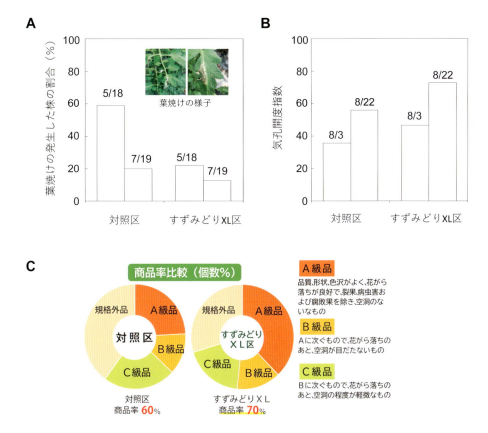

図8 すずみどりXLによる大玉トマト「りんか409」の高温障害緩和(実施:山形県農業総合研究センター)(p. 298)

ハウス内気温35℃に遭遇した1〜2日後の葉焼け株の割合(A)。割合が小さいほど葉のダメージが少ないと判断される。浸潤法により算出した気孔開度指数(B)。数字が大きいほど機構が開いていると判断される。収穫されたトマトの品質および収量(C)

天敵の餌を入れる容器(左)を設置器具(中)に入れ、作物を栽培しているハウスに設置

図3 天敵給餌容器(p. 306)

図5 天敵誘引剤と天敵給餌容器の設置風景（p. 307）

図1 オクラとともに植栽されたソルゴー，ハゼリソウ（p. 323）

図2 タバコカスミカメの保護・強化を目的に露地（左）あるいはハウス内（右）に植栽されたクレオメ（p. 324）

図1 クリンソウ （左）可視光，（右）紫外線透過フィルター（p. 338）

図2 セイヨウミツバチ（ブルーベリー訪花）(p. 340)

図3 トマトの花で採粉するクロマルハナバチ (p. 342)

はじめに

　植物は，静かに佇んでいるように見える。
　夏，京都の高野川の川瀬を橋から見ると，まるで熱帯のようだ。
　さまざまな草木が競い合ってできた緑の巨大な塊が遠くまで続いている。
　それでもやはり，植物は，静かに佇んでいるように見える。
　近寄ってみると，不思議な形をした毛虫が，葉に小さな穴を開けていたりする。
　春には，オビカレハだろうか，たくさんの毛虫が枝の間に天幕をつくって蠢いている。
　それでもやはり，植物は，風に吹かれて，静かに佇んでいるように見える。
　これが，多くの人たちが持つ植物に対する偽らざる眼差しではないだろうか。

　植物を考えるに当たって重要なことは，植物はさまざまな面で我々と異なっている，という当然の事実の再認識である。我々は，たいていの他の動物もそうだが，機能が分化した決まった数の器官から構成されている。目耳は2つだし，鼻口は1つ，心臓は1つで肺は1対というように。一方，植物はどうか。葉とか，枝というモジュールの繰り返しである。金太郎飴のようにどこを取っても同じ様な構造をしている。また生存の基本である資源の利用様式もちがう。動物は3次元空間を自由に移動し，ピンポイントに存在する餌資源を利用する。眼の前にあるラーメンは，今そこにある資源である。一方，土に根を張って動けない植物の資源はというと，光，水，養分，炭酸ガスなどだが，それは空間の中に薄く広く存在していて，いつでも手に入る。ラーメン屋の空間に薄く広く存在するラーメンなど我々にとっては理解不能である。植物は，我々と異なった次元の世界で生きている。

　機能分化した生物である我々は，知らず知らずにその特性が紡ぎ出す世界観に束縛されてしまう。モジュールの繰り返し生物である植物を，我々の世界観で表現しようとすると「植物は，風に吹かれて，静かに佇んでいるように見える」となる。ところが植物は我々には理解不能な異世界の住人であり，そこでは非常にダイナミックな存在であることがわかってきている。たとえば，植物間コミュニケーションという現象がある。これはある植物が隣接する植物からでる揮発性成分（かおり）を受容し，然るべき応答をするという現象で，多くの植物で報告されている（本書の第1章にくわしい）。しかし我々が
「植物同士はかおりでコミュニケーションしているらしいよ」
と聞かされた時，最初に浮かび上がってくる直感は，
「植物には鼻がないじゃないか　かおりに応答するわけがないだろう」
というものではないだろうか。我々の価値観の単なる延長上には，植物のダイナミックな活動の真の理解はない。

作家上橋菜穂子さんのファンタジー小説「精霊の守り人」や，そのシリーズ作品における世界観は「この世界に，様々な異世界が重なってあるのだ」というものだが，現実でも，我々が認識している世界と，植物が認識している世界は重なって存在し，ただ我々は植物の世界を実感できない。その2つの世界を行き来できるのは，昆虫だったり微生物だったりする。一例として，植物と昆虫との食物連鎖とコミュニケーションについての概念図を図1に示した。我々が認識できる「食う－食われる」世界は一番上にある。その世界は，植物と昆虫（図では寄生蜂を例にしている）がかおりでコミュニケーションしている世界と，植物と植物がかおりでコミュニケーションしている世界と重なって存在している。ただそれら2つのいわゆる異世界は，素の状態の我々は認識できない。しかし，この異世界に気づいた研究者たちは，その実態を解明する研究を進めてきている。

　植物の地上部だけではなく地下部の世界にまで踏み込んで，植物が基盤となる異世界における植物のダイナミックな佇まいと，それを応用して環境に優しい農業を目指す研究について，当該分野のトップランナーである研究者の方々に執筆いただくという企画をエヌ・ティー・エスから伺った時に，素晴らしく重要なことだと即座に思った。メインタイトルもエヌ・ティー・エスからのご提案の「植物の多次元コミュニケーションダイナミクス」がたいそうぴったりなので，そのまま使わせていただいた。植物のダイナミックな佇

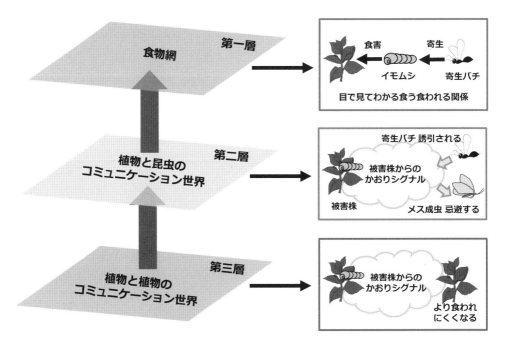

※口絵参照

図1　植物－植食性昆虫－捕食性昆虫（寄生蜂）の食物連鎖とコミュニケーション

我々が認識できる「食う－食われる」世界と，それに重なって存在する認識できない世界の例として。
SOS：食害を受けた植物が放出する揮発性の情報物質（本書第3章参照）

まいは，コミュニケーションという視点だけに収まらず，第3章と第4章では相互作用というより広い視点に立った内容となっている。他の生き物との多様なコミュニケーションや相互作用という植物の知られざる能力に関する研究成果を包括的にまとめたのは，本書が初めてである。本書を手にされた方の，植物が作り出す異世界への理解がよりいっそう深まることを期待しつつ。

2025年1月

高林　純示

監修者・執筆者一覧 (敬称略)

監修者

髙林　純示　　京都大学名誉教授

執筆者

髙林　純示　　京都大学名誉教授
松井　健二　　山口大学　大学院創成科学研究科　教授
塩尻　かおり　龍谷大学　農学部　教授
萩原　幹花　　九州大学　理学研究院　日本学術振興会特別研究員（PD）
石原　正恵　　京都大学　フィールド科学教育研究センター　准教授
石崎　智美　　新潟大学　理学部　准教授
米谷　衣代　　近畿大学　農学部　准教授
山尾　僚　　　京都大学　生態学研究センター　教授
大崎　晴菜　　東京都立大学　大学院理学研究科　日本学術振興会特別研究員（PD）
榊原　均　　　名古屋大学　大学院生命農学研究科　教授
米山　香織　　埼玉大学　理工学研究科　准教授
門脇　浩明　　京都大学　白眉センター　特定准教授
深澤　遊　　　東北大学　大学院農学研究科　准教授
釘宮　聡一　　国立研究開発法人農業・食品産業技術総合研究機構
　　　　　　　植物防疫研究部門　上級研究員
下田　武志　　国立研究開発法人農業・食品産業技術総合研究機構　東北農業研究セ
　　　　　　　ンター　畑作園芸研究領域　野菜新作型グループ　グループ長補佐
戒能　洋一　　筑波大学名誉教授
奥山　雄大　　独立行政法人国立科学博物館　植物研究部多様性解析・保全グループ
　　　　　　　筑波実験植物園　研究主幹
大橋　一晴　　筑波大学　生命環境系　講師
高木　健太郎　筑波大学　大学院理工情報生命学術院
望月　昂　　　東京大学　大学院理学系研究科附属植物園　助教
岡本　朋子　　岐阜大学　応用生物科学部　准教授
平野　朋子　　京都府立大学　大学院生命環境科学研究科　准教授
杉山　暁史　　京都大学　生存圏研究所　教授
村田　純　　　公益財団法人サントリー生命科学財団　生物有機科学研究所
　　　　　　　統合生体分子機能研究部　主席研究員

由里本　博也	京都大学　大学院農学研究科　准教授
阪井　康能	京都大学　大学院農学研究科　教授
川口　正代司	大学共同利用機関法人自然科学研究機構　基礎生物学研究所　共生システム研究部門　教授
John Jewish A. Dominguez	奈良先端科学技術大学院大学　先端科学技術研究科　助教
石原　大雅	奈良先端科学技術大学院大学　先端科学技術研究科
井上　加奈子	奈良先端科学技術大学院大学　先端科学技術研究科　特任助教
安田　盛貴	奈良先端科学技術大学院大学　先端科学技術研究科　助教
西條　雄介	奈良先端科学技術大学院大学　先端科学技術研究科　教授
有村　源一郎	東京理科大学　先進工学部　教授
小澤　理香	京都大学　生態学研究センター　研究員
大西　利幸	静岡大学　グリーン科学技術研究所/農学部　教授
杉本　貢一	筑波大学　つくば機能植物イノベーション研究センター　助教
永嶌　鮎美	東京科学大学　生命理工学院　助教
豊田　正嗣	埼玉大学　理工学研究科　教授／公益財団法人サントリー生命科学財団　SunRiSE生命科学研究者支援プログラム　SunRiSEフェロー／華中農業大学　植物科学技術学院　客員教授
山内　靖雄	神戸大学　大学院農学研究科　准教授
上船　雅義	名城大学　農学部　教授
櫻井　裕介	新潟大学　大学院自然科学研究科
安部　順一朗	国立研究開発法人農業・食品産業技術総合研究機構　植物防疫研究部門　上級研究員
前田　太郎	国立研究開発法人農業・食品産業技術総合研究機構　農業環境研究部門　上級研究員
光畑　雅宏	アリスタライフサイエンス株式会社　サプライチェーンマネジメント部　IPPM輸入・製造プランナー/プロジェクトマネージャー

目 次

第1章

揮発性物質が媒介する地上部植物間コミュニケーション

第1節 地上部植物間コミュニケーションとその特性　　　髙林　純示

  1. はじめに ……………………………………………………………………… 2
  2. 植物間コミュニケーションを介した植物の防御 ………………………… 3
  3. 植物間コミュニケーションの有効距離 …………………………………… 5
  4. 匂いに対する植物の応答 …………………………………………………… 6
  5. 今後の展望 …………………………………………………………………… 9

第2節 みどりの香りと植物間コミュニケーション　　　松井　健二

  1. はじめに ……………………………………………………………………… 12
  2. 植物はなんのためにみどりの香りを作るのか？ ………………………… 13
  3. 植物はみどりの香りを受容するか？ ……………………………………… 14
  4. 香り化合物を感じる？ ……………………………………………………… 18

第3節 揮発性物質を介した植物間コミュニケーションの野外実証　　　塩尻　かおり

  1. はじめに ……………………………………………………………………… 23
  2. 2000年の2つの論文 ………………………………………………………… 23
  3. セージブラシを用いた野外研究 …………………………………………… 25
  4. その他の野外実証研究例 …………………………………………………… 31
  5. おわりに ……………………………………………………………………… 32

第4節 森林における植物間コミュニケーション　　　萩原　幹花／石原　正恵

  1. はじめに ……………………………………………………………………… 34
  2. 樹木における植物間コミュニケーション研究 …………………………… 35
  3. 個体内におけるシグナル伝達 ……………………………………………… 36
  4. 野外植栽地での植物間コミュニケーション ……………………………… 37
  5. 森林における植物間コミュニケーション ………………………………… 41
  6. 今後の展望―気候変動下における森林の植物間コミュニケーション― ……… 44

第5節 植物の匂いを用いた血縁認識　　　塩尻　かおり／石崎　智美

  1. はじめに ……………………………………………………………………… 47

         2. セージブラシの研究例 ……………………………………………………… 47
         3. セイタカアワダチソウの研究例 …………………………………………… 52
         4. おわりに ………………………………………………………………………… 56

   第6節　植物間コミュニケーションが節足動物群集に与える影響　　　米谷　衣代
         1. 背　景 …………………………………………………………………………… 58
         2. 研究手法 ………………………………………………………………………… 59
         3. 結果と考察 ……………………………………………………………………… 59
         4. まとめ …………………………………………………………………………… 62

第2章

地下部における植物間コミュニケーション

   第1節　地下部のコミュニケーションの多様性と機能　　　山尾　僚／大崎　晴菜
         1. はじめに ………………………………………………………………………… 66
         2. 自己/非自己・血縁認識 ………………………………………………………… 66
         3. 干ばつストレス情報の伝達 …………………………………………………… 67
         4. 開花情報の伝達 ………………………………………………………………… 68
         5. 食害情報の伝達 ………………………………………………………………… 68
         6. 種子におけるコミュニケーション …………………………………………… 69
         7. 地上部のコミュニケーションとの相乗効果と機能の違い ………………… 71

   第2節　地下茎で繋がるラメット間コミュニケーション　　　榊原　均
         1. はじめに ………………………………………………………………………… 74
         2. 栄養繁殖する野生イネ *Oryza longistaminata* …………………………… 74
         3. *O. longistaminata* 地下茎の無機窒素栄養による分枝成長の制御様式 ……… 75
         4. 地下茎を介したラメット間の無機栄養情報のコミュニケーション ……… 78
         5. まとめ …………………………………………………………………………… 81

   第3節　ストリゴラクトンを介した隣接植物間のコミュニケーション　　　米山　香織
         1. ストリゴラクトンとは ………………………………………………………… 84
         2. ストリゴラクトンの受容メカニズム ………………………………………… 86
         3. 植物間コミュニケーションにおけるストリゴラクトンの関与 …………… 87
         4. まとめ …………………………………………………………………………… 89

   第4節　森林生態系における土壌微生物のネットワーク　　　門脇　浩明
         1. 概　要 …………………………………………………………………………… 91

2．地下の微生物が介在するフィードバック ………………………………… 91
　　3．菌根タイプが介在する植物土壌フィードバック …………………………… 92
　　4．実験的アプローチによって解き明かすフィードバックの実態 …………… 93
　　5．DNAシーケンスで迫る菌根ネットワークの役割 ………………………… 97
　　6．今後の課題 ……………………………………………………………………… 98

第5節　雨後のキノコの電気的な会話を測定する　　　　　　　　　深澤　遊
　　1．はじめに ……………………………………………………………………… 101
　　2．菌類の知的な行動 …………………………………………………………… 101
　　3．生体電位 ……………………………………………………………………… 104
　　4．菌類の電位 …………………………………………………………………… 105
　　5．菌類の電位伝達 ……………………………………………………………… 107
　　6．雨後のキノコの会話？ ……………………………………………………… 108
　　7．今後の展望 …………………………………………………………………… 110

第3章

植物-動物間における相互作用

第1節　天敵が利用する植物由来の情報　　　　　　　　　　　　釘宮　聡一
　　1．はじめに ……………………………………………………………………… 116
　　2．寄生性天敵と捕食性天敵 …………………………………………………… 116
　　3．HIPVsを利用して寄生性天敵は寄主を探索する ………………………… 117
　　4．植物が提供する餌を利用する天敵 ………………………………………… 120
　　5．おわりに ……………………………………………………………………… 122

第2節　植物と捕食性天敵間の相互作用　　　　　　　　　　　　下田　武志
　　1．はじめに ……………………………………………………………………… 124
　　2．本稿で主に扱う植食者と捕食性天敵について …………………………… 124
　　3．天敵昆虫を用いた室内/野外試験：その1 ………………………………… 126
　　4．天敵昆虫を用いた室内/野外試験：その2 ………………………………… 128
　　5．行動反応が異なる理由 ……………………………………………………… 130
　　6．野外での誘引試験や発生調査で見えてくるもの ………………………… 131

第3節　情報・相互作用ネットワークの多様性と可塑性をもたらす
　　　　天敵昆虫類の学習能力　　　　　　　　　　　　　　　　戒能　洋一
　　1．学習行動とは ………………………………………………………………… 134
　　2．寄生性昆虫の連合学習 ……………………………………………………… 134
　　3．HIPVs成分と連合学習 ……………………………………………………… 138
　　4．未知化学成分の連合学習 …………………………………………………… 138

5. 連合学習の生物的防除での利用 ……………………………………………… 140

第4節　植物株上で繰り広げられる複雑な情報・相互作用ネットワーク
　　　　　　　　　　　　　　　　　　　　髙林　純示／米谷　衣代／塩尻　かおり
　　　1. はじめに ………………………………………………………………………… 141
　　　2. 植物の匂いについて …………………………………………………………… 141
　　　3. 植物由来の匂いの生態機能 …………………………………………………… 142
　　　4. 植物由来のさまざまな匂いが織りなす情報・相互作用ネットワーク …… 142
　　　5. おわりに ………………………………………………………………………… 149

第5節　虫をだます花の適応放散　　　　　　　　　　　　　　　　　　　奥山　雄大
　　　1. はじめに ………………………………………………………………………… 150
　　　2. 無報酬送粉：花に擬態する花 ………………………………………………… 150
　　　3. 性擬態：昆虫に擬態する花 …………………………………………………… 151
　　　4. 産卵場所擬態：「地べたに落ちているもの」に擬態する花 ……………… 153
　　　5. 日本列島における擬態花の適応放散 ………………………………………… 157

第6節　蜜や花粉を食べる動物と被子植物が織りなす送粉共生系
　　　　～「花はよろず屋」という視点から考える　　　　大橋　一晴／高木　健太郎
　　　1. さまざまな動物を惹き寄せる蜜や花粉 ……………………………………… 160
　　　2. ジェネラリストのジレンマ …………………………………………………… 160
　　　3. ジレンマを克服する花の戦略 ………………………………………………… 161
　　　4. おわりに ………………………………………………………………………… 167

第7節　異端の花たち：まだ見ぬ植物と送粉者の相互作用　　　　　　　　望月　昂
　　　1. 送粉者から理解する花の多様性 ……………………………………………… 169
　　　2. 暗赤色花とキノコバエ媒送粉シンドローム ………………………………… 170
　　　3. 狩りバチによる送粉 …………………………………………………………… 174
　　　4. さいごに ………………………………………………………………………… 177

第8節　絶対送粉共生系における花の匂いの役割　　　　　　　　　　　　岡本　朋子
　　　1. はじめに ………………………………………………………………………… 179
　　　2. ユッカ – ユッカガ ……………………………………………………………… 180
　　　3. イチジク – イチジクコバチ …………………………………………………… 182
　　　4. コミカンソウ – ハナホソガ …………………………………………………… 185

第9節　虫瘤と植物　　　　　　　　　　　　　　　　　　　　　　　　　平野　朋子
　　　1. 虫瘤の定義と謎 ………………………………………………………………… 190
　　　2. 虫瘤形成メカニズムの解明のための研究材料 ……………………………… 191
　　　3. 虫瘤の構造：虫瘤は，高度に組織化した器官である ……………………… 191

- 4. 虫癭形成に必要な遺伝子 —— 192
- 5. 虫癭形成昆虫は植物ホルモンを生成する —— 194
- 6. 虫癭形成因子探索のためのツール，Ab-GALFA の開発 —— 194
- 7. 虫癭形成因子 CAP ペプチドの発見 —— 196
- 8. 人工的に虫癭を誘導する —— 198
- 9. 虫癭誘導物質で植物が強くなる——CAP ペプチドのバイオスティミュラントとしての利用 —— 200

第4章

植物-微生物間の情報・相互作用ネットワーク

第1節 ダイズイソフラボンの根圏への分泌機構と生物間相互作用における役割
杉山　暁史

- 1. はじめに —— 204
- 2. 植物の代謝の働き —— 204
- 3. ダイズ根圏へのイソフラボンの分泌 —— 205
- 4. ダイズ根圏でのイソフラボンの動態 —— 208
- 5. ダイズ根圏におけるイソフラボンの役割 —— 210
- 6. イソフラボンを分解するダイズ根圏細菌 —— 210
- 7. おわりに —— 212

第2節 植物-微生物相互作用における揮発性低分子化合物の働き
村田　純

- 1. はじめに —— 214
- 2. mVOC とは —— 216
- 3. 植物生長を促進する土壌細菌（PGPR）と真菌 —— 216
- 4. mVOC による，植物生長にとって不都合な作用 —— 217
- 5. まとめと今後の mVOC 研究の課題 —— 220

第3節 地球規模での炭素循環に貢献する葉圏 C1 微生物-植物間相互作用
由里本　博也／阪井　康能

- 1. はじめに —— 222
- 2. メタンサイクルと C1 微生物 —— 222
- 3. 植物からの C1 化合物放出と葉圏 C1 微生物 —— 224
- 4. PPFM の葉圏での分布・生態と生存に必要な生理機能 —— 226
- 5. PPFM による植物生長促進効果とバイオスティミュラントとしての機能開発 —— 228
- 6. おわりに —— 229

第4節 マメ科植物-根粒菌における共生系とその進化
川口　正代司

- 1. はじめに —— 231

2. シグナル分子を介したコミュニケーション ……… 231
3. Nodファクターにより誘導される2つの現象 ……… 233
4. 根粒共生の進化的基盤：アーバスキュラー菌根共生 ……… 234
5. 共生の共通シグナル伝達経路 ……… 235
6. AM共生から根粒共生への進化 ……… 236
7. 窒素固定共生の起源 ……… 237
8. パートナーシフトと感染様式の進化 ……… 238
9. cheating菌に対する制裁 ……… 238
10. 遠距離シグナル伝達を介した根粒形成の全身制御 ……… 239
11. 最後に ……… 241

第5節　微生物感染情報と栄養環境情報に基づく植物免疫の制御
　　　　John Jewish A. Dominguez／石原　大雅／井上　加奈子／安田　盛貴／西條　雄介

1. はじめに ……… 243
2. 植物微生物叢と植物免疫システムの関係 ……… 244
3. 植物免疫システムの仕組み ……… 245
4. 植物免疫システムによる微生物の識別とその回避メカニズム ……… 247
5. 植物-微生物-環境因子の相互作用 ……… 248
6. リン栄養状態による共生の制御 ……… 249
7. おわりに ……… 251

第5章

植物の多次元コミュニケーション力を支える分子メカニズム

第1節　植物が食害誘導的に揮発性物質を生産するメカニズム
　　　　有村　源一郎／小澤　理香

1. はじめに ……… 258
2. 害虫食害で誘導される匂いの生産制御 ……… 258
3. 食害部位だけでなく全身から放出される匂い ……… 263
4. 匂いの輸送 ……… 264
5. 匂いを蓄える特殊な器官 ……… 264
6. 総括 ……… 264

第2節　植物は大気中の揮発性物質を配糖化する　　　大西　利幸／杉本　貢一

1. 揮発性化合物の配糖化を介した植物の防御活性化 ……… 266
2. トマト品種間における配糖体蓄積量の違い ……… 268
3. トマト栽培種の化学防御能を向上させる配糖化酵素UGT91R1 ……… 269
4. 揮発性化合物を有する配糖体の生理学的意義 ……… 272

第3節　植物の揮発性化合物の受容と応答 ― カリオフィレンを例に　　　永嶋　鮎美

 1．はじめに ·· 274
 2．植物における揮発性化合物受容因子の探索 ················ 274
 3．今後の展望 ·· 277

第4節　揮発性物質を介した植物間コミュニケーションの可視化　　　豊田　正嗣

 1．はじめに ·· 281
 2．植物の Ca^{2+} シグナル ··· 281
 3．揮発性物質応答性 Ca^{2+} シグナルの研究 ···················· 282
 4．広視野・高感度 Ca^{2+} イメージング ·························· 283
 5．揮発性物質を介した植物間コミュニケーションの可視化 ···· 283
 6．Ca^{2+} シグナルを発生させる揮発性物質の特定 ··········· 285
 7．植物が揮発性物質を取り込む経路の解析 ···················· 286
 8．おわりに ·· 287

第6章

植物の多次元コミュニケーション力の農業への応用

第1節　植物のコミュニケーション力を活かした揮発性バイオスティミュラントの開発
　　　　　　　　　　　　　　　　　　　　　　　　　　　　山内　靖雄

 1．はじめに ·· 290
 2．環境変化感知器官としての葉緑体 ······························ 290
 3．活性カルボニルが生成するメカニズム ······················· 292
 4．RSLV とは ··· 293
 5．揮発性情報伝達物質としての GLVs ··························· 294
 6．植物の匂い受容タンパク質候補の種類と分類 ·············· 295
 7．2-ヘキセナールのバイオスティミュラントへの応用 ···· 296
 8．おわりに ·· 297

第2節　植物が放出する天敵誘引物質による害虫管理の可能性　　　上船　雅義

 1．はじめに ·· 300
 2．天敵誘引物質の同定について ···································· 300
 3．天敵誘引剤の開発について ······································· 302
 4．天敵誘引剤を用いた害虫管理における給餌の重要性 ··· 306
 5．天敵誘引剤と天敵給餌容器を用いたコナガ防除実証試験 ···· 306
 6．今後の展望と課題 ·· 308
 7．おわりに ·· 310

第3節　草刈りのかおりで作物の生産性の向上　　　　　　　　石崎　智美／櫻井　裕介
　　1．植物間コミュニケーションによる作物の食害抵抗性の強化 ……………… 312
　　2．トウモロコシ栽培への適用 ……………………………………………… 313
　　3．雑草の揮発性成分 ………………………………………………………… 316
　　4．農業への有用性 …………………………………………………………… 316

第4節　天敵類の保護・強化等に有効な補助植物の活用　　　　　　安部　順一朗
　　1．総合的病害虫・雑草管理技術（IPM）と生物的防除 ………………… 319
　　2．天敵の餌資源としての植物 ……………………………………………… 320
　　3．天敵の強化に有効な補助植物 …………………………………………… 322
　　4．日本における天敵温存植物の利用事例と今後 ………………………… 323

第5節　植物ホルモン処理による植物と昆虫のコミュニケーションの強化
　　　　　　　　　　　　　　　　　　　　　　　　　　　　　　　小澤　理香
　　1．はじめに …………………………………………………………………… 326
　　2．防御応答における植物ホルモンの働き ………………………………… 326
　　3．植物ホルモンの処理による植物と天敵間のコミュニケーションの強化
　　　　　　　　　　　　　　　　　　　　　　　　　　　　　　　………… 328
　　4．応用に向けて ……………………………………………………………… 331
　　5．おわりに …………………………………………………………………… 332

第6節　花の香りでハナバチの受粉効率をアップする　　　　前田　太郎／光畑　雅宏
　　1．はじめに …………………………………………………………………… 334
　　2．農業と送粉サービス ……………………………………………………… 334
　　3．花探索メカニズム ………………………………………………………… 337
　　4．ミツバチを香りで作物へ誘導する ……………………………………… 339
　　5．マルハナバチを香りで作物へ誘導する ………………………………… 341
　　6．おわりに …………………………………………………………………… 343

※本書に記載されている会社名，製品名，サービス名は各社の登録商標または商標です。なお，必ずしも商標表示（Ⓡ，TM）を付記していません。

第 1 章

揮発性物質が媒介する地上部植物間コミュニケーション

第1章 揮発性物質が媒介する地上部植物間コミュニケーション

第1節 地上部植物間コミュニケーションとその特性

京都大学名誉教授　髙林　純示

1. はじめに

　植物は，植食性節足動物（害虫）による食害に反応して，食害誘導性揮発性物質（Herbivory-Induced Plant Volatiles：HIPVs）のブレンドを放出し始める[1]。HIPVsのブレンドは，機械的な損傷を受けた植物から放出される揮発性物質（匂い）のブレンドと比較すると，質的，量的に大きく異なっている。HIPVsブレンドは，植物種，栽培品種，害虫種，害虫の発達段階等に特有であるため，「現在どの植物がどのような状態の害虫に食害されているか」という情報を潜在的に含んでいると言える[1]。

　捕食性や捕食寄生性の節足動物（以下天敵）は，上記のような特性を持つHIPVsに誘引され，彼らのターゲットとなる害虫を発見する（本書第3章）。害虫もまた，HIPVsや未被害植物由来の匂いを利用して餌となる植物を見つける場合が知られている[1,2]。

図1　植物間のHIPVsを介したコミュニケーション

害虫による食害を受けた株から放出されたHIPVs（図中では天敵に助けを呼ぶシグナルなのでSOSと表記）を受容した隣接する未被害植物は，将来の害虫による攻撃に備え防衛を開始する
原図：鵜城伸子（博報堂プロダクツ）

本節では，植物が隣接する植物由来のHIPVsや機械的傷由来の匂いに応答して，前もって害虫に対する防衛を開始する現象について，我々の研究を中心に概観する。この現象は「植物間コミュニケーション」と呼ばれているもので（図1），Karbanらの2014年の総説論文によれば，47種の植物でコミュニケーションが報告されている[3]。その後も植物間コミュニケーションに関する研究論文は年々増加している。

2. 植物間コミュニケーションを介した植物の防御

2.1 室内実験系での検証

リママメ株やワタ株は，植食者であるナミハダニ（*Tetranychus urticae*）の食害を受けるとナミハダニの天敵チリカブリダニ（*Phytoseiulus persimilis*）を誘引するHIPVsの放出を開始する。

Bruin et al.[4]およびDicke et al.[5]は，ナミハダニ被害リママメ株あるいは被害ワタ株から放出されたHIPVsに一定期間曝された同種未被害株が，チリカブリダニを誘引することを報告した（HIPVsに曝されない未被害株は誘引しない）。彼らの論文では，この結果が，HIPVsに曝された未被害株が誘引性のあるHIPVs成分を新たに生産放出した結果なのか（能動的），あるいは葉の表面にHIPVsが吸着し，それが再放出された結果なのか（受動的）という2つの可能性が議論されている。

植物がHIPVsの成分に能動的に応答していることを室内実験系で示したのはArimura et al.[6]で，ちなみに2000年は，この研究以外にも，野外での実証研究例が2つの研究機関から国際誌に報告され，植物間コミュニケーション再訪の年と言われている（再訪というのは，1980年前半に植物間コミュニケーションが報告されたが，実験デザインの不備等で否定されたという経緯があるため）。

Arimura et al.[6]の研究では，ガラス容器内で未被害リママメ葉が，ナミハダニに食害されたリママメ葉のHIPVsを一定期間受容すると，未被害受容葉の中でいくつかのタンパク質［病原関連タンパク質（pathogenesis related proteins），リポキシゲナーゼ（lipoxygenase），フェニルアラニンアンモニアリアーゼ（phenylalanine ammonia lyase），ファルネシルピロリン酸シンターゼ（farnesyl pyrophosphate synthetase）］をコードする遺伝子が発現していることを示した。これらの遺伝子は，HIPVsを受容していない未被害葉では発現を確認できないことから，HPVs受容に対する能動的な植物の応答と言える。

実際の防衛物質の変化から植物のHIPVsに対する能動的な反応を示した研究としては，花外蜜腺の変化に注目した報告がある。花外蜜腺は，葉や葉柄などにあって蜜を分泌する腺である。この蜜はハダニ類（植食者）の天敵である捕食性天敵の代替餌となり，天敵の株上での定着性を高めるため防衛物質と考えられている。ナミハダニ被害リママメ葉のHIPVsに未被害リママメ葉が曝されると，花外蜜腺の蜜量が曝されていない株より増加した[7]。HIPVsを受容して未被害植物がその量を増加させたと考えられる。

また，HIPVs を受容していない未被害株がナミハダニに食害された場合，花外蜜腺の蜜量を増やすのだが，未被害受容株がナミハダニに食害された場合には蜜量がさらに増加した[8]。これは植物が，被害前に前もって防衛の準備をする反応（プライミング）である。

　同様の防衛物質の変化としては，ジョチュウギク株の例がある。ジョチュウギク株が機械的傷由来の匂いを受容すると，葉内の防衛物質であるピレトリン量が増加する（後述 4.3.1）[9]。

　Choh et al.[10] は，上記の Bruin et al.[4] および Dicke et al.[5] の議論を受けた研究結果を報告している。ナミハダニの食害を受けた未被害葉からの HIPVs を受容した未被害のリママメ葉は，被害葉が出す HIPVs と同一の匂いを放出していた。タンパク質合成阻害剤で前処理し，匂いの生合成を停止させた未被害葉からも，HIPVs 受容後には HIPVs と同一の匂いが葉から放出されていた。これらの結果は，HIPVs を受容したリママメ葉が新たに HIPVs を生合成したのではなく，受容葉の表面で HIPV の吸着がおこり，それが再放出されている（受動的プロセス）ことを示している。

　彼らは HIPVs を受容した後のリママメ葉がナミハダニの食害を受けると，未受容のナミハダニ被害葉より HIPVs の生産・放出が高まることも報告している。この場合は，受容によって HIPVs の生合成が活発化したこと（プライミング）を意味し，受容植物の能動的反応といえる[10]。

　植物間コミュニケーション研究では，現在に至るまで HIPVs を受容した株での被害の減少を指標にしたものが中心である。害虫のパフォーマンスへどのような影響を与えるのか，に関する研究報告例としては，ジャヤナギ株（*Salix eriocarpa*）とヤナギルリハムシ（*Plagiodera versicolora*）を対象とした研究がある[11]。実験室内で，健全ジャヤナギ株に，ヤナギルリハムシの食害を受けた同種株の HIPVs を 4 日間受容させた。その後，受容株にヤナギルリハムシ幼虫を接種し，それらの幼虫の生存率，蛹の重量，幼虫による葉の摂食面積を調べたところ，すべて有意（統計学的に異なること）に低下した。また幼虫の発育期間に関しては，有意な遅延が認められている。

2.2　野外実験系での実証

　野外での操作実験で植物間コミュニケーションを示した研究も，2000 年を皮切りに報告されている。先駆的な野外研究としては，Karban et al.[12] と，Dolch and Tscharntke[13] の報告がある。

　Karban らは，カリフォルニアに自生しているデザートセージ（*Artemisia tridentata*）を対象に研究を行った。彼らは，人工的な傷を与えたデザートセージからの匂いを受容した同種の近隣個体では，未受容の場合に比べ植食者による食害が減少することを報告している[12)14]。また，デザートセージがハムシの一種の食害を受けた株由来の匂いでも同様の結果を報告している[15]。

　Dolch and Tscharntke[13] は，ハンノキ（*Alnus glutinosa*）木の葉を人為的に切断し（処理木），その後の隣接するハンノキ木上でのハンノキハムシ（*Agelastica alni*）による食害について，ドイツ北部の 10 のハンノキ林で調査した結果を報告している。処理した

木に隣接するハンノキでは通常の被害より減少し，処理木からの距離が離れるにつれて被害は徐々に通常レベルまで戻った。処理木からの揮発性物質の量が距離に応じて減少したためと考えられる。

Kost and Heil[16]は，植食者に食害されたリママメ株が放出するHIPVsによって，隣接する同種株における花外蜜腺（天敵の代替餌となる間接防衛物質）の生産が誘導されることを野外実験で示した。Pearse et al.[17]は，人工的に損傷を受けたヤナギ木と健全なヤナギ木との間で，植物間コミュニケーションが行われていることを示している。Hagiwara et al.[18]は，日本に自生しているブナを用いて，Dolch and Tscharntkeらと類似の切除実験を行い，ブナ木間でのコミュニケーションを実証している。

Yoneya et al.[19]は，植物間コミュニケーション後の植物体上の節足動物群集について長期的に調べている。3つの処理株（健全ジャヤナギ株，ヤナギルリハムシ被害ジャヤナギ株，ヤナギルリハムシ被害ジャヤナギ株由来のHIPVsを受容したジャヤナギ株）を複数野外に配置し，その後の節足動物群集構造の変化を調べた結果，ジャヤナギの3つの初期条件の違いが，その後の節足動物群集の形成と種の多様性に影響を及ぼしていることを報告している。

3. 植物間コミュニケーションの有効距離

「植物間コミュニケーションが，どの程度の距離で成立しているのか？」は非常に重要な問いといえる。Karban et al.[14]は，野外におけるデザート-セージ間のコミュニケーションの有効距離は約60 cmであると報告している。Heil and Adame-Alvarezm[20]は，野外において健全リママメ株と被害リママメ株とのコミュニケーションの距離を50 cmと見積もっている。Muroi et. al.[21]のハダニ被害リママメ株と未被害同種株を用いた室内実験では30 cmと報告されている。これに対しDolch and Tscharntke[13]のハンノキを使った野外研究では，距離が10 m以上であることが示されている。また，Hagiwara et al.[18]のブナ林での研究では，多くの葉を人為的に傷づけたブナ木から出る匂いは，5 m以内の他のブナ木の食害を低下させている。

植物間コミュニケーションの有効距離は，環境条件や風速風向きなどさまざまな要因に左右される。そこで，有効距離を「匂い受容植物の感度」として評価する研究例もある。シロイヌナズナ株に僅かな傷をつけると，「緑のかおり」（1章2節のみどりの香り，5章4節の緑の香りと同義）を主成分とする微量の匂い物質（約140 pptV）が放出される。緑のかおりとは，全ての緑色植物の葉が（草刈りなどで）傷ついたときに直ちに放出される炭素数6を基本とする匂い物質である（1章2節）。微量なシロイヌナズナ機械傷由来の匂いを健全なシロイヌナズナ株に3週間にわたって断続的（週2回）に受容させたところ，受容株において未受容株より高い「緑のかおり」の生産性と，モンシロチョウ幼虫の天敵寄生蜂の一種アオムシサムライコマユバチ（*Cotesia glomerata*）の誘引性が確認された[22)23)]。

上記の140 pptVという濃度は薄すぎてイメージしにくいが，50 mプールの水にスプーン1杯の塩を加えてよく混ぜた濃度と考えればよいだろう。このような低濃度の匂

いに応答するシロイヌナズナ株の感度（環境センシング力）の高さには驚かされる。ちなみに動物の個体レベルでの匂い受容の感度では，クモザルの仲間で 1 ppbV 以下のレベルであることが報告されている[24]。動物のような機能分化した嗅覚器官を持たない植物が，動物と類似したレベルの嗅覚応答性を示す可能性をシロイヌナズナでの研究は示唆している。

　動物の匂い受容との相違点もある。シロイヌナズナの研究では，3 週間の匂い物質の受容であったが，これを 1 週間に短縮すると，上記のような応答は認められなかった。植物 - 植物間のコミュニケーションでは，受け手が匂いに応答し始めるまで，一定の受容期間が必要と考えられる。同様の効果は，リママメ株を用いて Girón-Calva et al.[25] も報告している。

4. 匂いに対する植物の応答

4.1 単一化合物に対する応答

　Arimura et al.[6] は，ナミハダニ被害リママメ葉から放出される HIPVs の主要な成分である (*E*)-β-オシメン［(*E*)-β-ocimene］，(*E*)-4,8-ジメチル-1,3,7-ノナトリエン［(*E*)-4,8-dimethyl-1,3,7-nonatriene］，(*E,E*)-4,8,12-トリメチル-1,3,7,11-トリデカテトラエン［(*E,E*)-4,8,12-trimethyl-1,3,7,11-tridecatetraene］の合成品を未被害葉に曝露した結果，各化合物が 2.1 で示した遺伝子を誘導することを示した。興味深いことに，未被害葉が，これもナミハダニ被害リママメ葉の主要な HIPV の 1 つであるリナロール（linalool）を受容した場合には，上記の遺伝子は誘導されなかった[6]。植物葉が異なる匂い物質によって異なる応答を示すことを最初に示した結果である。彼らはさらに，緑のかおりの主成分である (*Z*)-3-ヘキセノール［(*Z*)-3-hexenol］，(*E*)-2-ヘキセナール［(*E*)-2-hexenal］，(*Z*)-3-ヘキセニルアセテート［(*Z*)-3-hexenyl acetate］をリママメ葉に受容させても同様に遺伝子が誘導されることを報告している[26]。

　Farag and Pare[27] は，緑のかおりの主要成分の 1 つである (*E*)-2-ヘキセナールを未被害のトマト植物に曝した結果，タバコスズメガ（*Manduca sexta*）の食害で誘導される HIPVs 成分（炭素数 10 および 15 の揮発性テルペノイド）の放出が始まることを報告している。Engelberth et al.[28] も，(*Z*)-3-ヘキセナール，(*Z*)-3-ヘキセノール，および (*Z*)-3-ヘキセニルアセテートがトウモロコシ芽出しに対して，ほぼ同じ効果（上記の匂い物質を受容することで，より多くの HIPVs の生産ができるようになる）を持つことを報告している。Kost and Heil[16] は，(*Z*)-3-ヘキセニルアセテートがリママメ株における花外蜜腺（間接防衛物質）の生産を誘導することを野外実験で示した。

4.2 化学構造特異的応答

4.2.1 緑のかおりへの構造特異的応答

　Kishimoto et al.[29] は緑のかおりの成分である (*E*)-2-ヘキセナール，(*Z*)-3-ヘキセナー

ル，(Z)-3-ヘキサノールを個別にシロイヌナズナに受容させたところ，葉内では機械的な傷害や，傷害関連の植物ホルモンであるジャスモン酸によって誘導される遺伝子の発現が化学物質特異的なパターンで誘導されると報告している（図2）。ここで興味深い点は，シロイヌナズナが異性体の関係にある (E)-2-ヘキセナールと (Z)-3-ヘキセナールや，主鎖が同じで官能基が異なる (Z)-3-ヘキセナール（アルデヒド基）と (Z)-3-ヘキサノール（アルコール基）に対して異なる応答を示していることで，シロイヌナズナが異性体や官能基を識別していることを示している。

ジャスモン酸は，植物の傷害応答に関与するホルモンである。ジャスモン酸非感受性変異体（jar1）を用いた Kishimoto et al.[29] の実験では，上記の匂い受容による誘導に影響を受ける（jar1 で発現が下がる）遺伝子と，影響を受けない遺伝子にわかれた（図2）。シロイヌナズナの匂い物質の受容では，ジャスモン酸依存性および非依存性経路の両方が存在することを示唆している。また，ストレス応答に関与している植物ホルモンであるエチレンに対する非感受性変異体（etr1）は，上記の匂い物質に対して野生型とほぼ同じ反応を示したことから，エチレンが上記化合物の受容には関与していないと考えられる[29]。

4.2.2 光学異性体

我々は同一の匂い物質の光学異性体を識別することができる[30]。たとえば，メントー

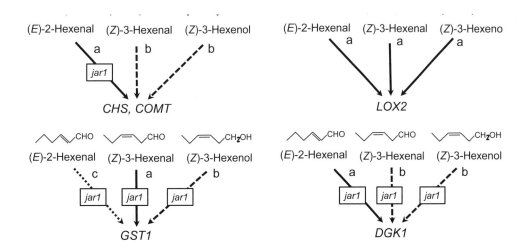

図2 シロイヌナズナの (E)-2-ヘキセナール [(E)-2-hexenal]，(Z)-3-ヘキセナール [(Z)-3-hexenal]，(Z)-3-ヘキセノール [(Z)-3-hexenol] に対する遺伝子レベルでの応答性

各遺伝子の矢印にある異なったアルファベットは，当該遺伝子に対する誘導性に関して，統計的に有意差があることを示す。jar1 がついた矢印は，ジャスモン酸非感受性株を用いた場合，発現にマイナスの影響が出たことを示す

CHS：カルコン合成酵素（chalcone synthase），*COMT*：カフェ酸-*O*-メチルトランスフェラーゼ（caffeic acid-*O*-methyltransferase），*LOX2*：リポキシゲナーゼ2（lipoxygenase），*GST1*：グルタチオン-*S*-トランスフェラーゼ1（glutathione-*S*-transferase1），*DGK1*：ジアシルグリセロールキナーゼ（diacylglycerol kinase）

ルの場合，L体とD体が存在するが，ハッカの匂いと感じるのはL体のみである。興味深いことに，シロイヌナズナでも，匂い物質の光学異性体に対して異なる応答を示すことが報告されている[31)32)]。

シロイヌナズナの実生の地上部にボルネオール（borneol）というモノテルペン（墨の香りに似ている）の光学異性体［(+)-または(-)-ボルネオール］を個別に受容させたところ，(+)体のみが根の伸長を低下させ，根の先端部分を肥大させた。さらに(+)体の受容で，根の先端のオーキシンシグナルが著しく減少し，根の分裂活性が阻害された。これらの結果は，シロイヌナズナには(+)-ボルネオールに特異的な受容システムが葉に存在することを示しており，何らかの受容体の関与が示唆される。ただ，このような光学異性体を識別する能力の生態学的な意味はまだ不明である。

4.3 匂いブレンドに対する応答

これまでは，単一化合物に対する植物の応答を概観してきた。次に，植物が匂いのブレンドに特異的に応答する場合を紹介する。

4.3.1 ジョチュウギク間コミュニケーション

Kikuta et al.[9)]は，人工的傷を与えたジョチュウギク（*Chrysanthemum cinerariaefolium*）株と無傷株とのコミュニケーションにおいて匂いのブレンドの重要性を報告している。無傷株に機械的傷を与えた株からの匂いを受容させると，昆虫類・両生類・爬虫類に対する神経毒であるピレトリン量が通常よりも増加した。この匂いは，(Z)-3-ヘキセナール，(E)-2-ヘキセナール，(Z)-3-ヘキセノール，(Z)-3-ヘキセニルアセテート，(E)-β-ファーネセン［(E)-β-farnesene］から構成されていた。合成品を用いた実験では，これらを単独で無傷ジョチュウギク株に受容させても，受容葉内のピレトリン量は増加しないが，これら5成分の混合物を受容させると，葉内のピレトリン量が増加した。植物間コミュニケーションおいて，ブレンドとしての情報が重要であるケースを物質レベルで示した研究である。

4.3.2 隣接する被害株上の植食者の違い

Choh et al.[33)]は，ハスモンヨトウ幼虫（*Spodoptera litura*），ナミハダニ，コナガ幼虫（*Plutella xylostella*）にそれぞれ食害されたキャベツからのHIPVsを，未被害リママメ株が受容した場合の，受容株の花外蜜腺からの蜜分泌量を調査している。使用した3種の害虫のなかで，コナガ幼虫はアブラナ科スペシャリストなのでリママメ株を食害できない。実験の結果，リママメ株は，ナミハダニに食害されたキャベツ株からのHIPVsに曝露された場合のみ，花外蜜腺からの蜜の分泌を通常より増加させた。花外蜜腺からの蜜は，先に述べたように，ハダニ類の捕食性天敵の代替餌となるため，防衛物質と考えられている。化学分析により，3種の植食者に食害されたキャベツ株から放出されるHIPVsのブレンドには，質的・量的な差異が認められた。リママメ株は隣接する植食者をHIPVsのブレンドの違いで認識し，ナミハダニHIPVsを受容した時だけ，ハダニに対し

ての花外蜜腺の防衛レベルを増強していると考えられる。また，本研究は異種植物間（キャベツ株とリママメ株）でも匂いのコミュニケーションが成立することも示している。

Moreira et al.[34]は，*Baccharis salicifolia*（キク科植物）と2種のアブラムシ *Uroleucon macolai* とワタアブラムシ（*Aphis gossypii*）を用いた植物間コミュニケーション実験で，同種アブラムシ被害株からのHIPVsは，未被害受容株の同種アブラムシに対する抵抗性を向上させ，異種アブラムシ被害株からのHIPVsはそのような抵抗性を受容株に誘導しないことを示している。

4.3.3 血縁者を認識する

Karban et al.[35]は，デザートセージにおいて，血縁者間における特異的な植物間のコミュニケーションを報告している。デザートセージ株の機械的傷で生じる匂いのブレンドは，遺伝的に異なる株間では大きく異なった[36]。デザートセージ株の機械傷由来の匂いブレンドを同種無傷株に受容させる実験を，機械傷で同じブレンドを放出する2株間（同じ遺伝型を持つ機械傷株と無傷株），異なるブレンドを出す2株間（異なった遺伝型を持つ機械傷株と無傷株），匂いを受容しない株，の3条件で調べたところ，同じブレンドを放出する2個体間で最も良くコミュニケーションできた（一定期間後の被害が最も低かった）。これらの結果は，デザートセージは血縁者（同じ遺伝子型を持つ株）と非血縁者を匂いのブレンドで識別している可能性を示している[35)37]。

セイタカアワダチソウでも類似の結果が報告されている。同じ遺伝子型を持つ個体間でのコミュニケーションで誘導される受容株の抵抗性は，異なった遺伝子型を持つ個体間のコミュニケーションよりも高い[38]。

5. 今後の展望

本節では，地上部植物間コミュニケーションの特性について，主に同種の植物個体間の研究に焦点をあてて紹介してきた。異種植物間のコミュニケーションも，4.3.2のキャベツ株とリママメ株の例だけでなく，リママメ株とトマト株，リママメ株とキュウリ株，デザートセージ株とタバコ株など，いくつかの組み合わせで報告例がある[39)40]。また，緑のかおり成分である青葉アルデヒド，青葉アルコール，青葉アセテートは緑色植物が共通に持つ機械傷由来の匂い成分である。これまでの報告から，植物が食害等の被害で放出する緑のかおりに対して，同種のみならず，異種植物個体も防衛などの応答を開始すると考えられる。

このような植物共通の匂いシグナルがある一方で，本書で紹介したような，特異性を持った匂いのブレンドもシグナルとして植物間のコミュニケーションで機能している。このようなシグナルの重層性がもたらす植物間のコミュニケーションの生態学的な意義の解明は今後の課題であろう。

植物－植食者－捕食者三者系における情報ネットワーク（3章4節）が植物間コミュニケーションによってどのような影響を受けるのかも興味深い課題である。植物間コミュニ

ケーションが植物上のコミュニティの構造と安定性にどのような影響を与えるかについても，さらなる研究が必要である。また本節ではとりあげなかったが地下部でも植物間のコミュニケーションがあることが報告されている[41]。今後の植物間コミュニケーション研究から，植物を起点とした生き物たちの暮らしの新しい描像が浮き彫りになることを期待したい。

文　献

1) J. Takabayashi: *Plant and Cell Physiology,* 63, 1344(2022).
2) K. Yoneya and J. Takabayashi: *Journal of Plant Interaction,* 8, 197(2013).
3) R. Karban, L. H. Yang and K. F. Edwards: *Ecology Letters,* 17, 44(2014).
4) J. Bruin, M. Dicke and M. W. Sabelis: *Experientia,* 48, 525(1992).
5) M. Dicke, M. W. Sabelis, J. Takabayashi, J. Bruin and M. A. Posthumus: *Journal of Chemical Ecology,* 16, 3091(1990).
6) G. Arimura, R. Ozawa, T. Shimoda, T. Nishioka, W. Boland and J. Takabayashi: *Nature,* 6795, 512(2000).
7) Y. Choh, S. Kugimiya and J. Takabayashi: *Oecologia,* 147, 455(2006).
8) Y. Choh and J. Takabayashi: *Journal of Chemical Ecology,* 32, 2073(2006).
9) Y. Kikuta, H. Ueda, K. Nakayama, Y. Katsuda, R. Ozawa, J. Takabayashi, A. Hatanaka and K. Matsuda: *Plant Cell and Physiology,* 52, 588(2011).
10) Y. Choh, T. Shimoda, R. Ozawa, M. Dicke and J. Takabayashi: *Journal of Chemical Ecology,* 30, 1797(2004).
11) Y. Yoneya, S. Kugimiya and J. Takabayashi: *Applied Entomology and Zoology,* 49, 249(2014).
12) R. Karban, I. T. Baldwin, K. J. Baxter, G. Laue and G. W. Felton: *Oecologia,* 125, 66(2000).
13) R. Dolch and T. Tscharntke: *Oecologia,* 125, 504(2000).
14) R. Karban, K. Shiojiri, M. Huntzinger and A. C. McCall: *Ecology,* 87, 922(2006).
15) K. Shiojiri and R. Karban: *Arthropod-Plant Interactions*, 2, 87(2008).
16) C. Kost and M. Heil: *Journal of Ecology,* 94, 619(2006).
17) I. S. Pearse, K. Hughes, K. Shiojiri S. Ishizaki and R. Karban: *Oecologia,* 172, 869(2013).
18) T. Hagiwara, J. Takabayashi, M. Ishihara, T. Hiura and K. Shiojiri: *Ecology and Evolution,* 11, 12445(2021).
19) K. Yoneya and J. Takabayashi: *PLoS ONE*, e51505(2012).
20) M. Heil and R. M. Adame-Alvarezm: *Biology Letters,* 6, 843(2010).
21) A. Muroi, A. Ramadan, M. Nishihara, M. Yamamoto R. Ozawa, J. Takabayashi and G. Arimura: *PLos ONE,* 6, e24594(2011).
22) K. Shiojiri, R. Ozawa, K. Matsui, M. Sabelis and J. Takabayashi: *Scientific Reports,* 2, 378(2012).
23) R. Ozawa, K. Shiojiri, K. Matsui and J. Takabayashi: *Plant Signaling and Behavior,* 8, e27013(2013).
24) L. T. H. Salazar, M. Laska and E. R. Luna: *Behavioral. Neuroscience,* 117, 1142(2003).
25) P. S. Girón-Calva, J. Molina-Torres, M. Heil: *Journal of Chemical Ecology,* 38, 226(2012).
26) G. Arimura, T. Nishioka, K. Tashiro, S. Kuhara and J. Takabayashi: *Biochemical and Biophysical Research Communications,* 277, 305(2000).
27) M. A. Farag and P. W. Paré: *Phytochemistry*, 61, 545(2002).
28) J. engelberth, H. T. Alborn, E. A. Schmelz and J. A. Tumlinson: *Proceedings of the National Academy of Sciences*, 101, 1781(2004).
29) K. Kishimoto, K. Matsui, R. Ozawa and J. Takabayashi: *Plant Cell and Physiology,* 46, 1093(2005).

30) M. Laska, A. Liesen and P. Teubner: *Chem. Senses,* **24**, 161 (1999).
31) J. Horiuchi, A. Muroi, J. Takabayashi and T. Nishioka: *Journal of Plant Interactions,* **2**, 101 (2007).
32) K. Fukuda, M. Uefune, H. Fukaki, Y. Yamauchi, I. Hara-Nishimura, R. Ozawa, K. Matsui, K. Sugimoto, K. Okada, R. Imai, K. Takahashi, S. Enami, R. Wurst and J. Takabayashi: *Biology Letters,* **18**, 20210629 (2022).
33) Y. Choh, R. Ozawa and J. Takabayashi: *Experimental and Applied Acarology,* **59**, 263 (2013).
34) X. Moreira, C. S. Nell, A. Katsanis, S. Rasmann and K. A. Mooney: *New Phytologist,* **220**, 703 (2018).
35) R. Karban, K. Shiojiri, S. Ishizaki, W. C. Wetzel, R. Y. Evans: *Proceedings of the Royal Society B,* **280**, 20123062 (2013).
36) S. Ishizaki, K. Shiojiri, R. Karban and M. Ohara: *Plant Species Biology,* **27**, 69 (2012).
37) R. Karban and K. Shiojiri: *Ecology Letters,* **12**, 502 (2009).
38) K. Shiojiri, S. Ishizaki and Y. Ando: *Ecology and Evolution,* **11**, 7439 (2022). DOI: 10.1002/ece3.7575.
39) J. Bruin and M. W. Sabelis: *Biochemical Systematics and Ecology,* **29**, 1089 (2001).
40) R. Karban, M. Huntzinger, A. C. McCall: *Ecology,* **85**, 1846 (2004).
41) H. P. Bais, S. W. Park, T. L. Weir, R. M. Callaway and J. M. Vivanco: *Trends in Plant Science,* **9**, 26 (2004).

第1章 揮発性物質が媒介する地上部植物間コミュニケーション

第2節 みどりの香りと植物間コミュニケーション

山口大学　松井　健二

1. はじめに

みどりの香りは基本骨格が6炭素で官能基としてアルデヒド基，アルコール基，あるいはエステル基を持つ化合物の総称である。英語では Green Leaf Volatiles (GLVs) と呼ばれる。最初に構造決定された2-ヘキセナール（当時幾何構造は決定されていなかった）が青葉アルデヒドと命名されたことからその関連化合物は青葉アルコール（(Z)-3-ヘキセノール），青葉アセテート（(Z)-3-ヘキセニルアセテート）などと名付けられ，これら関連化合物の総称として「みどりの香り」が使われるようになった。

みどりの香りは脂肪酸から酸化的代謝によって生成される[1)2)]。こうした化合物群をオキシリピンと呼ぶが，動物ではアラキドン酸から作られるオキシリピンとしてプロスタグランジンやロイコトリエンなど，炎症反応や血圧制御などを司る生理活性物質が含まれる。植物はアラキドン酸をほとんど持たず，代わりにリノレン酸（時にはリノール酸も）が酸化的代謝を受けてさまざまなオキシリピンが生成される。そのひとつはジャスモン酸で植物の植食者抵抗性や成長などを司る植物ホルモンとして機能している。みどりの香りはリノレン酸がリポキシゲナーゼによって酸素添加され，リノレン酸ヒドロペルオキシドができるまではジャスモン酸生合成経路と同じ経路だがリノレン酸ヒドロペルオキシドがヒドロペルオキシドリアーゼと呼ばれる酵素によって炭素数6と炭素数12に開裂されると，このうち，炭素数6の化合物がみどりの香りで最初に生成される (Z)-3-ヘキセナールとなる（図1）。(Z)-3-ヘキセナールが還元されると (Z)-3-ヘキセノールとなり，さらにこれがアセチル CoA からアセチル基を受け取ると (Z)-3-ヘキセニルアセテートへと導かれる。ブチリル CoA からブチリル基の転移を受けて (Z)-3-ヘキセニルブチレート（酪酸 (Z)-3-ヘキセニル）なども生成されるときもある。(Z)-3-ヘキセナールは異性化酵素によって (E)-2-ヘキセナールになる。これが還元されてできるはずの (E)-2-ヘキセノールはほとんど生成されない。リノレン酸ではなく，リノール酸が出発物質だと二重結合がなくなり，n-ヘキサナール，n-ヘキサノール，それに n-ヘキシルアセテートができる。こうして一群のみどりの香り関連化合物ができあがる。それぞれ一様に青臭

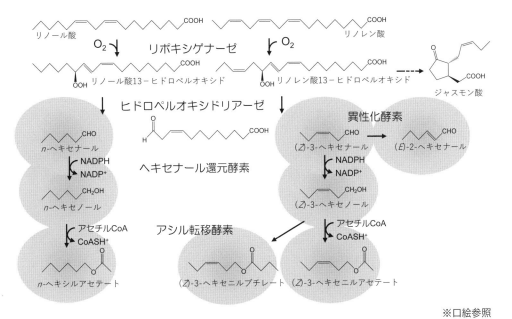

図1 みどりの香り生合成経路
みどりの香り関連化合物はみどり色で示した

い，みどりの香りを有しているがエグみのある青臭さや爽やかな緑葉臭など，構造や濃度によって香りのニュアンスは絶妙に違っている。その一部はグリーン系香料としてトイレタリー商品向けなどに使われている。

2. 植物はなんのためにみどりの香りを作るのか？

身の回りの植物にそっと鼻を近づけてもあまり匂いはしない。そこで葉をちぎって手で揉むと途端にみどりの香りを感じる。都会だと感じる機会が少ないが，田畑が残っている郊外などではちょうど草刈りをしているときにはフレッシュなみどりの香りが漂ってくるのがわかる。葉が千切れたりもみ砕かれたたためみどりの香りが急激に生成されたのだ。ただ，しばらくするともぎたての青葉，といったフレッシュ感はなくなり，どことなく干し草の香りへと変化する。そうした感覚的な印象と同じで，みどりの香りは無傷の植物ではほとんど作られず，植物組織が傷害を受けると数秒以内に生合成が進み1～10分程度でピークを迎え，その後，生成量は元のレベルに戻る。みどりの香りは植物が傷つけられた時に一過的に生成される香り化合物である。

植物にとって傷口は病原体の侵入経路となる。みどりの香りには抗菌活性がある[3]ため傷口でみどりの香りを一過的に蓄積することは傷口の消毒になるかもしれない。実際，私達はみどりの香り生成量を人為的にコントロールした組換えシロイヌナズナを用いてみどりの香りが灰色かび病に対する抵抗性に寄与していることを実証した[4]。インゲンマメではインゲンマメかさ枯病（*Pseudomonas savastanoi* pv. *Phaseolicola*）への抵抗性にみどりの香りが寄与していることも報告されている[5]。また，食害は植物組織を傷つけるの

で植食者が摂食する際には必ず食痕や植食者の口や消化管の中でみどりの香りが生成されることになる。とするとみどりの香りが植食者に対する直接防衛にも寄与している可能性がある。バレイショではみどりの香りがアブラムシの産卵抑制に寄与していることが示されている。少なくとも一部の植食者に対してみどりの香りには直接防衛効果があるようだ[6]。

進化過程で生物が何らかの代謝物を作る能力を獲得する場合，その代謝物が生産者の適応度を直接高める必要があるはずなのでみどりの香りも直接防衛する目的で作られ始めたに違いない。ところが「食う‐食われる」の軍拡競争の結果，植物に寄生するか捕食しようとしている外敵にとってみどりの香りはそこに植物がある，というサインになってしまって植物が防衛のために作ったみどりの香りで敵を誘引してしまうケースも出現した[7]。ただ，このサインを，植食性節足動物を餌とする肉食動物が利用すると植物にとっては好都合なはずだ。みどりの香りを放散しているということは，そこにむしゃむしゃと食事中の植食者がいることの証しとなる。先に述べたようにみどりの香りは数分程度の一過性をもって生成されるのでみどりの香りをたどればほぼ確実に植食者を発見できる，とても信頼性の高いシグナルとなる。長い時間残る「残り香」だと香りをたどってきてみてもそこにはもう餌となる植食性節足動物がいないかも知れない。この場合，みどりの香りは直接的に敵を駆逐するわけではなく，植食者の敵を誘引して間接的に利益をもたらすので間接防衛と呼ばれる。私達は遺伝子組換えでみどりの香り生成量を多くしたり少なくしたシロイヌナズナを用いた検討でみどりの香りが植食者に寄生する寄生バチを誘引することで間接防衛に関与していることも明らかにしている[8]。

3. 植物はみどりの香りを受容するか？

植物は香り化合物を介してコミュニケーションしている。1983年にそうした論文が相次いで2つ出版され，少しセンセーショナルにマスコミに取り上げられた。「プラントトーク」現象だ，などと報じられ，ロマンのある研究だともてはやされた。しかし，論文の内容に不適切な部分が見つかり，また再現性が得られなかったこともあって懐疑的な目を向けられるようになり，センセーショナルに報道された分，その後は余計に批判されてしまうこととなった。今で言う，炎上だ。2つの論文の一方の著者はその後，研究費を獲得できなくなり，結局研究者であることすら諦めてしまった。こうした経緯もあって香りを介した植物間コミュニケーションはしばらく「眉唾もの」扱いだったが1990年にジャスモン酸メチルを介した植物間コミュニケーションが報告されると科学的信憑性が担保されるようになり，研究者も増えて，いくつもの研究結果が，植物が香り化合物を介してコミュニケーションしていることを実証するに至った。このあたりの経緯はWalters氏のFortress Plant[9]に詳しいのでご一読いただきたい。

実は1983年に出版された2つの論文のうち，もう1つの論文の著者の1人（Ian Baldwin）は炎上騒ぎにもくじけずその後も化学生態学の業界で業績を上げ続け，ドイツマックスプランク化学生態学研究所の教授を長年勤め，この業界の第一人者であり続けた

つわ者だ。2007年にスイスのLes Diableretsというリゾート地で植物の香り化合物に関するゴードン会議が開催されたが，その時にたまたま食堂のテーブルの真向かいにBaldwinがいたので勇気を出して議論をふっかけたことがある。その会議では私はシロイヌナズナをみどりの香り化合物と一緒にガラスデシケーターに密閉しておくと防衛関連遺伝子が誘導されおまけにシロイヌナズナが灰色かび病抵抗性を高めることを当時ポスドクだった岸本久太郎さん（現在農研機構）と見出して発表していた[10]。Baldwinはその時すでに，そうした実験は野外生態系で実施しないと意味がない，との主張だった。私は実験室内での実験系で得られた結果は確かにそのままでは野外生態系での現象の説明に使えないだろうが，実験室内での結果と野外生態系での結果には連続性があって，それぞれの結果を外挿することでいずれは両方の結果を包括的に理解できるはずなので実験室内での制御された実験も引き続き進めるべきだ，と拙い英語で主張した。Baldwinは頑なに実験室内の検討結果は野外生態系に反映できない，との一点張りで，最後は私からそっぽを向いて隣席の人と話し始めた。

　もちろん，現在繁茂している植物は実験室内で進化したわけではないので実験室内で得られた結果だけで植物のいとなみを説明すべきではない。ただ，思い起こせば，ヒトの生命の仕組みのいくつかは病気になったヒトを調べることで明らかになってきたことも多い。そのため，やや特殊な条件での検討であっても植物のいとなみの一側面を見ていることは間違いないし，そうした条件でないと見えない現象もあるだろう。残念ながら実験室内で実施された研究成果をそのまま野外生態系に当てはめることには今なお成功していないが次世代シークエンサーや高性能マススペクトロメトリーが登場し，大規模データを上手くさばくシステム生物学手法が非モデル植物にまで適応できるようになってきたので野外での観察結果を実験室内で得られた結果と同じ土俵で議論できるようになるはずだ。比較的近い将来に実験室内での結果を野外生態系に適応する可能性について私とBaldwinがもう少し長く議論できる時が来ることを期待している。

　とはいえ，実験室内で植物を香り化合物に曝露する実験系では注意すべきポイントはいくつかある。まず植物を狭い空間に密閉すると一般的には湿度が高まり，また，光や温度条件によっては呼吸か光合成のどちらかが優先的になり，空間内の二酸化炭素と酸素濃度比が変化するので気孔の開口度や光合成速度が変化してしまい，植物が本来の応答を見せなくなる可能性が高い。オープンな空間で香り化合物を曝露する必要があるが，一定濃度の香り化合物を漂わせる空間を作って維持させるのは至難の業だ。そこで，植物を容器に入れて，一定濃度の香り化合物を含む空気をポンプで送り込むシステムがよく使われるようになった。一定濃度の香り化合物を含む空気を作るにはパーミエーターなどを使う必要がある。市販のパーミエーターはアセトアルデヒド（沸点20.2℃）など比較的沸点の低い化合物用なので(Z)-3-ヘキセノールのような沸点の高い（156℃）化合物で使うにはひと工夫が必要だ。簡単に一定濃度のガスを調製するにはマイクロディスペンサーがいいかも知れない（図2）。出口のキャピラリーの内径や長さを変えれば濃度調整できる。ただ，予備実験でガスを一定量捕集しガス濃度を検定しておく必要があり，すぐに使えるわけではないので効率は良くない。

図2 マイクロディスペンサーを用いた香り化合物曝露装置の概略図

2つの容器を用意し、一方に一定濃度の香り化合物溶液を密閉したガラスバイアルを置く。ガラスバイアルに細いキャピラリーを差し込んでおく。ガラス容器内では比較的安定した気液平衡が成立し、その気相がキャピラリーの出口に達するとエアポンプで作り出された気流で運ばれ隣の植物を入れた容器へと流れ込む。この仕組みだと比較的一定濃度の香り化合物を含む空気を一定速度で植物に曝露させることが可能だ

　そしてもうひとつ考えるべきポイントは濃度だ。たとえば植物がイモムシによる食害を受けたときに生成放散される香り化合物濃度を知る必要がある。多くの場合は植物ごと袋か容器に入れて一定速度で植物の周りの空気を引き抜いてTenaxやMonoTrapなどの吸着剤に捕集し、有機溶媒で脱着するか熱脱着装置を用いて定量的なGC-MS分析を実施する。定量性に関してはTenaxなどの吸着効率も調べる必要があり、ここでも一工夫が必要だ。さらに、たとえばみどりの香りは、実際に食害を受けている植物の、食害を受けている場所だけから特異的に放散される。放散される場所は葉の限定された一部分に過ぎず、しかもイモムシはもぐもぐと移動しながら食べ進めるだろうからその場所はじわじわと変化する。野外では日光による放射熱で土壌表面や葉面で熱対流が生じ、もちろん風も不規則に吹く。こうした中で香り化合物は発生源から同心円状に一様に拡散するわけではなく、線香の煙のように渦になって予測不可能な動きを示すことになる。植物全体を覆ってしまう捕集方法ではその空間内の平均像が見えるだけで実際の放散の様子は見えない。香り化合物の放散の様子を視覚化する技術はまだないので現時点ではどうしようもなく、お手上げ状態だ。ただ、PTR-MS (Proton Transfer Reaction - Mass Spectrometry, プロトン移動反応質量分析計)はとても感度が高く、リアルタイム分析も可能なので空気を取り込む細いチューブを何本も用意して発生源の周辺に三次元的に配置し、マルチチャネルの電磁弁をうまく操作してPTR-MSに導入すると空間解像度を上げて香り化合物放散の様子をラフに視覚化できるかもしれない。また横浜市立大学の関本らはPTR-MSのイオン化部分を工夫することで気体中の香り化合物濃度を絶対検量する方法を編み出している[11]ので植物からの香り化合物放散の様子を定量性をもって可視化することができそうだ。

　前述のようにかつて私たちは(Z)-3-ヘキセノールなどのみどりの香り化合物を染み込

ませた綿棒と一緒にシロイヌナズナ幼苗をガラスデシケーターに数時間以上閉じ込めると防衛関連遺伝子発現が誘導されることを見出した[10]。これは極端な実験条件なのでこの結果だけをもとに「植物はみどりの香りを感じている」と断定できない。そこで，今度はトマトの苗をふたつのガラス容器に入れ，ガラス容器同士をチューブでつなげて空気を通す実験系を作った。この時，入口側のトマトにハスモンヨトウ幼虫による食害を与えた。このトマトからは食害特異的にみどりの香りやトマト葉表面の分泌性葉毛由来と思われるテルペン化合物が多く放散されるのが確認できる。こうした香り化合物を含む空気をもう一方の無傷なトマトを含むガラス容器に導入した。この状態を3日間継続し，香り化合物に曝露されたトマト苗をガラス容器から取り出してハスモンヨトウ幼虫に食べられると，食害を受けていないトマトから放散された香り化合物を含む空気に3日間曝露されていたトマトに比べハスモンヨトウ幼虫の体重増加が抑制された[12]。この実験系だと実際に食害を受けたトマトから放散される香り化合物の組成と濃度でトマト苗が処理されているので野外生態系の状況をかなり再現している。もちろん野外で風が一定方向に一定速度で吹くことはないのでその意味では極端な条件であることは覚えておかなくてはならない。

この実験結果はトマトが香り化合物を受容して抵抗性を高めることができることをかなり強く示唆した。では，なぜ抵抗性は高まったのか？ この実験を推進してくれた杉本貢一氏（現在筑波大学）はハスモンヨトウの体重増加が抑制されたのだからハスモンヨトウが食べると何かしら不具合を引き起こすような代謝物が蓄積したはずだと考えた。ちょうどこの頃は千葉県のかずさDNA研究所に強力なメタボローム解析システムが確立していたので杉本氏自身がかずさDNA研究所に泊まり込んで分析し，香り化合物に曝露されたトマト葉に (Z)-3-ヘキセニルビシアノシドという二糖配糖体が蓄積していることを発見した[12]。この配糖体を精製し，人工飼料に練り込んでハスモンヨトウ幼虫に与えると体重増加が抑制され，卵から孵化したばかりの幼虫だと死亡率が高まった。さらに杉本さんは (Z)-3-ヘキセノールの重水素標識体を合成し，香り化合物に曝露されたトマト苗は漂ってきた気相から (Z)-3-ヘキセノールを吸収し，それを二回の糖付加反応を経て (Z)-3-ヘキセニルビシアノシドに変換していることを明らかにした。受け手植物は香りを吸って，代謝して抵抗性に寄与する化合物に変換していたのだ。これが食害特異的香り化合物を受容した植物の抵抗性強化機構の1つだった。大学内の実験農場にトマト苗を4×4の16個を1セットとして12セット並べ，そのうち6セットの内側の4個にハスモンヨトウ幼虫による食害を与えて5日後に外側のトマトを回収して分析すると食害を与えたトマトに隣接していたトマトでは食害を与えなかったトマトに隣接していたトマトに比べて (Z)-3-ヘキセニルビシアノシド量が増えていた。実験室の結果と野外の結果が一致を見た，と言える。

植物が香りを吸収することは知られていたし，吸収後に配糖体化を含む種々の代謝を受けることも知られていた。たとえばオーストラリアワインには1,8-シネオールが含まれていることがあるが，これはオーストラリアのブドウ畑の近くにユーカリが生えていて，そのユーカリから放散された1,8-シネオールがブドウに取り込まれ，配糖体として蓄積され，その配糖体がワイン醸造中に加水分解を受けて1,8-シネオールに戻るためだと報

告されている[12]。ただ，香り化合物の配糖体化で害虫抵抗性を増強できる，という事実は予想外だった。考えてみれば外から来た化合物（生体異物）を安全な形で溜め込んでおくには糖（グルコース）を1つ付ければ十分に思われるのにビシアノシドにするには更にアラビノースを用意して付加しなければならない。なんとも面倒な代謝をしているが，少しでも敵に対する防衛力を高めるための植物側の工夫なのかもしれない。今回見出したトマトとハスモンヨトウ幼虫，トマトとトマトの，香り化合物の吸収と代謝に依存した相互作用が他の植物にもみられるのか，今後検証していく必要がある。

　一方，先に示した密閉されたシロイヌナズナの実験では遺伝子発現の誘導が認められた。遺伝子発現を誘導するには何らかのシグナルが細胞内の核にまで達する必要があり，香り化合物の吸収と代謝だけではどうも説明できない。しかし，密閉シロイヌナズナを用いた実験系は野外生態系の現象とは少しかけ離れているので過去の文献を漁って，野外生態系で見られるのと同じ程度の気体濃度で，しかも密閉でなく少なくとも空気が流れるシステムで香り化合物に応じて遺伝子発現誘導が認められるモデル植物を探した。その結果，トウモロコシ実生がみどりの香り化合物の1つである(Z)-3-ヘキセニルアセテートに感度良く応答するという報告[13]をみつけた。これは私の考えていた実験条件に合致していて，信頼性も高いことがわかった。そこでまずはトマトで使ったのと同じ空気を流す実験系でトウモロコシ幼苗を(Z)-3-ヘキセニルアセテートを含む空気を曝露するととても再現性良くシスタチン（プロテアーゼ阻害タンパク質）遺伝子の誘導が認められた。トウモロコシがどういった機構で(Z)-3-ヘキセニルアセテートを受容して遺伝子発現誘導につなげているのかを明らかにする一環で，(Z)-3-ヘキセニルアセテートの構造を少しずつ変えた十数種の関連化合物を用意しトウモロコシ幼苗に与えてシスタチン遺伝子発現誘導を指標に構造活性相関解析を実施した。その結果，3-ヘキセノール構造が究極的な遺伝子発現誘導因子であることがわかった[14]。(Z)-3-ヘキセニルアセテートは植物細胞内に取り込まれるとエステラーゼによって加水分解を受け，(Z)-3-ヘキセノールへと変換される。どうやら(Z)-3-ヘキセノールが何らかの因子によって認識され防衛関連シグナル経路が活性化されて遺伝子発現誘導を導くらしい。(Z)-3-ヘキセノール構造の全体が認識されているらしく，(Z)-3-ヘプテノールや(Z)-2-ペンテノールでは遺伝子発現誘導能力が著しく弱まった。残念ながら現時点ではここまでで，ではどういった因子がどのように(Z)-3-ヘキセノールを認識してどのような信号伝達経路が活性化されるのかは皆目検討がついていない。また，どうしてトウモロコシ幼苗が際立ってみどりの香りに対する感度がいいのか，もわからない。植物がみどりの香りを感じている仕組みを明らかにするにはもう少し時間が必要だ。

4. 香り化合物を感じる？

　ヒトには鼻の奥の嗅球と呼ばれる場所に嗅覚受容体が数百種類もあって，それらがそれぞれに香り化合物と結合することが香りを感じる最初の仕組みだ。この受容体はG-タンパク質共役型受容体（GPCR）と呼ばれる膜結合タンパク質でヒトには約800種類の遺伝

子が存在し，そのうち半分程度が嗅覚受容体である。動物の嗅覚受容体の発見はノーベル賞につながったこともあって香りを感じる仕組みは全てGPCRで説明できる，との認識が一般的だが，植物が香り化合物を受容するシステムは必ずしもGPCRでは説明できそうにない。1991年に嗅覚受容体が発見されるまではヒトが香りを感じる仕組みに関してはGPCRのような化学構造特異的な受容体タンパク質が関与している，とする立体構造モデル以外に，分子振動モデル，吸着モデルなどが提唱されていた。

　私達が生きている温度領域で全ての化学物質は熱運動している。原子間の結合の長さが振動する伸縮運動や結合の角度が変わる変角運動などがそれで，結合の強さやその周りの化学的環境によって運動量が異なる。この振動は赤外線のエネルギーと同程度なので赤外線を与えると共鳴する現象を利用する赤外分光法と呼ばれる技術で化合物の構造に関する情報を得ることができる。つまり，化合物はその構造中の全ての結合がそれぞれに一定のベクトルと運動量で振動することで自らの構造を表現している。香り感知に関する分子振動モデルは，香り化合物の赤外線吸収スペクトルと香りの感じ方に相関がある，という知見から着想されたモデルで，分子振動のような物理化学的な力を感じる「何か」が香りを受容しているとする。その「何か」がわかれば素晴らしいが残念ながら今までのところこれについては何もわかっていない。音波くらいの周波数（100〜1000 Hz）を感じる仕組みは聴覚だし，触覚で感じることも可能だ。植物も100〜1000 Hz程度の周波（振動）を感じていることが知られている[15]。波長がもっと短くなって405〜790 THzになると可視光線なので動物では視覚のためのロドプシンが存在し，植物でもフィトクロムやクリプトクロムなどの光受容体で知覚できる。ところが可視光線より少し長い波長の赤外線（3〜400 THz）に相当する分子振動を感知するシステムはまだ生物界では知られていない。

　一方，吸着モデルは香り化合物が細胞膜に取り込まれることで細胞膜の物性が変化し，それが「何かしらの」仕組みで中枢に伝わって香りとして感じる，というモデルである。このモデルは2021年のノーベル賞が「温度と触覚の受容体」に送られたことでより多くの人に理解してもらえるようになった。この受容体の一部は機械受容チャネルと呼ばれ，生体膜の性質の変化を速やかに感じて応答する。香り化合物が細胞に取り込まれる際には必ず細胞膜に入ることになる。香り化合物の多くは疎水性なのでいったん細胞膜に取り込まれるとしばらくはその場に留まる。そうすると，大気中ではとても低い濃度だったとしても香り化合物が細胞に取り込まれる際に化合物の構造や疎水性度に依存して細胞膜である程度まで高濃度に蓄積し，細胞膜の流動性などが変化すると予想される。それが機械受容チャネルに作用してチャネルが開いてイオンが通り抜け，このイオンの上昇によって生化学的反応が引き起こされ，その結果として香り化合物が到来したことを検知する，という可能性は考えられる。

　生理学の用語で「感覚は生体に入力された刺激を主観的に認める働き」と定義されるので，感覚には中枢が必須となりそれがゆえに植物に感覚としての嗅覚はない，となるかもしれない。ただ，植物の情報処理システムは動物のような集約型ではなく，組織や細胞レベルで個々に情報処理する分散型であり，それぞれの部位で香り化合物に対して意味のあ

る応答がなされるなら植物にも嗅覚がある，と拡大解釈してもいいのではないだろうか。植物に嗅覚があるか，という問いは，香り化合物と接触した植物体が「意味のある応答」を誘導するかどうか，に置き換えていい。この意味で，植物には嗅覚がある。

　今，多くの植物科学研究者は植物香り化合物を感知する仕組みを明らかにしようと躍起になっている。植物にGPCR遺伝子は十数個しかない。植物GPCRは花成や発芽の調節，アブシジン酸などの植物ホルモンの応答に関わっていることが報告されているが，その全ての機能が明らかになったわけではない。また，ヒトのオピオイド受容体もGPCRだが，本来のリガンドはエンケファリンなどの内因性神経伝達物質であり，「たまたま（といっても植物側の戦略としてはそうした構造を選択した結果）」モルヒネなどの植物代謝物質がリガンドとして受容され，鎮痛などの生理作用を引き起こす。このように本来のリガンドでなくても部分的な構造要因が担保されていたらリガンドとして機能することも十分考えられるので植物に十数個しかないGPCRが香り化合物の受容に関わっている可能性はある。エチレンはヒトの嗅覚でほとんど感知できないが，植物では成長や老化などさまざまな作用を持つ揮発性の植物ホルモンだ。エチレン受容体は細胞膜を貫通しているタンパク質で，細胞膜の外側にリガンド結合領域を，細胞膜内側にヒスチジンキナーゼドメインを持つ，2成分制御系に似た受容体である。2,5-ノルボルナジエンなどの揮発性の化合物がエチレン受容体のアンタゴニストとして知られており[16]，香り化合物もこのように本来は別の化合物をリガンドとする受容体にアゴニスト，アンタゴニストとして作用することで機能する可能性がある。

　機械刺激受容体も植物で報告されている。オジギソウの葉は触るとすぐに閉じるが，最近になってこのプロセスに細胞内へのCa^{2+}の流入が関わっていることが示された[17]。植物には接触刺激で開口してCa^{2+}を流入させる機械刺激応答チャネルMCAなどが存在する。今までのところ，こうしたチャネルが植物の香り化合物受容に関わっている，とする証拠は提出されていないが，シロイヌナズナにみどりの香りの1つ，(Z)-3-ヘキセナールを処理すると素早いCa^{2+}流入が観察されるため一部の香り化合物の応答にはこうした機械刺激受容チャネルが関わっている可能性が指摘されている[18]。また，トマト葉にみどりの香り化合物を曝露すると処理数秒以内に細胞膜電位の脱分極が引き起こされ，同時に細胞内へのCa^{2+}流入も認められる[19]。トマト葉でのこうした応答がトマト葉の抵抗性誘導に寄与しているかどうかは明らかではないが，香り化合物刺激が細胞膜の物理化学状態を変化させ，そうした変化を機械刺激応答チャネルが感じることでCa^{2+}などのイオンを細胞内に流入させることが植物の香り受容の1つのシステムである可能性が高い。

　ここまで動物の嗅覚とのアナロジーから植物の香り化合物受容体について議論したが，どれひとつ決定的な証拠がない。鼻を持たない植物がどのような「嗅覚」を持っているのか，世界中の研究者がその謎を追っている。そうしたなか，最近になって植物の香り化合物受容機構についてかなり直接的な証拠が報告された。

　開花前のまだ閉じているペチュニアの花では，花弁からゲルマクレンDが蕾の中に放散され，それを雌しべが受け取ると雌しべの発達とその後の種子形成を促される。植物個体内の香り化合物を介したコミュニケーションだ。このときの雌しべ側のゲルマクレンD

受容体が同定されたが，それはカリキン受容体の仲間であった[20]。山火事のあと，焼け跡でいち早く発芽する植物がいる。まだ競争者がいない環境で優占種になることで繁殖を有利にする戦略だ。こうした植物の種子は比較的発芽しにくいが山火事の煙の中に含まれている化学成分によって種子発芽が促進される。野生タバコの Nicotiana attenuata はその典型で，こうした煙発芽植物は煙の中のカリキンと呼ばれる成分を受容して発芽し，種子発芽のためにカリキンを受容するカリキン受容体が同定されていた。そのカリキン受容体がペチュニアではゲルマクレン D の受容に流用されていたのだ。実はカリキン受容体も本来はストリゴラクトン受容体として機能していたよう[21]で，植物は特定の目的で作り出した受容体を他の化合物の受容にも流用しており，その一部は香り化合物の受容にも流用しているようだ。

　結局，植物には動物の嗅覚にみられるような香り化合物専用の受容システムを持っているわけではなく，基本的には他の用途の受容システムを流用することで香り化合物受容を果たしているように思われる。その仕組みは必ずしもリガンドと受容体によるものだけでなく，酵素反応に基づく代謝や膜物性の物理化学的変化など多岐にわたるようだ。中枢を持たない分散型情報処理システムを採用した植物ではこのように適材適所にその都度香り受容システムを開発するのが好都合だったのだろう。今後，植物の香り受容システムの具体的な事例が蓄積していき，それぞれのシステムの生理生態学的意義が明らかになれば植物が香り化合物を受容することでどのように適応度を高めてきたのかが明らかになるはずだ。また，こうした香り受容システムを上手く利用することで農業生態系で作物の抵抗性をうまくコントロールする新しい技術の創成も期待できる。実際，ヘキセナールはトマトの高温抵抗性誘導化合物として市販されている[22]。

文　献

1) K. Matsui and J. Engelberth: *Plant Cell Physiol.*, 63, 1378 (2022).
2) 松井健二：JATAFF ジャーナル , 10, 38 (2022).
3) S. Nakamura and A. Hatanaka: *J. Agric. Food Chem.*, 50, 7639 (2002).
4) K. Sugimoto, K. Matsui, Y. Iijima et al.: *Proc. Natl. Acad. Sci. USA*, 111, 7144 (2014).
5) K. P. Croft, F. Jüttner and A. J. Slusarenko: *Plant Physiol.*, 101, 13 (1993).
6) G. Vancanneyt, C. Sanz, T. Farmaki et al.: *Proc. Natl. Acad. Sci. USA*, 98, 8139 (2001).
7) A. Scala, S. Allmann, R. Mirabella et al.: *Int. J. Mol. Sci.*, 14, 17781 (2013).
8) K. Shiojiri, K. Kishimoto, R. Ozawa et al.: *Proc. Natl. Acad. Sci. USA*, 103, 16672 (2006).
9) D. Walters: Fortless Plant, Oxford University Press, 41-44 (2017).
10) K. Kishimoto, K. Matsui, R. Ozawa et al.: *Plant Cell Physiol.*, 46, 1093 (2005).
11) K. Sekimoto, S.-M. Li, B. Yuan et al.: *Int. J. Mass Spectrom.*, 421, 71 (2017).
12) D. L. Capone, D. W. Jeffery and M. A. Sefton: *J. Agric. Food Chem.*, 60, 2281 (2012).
13) L. Ju, M. Ye and M. Erb: *Plant Cell Environ.*, 42, 959 (2019).
14) Y. Tanaka, K. Fujita, M. Date et al.: *Plant Signal. Behav.*, doi: 10.1080/15592324.2023.2234115 (2023).
15) M. Valerio, A. Gianfranco, C. B. Cocroft et al.: *Trends Plant Sci.*, 29, 848 (2024).
16) 山根久和，横田孝雄，浅見忠男：植物の成長調節, 48, 79 (2013).
17) T. Hagihara, H. Mano, T. Miura et al.: *Nature Comm.*, 13, 6412 (2022).

18) Y. Aratani, T. Uemura, T. Hagihara et al.: *Nature Comm.,* 14, 6236 (2023).
19) S. A. Zebelo, K. Matsui, R. Ozawa et al.: *Plant Sci.,* 196, 93 (2012).
20) S. A. Stirling, A. M. Guercio, R. M. Patrick et al.: *Science,* 383, 1318 (2024).
21) 中村英光, 宮川拓也, 田之倉優, 浅見忠男：化学と生物, 53, 171 (2015).
22) 山内靖雄, 河合博：化学と生物, 58, 255 (2020).

第1章 揮発性物質が媒介する地上部植物間コミュニケーション

第3節 揮発性物質を介した植物間コミュニケーションの野外実証

龍谷大学　塩尻　かおり

1. はじめに

　揮発性物質を介した植物間コミュニケーション研究は，1983年にポプラ（(*Populus × euroamericana*) を使った室内実験[1]とヤナギ（*Salix sitchensis*）をつかった野外実験に始まる[2]。しかし，これらは，疑似反復や単に植食性昆虫がその揮発性物質を忌避した可能性，あるいは揮発性物質が受容個体の葉の表面に付着したためという代替仮説を否定しきれず，下火になっていた[3]。

　その後，2000年に有村らが行った分子生物学を駆使したリママメを用いた実験で，匂いを受容したリママメで防衛遺伝子が活性化していることが明らかになり，揮発性物質を介した植物間コミュニケーションは決定的になった[4]。一方で，この実験は狭い閉鎖空間内で行われたものであり，揮発性物質の濃度が高くなっていると考えられ，自然環境下において本当に起きているのかが疑問視されていた。野外で植物間コミュニケーションが明らかになれば，これまで理解しきれていない森林や草原・農生態系における植物群集構造や昆虫動態などが一部明らかにできる可能性がある。しかしながら，不均一な環境下である野外での実証が難しいことは想像にかたくないだろう。本節では，野外で実証された研究をいくつか紹介する。

2. 2000年の2つの論文

　有村らが報告した同じ年に，植物間コミュニケーションの野外実証研究が2つ報告された。1つはDolcheらのヨーロッパハンノキ *A. glutinosa*（以降ハンノキ）の研究。もう1つはKarbanによるセージブラシの研究である。

　Dolcheらは，ドイツの森林においてハンノキの葉の除去が，その後のハンノキハムシ（*Agelastica alni*）による食害に与える影響を調査した。彼らは，異なる10地域においてそれぞれ処理木から12 m以内にある10本のヨーロッパハンノキ（合計100本）を対象にこの実験を行っており，その結果，葉を除去してから81日後まで，葉を除去した個

図1 セージブラシ（*Artemisia tridentata*）

体からの距離が近ければ近いほど，ハムシの食害が少なくなることが明らかになった。さらに，彼らはハムシの産卵選好性を室内で調べており，ここでも葉を除去した個体から近い距離にある個体への産卵はもっとも少ないものであった。つまり，人工的な葉の除去によって，ハンノキから揮発性物質が放出され，近い個体はそれを受容することで抵抗性が誘導されたものと考察している[5]。

もう1つの野外実証は，アメリカ・カリフォルニア州で行われたもので，野生タバコとセージブラシを用いた研究である。

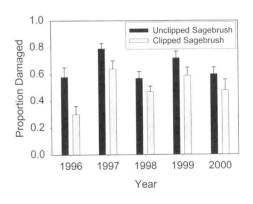

図2 セージブラシの匂いを受容したタバコの被害度

Karban, Oecologia (2000) 改変

セージブラシ（*Artemisia tredentata*）（図1）という半乾燥地帯に生育するブッシュを用いて，その隣に野生タバコの株を配置し，葉を切った（or 葉を傷つけた）セージブラシの隣のタバコと，切らなかった株の隣のタバコのその後の被害葉数を5年間にわたって比較調査している。その結果で，葉を切ったセージブラシの側に配置されたタバコの被害が5年間とも少なくなったことを報告している。つまり，切られたセージブラシから揮発性物質が放出され，それを受容したタバコの抵抗性が誘導されたと考えられる[6]（図2）。

この2つの研究内容からわかるように野外での実証には，多くの調査個体数や長期間の調査が必要となる。

3. セージブラシを用いた野外研究

ここでは，その後行われたセージブラシを用いた野外研究を紹介する。

3.1 セージブラシと他種コミュニケーション

セージブラシが使われた理由の1つとして，傷をつけられると強い匂いがすることだけでなく植物ホルモン様物質の1つである MeJA が放出されるという報告があったからだ[6)7)]（ただ，その後，他の研究者がセージブラシの匂いを分析しても MeJA は検出されていないのも事実だ）。セージブラシの放出する揮発性物質が隣接する野生タバコの防衛を誘導するのであれば，他の植物種においても同様のことが起きるかもしれない。Karban らは，タバコ以外にセイヨウカノコソウ，ルピナス，ロマティウムの防衛をタバコと同様の方法で野外において調べている。その結果，3種とも匂いを受容していないコントロールと比較しても被害が少なくならなかった[8)]。このことから，どの種でもセージブラシの匂いに反応するわけではなく，反応しやすい種とそうではない種があることが示唆された。一方で，その匂いに反応しやすい野生タバコは，匂いを受容すると花の数が多くなることも報告されている[9)]。

3.2 セージブラシ同士のコミュニケーション

セージブラシ同士のコミュニケーションも調べられている。セージブラシはアメリカ西海岸のグレートベイスン地域の植生の約8割の面積を占めている（図1）。つまり，セージブラシに隣接する植物種はほぼセージブラシである。ヨセミテ国立公園の東側に位置するマンモスレイクの地域において，100個体をランダムに選びその個体から最も近くに存在するセージブラシの距離は，すべて 50 cm 以内にあった（図3）[10)]。このような状況から，野外実証実験を行うには，セージブラシはもってこいの植物である。

セージブラシ同士のコミュニケーションの野外研究は2つの地域で行われた。1つは，雪解け後の春（5月ごろ）に約 20 cm 以内に存在する2つのセージブラシを見つけ，一方の個体の枝（100～200 枚葉

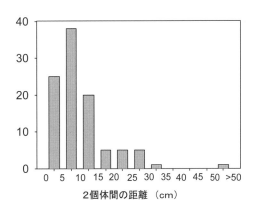

図3 隣接個体間の距離と頻度

Karban et al. Ecology (2006) 改変

がついている）にマークする。そして①もう一方の個体の一部の葉をハサミで傷を入れる，②ハサミで傷を入れた後，匂いが出ないようにビニル袋でその枝を覆う，③コントロールとして何もしない，の3つの処理を行う。そして，約3・4ヵ月後の9月頃にマークした枝についた葉の被害葉数を調査する（図4(a)）。匂いを受容することで抵抗性が誘導されるのであれば，①の処理のみで被害が低くなるはずである。もう1つの野外研究は，斜面から一定方向に風が吹く場所で行われており，2個体のセージブラシのうち，風上の個体の葉を切った場合の風下の個体，風下の個体の葉を切った場合のその風上の個体の被害を調査している。この場合，匂いを受容できた風下の個体において，被害が少なくなっているはずである（図4(b)）。結果，予想通り，匂いを受容したと考えられる個体において，コントロールや匂いを受容しなかった個体よりも，被害が少なかった（図4(b)）。つまり，セージブラシにおいて，傷ついた個体の匂いを受容すると誘導反応がおきており，同種同士の匂いコミュニケーションが野外で実証された[10]。さらに，セージブラシ同士のコミュニケーションにおいては，有効距離も明らかにされており，60 cm以内で匂いを受容すると抵抗性が誘導されることが明らかになっている[10]。

3.3 匂いの有効期間と受容必要時間

切られた後に放出される匂いが，セージブラシ同士のコミュニケーションに重要だが，では，野外においてその匂いの継続時間はどの程度なのであろうか？ それを調べるために，行われた研究を紹介する。20 cm以内に隣接する2つの個体を選び，一方の個体の枝をマークし，もう一方の個体の枝の葉を切る。そして，切った枝をすぐにビニル袋で覆い，匂いを外に漏れないようにして，1日後，2日後，3日後…7日後にその袋を外していくのである。そして，3ヵ月後にもう一方の個体の被害葉を調査する（図5）。その結果，3日後までに袋を外された株の隣にいた株は，被害がコントロールに比べ少なく，また，袋を一度もかぶされていなかった株の隣の株との被害と同程度であった。そして4日後以降に袋を外された株の隣の株は，匂いを受容しなかった株と同程度の被害であった（図5）。つまり，被害を受けたあと3日間までは，誘導反応を引き起こす揮発性物質が放出され続けている，あるいは，袋に溜まっていたのが分解せずにいたものと考えられた[11]。

では，どの程度の時間匂いを受容する必要があるのであろうか？ 今度は，切った後の時間（放出され始めてから時間）が操作された。切った直後に袋をかける，1時間後に袋をかける，同様に，3時間，6時間，24時間後，3日後，7日後に袋をかけるのである。つまり，1時間後に袋をかけられた個体の隣の株は，1時間は匂いを受容，24時間後は24時間匂いを受容していることになる。その結果，6時間以上匂いを継続して受容しているとコントロールに比べて被害が少なくなった。つまり6時間以上の継続した受容が必要であることがわかる（図6(a)）。さらに，切った枝を袋で24時間覆い，そこに集められた揮発性物質を，別の枝に1時間，あるいは6時間受容させるという実験も行われている。その結果においても，6時間継続して匂いを受容できた枝についている葉は，コントロールに比べて被害が少なくなっていた（図6(b)）。このことから，少なくとも6時間は，被害葉からでる揮発性物質を受容する必要があることが実証された。この結果

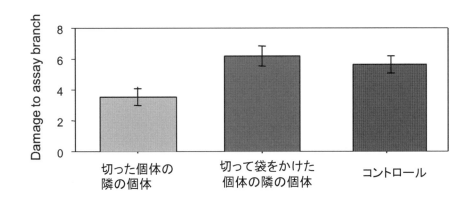

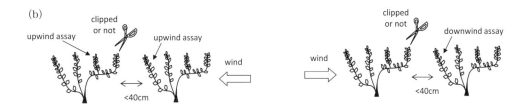

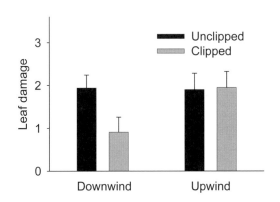

図4 セージブラシ個体間の匂いコミュニケーション実験

Karban et al. Ecology (2006) 改変

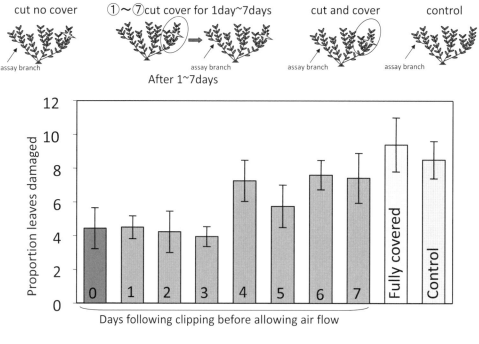

図5 匂いの有効放出期間

は，先述された匂いの有効期間の実験結果において，3日間は，袋に溜まった揮発性物質が機能を保ったまま変化していなかったのではなく，3日間までは継続して被害葉から匂いが放出されているということも示唆している[12]。

3.4 匂いの受容時期

植物は栄養成長・繁殖成長とわけられるように生育時期によって，資源が分配される部位が異なっている。また，同じ量の被害を被ったとしても，大きい個体と小さい個体では，個体としてうける被害度合いが異なる。では，匂いの受容時期によって植物間コミュニケーションは異なるのであろうか？

これまで行われてきたセージブラシの野外研究は，すべて雪解け後の春に匂い受容処理が行われてきていた。そこで，匂いを受容する時期によっての反応に違いがあるかを明らかにするため，5月，6月，8月に匂いを受容させるということが行われた。その結果，5月に匂い受容を行った個体のみでコントロールに比べて被害が少なくなった（図7(a)）。この地域のセージブラシは，雪解け後の春の時期（5月〜6月）に被害がもっとも多くなるということも明らかにされており（図7(b)），5月に匂い受容をすることで誘導反応を起こしやすいというのは，理にかなっていると考えられる[13]。しかしながら，匂いコミュニケーションを引き起こす揮発性物質の放出が春に多くなるのか，また，受容個体が敏感になっているのかなど，メカニズムは明らかになっていない。

セージブラシは条件がよいと100年ぐらいは生育し，大きい個体は1 m² 以上の面積を占める大きさになる。そこで，そのような大きい個体とまだ若い0.4 m² 程度の大きさの

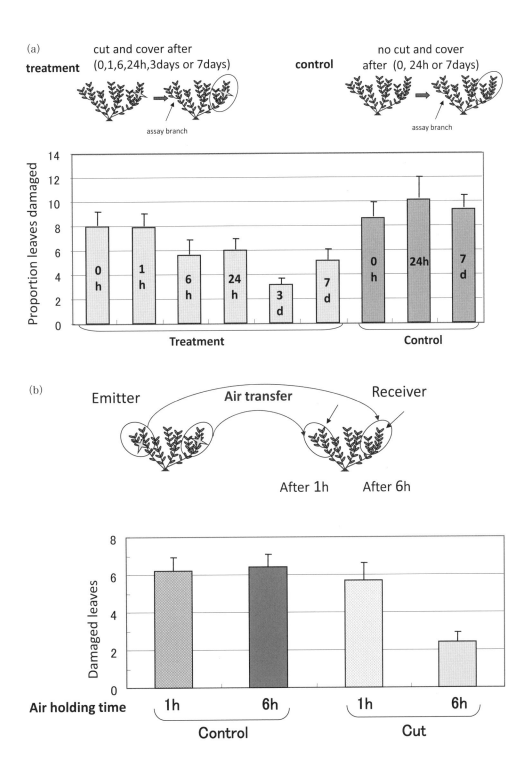

図6 匂いの受容期間

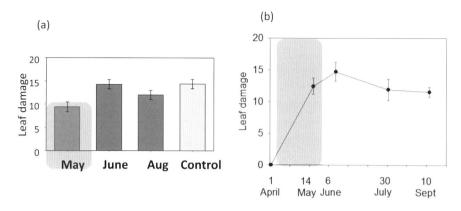

図7 匂いの受容時期の違いによる植物間コミュニケーションの効果
(a) 匂いを受容した時期 (b) 被害を受けた時期

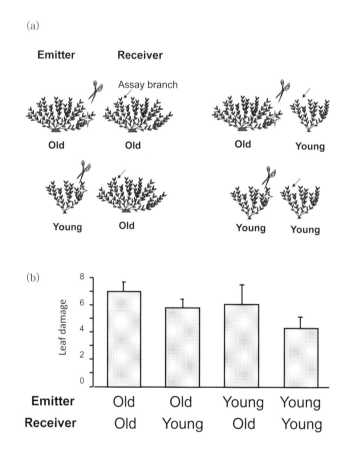

図8 樹齢による匂いコミュニケーションの違い方法

個体とでコミュニケーションに違いはあるのかが研究された。若い個体同士が隣同士にあるセット，若い個体と大きい個体が隣同士にあるセット，大きい個体同士が隣同士にあるセットを見つけ，その一方の個体の葉を切って匂いを放出させる。そして，その隣の個体の葉の被害を数か月後に調べるという方法である（図8(a)）。その結果，若い個体からの匂いを受容した個体は，大きい個体からの匂いを受容した個体よりも被害が少なく，また，受容個体の方が匂いコミュニケーションが強く起きていることが示された（図8(b)）[14]。しかし，若い個体の方が強い匂いを出すのか，また，若い個体の方が受容の感受性が高いのかは，明らかにされていないが，近年のトウモロコシにおいて，若い葉の方が匂い受容に対する反応性が高いことが報告されている[15]。

4. その他の野外実証研究例

4.1 ヤナギの研究

Rhoadesが1983年に最初に匂いを介した植物間コミュニケーションを報告したときに使われていたのがヤナギであるが，その結果は疑わしいとされていた[2)3)]。しかし，その30年後にPearseらは，ヤナギが野外において匂いコミュニケーションをしていることを実証した。彼らは，セージブラシと同様に，ヤナギのある枝の葉を切り，隣の個体の枝にマークをつけておく，あるいは，切った直後にビニル袋で覆い，その隣の個体の枝にマークをつけておき，数ヵ月後の被害の量を調べるという方法をとっている。その結果，ヤナギにおいても野外でコミュニケーションをしていることが明らかになった[16]。また，Yoneyaらは，ヤナギの苗木をつかって，匂いを室内で受容させた後に，野外に放置し，その後の昆虫群集の違いを明らかにしている。その結果からも，ヤナギにおいて同種が傷つけられた匂いを受容することで，なんらかの変化が起きることが裏付けられている[17]。

4.2 さまざまな樹木種をつかった野外研究

成木の樹木をつかった野外研究は，サンプル数の確保・樹高・個体間の距離など複数の難点がある。しかし，樹木は地球上の植物バイオマスの70〜80％を占めているので，それらが実際に植物間コミュニケーションをしているのかを明らかにすることは，生態学的にも重要である。そこで，使われるのが苗木を使った研究である。Yamawoらは，ガマズミ・サクラ・トチ・ホオノキ・オオカメ・マツ・シラカバ・コナラ・ミズナラの実生を用いて，同種間のコミュニケーションを調べている（Submitting）。

成木をつかった最近の研究としては，Hagiwaraらがブナのコミュニケーションを実証したものがある[18]。その研究については，次節の1章4節に詳細が書かれている。

4.3 リママメとセイタカアワダチソウの研究

野外における植物間コミュニケーションでよく用いられている植物は，セージブラシ以外に，リママメとセイタカアワダチソウがある。KostとHeilは，リママメ（*Phaseolus lunatus*) を用いて，植食性昆虫によって誘導された揮発性有機化合物が同種の植物の隣接する個体において，花外蜜腺（EFN）の分泌を誘導し，捕食性昆虫を誘引することで間接的な防衛を高めていることを明らかにした。その結果，植食性昆虫による被害が減少し，花序や葉の生産が増加することを実証した[19)20)]。

セイタカアワダチソウ（*Solidago altissima*）においては，食害を受けたセイタカアワダチソウから放出される揮発性物質のうち，特にセスキテルペンの組成の違いが，それを受容した個体の生理的変化を引き起こすことで，植食性昆虫の移動を促進することが，野外実験と室内実験から明らかにされている[21)]。その後，Shiojiri らも，セイタカアワダチソウが隣接する個体の匂いを受容することで，被害が低減することを野外で明らかにしている[22)]（1章5節参照）。

4.4 植物間コミュニケーションを農業へ

野外において植物間コミュニケーションが起きていること，また，別種間でも起こることから，この現象を農業技術に展開できる可能性がある。その実証研究が，セイタカアワダチソウの匂いを受容したダイズ（キダイズ，クロダイズ）[23)]，ミントの匂いを受容したキダイズ[24)]，田んぼ周辺の雑草の匂いを受容したイネ[25)]，セイタカアワダチソウの匂いを受容したトウモロコシ[26)]で行われている。それらはすべて野外での研究であり，詳細は6章3節を参照してほしい。

5. おわりに

揮発性物質を介した植物間コミュニケーションは，樹木を含めさまざまな植物種で野外において起きていることが明らかになった。つまり，森林・草原・農生態系といった陸域生態系のあらゆる場所で起こっているのである。植食性昆虫の分布は植物のフェノタイプによって決まっていると考えられていた。しかし，被害を受けることによって誘導される防衛形質が異なること，さらには植物が揮発性物質を介して隣接する植物の誘導防衛が引き起こすことが明らかになった今，植食性昆虫の分布，さらには捕食性昆虫の行動を見直す必要があるだろう。また，近年の研究で，排気ガスなどの空気汚染により，植物が放出した揮発性物質が化学変化を起こし，揮発性物質を介した生物間コミュニケーションが影響を受けることが報告された[27)]。今後，このような影響が野外の生態系にどこまで影響を及ぼすのかに注視しなければならない。

文　献

1) IT Baldwin and JC Schultz: Science, **221**, 277(1983).
2) DF Rhoades: Variable plants and herbivores in natural and managed systems. (ed. RF Denno and MS McClure) Academic Press, 155(1983).
3) SV Fowler and JH Lawton: Am. Nat., **126** (1985).
4) G Arimura et al.: Nature, **406**, 512 (2000).

5) R Dolche and T Tcharntke: Oecologia, 125, 504 (2000).
6) R Karban et al.: Oecologia, 125, 66 (2000).
7) CA Preston et al.: Biochem. Syst. Ecol., 29, 1007 (2001).
8) R Karban et al.: Ecology, 85, 1846 (2004).
9) R Karban and J Maron: Ecology, 83, 1209 (2002).
10) R Karban et al.: Ecology, 87, 922 (2006).
11) K Shiojiri and R Karban: Arthro. Plant. Interact., 3, 99 (2009).
12) K Shiojiri et al.: Arthro. Plant. Interact., 6, 197 (2012).
13) K Shiojiri and R Karban: Arthro. Plant. Interact., 2, 87 (2008).
14) K Shiojiri and R Karban: Oecologia, 149, 214 (2006).
15) L. Wang et al.: Current Biology, 33, 2679 (2023).
16) I Pearse et al.: Oecologia, 172, 869 (2013).
17) K Yoneya et al.: Front. Ecol. Evol., 10 (2023).
18) T Hagiwara et al., Ecol. Evol., 11, 12445 (2021).
19) C Kost and M Heil: J. Ecol., 94, 619 (2006).
20) M Heil and C Kost: Ecol. Let., 9, 813 (2006).
21) K Morrell and A Kessler: Func. Ecol. 31, 1049 (2017).
22) K Shiojiri et al.: Front, Plant Sci., 12, 692924 (2021).
23) K. Shiojiri et al.: Sci. Rep., 7, 41508 (2017).
24) S Sukegawa et al.: Plant J., 96, 910 (2018).
25) K Shiojiri et al.: Ecol. Evol., 11, 7439 (2021).
26) Y Sakurai et al.: Front, Plant Sci., 15, 1141338 (2023).
27) H. Yu et al.: Science, 385, 1225 (2024).

第1章 揮発性物質が媒介する地上部植物間コミュニケーション

第4節 森林における植物間コミュニケーション

九州大学 萩原 幹花　京都大学 石原 正恵

1. はじめに

　揮発性有機化合物（Volatile organic compounds：VOCs）を介した植物間コミュニケーション研究は草本を中心として行われ[1]，現在，約40種以上の草本種において明らかにされている[2,3]。樹木においては現在にいたるまで，セージブラシ（3節），ヤナギ（6節）などの研究はあるが，その知見は限られている[4]。その最大の理由は，樹木は草本に比べサイズが大きく，長寿命であり，野外操作実験が難しいからであろう。
　森林には，さまざまな樹木が生育している。ブナのように，森林の遷移後期種で数百年も生き，樹高20 m以上に達する樹種は，長期間多種と共存する。このような森林環境のなかで，植物間コミュニケーションは生存戦略として有効なのだろうか。森林樹木において，植物間コミュニケーションを明らかにすることは，樹木−植食者相互作用，樹木の個体群動態，ひいては群集構造を理解するうえでも重要である。森林は不均質性が高い環境であり，その中で樹木と植食者は相互に作用し合っている。その結果，植物間コミュニケーションなどの樹木の防御機構が適応進化してきたと考えられる。したがって，森林において植物間コミュニケーションが生じているのかを明らかにすることが重要だろう。
　さらに森林におけるVOCsを介した植物間コミュニケーションの研究は，森林防除・森林管理などの応用面への発展が期待される。すでに，本書でも紹介されているように，草本におけるVOCsを介した植物間コミュニケーションは，農作物の病虫害防除への応用が検討されている。加えて現在，森林の樹木は，気候変動による温暖化，乾燥化，また昆虫のアウトブレイクなどのストレスにさらされ，森林の衰退までもが危惧されている[5-9]。高温や乾燥はVOCsの放出に影響することを示す研究も報告されてきており，森林におけるVOCsを介した植物間コミュニケーション研究は，こうしたストレスへの森林の応答を理解し，対策を講じるためにも必要だろう。
　そこで本節では，私たちが明らかにしてきた，冷温帯林の代表的な樹種であるブナにおけるVOCsを介した植物間コミュニケーションの研究を紹介する。まず，これまでの樹木における植物間コミュニケーション研究を簡単に概説する。植物間コミュニケーション

が駆動するためには，VOCsが樹木体内のシグナル伝達の役割を担うことが必要になる。そこでまず，野外圃場での操作実験からVOCsが体内のシグナル伝達に寄与していることを明らかにした研究を紹介する。次に，野外植栽地でVOCsを介した植物間コミュニケーションをしているのかと，VOCsの有効距離を操作実験で明らかにした研究を紹介する。そして，野外植栽地と比べると生物的・非生物的不均質性が高い森林において，植物間コミュニケーションが本当に駆動しているのかを，大規模操作実験によって明らかにした研究を紹介する。最後に，気候変動が樹木における植物間コミュニケーションに与える影響を議論する。

2. 樹木における植物間コミュニケーション研究

VOCsを介した植物間コミュニケーション研究は，2000年に3つの研究が発表されることで初めて実証された[10)-12)]。その中でDolchとTscharntke[10)]は樹木における植物間コミュニケーションのさきがけとなる研究を発表した。彼らはヨーロッパハンノキ（*Alnus glutinosa*）を対象とし，1本の木の全葉の20 %を食害を模し人工的に取り除いた。その後葉を取り除いた個体から2 mごとに12 mまでの近隣他個体の植食性昆虫による葉の被害量を調べた。葉を取り除いてから7日後～81日後までは，葉を取り除いた個体に近い個体ほど葉の被害量は少なく，遠い個体ほど多くなった。その翌年，同じ研究チームがヨーロッパハンノキにおいて，葉が食害された時に放出されるVOCsや植物ホルモン量の変化など，より詳細な結果を発表した[13)]。特に植食性昆虫の個体数を調査した結果は大変興味深い。彼らは，採取された94種の昆虫を，ヨーロッパハンノキしか食害しないスペシャリスト昆虫と，他の樹種も食害するジェネラリスト昆虫に分け，その個体数を調査した。その結果，葉を取り除いたハンノキに近いハンノキでは，スペシャリストの個体数は少なくなり，遠いほどその個体数は多くなっていた。一方，ジェネラリストの個体数は，葉を取り除いた個体からの距離によらず一定であった。これらの結果から，ハンノキにおいては，スペシャリスト昆虫に対して，VOCsを介した植物間コミュニケーションが機能していることが明らかになった。

その後，以下のような樹木における植物間コミュニケーションが明らかになった。前節で紹介されているカリフォルニア大学デービス校Richard Kaarban教授，龍谷大学塩尻かおり教授によるセージブラシ（*Artemisia tridentata*）[14)]，6節で紹介されている近畿大学米谷衣代准教授，京都大学高林純示名誉教授らによるヤナギ（*Salix sitchensis, S. eriocalpa*）[15)16)]をはじめ，カバノキ（*Betula spp.*）[17)18)]，ポプラ（*Populus euramericana*）[19)]などの報告がある。特にポプラにおいては，東京理科大学有村源一郎教授（第5章）らによる分子生物学的手法を用いたVOCs受容後の防衛遺伝子の発現を明らかにしたもの[20)]や，みどりの香りの1種である青葉アセテート（(*Z*)-3-hexenyl acetate）のみの受容による防衛遺伝子の発現を明らかにしたもの[19)]，同じく有村教授らの食害後に葉から放出されるVOCsの時間的変化を明らかにしたもの[20)]，などの知見がある。しかし，これらの樹種はいずれも低木種であるか，遷移初期的な樹種である。そこで，私たちは遷移後

樹種で森林を長期間優占する樹種の1つとしてブナを対象に研究を始めた。

3. 個体内におけるシグナル伝達

まず植物の防衛に関わるシグナル伝達について明らかにしなければならない。植物は，局所的に傷害や食害を受けると，全身にそのシグナルを伝え，防衛力を高めることができる。この現象は全身獲得抵抗性（Systemic acquired resistance：SAR）もしくは全身誘導抵抗性（Systemic induced resistance：SIR）と呼ばれており，植物が全身で防衛力を高めることで被害の拡大を防ぐ役割を担っている[21]。このような局所的な傷害や食害のシグナルを，個体全身に伝える方法として，維管束系を使ってシグナルが伝わる場合（体内移行性）と，食害された葉から放出されたVOCsが大気を介して全身に伝わる場合（体外移行性）が考えられている[22]。そこで私たちは，(1) ブナが全身獲得抵抗性を示すのか，(2) 個体内のシグナル伝達は，体内移行性の伝達が優位なのか，それともVOCsを介した体外移行性の伝達が優位なのかを検証した。

3.1 全身獲得抵抗性

局所的に傷害を受けた際，傷害を受けていない他の葉の被害が，傷害を受けない時よりも少なくなれば全身獲得抵抗性を示したと考えられる。そこで，北海道大学苫小牧研究林内にある野外植栽地で操作実験を行った。対象としたブナは樹高10 m，樹齢は約30年である（図1）。局所的な食害を模して，葉の展葉直後の5月に，ブナ1個体あたり1枝，約20〜30枚ほどの葉を人工的にはさみで半分に切除した。これはセージブラシで使われた手法を参考にした[14]。この葉を半分に切除，という記載で，「どう半分？」と聞かれることが多いので，写真を示す（図2）。この葉切除処理を施した局所傷害個体を9個体と，葉を切除しないコントロール個体を9個体用意し，同じ個体の他の枝の葉の被害を調べ，ブナが全身獲得抵抗性を示すのかを検証した。葉の被害の定量方法は，図3に示す通り，ブナの葉の葉脈が並行に

図1　調査地概況
　　　北海道大学苫小牧研究林 ブナ植栽地

図2　葉切除処理後のブナの葉

走っているため、1枚の葉を葉脈間ごとに1区画として区分けし、各区画の一部でも植食性昆虫や病原菌から被害を受けていると、その区画は被害を受けた区画として数えた。1個体につき5枝をランダムに選び、各枝のすべての葉の被害を落葉前の8月末に調査した。その結果、葉切除処理個体の方が、コントロール個体より葉の被害率が低くなっていた（$p<0.01$）。この結果からブナは局所的な傷害によって全身獲得抵抗性を示すことがわかった。

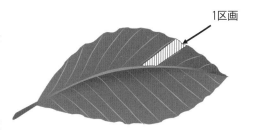

図3　ブナの葉の葉脈と被害定量のための区分け

3.2　個体内シグナル伝達

次に、個体内のシグナル伝達において、全身獲得抵抗性は体内移行性とVOCsによる体外移行性のどちらで示されるのかを検証した。そのために、①葉を3.1同様半分に切除しその後ビニール袋で袋がけした個体、②葉を半分に切除した個体、③何もしないコントロール個体、という3処理を行った。図4に示した通り、①は葉を切除したのでVOCsは放出されるが、袋がけをしているため、他の枝がVOCsを受容できず体内移行性のシグナルのみが伝達可能である。②はVOCsが放出されるが、袋がけをしていないため、他の枝がVOCsを受容でき、VOCsによるシグナル伝達とともに、体内移行性のシグナル伝達も起こると考えられる。これらの処理は、展葉直後の5月に行った。葉の被害の定量は3.1と同様の方法を用い、8月末に調査した。

袋がけ処理①とコントロール処理③の間には、葉の被害率について差が見られなかった。VOCsを受容した処理②は、VOCsを受容していない①や③の処理よりも被害率が低く（図4、$p<0.001$）、葉の被害率はVOCsを受容すると約半分になることがわかった。以上のことから、ブナの個体内のシグナル伝達は、体内移行性ではなくVOCsによるシグナル伝達のほうが優位であることが示された[1]。

4.　野外植栽地での植物間コミュニケーション

前項の結果から、ブナが個体内の防衛に関わるシグナル伝達にVOCsを利用することがわかった。そこで次に、ブナはVOCsを介した植物間コミュニケーションをするのか、そのVOCsの有効距離は何mなのか、これら2つの問いを明らかにしようとした[4]。ブナは成木になると樹高20 m以上の大径木になり、他の樹種も共に生育しているため、他個体へのVOCsの到達を阻害する要因が数多く考えられる。そこで私たちは、なるべく自然に近い環境でブナがVOCsを介した植物間コミュニケーンをするのかを明らかにするため、樹高は成木の約半分の10 m、樹齢が約30年で他樹種が植えられていない植栽地のブナを対象にした。調査地は前項と同じく北海道大学苫小牧研究林ブナ植栽地と、鳥取大学蒜山の森で同時期に植栽されたブナ植栽地で行った。

図4 個体内シグナル伝達の実験概要（a）と各処理における葉の被害率（b）

(Hagiwara & Shiojiri (2020) を一部改変)
**: $p<0.001$ エラーバーは，標準誤差を示す
n.s.（non-significant）は統計的な有意差がみられなかったことを示す

4.1 ブナの香りについて

　まず私たちは，これまで明らかになっていなかったブナの葉から恒常的に放出されるVOCsと，葉を切除した際特異的に放出されるVOCsの同定を試みた。VOCsの捕集には，ガラス補集管のTenax TAを用い，1枝分約20〜30枚の葉を袋で覆いVOCsを捕集した。溶媒抽出法を用いて抽出，濃縮したのち，GC-MSにより分析，解析を行った。その結果，葉切除前後に放出される10種類のVOCsを同定した。切除後に増加したVOCは，「みどりの香り」と呼ばれるVOCsのうちの2つで，青葉アルコール（(Z)-3-hexenol），青葉アセテート（(Z)-3-hexenyl acetate）であった。これらは葉を傷つけた時に増加したVOCsである。また，カリオフェニルアルコール（Caryophyllenyl alcohol）は切除前には検出されなかったが，切除後特異的に放出されていることがわかった。

4.2 ブナにおける植物間コミュニケーション

次に，葉切除特異的な VOCs を受容したブナが，植物間コミュニケーションを示すのかを明らかにするため，次のような仮説をたてた。ある個体を VOCs 源として人工的に葉を切除した場合，その個体の近くの別個体は VOCs の受容量が多くなり，距離が離れる程少なくなると考えられる。もし植物間コミュニケーションが周辺個体において示されるのであれば，VOCs 源に近い個体ほど被害率が低くなり，遠い個体ほど被害率が高くなるだろう。そこで，VOCs 源からの距離と葉の被害率の関係を明らかにした。VOCs 源における葉切除処理は，展葉直後の 5 月に行った。そして 90 日後の 8 月末に，VOCs 源からの距離 3 m から 11 m までの間，2 m ごとに他個体の枝の葉の被害を調べた（図5）。結果は予想通りで，苫小牧研究林でも蒜山の森でも，VOCs 源に近い個体ほど被害率が低く，遠い個体ほど被害率が高くなっていた（図6）。興味深いことに，被害率は，サイトにより異なり，蒜山の森の個体のほうが，苫小牧研究林の個体より，被害率が有意に高くなっていた。この被害率の差は，苫小牧がブナの北限以北に位置するため，植食性昆虫はジェネラリストのみが食害，蒜山の森はブナの生息地であるためジェネラリストだけでなくスペシャリストも食害したことで生じた可能性がある。

4.3 植物間コミュニケーションにおける VOCs の有効距離

次に，VOCs を曝露しないコントロール個体を設定し，VOCs を曝露した個体と，葉の被害率を比較し，VOCs の有効距離を調べた。その結果（図7），VOCs 源から 5 m の距離まで，曝露した個体とコントロール個体との間には被害率の有意な差があった。

本研究によりブナから放出される 10 種類の VOCs が同定された。これらの VOCs のなかで，青葉アセテート（(Z)-3-hexenyl acetate）を曝露させると，シロイヌナズナやポプラにおいて，受容後に防衛に関わる遺伝子が発現することがわかっている[19)23)]。また前項の結果から，ブナの個体内の防衛に関わるシグナル伝達は，体内移行性によるシグナル伝達よりも VOCs が有意であることがわかっている[1)]。以上のことから，ブナは野外植栽地において VOCs を介した植物間コミュニケーションをすること，その VOCs の有効距

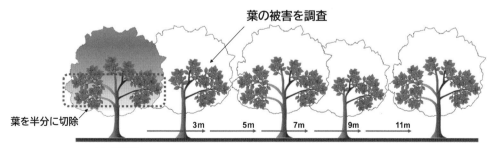

図5 植物間コミュニケーション実験概要図

（Hagiwara et al. (2021) を一部改変）

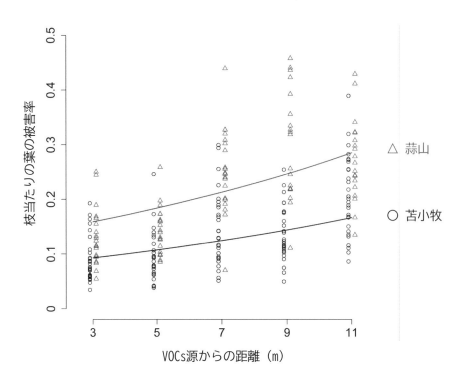

図6 VOC源個体からの距離と各サイトにおける葉の被害率

(Hagiwara et al. (2021) を一部改変)

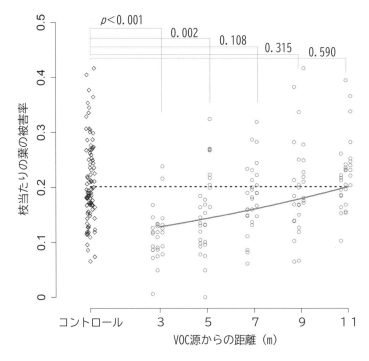

図7 VOC源個体からの距離と葉の被害率，およびコントロール個体の葉の被害率

(Hagiwara et al. (2021) を一部改変)

離は 5 m であることがわかった[4]。

5. 森林における植物間コミュニケーション

5.1 不均質で複雑な森林環境

　一言で"森"といっても，人それぞれ想像する森は違っているだろう。我々が研究対象にしている日本のブナは約 40～50 年ほどで花を咲かせはじめ，繁殖可能になり，300 年ほど生きる。さまざまな樹種が長期間共存しているブナ林は，生物的に複雑な環境である。加えて，昆虫群集の空間的分布などの生物的要因，風向きや地形などの非生物的な要因により，森林は不均質で複雑な環境である。樹木が本来生育している不均質な森林で，植物間コミュニケーションが生じているのかを明らかにすることが，樹木の防衛機構のメカニズムや生存戦略，進化を明らかにするうえで重要だろう。

　そこで，私たちは樹齢約 100 年のブナ林において，VOCs を介した植物間コミュニケーションを明らかにするため，不均質性に着目した大規模野外操作実験を行った[24]。森林内で昆虫は，樹木の葉を全て食べてしまうような大発生をする場合と，そうでない場合がある。昆虫の大発生によりたくさんの葉が食べられると，大量の VOCs が放出される。そうした大量の VOCs でしか森の中での植物間コミュニケーションが起こらないのか，それとも前項の研究で調べたような全葉の 5％程度の被害を受けた時の VOCs 量でも植物間コミュニケーションが起こるのかを検証するため，昆虫の大発生を想定した高曝露実験と，全葉の 5％程度の被害を想定した低曝露実験という 2 種類の操作実験を行った。調査地は，東北大学川渡フィールドセンター内のブナ林 2 サイトと京都大学芦生研究林のブナ林 1 サイトを使用した（**図 8**）。この 2 つのサイトの林分構造は，川渡フィールドセ

図 8　調査地概況　東北大学川渡フィールドセンターおよび京都大学芦生研究林のブナ林

ンターは下層植生が見られるが，芦生研究林はシカの食害によりほとんど下層植生は見られないという違いがあった。

5.1.1 昆虫の大発生を模した高曝露区実験

川渡フィールドセンターの高曝露区サイトには，林冠まで届くタワーが設置されている。タワー内のブナ1個体をVOCs源として選定し，その個体の90%の葉を半分に切除した。タワーには風向計を設置し，風向きによるVOCs量の違いを検証するため，この個体から35 mの距離までを風上区と風下区にわけ，さらにVOCsの影響を受けないと考えられる50 m〜100 m離れた区画をコントロール区に設定し調査した。各区画のブナのみを対象とし，個体数は全部で126個体だった。これまでの植物間コミュニケーション研究は，植食性昆虫による被害にのみ着目していたが，植物は病原菌にもさらされており，病原菌への抵抗性獲得においてもVOCsを介した植物間コミュニケーションが機能しているかもしれない。そこで，病原菌による被害と，植食性昆虫による被害を区別し，両方を葉切除後120日目に定量した。これは我々が知る限り，植物間コミュニケーション研究では初めてのことである。また，VOCs自体に対する昆虫の忌避効果と植物間コミュニケーションを区別すべく，防衛に関わる植物ホルモンであるジャスモン酸とサリチル酸の蓄積を，VOCs曝露後風上区，風下区において定量した。これらの両ホルモンは，傷害や病食害により誘導され，植物の防衛反応を制御していることが知られている。VOCs受容後，防衛反応を示した個体は植物ホルモンを多く蓄積させるはずである。そこで私たちは，次のような仮説を立てた。VOCs源の風下区では周囲個体へのVOCs曝露は多く，風上区では周囲個体へのVOCsの曝露量は少ないと予想される。したがって風下区では，VOCs源個体に近い個体ほどVOCsへの曝露量が多く，その結果，植物ホルモン量の蓄積が多く，防衛反応を示し葉の被害率は低くなると予想した。

予想通り，風下区において，VOCs源から近い個体の植食性昆虫や病原菌による葉の被害率は，遠い個体よりも低くなっていた（図9）。一方，風上区においては，VOCs源からの距離による葉の被害率の変化は，植食性昆虫と病原菌の両方について見られなかった。VOCs曝露後3日目の植物ホルモンについて，風下区のVOCs源に近い個体は，遠い個体よりもサリチル酸を多く蓄積していた（図10）。対して，風上区の個体は距離によるサリチル酸蓄積量の差は見られなかった。一方，ジャスモン酸は，風下区では距離によりその蓄積量は変化し，サリチル酸とは逆にVOCs源個体に遠いほど多く蓄積していた。ただし，ジャスモン酸の蓄積量については，10 ng/gFW以下であり，サリチル酸の蓄積量（250 ng/gFW以下）と比較すると非常に低い値を示していた（図10）。以上のことから，周囲個体へのVOCs曝露量が多いと思われた風下区の個体の葉の被害率とサリチル酸の蓄積量の結果は，私たちの仮説を支持した。風上区では周辺個体へのVOCs曝露量が少ないと予測され，VOCs源個体からの距離により葉の被害率，ホルモン量ともに差がなく，私たちの仮説を支持した。風下区では植物間コミュニケーションが明らかになった。

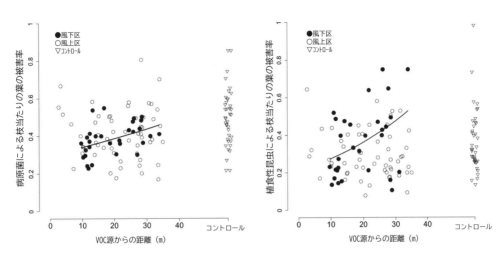

図9 各区におけるVOCs源からの距離と葉の被害率との関係
(a) 病原菌による被害 (b) 植食性昆虫による被害

(Hagiwara et al. (2024) を一部改変)

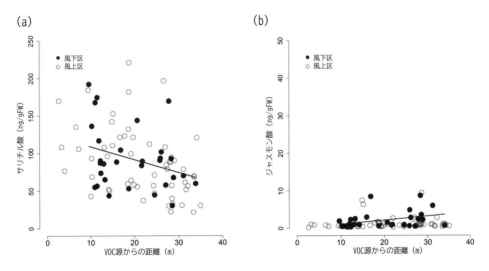

図10 各区におけるVOCs源からの距離と各ホルモンの蓄積量との関係
(a) サリチル酸 (b) ジャスモン酸

(Hagiwara et al. (2024) を一部改変)

5.1.2 昆虫の大発生より少ない被害を想定した低曝露区実験

　全葉の5％程度の昆虫からの被害を想定した低曝露区では，メッシュ状になった袋の中に，半分に切除したブナの葉を1袋につき2 kg入れた"香り袋"をVOCs源とした。それをポールに吊るす方法で操作実験を行った。調査地は東北大学川渡フィールドセンターの高曝露区から離れた2区画と京都大学芦生研究林の3区画で行った。高曝露区と

同じく,葉の被害を植食性昆虫,病原菌と2タイプに分け,それぞれの被害率を同定した。その結果,芦生研究林ではVOCs源から距離が近い個体ほど,植食性昆虫による葉の被害率,病原菌による被害率ともに低くなり,遠い個体ほど被害率は高くなった。一方,川渡フィールドセンターでは,どちらの被害に関しても,VOCs源からの距離による被害率の変化は見られなかった。

5.2 森林における植物間コミュニケーション

高曝露区の風下区,低曝露区の芦生研究林で,植物間コミュニケーションが明らかになったが,高曝露区の風上区や低曝露区の川渡フィールドセンターでは,植物間コミュニケーションを明らかに示せなかった。こうした違いが見られたのは,各サイトにおける林分構造や風向によるVOCs曝露量の違い,防衛を駆動するVOCs量の地域間差などが影響した可能性がある。植物ホルモンについては,これまで傷害や食害によるVOCs曝露後に蓄積するのはジャスモン酸であると報告されていた[19)20)]。一方,サリチル酸はほとんど報告がなく,トマトなどで食害によるVOCs曝露後蓄積することが報告されている程度であった[25)]。本研究は数少ない事例の1つとなった。今後はいつジャスモン酸が蓄積するのか,時間的変化を明らかにすることが必要になるだろう。

以上のことから,森林においてもVOCsを介した植物間コミュニケーションが示されること,それは森林内の生物的・非生物的な不均質性によって左右され,検出されないこともあることがわかった。今後,複雑な環境を持つ森林生態系におけるVOCsを介した植物間コミュニケーションの意義を明らかにしていくことが必要である。また,病害虫の大発生予測や環境インパクトの少ない森林防除といった森林管理のためにも不可欠だろう。

6. 今後の展望—気候変動下における森林の植物間コミュニケーション—

気候変動はすべての生物に何らかの影響を及ぼすと考えられるが,CO_2濃度の上昇や高温,乾燥など,気候変動による非生物的な要因に対して,生物ごとに異なる反応を示す可能性が高い。これまでの研究により,植物の光合成量や開花・落葉の時期などが高温や乾燥ストレスによって変化することが報告されている。近年,植物から放出されるVOCsも,気候変動による非生物的要因により種ごとに異なる反応を示すことがわかってきた。たとえばCO_2上昇に伴い,モノテルペン(Monoterpene)やセスキテルペン(Sesquiterpene)の放出量が変化し,ある種では増加し,別の種では減少することがわかっている[26)]。乾燥ストレスにおいては,マツの一種であるPinon pine (*Pinus edulis*) では,針葉内のモノテルペン量が減少するが[27)],ヨーロッパハンノキ (*Alnus glutinosa*) では,弱い乾燥ストレス下で通常よりもVOCs放出量が増加した[28)]。つまり,ストレスの種類やその強弱,植物種によって,植物からのVOCsの放出が変化するのである。

植物はこうした非生物的なストレスにだけ曝されているわけではない。私たちが研究対象としている森林では,昆虫の大発生が報告されている。1980年代ごろからブナ林で,

ブナアオシャチホコやブナハバチの大発生が起きており[29]，それを起因としたブナ林の衰退までもが1990年代以降報告されるようになった[30]。このような生物的なストレスと，高温や乾燥などの非生物的なストレスを複合的に受けることにより，森林の衰退がさらに進む可能性がある。現在こうした複合的なストレス下において植物は生育し，ストレスへの抵抗性を高めていると考えられる。実際の環境下において植物の反応を明らかにすることが，今後の森林の保全やレジリエンスの強化にも繋がるだろう。しかし，これら複合的なストレス下における，VOCsを介した植物間コミュニケーションは検証されていない。

そこで現在私たちは，乾燥ストレス下におけるVOCsを介した植物間コミュニケーション研究に取り組んでいる。乾燥や高温，病虫害など複合的なストレスが森林のVOCs放出にどう影響を及ぼすのか，ストレスを受けた後に放出されたVOCsによって防衛反応は駆動するのか，森林におけるVOCsの意義は何かなど，未解明な課題が多く残されている。このように，森林における植物間コミュニケーション研究および，気候変動下における植物間コミュニケーション研究はまだ始まったばかりである。今後の研究が期待される。

文　献

1) T. Hagiwara and K. Shiojiri: Within-plant signaling via volatiles in beech (*Fagus crenata* Blume), *J. Plant Interact.*, **15**, 50 (2020).
2) R. Karban, L.H. Yang and K.F. Edwards: Volatile communication between plants that affects herbivory: a meta-analysis, *Ecol. Lett.*, **17**, 44 (2014).
3) T. Li: Neighbour recognition through volatile-mediated interactions, Springer (2016).
4) T. Hagiwara et al.: Effective distance of volatile cues for plant-plant communication in beech, *Ecol. Evol.*, **11**, 12445 (2021).
5) T. Matsui et al.: Evaluation of habitat sustainability and vulnerability for beech (*Fagus crenata*) forests under 110 hypothetical climatic change scenarios in Japan, *Appl. Veg. Sci.*, **12**, 328 (2009).
6) W. R. L. Anderegg et al.: Tree mortality from drought, insects, and their interactions in a changing climate, *New Phytol.*, **208**, 674 (2015).
7) J. K. Holopainen et al.: Climate Change Effects on Secondary Compounds of Forest Trees in the Northern Hemisphere, *Front. Plant Sci.*, **9**, 10 (2018).
8) N. Kamata: Outbreaks of forest defoliating insects in Japan, 1950-2000, *Bull. Entomol. Res.*, **92**, 109 (2002).
9) E. Hamann et al.: Climate change alters plant-herbivore interactions, *New Phytol.*, **229**, 1894 (2021).
10) R. Dolch and T. Tscharntke: Defoliation of alders (*Alnus glutinosa*) affects herbivory by leaf beetles on undamaged neighbours, *Oecologia*, **125**, 504 (2000).
11) R. Karban et al.: Communication between plants: induced resistance in wild tobacco plants following clipping of neighboring sagebrush, *Oecologia*, **125**, 66 (2000).
12) G. Arimura et al.: Herbivory-induced volatiles elicit defence genes in lima bean leaves, *Nature*, **406**, 512 (2000).
13) T. Tscharntke et al.: Herbivory, induced resistance, and interplant signal transfer in *Alnus glutinosa*, *Biochem. Syst. Ecol.*, **29**, 1025 (2001).
14) R. Karban et al.: Damage-induced resistance in sagebrush: Volatiles are key to intra- and interplant communication, *Ecology*, **87**, 922 (2006).

15) I. S. Pearse et al. : Interplant volatile signaling in willows: revisiting the original talking trees, *Oecologia,* 172, 869 (2013).
16) K. Yoneya and J. Takabayashi: Interaction-information networks mediated by plant volatiles: a case study on willow trees, *J. Plant Interact.,* 8, 197 (2013).
17) S. J. Himanen et al. : Birch (Betula spp.) leaves adsorb and re-release volatiles specific to neighbouring plants – a mechanism for associational herbivore resistance?, *New Phytol.,* 186, 722 (2010).
18) P. S. Girón-Calva et al. : A Role for Volatiles in Intra- and Inter-Plant Interactions in Birch, *J. Chem. Ecol.,* 40, 1203 (2014).
19) C. J. Frost et al. : Priming defense genes and metabolites in hybrid poplar by the green leaf volatile cis-3-hexenyl acetate, *New Phytol.,* 180, 722 (2008).
20) G. -i. Arimura, D. P. W. Huber and J. Bohlmann: Forest tent caterpillars (*Malacosoma disstria*) induce local and systemic diurnal emissions of terpenoid volatiles in hybrid poplar (*Populus trichocarpa × deltoides*): cDNA cloning, functional characterization, and patterns of gene expression of (−)-germacrene D synthase, *PtdTPS1, Plant J.,* 37, 603 (2004).
21) Q. -M. Gao, S. Zhu, P. Kachroo and A. Kachroo: Signal regulators of systemic acquired resistance, *Front. Plant Sci.,* 6, 228 (2015).
22) M. Wenig et al. : Systemic acquired resistance networks amplify airborne defense cues, *Nat. Commun.,* 10, 3813 (2019).
23) K. Shiojiri et al. : Changing green leaf volatile biosynthesis in plants: An approach for improving plant resistance against both herbivores and pathogens, *Proc. Natl. Acad. Sci. USA,* 103, 16672 (2006).
24) T. Hagiwara et al : Volatile medicated plant-plant communication in natural beach forest, *J. Plant Interact.,* 19, 1(2024).
25) P. J. Zhang et al. : Airborne host-plant manipulation by whiteflies via an inducible blend of plant volatiles, *Proc. Natl. Acad. Sci. USA,* 116, 7387 (2019).
26) J. Peñuelas and M. Staudt: BVOCs and global change, *Trends Plant Sci.,* 15, 133 (2010).
27) A. M. Trowbridge et al. : Drought supersedes warming in determining volatile and tissue defenses of pinon pine (*Pinus edulis*), *Environ. Res. Lett.,* 14, 065006 (2019).
28) L. Copolovici et al. : Volatile organic compound emissions from *Alnus glutinosa* under interacting drought and herbivory stresses, *Environ. Exp. Bot.,* 100, 55 (2014).
29) N. Kamata, Y. Igarashi and S. Ohara: Induced response of the Siebold's beech (*Fagus crenata* Blume) to manual defoliation, *J. For. Res.,* 1, 1(1996).
30) 鎌田直人：昆虫たちの森，東海大学出版会（2005）．

第1章 揮発性物質が媒介する地上部植物間コミュニケーション

第5節 植物の匂いを用いた血縁認識

龍谷大学　塩尻　かおり　　新潟大学　石崎　智美

1. はじめに

　昆虫を含む多くの動物が近縁者を認識する能力を持っており，それによって多様な協力行動を進化させてきたが，近年，植物にもその能力があることが明らかにされた。その認識方法の1つに個々の植物が放出する匂い物質（以降：匂い）がある。この節では，植物の匂いを介した血縁認識を明らかにした研究と，さらに血縁を認識する必要性について議論されていることを紹介する。

2. セージブラシの研究例

2.1 セージブラシ（Sagebrush）

　前節でもでてきたセージブラシ（Sagebrush: *Artemisia tridentata*）は乾燥および半乾燥状態で生育する常緑の低木で，北アメリカのグレイトベースンの大部分の優占種である。その生息域は，アメリカ西部の11の州（主に，ネバダ・オレゴン・アイダホ・ワイオミング・モンタナ州）とカナダの州にわたり，1,090,000 km^2（日本の約2.9倍）を覆っている（1章3節の図1と本節の図1）。また，地表近くに根を延ばしパッチを形成する。秋になると咲かせる花は，風媒花で，また種子は小さく親個体の付近に落ちることが多い（図2）。また，長寿であり100年以上生育することもまれではない。

2.2 セージブラシが放出する匂い物質

　セージブラシは匂いを介した植物間コミュニケーションを行っており，受容個体の抵抗性を誘導する匂い成分が明らかになっている[1]。野外においてある，枝の葉をハサミで傷をつけ，それをビニル袋で覆い，袋の中の空気をSPME（Solid Phase Micro Extraction，液体や固体試料から発生する匂い成分を吸着する手法）で1時間吸着したものを，GCMSで分析する（図3）。その方法で99個体において調べたところ，α-Pinene, Camphene, Sabinene, 1,8-Cineol, Thujone, Camphor, β-Caryophyllene といった成

図1　調査地の1つ。白みがかった緑のブッシュが全てセージブラシ

図2　セージブラシの発芽

 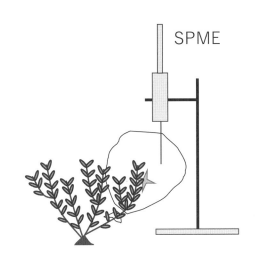

図 3 捕集揮発性物質方法

分が，多くの個体において放出されており，そのうちいくつかの成分でセージブラシの抵抗性を誘導することが報告されている[1]。一方で，この研究で明らかになった重要なことは，個体ごとに匂いの成分比が著しく異なっていることである。ある個体ではThujoneが放出量の7割以上を占める一方で，別の個体ではCamphorが6割以上であるといった具合である。この匂いの違いは，人でも嗅ぎ分けられるほどの匂いの違いであった。

2.3 遺伝的距離と匂いの相関

では，このような匂いの違いは，どのような要因によるのだろうか。また，この違いは，植物間コミュニケーションにどのような影響を与えるのだろうか。

植物間コミュニケーションは一見すると利他的な現象であり，匂いを放出する，あるいは，それに反応する理由は，生態的・進化的に大変興味深い。たとえば，利他的な現象である植物間コミュニケーションが，血縁個体間やクローン個体間でより強く起こっているのであれば，植物間コミュニケーションには「身内」を守るという意味合いを含むことになる。

匂い物質の成分比は，環境要因や被害を加えている植食者の種類によっても変化するが，遺伝的要因も強く影響する可能性がある。もし匂いの違いが遺伝的影響を受けるのであれば，匂いには放出個体（被害個体）の「個人情報」が含まれていることになり，近隣に生育する個体に対して，身内（クローン個体，あるいは血縁個体）からの「警報」を伝えることになる。

セージブラシでは，個体間の血縁度と匂いの類似性が調べられている。セージブラシは，根茎を伸ばし，クローン成長することが確認されているが，クローン同士では匂い物質の成分比が非常に類似することが明らかになった[2]。さらに，マイクロサテライトマーカーを用いて個体間の遺伝的近縁度が調べられた。そして，匂いの類似性と遺伝的近縁度の関連を調べたところ，両者の間には有意な相関が認められ，近縁度が高いほど匂いが類

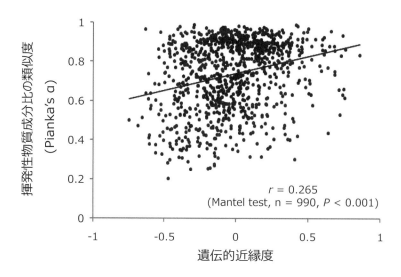

図 4　揮発性物質成分比の類似度と遺伝的近縁度

セージブラシ 30 個体（2.4 の自己・非自己認識を調べた個体）について，遺伝子型と揮発性物質の成分比を調べ，総当たりで個体間の遺伝的距離と揮発性物質成分比の類似度を求めた．成分比の類似度（Pianka's α）は主な 14 成分を用いて算出され，その値は 0～1 をとり，完全に一致する場合に 1 になる．また，遺伝的近縁度[3]（relationship coefficient）は，-1～1 の値をとり，クローン同士の場合に 1 になる

似していることが示された（図 4）．

　これらのことから，匂いには，放出個体の遺伝的な情報が含まれていることが示されている．では，植物は，匂い物質のちがいを「嗅ぎ分ける」ことができるのだろうか．

2.4　自己と非自己認識

　自己と他個体を認識する能力は，多くの多細胞生物で報告されており，動物の免疫系システムや植物における生殖的自家不和合性において重要なものである．そして，これらは遺伝に基づく認識が関与している．セージブラシにおいて，放出する匂い物質の成分の類似度と血縁度が関係していることから，匂いで自己と非自己を認識できるかもしれない．それを明らかにした Karban らの研究を紹介する．

　初冬にセージブラシの地下茎を掘り起こし，ポットに植えて温室で育てる．そして，翌年に，そのポット苗を，フィールドに持ち帰り，同じ遺伝子型をもつ個体の傍，あるいは別の遺伝子型をもつ個体の傍に配置する．そして，ポット苗の葉を切り，傍の個体に匂いを受容させる（図 5）．また，同一個体からの匂いを受容している枝，匂いを受容していない個体の枝にもマークし，3 ヵ月後にそれぞれの枝の葉における被害葉数を調べる．その結果，匂いを受容していないコントロールに比べ，匂いを受容したどの個体も被害が少なくなったが，特に同一個体の匂いまたは同一遺伝子型個体の匂いを受容したものにおいて，被害が低くなることが明らかになった（図 5）．この野外実験は，前年の 2007 年にも行われているが，同一の結果が得られている．このことは，セージブラシが自己と非自

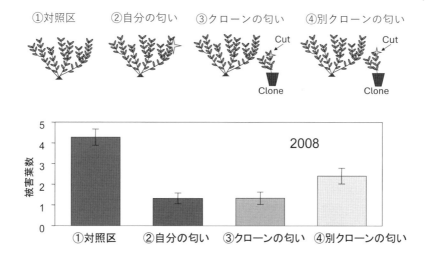

図5　自己と非自己の区別
Karban and Shiojiri Ecology Letters（2009）改変

己を匂い物質で認識しているということだけでなく，個体が切り離されていたとしても，それが認識できるということが示している[4)5)]。

2.5　血縁認識

　血縁度と匂い物質の類似度が相関しているのであれば，自己と非自己だけではなく，血縁度も匂い物質で認識できるかもしれない。それを実証した2つの実験がある。1つ目は，2.4と同様に，地下茎から新しい個体（ポット苗）を作り，それを用いるものである。調査する野外個体の両サイドの枝をマークし，一方に調査個体と遺伝的に近いポット苗，もう一方に遺伝的に遠いポット苗を配置する。そして，ポット苗の葉を切り，マークした枝の葉に匂いを1日間受容させる（図6(a)）。そして，3ヵ月後に各個体の2ヵ所にマークされた枝のうち，どちらがより食べられているのかを調べたものである。その結果，予想通り，遺伝的に近いポット苗の匂いを受容した側の枝の方が，遺伝的に遠いポット苗の匂いを受容した枝よりも，被害が低くなった（図6(a)）。

　もう1つが，1Lのシリンジを用いたもので，シリンジで匂い物質を別の場所に移動させるのである。まず，匂い源となる個体の葉を切り，切った枝を袋で覆い，匂い物質を一日溜める。翌日，その溜まった匂い物質をシリンジで取り込む。匂い物質を受容させる個体には，前もって一枝を覆って2ヵ所に袋をかけておく。そして，その袋にシリンジに入れ込んだ匂い物質を吹き込む（図6(b)）。匂い受容を1日間行うため，翌日にその袋を取り外し，3ヵ月後に被害葉数を調べる。その結果，この実験方法においても，遺伝的に近い個体からの匂い物質を受容した枝の方が，遺伝的に遠い個体からの匂い物質を受容した枝よりも，被害が低くなった（図6(a)(b)）。これら2つの野外実験より，セージブラシは匂い物質で血縁度を認識し，より血縁が高い場合の方が強い抵抗性を誘導することが示された[6)]。

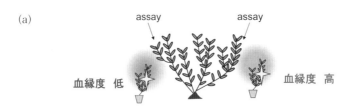

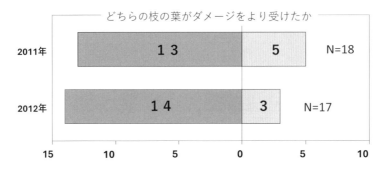

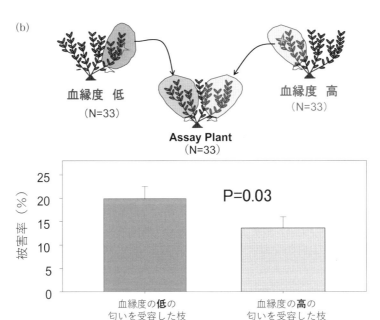

図6 近縁度の認識

3. セイタカアワダチソウの研究例

3.1 セイタカアワダチソウ

セイタカアワダチソウ（*Solidago altissima*）は北アメリカ東海岸原産の多年生落葉で，種子だけでなく地下茎で個体数を増やす（図7）。さらに，アレロパシーを有しており，根から他種の植物の成長を抑制する化学物質を出す。日本においては，約100年前に園

芸目的で持ち込まれて以降，非常に繁茂し，現在では日本の侵略的外来種ワースト100に指定されている。

3.2 セイタカアワダチソウの個体間コミュニケーション

図7　セイタカアワダチソウ　※口絵参照

　セイタカアワダチソウ（以降，セイタカ）の匂い物質を介したコミュニケーションの最初の実証研究は，MorellとKesslerの研究である。彼らはハムシに数日間，食害されたセイタカからでる匂い物質を別のセイタカに受容させた後に，そのセイタカにハムシを接種し，そのハムシが移動する時間を測っている。その結果，匂いを受容しているセイタカに置いたハムシは，コントロール個体に置かれたハムシよりも早くその個体から移動することが示された[7]。そして，その後，セイタカが匂いで血縁認識していることが，Shiojiriらによって報告されている。Shiojiriらは，4つの異なる遺伝子型（A～D）のセイタカを用いて，遺伝的近縁度が高い個体からの匂いを受容した方が，その後の被害が低くなることを野外において実証した[8]。具体的な方法と結果としては，まず，AFLPフラグメント解析より，遺伝子型の遺伝的距離を系統樹で示すと，AとBが最も遺伝的距離が近く，次にC, Dという順番であった（図8(a)）。Aを匂い物質放出源とし，その個体を中心とし同じ遺伝子型個体，他の遺伝子型個体を野外に配置し，数ヵ月後の葉の被害率を調べたところ，匂い源と同じ遺伝子型の個体（A）において最も被害率が低く，次に匂い源個体と遺伝的距離が近い遺伝子型（B）をもつ個体といった順で被害率が低いことが示された（図8(b)）。この結果から，セイタカにおいても，匂い物質を介して血縁認識が行われていることが示唆された。

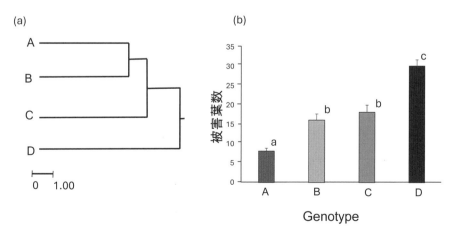

図8　セイタカアワダチソウの近縁認識。4系統の遺伝的距離（a）。Aの揮発性物質を受容した後の被害葉数（b）

3.3 血縁認識する必要性

セージブラシとセイタカアワダチソウにおいて匂い物質によって血縁認識することが明らかになったが,なぜ,血縁認識をする必要があるのだろうか。防衛にはコストがかかるため,植物は恒常防衛以外に被害を受けてから発動させる誘導防衛を進化させてきたと考えられている[9]。植物間コミュニケーションによる防衛は誘導反応の1つであり,隣接する植物からの危険情報を察知し,前もって防衛を高めることによって近い将来くることが予測される病害虫から自身を守ることにある。ここで予測される病害虫が実際には来なかった場合には,防衛したコストがデメリットになる。つまり,植物は防衛をするべきかしないべきかを,隣接する植物からくる情報から判断する必要がある。そこで,遺伝子型によってやられやすい植食性昆虫種が異なるのではないかという仮説のもと,セイタカの異なる4遺伝子型を用いて,植食者群集相が調査された[8]。各遺伝子型を10個体用意し,同じフィールドにランダムに配置し,数週間後に各個体上にいる植食者昆虫種数を調べるのである。その結果,遺伝子型によって付きやすい昆虫種が異なること,さらに,植物が遺伝的に近縁であれば昆虫群集が似ている傾向があることも明らかになった。つまり,同じ遺伝子型の場合,同じ昆虫種の被害を受けやすく,また,遺伝的に近縁である方が,同じ昆虫種の被害を受けやすいことが示された。この結果より,植物が同遺伝子型(Self)や遺伝的近縁度が高い個体からの匂い物質を受容すると,より防衛が誘導されるという現象は,隣の株の植食者が自分のところに来る可能性が高いため,防衛コストの面から利にかなっていることが示唆された[8]。

また,セージブラシにおいても,Thujoneを多く放出する個体とCamphorを多く放出する個体では,植食者が異なっており,また,匂い物質を介したコミュニケーションにおいても,同じ匂い物質を多く放出する個体同士の方が,別の組み合わせよりも,防衛が高まることが報告されている[10]。

3.4 状況で変わる近縁度認識

隣接する個体が,クローンや近縁個体ではない場合,それらが被害を受けたという情報(匂い物質)を得たとしても,強い防衛を開始するべきではないことを,3.3で述べた。しかし,植食者が多く被食圧が高いような状況では,血縁認識をしているよりも,隣接する個体が被害受けたという情報を得たなら,防衛を開始すべきであろう。実際,セイタカではそのような振る舞いがなされていることが明らかになった[11]。

セイタカの原産地である北アメリカ東海岸では,セイタカを食草とする多くの植食性昆虫が生息するだけでなく,ある種のハムシ(*Trirhabda virgata*)が,たびたび大発生することがある。そのような地域にあるコーネル大学では,ある地域で,12年間,農薬を散布し植食性昆虫(ハムシ)発生を抑えた場所と,農薬を全く散布せず自然な状態においた場所を設け,それぞれの場所から採取した,セイタカのハムシに対する抵抗性を調べた。その結果,農薬を散布しなかった場所から採取されたセイタカを摂食したハムシの成長率は,農薬を散布している場所から採取されたセイタカを摂食したハムシよりも,著し

く悪くなることが明らかになった[12]。つまり，常に強い被食圧を受けているセイタカ個体群ではなんらかの選抜（あるいは可塑性）が働いていると考えられる。

さて，そのような2つの個体群を用いて，匂い物質に対する近縁度認識はどうかが調べられた。農薬を散布していない地区から採取した個体同士の組み合わせ，農薬を散布した地区から採取した個体同士の組み合わせで，自己認識ができるかを調べたのである。それぞれの地区から採取した株から，地下茎を用いてクローンを作る。そして，ある個体を匂い放出源として，周りにその個体と同じ遺伝子型を持つ株，同じ地区から採取されているが異なる遺伝子型を持つ個体を周りに配置するのである（図9）。匂い放出個体には，数匹のハムシを接種し虫が逃げないように不織布で覆っておく。コントロールとしては，

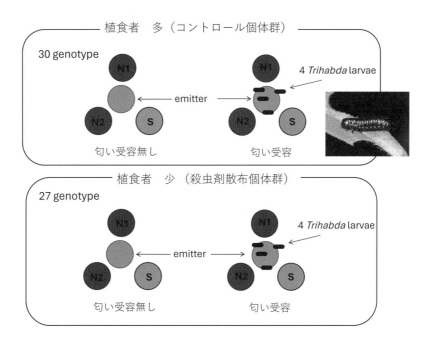

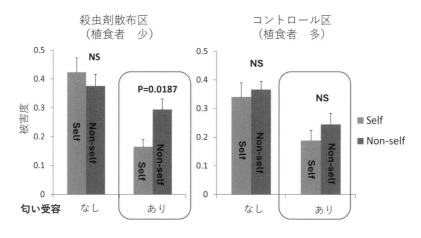

図9　環境によって異なる植物間コミュニケーション

ハムシは入れずに不織布で覆うだけの個体を用いる。そして数週間後，周りのセイタカの被害率を調査する。その結果，どちらの個体群においても，ハムシの被害をうけた個体の周囲にいたセイタカは，コントロールに比べて被害が低くなった。そのことから，匂いコミュニケーションしていることがわかる。一方，同じ遺伝子型からの匂いか異なる遺伝子型からの匂いかで，被害率の違いを比較してみると，興味深いことに，農薬が散布されていた地区の個体群では，同じ遺伝子型からの匂いを受けると，より被害が低下していたのに対し，農薬が散布されず，被食圧が高い地域の個体群では，同じ遺伝子型からの匂いでも別の遺伝子型の匂いでも被害の違いは見られなかった。つまり，被害圧が高いような地域の個体群では，自己と非自己の区別をせずに，隣接する別個体が被害を受けたときには，防衛を高めていることが示された。さらに，彼らは，ハムシに食害されたときに放出される匂い物質を分析している。その結果，食害圧が高い個体群の個体では，ハムシ被害を受けた時に放出される匂い成分ブレンドが，個体間で類似していることも示している[11]。匂い受容個体側の受容感度などのなんらかの変化があるのかについては，今後の課題である。

4. おわりに

　被害個体が放出する匂い物質にはさまざまな成分が含まれており，これらの比率の違いによって，匂いがもつ情報は異なる。植物間コミュニケーションでは，放出側と受け手側のコミュニケーション能力の進化には，互いにさまざまな要因が影響しただろう。

　植物間コミュニケーションには，個体間の積極的な情報伝達ではなく，被害個体から出てくる匂い物質を隣接個体が盗み聞きしているだけという見解がある。盗み聞きされる場合，被害個体にとって匂い物質を放出することは利益が少なく，隣接する競争個体に有利に働く可能性すらある。しかし，セージブラシのように，クローン間や血縁個体間でより強くコミュニケーションが起こるのであれば，包括適応度が上昇し，被害個体にとっても匂い物質を放出することに利点が生じる。匂い物質の成分比が遺伝的に異なることで，盗み聞きされることなく，限られた個体にのみ優先的に情報を伝えることができる。

　一方で，隣接個体もすべての匂い物質に同等に反応するわけではない。セージブラシではクローン個体や近縁個体の匂いに強く反応し，セイタカアワダチソウでは，周囲の環境によって血縁個体の匂いに強く反応するかどうかが異なる。特に，セイタカアワダチソウでは食害が少ない場合に，自己と非自己の匂いを識別し，自己の匂いにしか反応しない変化が起こっているが，このことから，匂いに反応することにもコストがあり，無差別な反応にはリスクがあることが示唆される。セイタカアワダチソウで示されたように，遺伝子型によって植食者が異なる場合，その後の被害が高い場合のみ防御を誘導したほうが効率的である。その点，自己や血縁個体の匂いは，被害をもたらす植食者が近くにいることを意味し，信頼性の高い情報となる。信頼性の高い情報にのみ反応することで，防御にかかるコストを抑えることができる。

　匂い物質の成分比によって，植物は血縁認識を行っているが，実際にどの成分が血縁認

識に関わっているかはわかっていない．多くの植物で，テルペン類や青葉アルコール（みどりの香り，Green leaf volatiles）などの匂い成分が防御を誘導することが示されている．これらの成分は，多くの個体が共通して放出する成分であるが，個体識別に関わっているとは限らない．個体識別には，共通成分だが個体ごとに比率が異なっていることが関わると予想される．微量の成分が関わっている可能性もあるため，匂い成分の高分解能での解析と成分の関与を示す実証実験が必要である．

また，個体識別には，放出される成分と受け手個体が受容可能な成分が一致する必要がある．匂い成分の受容メカニズムは詳細が明らかになっていないが，個体識別に関わる成分の生産に関わる遺伝子と受容に関わる遺伝子の挙動が一致している可能性がある．あるいは，成分の生産・放出には遺伝的な制約が強いかもしれないが，受容については可塑的に変化していることも考えられる．受容に関する分子メカニズムや遺伝子の解明が望まれる．これらが解明されることで，植物間コミュニケーションの進化についても知見が広がるだろう．

文　献

1) K. Shiojiri et al.: *Plant Signal Behav.*, 10, 1095416 (2015).
2) S. Ishizaki et al.: *Plant Species Biol.*, 27, 69 (2012).
3) D. C. Queller and K. F. Goodnight: *Evolution*, 43, 258 (1989).
4) R. Karban and K. Shiojiri: *Ecol. Lett.*, 12, 502 (2009).
5) R. Karban and K. Shiojiri: *Plant Signal Behav.*, 5, 854 (2010).
6) R. Karban et al.: *Proc. R. Soc. B*, 280, 20123062 (2013).
7) K. Morrell and A. Kessler: *Functional Ecol.*, 31, 1049 (2017).
8) K. Shiojiri et al.: *Ecol. Evol.*, 11, 7439 (2021).
9) A. A. Agrawal: Induced plant defenses against pathogens and herbivores: Biochemistry, ecology, and agriculture, A. A. Agrawal et al. (eds.), APS PRESS, 251 (1999).
10) R. Karban et al.: *New Phytol.*, 204, 380 (2014).
11) A. Kalske et al.: *Curr Biol.*, 29, 3128 (2019).
12) R. F. Bode and A. Kessler: *J. Ecol.*, 100, 795 (2012).

第1章　揮発性物質が媒介する地上部植物間コミュニケーション

第6節　植物間コミュニケーションが節足動物群集に与える影響

近畿大学　米谷　衣代

1. 背　景

1.1　植物の食害に対する誘導反応と植物上の節足動物群集

　植物上の節足動物群集は群集形成のモデル系の1つである。近年，植食者による植物の応答が節足動物の個体数や群集動態の主要な要因であることが示され，局所的な節足動物多様性にも影響を与える証拠が増えている。たとえば，誘導された直接防御と補償成長は，その後の他の植食性節足動物[1]やそれらの天敵[2]の移入，存続，繁殖に影響を与える。その結果，植物の反応は節足動物の個体群動態[3]や種の構成および豊かさ[4]に影響を与えることになる。
　また，植食誘導性植物揮発物質（HIPVs）は，すでに紹介されているように，節足動物の相互作用においても重要である。HIPVs は植食者や捕食者の行動に影響を与え，間接防御としても機能する[5,6]。これらの揮発物質は，植食性節足動物群集およびその天敵に影響を与える[7-9]ことが示されているが，節足動物群集全体の多様性や構成に与える影響についてはまだ十分に解明されていない。

1.2　植物間コミュニケーションと節足動物群集

　HIPVs の特に興味深い役割の1つは，植物間コミュニケーションを仲介する点である。近隣の植物は HIPVs を受け取り，捕食者を誘引する揮発物を放出したり[10]，植食者や捕食者の分散に影響を与えたりする[11]ことで，直接的・間接的な防御を誘導する[12-15]。植物間コミュニケーションは群集動態に重大な影響を与える可能性があるが，直接的な植食者に対する植物の応答の影響[4,9]に比べ，その影響は比較的未解明なままである。植物揮発物を介した防御反応は，より大きな空間スケールで節足動物群集に影響を与える可能性がある[11]。
　この節では，これらの仮説を検証するため，ヤナギの一種であるジャヤナギ（*Salix eriocarpa*）に着目し，スペシャリスト植食者のヤナギルリハムシに（*Plagiodera versi-*

colora）よる食害誘導，そして，HIPVs に曝露された植物といった初期条件の異なる植物を用意して自然に移入してきた植物上の節足動物群集集合を観察した研究を紹介する。

2. 研究手法

2.1 モデル系

ジャヤナギは，日本の湿潤な低地に自生するヤナギ属の樹木であり，節足動物群集研究の良いモデルとして知られている。たとえば，ジャヤナギに関する研究では，(1) 節足動物群集[2)4)16)]，(2) 植物揮発成分の化学的特性[17)18)]，(3) ヤナギルリハムシおよびその天敵であるカメノコテントウの行動への影響[16)-19)]について調査されている。また，植物間コミュニケーションの研究も行われており，ヤナギルリハムシによって誘導される HIPVs は近隣の同種の質に悪影響を与えることが，ヤナギルリハムシの幼虫の生存率低下と発育期間の延長によって示唆されている[15)]（図1）。

2.2 実験のデザイン

ジャヤナギとヤナギルリハムシを用いて，未食害，食害，HIPVs 曝露という3つの初期条件で実験を行った。各条件には鉢植えの挿し木を16個使用し，実験圃場内に配置して，定期的に移住してきた節足動物群集を記録した。初日は1時間ごとに，2日目以降7日目まで毎日記録し，その後，10日目，32日目，60日目まで観察を続けた。

3. 結果と考察

3.1 ヤナギルリハムシの個体群動態

未食害植物では24時間以内に多くの植物個体でハムシの移入が確認されたのに対し，食害および HIPVs 曝露植物では，ハムシの移入がほとんど見られなかった。これは，揮

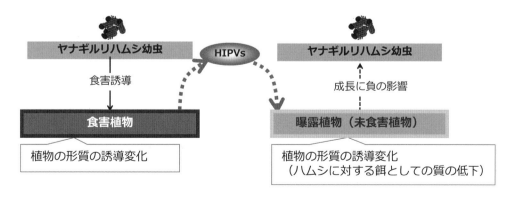

図1　ジャヤナギの植物間コミュニケーションの例

発性物質が植食者にとって忌避信号として作用する可能性を示唆している。しかし，初日に観察された効果は，3日目以降持続しなかった。

3.2 群集構成と多様性

群集構造の分析において，植物の初期状態が群集構成に顕著な影響を与えることが示された。未食害植物では，60日目の未食害植物間での群集の多様性は10日目や32日目に比べて減少したが，食害植物や曝露植物では，時間による大きな変化は見られなかった。初期条件間の群集構造の比較では，32日目には食害植物と曝露植物で，60日目には未食害植物とそのほかの食害植物と曝露植物の間に違いが現れた。これは，初期条件間の群集組成の違いは，時間経過とともに変化したことを示す。つまり，植物の食害，曝露といった初期条件の違いは節足動物の群集構造に持続的な影響を与えると結論づけることができる。また，処理内の群集構成も時間経過により変化していた。これらの変化は，植物個体群内の空間的・時間的な節足動物の種の豊富さを高めることが予測され，次に多様性の解析を行った。

予想通り，植物の初期状態の違いが種の豊かさに持続的な影響を与えていた。節足動物の種組成の植物個体間変動は，60日目では，未食害植物よりも曝露植物と食害植物で大きかった。その結果，曝露植物と食害植物では，未食害植物よりも，60日目に観察された種の豊かさが大きくなった。群集全体のγ多様性は48と高く，これを支える要因として，初期条件や時間による違いを表すβ多様性（＝32），ならびに各処理内の種数を表すα多様性（＝2.16）と各処理内の16反復間の違いを表すβ多様性（＝13.84）によって，維持されていた（図2）。

挿し木の鉢植えという小さなサイズの植物個体を用いた我々の知見は，自然環境におけるはるかに大きなヤナギの木の節足動物群集でも同様の現象が起こる可能性を示唆している。最も早く到着する節足動物種の不均質性な分布が，食害やHIPVsへの曝露によって植物個体群内で形質の不均質を引き起こし，それが節足動物群集全体の多様性（高いβ多様性）につながり，ヤナギ個体群全体のγ多様性を高めていると考えられる。

3.3 初期状態の影響と先住効果

本研究の結果は，植物の初期状態が節足動物群集に持続的な影響を与えることを示した。特に，食害を受けた植物や揮発性物質に曝露された植物では，早期段階での植食者の到達が遅れ，その後の群集構成に大きな変化が生じた。この現象は，「先住効果」(Priority Effect)によって説明される可能性がある。先住効果とは，ある種が最初に到達することによって生態系内の資源利用や相互作用が変化し，その後の群集構成に影響を与える現象を示す。

どの節足動物種が最初に植物に定着するかは，植物の生態学的特徴に依存する。たとえば，今回の初期移入では，未食害植物をハムシ成虫は選好していた。そして，節足動物の定着は定着した節足動物の種に特異的な変化を植物に引き起こし，植物の形質と節足動物群集の構成の間にフィードバックダイナミクスが形成される（図3）。

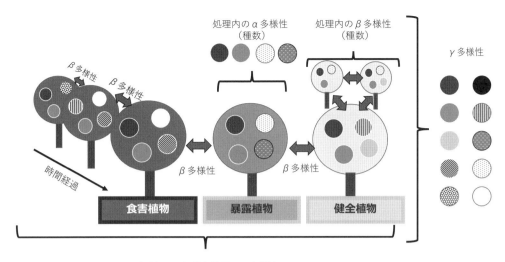

図2　ジャヤナギ個体群内の節足動物の多様性

濃度・模様の違う小さな丸は各植物種上に移住した節足動物の種を表し，濃度・模様の違いは種の違いを表す．α多様性は，1つの処理の植物上で観察される節足動物の多様性である．β多様性は，異なる場所や処理条件間の種の違いや時間経過による変化を示す指標で，処理条件による群集構成の違いや同じ処理内での時間の変化を表す．γ多様性は，全体の種の豊富さを表し，すべて処理条件全体で観察される種の多様性を評価している

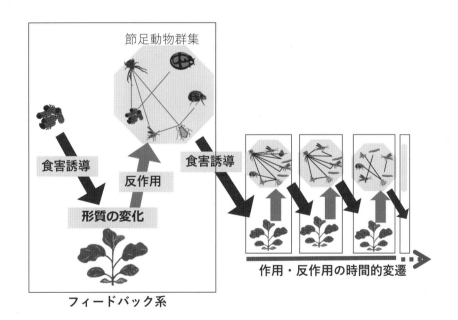

図3　先住効果と植物のフィードバックの概念図

最初に移入する植食者（左上のハムシ幼虫）の食害誘導による植物の形質の変化がその後に移入してくる節足動物群集組成に影響し，さらに，その群集組成が植物の食害誘導に影響し植物の形質を変化させるというフィードバックの流れが続く様子を示している

第6節　植物間コミュニケーションが節足動物群集に与える影響　｜　61

今回の結果では，先住効果は，植物のフィードバックメカニズムによって強化されることが示唆された。植食者が最初に植物に与える影響は，植物の防御応答や揮発性物質の放出によって次第に変化し，それに応じて節足動物群集全体が再編成される。このような動態は，生態系の多様性を維持するうえで重要な役割を果たしている。

3.4 HIPVs を介した植物間のコミュニケーションの持続的影響

HIPVs を介した植物間のコミュニケーションは，節足動物群集の多様性と構成に持続的な影響を与えることがわかった。特に，食害を受けた植物から放出された揮発性物質に曝露された植物では，節足動物の群集構成が時間とともに変動し，最終的には未食害植物とは異なる群集が形成された。これにより，HIPVs が植物同士の防御応答だけでなく，節足動物の移住や種の豊富さにも影響を及ぼすことが示された。

この現象は，植物の個体群のスケールで見ると，植物間のコミュニケーションが節足動物群集の多様性を促進する重要な要因であることを示唆している。

4. まとめ

本研究は，植物の初期状態や HIPVs が節足動物群集に与える持続的な影響を示し，植物間のコミュニケーションが生物多様性や群集構造にどのように寄与するかを明らかにした。特に，植物間の HIPVs が，節足動物群集の多様性を高め，生態系全体のバランスを保つ役割を果たしていることが示された。この知見は，持続可能な農業や生態系管理において重要な応用可能性を持っており，今後の研究と実践において重要な役割を果たすことが期待される。

文 献

1) T. Ohgushi: *Annu. Rev. Ecol. Evol. Syst.,* 36, 81(2005).
2) M. Nakamura, H. Kagata and T. Ohgushi: *Oikos,* 113, 259(2006).
3) N. Underwood: *Am. Nat.,* 153, 282(1999).
4) S. Utsumi and T. Ohgushi: *Oikos,* 118, 1805(2009).
5) K. Yoneya and T. Miki: *Funct. Ecol.,* 29, 451(2015).
6) T. C. J. Turlings and M. Erb: *Annu. Rev. Entomol.,* 63, 433(2018).
7) K. Shiojiri, R. Karban and S. Ishizaki: *Arthropod Plant Interact.,* 3, 99(2009).
8) N. E. Fatouros, D. Lucas-Barbosa, B. T. Weldegergis, F. G. Pashalidou, J. K. A. van Loon, M. Dicke et al.: *PLoS One* ,7, e43607(2012).
9) Y. Xiao, Q. Wang, M. Erb, T. C. J. Turlings, L. Ge et al.: *Ecol. Lett.,* 15, 1130(2012).
10) D. Piesik, D. Panka, M. Jeske, A. Wenda-Piesik, K. J. Delaney and D. K. Weaver: *J. Appl. Entomol.,* 137, 296(2012).
11) K. Morrell and A. Kessler: *Funct. Ecol.,* 31, 1049(2017).
12) G. Arimura, R. Ozawa, T. Shimoda, T. Nishioka and J. Takabayashi: *Nature,* 406, 512(2000).
13) Y. Choh and J. Takabayashi: *Appl. Entomol. Zool.,* 41, 537(2006).
14) R. Karban, J. H. Yang and J. H. Edwards: *Ecol. Lett.,* 17, 44(2014).
15) K. Yoneya, S. Kugimiya and J. Takabayashi: *Appl. Entomol. Zool.,* 49, 249(2014).

16) K. Yoneya and J. Takabayashi: *J. Plant Interact.,* 8, 197(2013).
17) K. Yoneya, S. Kugimiya and J. Takabayashi: *Physiol. Entomol.*, 34, 379(2009).
18) K. Yoneya, R. Ozawa and J. Takabayashi: *J. Chem. Ecol.,* 36, 671(2010).
19) K. Yoneya, S. Kugimiya and J. Takabayashi: *J. Plant Interact.*, 4, 125(2009).
20) K. Yoneya, T. Miki and J. Takabayashi: *Front. Ecol. Evol.,* 10, 1031664(2023).

第 2 章

地下部における
植物間コミュニケーション

第2章 地下部における植物間コミュニケーション

第1節　地下部のコミュニケーションの多様性と機能

京都大学　山尾　僚　　東京都立大学　大崎　晴菜

1. はじめに

　植物は，地上部だけでなく地下部でも多様な刺激を互いに伝え合い情報として利用している。地下部で伝達される情報の種類は，自己/非自己や血縁/非血縁といった遺伝的類似性，浸透圧や乾燥ストレス，食害に関する情報など，非常に多岐にわたる。本稿では，これらの現象に関する具体的な研究を紹介する。

2. 自己/非自己・血縁認識

　過去20年にわたり，植物が自己/非自己や血縁個体を区別できるかという問いが注目を集め，多くの科学者が検証を行ってきた。最初に着目されたのは，植物の根における自己/非自己認識である[1]。いくつかの植物種では，隣接する株がクローン（自株）か同種の他株かによって，根の成長や伸長パターンが異なることが報告されている。たとえば，シバの一種 *Buchloe dactyloides* では，隣株が自株の場合と他株の場合で根の伸長パターンが異なり，他株が隣にある場合に根がより長く，より多くなる[2]。また，ノイチゴでは，隣株が自株の場合，根をあまり伸長させない[3]。この自己/非自己認識においては，株間で「つながり」があり，生理的環境が共有されているかどうかが，自他を見分ける基準になるとされている。シバやノイチゴでは，同じ株であっても，人為的に切り離され生理的に独立した株として栽培された場合，遺伝的に異なる他株への応答と同じように根を発達させる。つまり，隣接する株の自他を認識して根の伸長パターンを変える能力には，生理的なつながりの有無が重要な要素であることが示唆されている。

　生理的つながりを介した自己/非自己認識は，地上部でもわずかに報告されている。ヤブガラシの巻きひげは自己の茎を識別し，巻き付きを回避する[4]。この巻きひげによる自己/非自己認識も，生理的つながりの有無に依存しており，同じ株であっても切り離して2ヵ月ほど別の鉢で栽培すると，他株と同様に巻き付いてしまう。つる植物の地上部は垂直・水平方向に広く伸長し，適切な巻き付き相手を探す必要がある。自株に巻き付いてし

まうと,光の獲得が阻害されるなどの不利益を被る可能性が高い。そのため,このような巻きひげ型のつる植物では,巻き付き時に自他を認識し,自株には巻き付かない能力が普遍的に存在する可能性がある。実際,ウリ科やトケイソウ科の一部の種でも,ヤブガラシと類似した自己/非自己認識が報告されている[5]。

一方,植物は,上記のような生理的な接続がない場合でも,品種間(同品種/他品種),系統間(同系統/他系統),遺伝子型間(同じ遺伝子型/異なる遺伝子型),血縁者間(きょうだい/非きょうだい)を識別し,異なる反応を示すことが知られている[6]-[10]。これらの研究では,相手との血縁度に応じて植物の反応が変化する。たとえば,オニハマダイコンは,異なる親株由来の非きょうだい株に対しては,土壌資源の競争において有利となる形質である細根の量を増大させるが,同じ親株由来のきょうだい株に対しては,そのような応答を示さない[6]。同様に,ブナの実生は非きょうだい株と一緒に栽培されると土壌中の水分吸収を増強するが,きょうだい株と栽培された場合には,単独栽培と同程度の土壌水分利用に留まる[11]。また,コダカラベンケイソウは,クローン株に対しては単独栽培と同様の成長パターンを示すが,非クローン株と一緒に栽培された場合には,根への配分が減少し,クローン繁殖も抑制される。このような反応は,根圏の水溶性因子に基づいていると考えられており,非クローン株の根圏由来の浸出液を与えられたコダカラベンケイソウは,根をより発達させ,競争に対して有利な応答を示す[10]。

3. 干ばつストレス情報の伝達

このような遺伝的類似性に関する情報以外にも,食害や干ばつストレスに関する刺激が,植物個体間で地下部を通じて伝達されることが知られている。Falikの研究チームは,ストレスを受けていないエンドウが,干ばつストレスを受けた近隣の植物やABA処理を受けた近隣の植物の根から発せられるシグナルに反応して,気孔を素早く閉じるだけでなく,ストレスを受けた植物から離れた別の植物の気孔閉鎖も誘導し,干ばつ耐性を向上させることを報告している[12][13]。Falikらは,まずエンドウの苗木の根を分割し,2つの鉢にまたがらせて植え込み,これを繰り返すことで,根を共有したエンドウの苗が連続して配置されるようにした(図1)。さらに,他の条件では,根は分割されて2鉢にまたがっているが,他の個体とは根を共有していないエンドウ苗を同数配置した。このような実験条件で,中心部の苗に干ばつストレスを与え,隣のエンドウ株の気孔の開閉度合いを定期的に調査した。その結果,干ばつストレスを直接受けたエンドウ個体に続き,根を共有している干ばつストレスを受けていないエンドウ個体でも気孔が閉じられることが確認された(図2)。さらに,この現象は,イネ科植物の *Gynodon dactylon*, *Digitaria sanguinalis*, *Stenotaphrum secundatum* においても観察されている[13]。また,この応答が干ばつ耐性を向上させることも確認されている[14]。干ばつストレスの刺激は異なる植物種間でも伝達されるが,その程度は植物種によって異なる[14]。この干ばつ刺激の伝達はどのような仕組みで行われているのだろうか? この謎は完全に解明されていないが,Falikは詳細な実験により,少なくとも干ばつストレスを受けた植物の根から放出されるアブシ

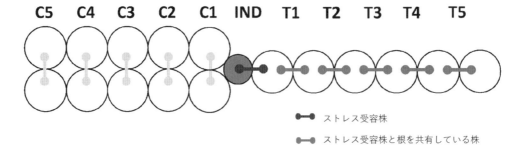

図1 エンドウを用いた干ばつストレスに応じた気孔応答の実験の様子[12]

Filka et al., (2011) を一部改変

ジン酸が関与していることを示唆している[14]。

4. 開花情報の伝達

Falikのチームは,もう1つ非常にユニークで興味深い地下部での植物間コミュニケーションを報告している。それは,開花情報の伝達である。植物にとって繁殖のタイミング,つまり開花のタイミングは,適応度において重要な要素である。特にアブラナ科など自家不和合性の植物にとっては,他の個体と開花のタイミングを同期させることの重要性がますます高まる。Falik et al.[15]は,ミズナ(アブラナ科)において根圏浸出物がミズナ個体間での開花時期の同調を引き起こすことを明らかにした。具体的には,長日条件で栽培され繁殖を開始したミズナ株の土壌浸出液が,本来開花が誘導されないはずの短日条件のミズナ株の開花を促進する。また,開放花と閉鎖花を形成するホトケノザは,近隣に他の個体が存在することを根圏浸出物で識別し,他の個体が高密度で栽培された土壌の浸出液を与えられると,開放花の割合を増加させる。これは,ホトケノザが潜在的な繁殖相手の存在に応じて開放花と閉鎖花の割合を調節できることを意味している。

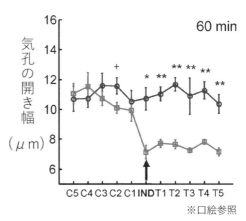

図2 エンドウを用いた干ばつストレスに応じた気孔応答の実験結果。ストレス誘導株と根を共有しているT1〜T5で顕著な気孔の閉鎖応答が観察されている[12]

Filka et al., (2011) を一部改変

5. 食害情報の伝達

地下部における食害情報の伝達には,多くの場合菌根菌が関与している。地球上の90%以上の植物種は,根部において菌根菌と呼ばれる真菌類と共生していると言われて

いる。植物は光合成で得た炭素を菌根菌に提供し，菌根菌は土壌中の水分やリンなどの栄養を植物に供給する。この菌根共生において，菌根菌は多くの場合，複数の植物を菌糸で結び共生しており，この菌根ネットワークを通じて植物間で刺激が伝達される。Babikova et al.[16]は，巧みな実験系を用いて，ソラマメ間でアブラムシによる食害刺激が伝達され，その伝達に菌根共生が関与していることを示した。ソラマメを大きな1つの鉢に植え，1)菌根菌でつながれた株，2)菌糸が通過できないサイズのメッシュで区切られた株，3)菌糸が通過できるサイズのメッシュで区切られた株を用意し，アブラムシによる食害刺激が防御反応を誘導するかを調べた。その結果，菌根菌と細かいメッシュで遮断された株では防御反応が観察されなかったが，菌根菌で繋がれた株では，アブラムシに対する防御反応が誘導されることが示された。具体的には，菌根菌糸で繋がれた株は，食害を受ける前にアブラムシの忌避効果を持つ揮発性物質，特にサリチル酸メチルを産生できる。類似の現象はトマトを用いた実験でも報告されている[17)18]。

菌根菌を介した食害情報の伝達は，異種の樹木間でも報告されている[19]。この実験では，ダグラスモミの苗木を「ドナー」，ポンデローサマツの苗木を「レシーバー」とし，草食動物による葉の食害や人為的な葉の切除処理に反応して，ダグラスモミだけでなく，菌根ネットワークに接続されているマツでも防御関連酵素であるペルオキシダーゼ，ポリフェノールオキシダーゼ，スーパーオキシドディスムターゼの活性が増加することが示された。さらに，その後の研究では，菌糸を介して刺激を受け取った植物で，防御関連遺伝子の発現が誘導されることが報告された[17)-19]。これらの防御関連遺伝子の発現上昇は，直接刺激を受けたドナー植物とほぼ同時期に生じ，菌根菌糸を介した炭素移動よりもはるかに速い速度で起こっているようである[18)19]。

6. 種子におけるコミュニケーション

地下部における植物間コミュニケーションというと，既に成長した植物個体間のコミュニケーションがイメージされやすいが，実は植物間コミュニケーションは種子の段階から行われている。たとえば，Deyer[20]は，イネ科の一種の種子をさまざまな競争相手の根元に播種すると，種子の発芽が早まることを報告している。また，Orrock & Christopher[21]は，ヨウシュヤマゴボウの種子が同種の種子が高密度で存在する環境に播種されると，発芽速度を速めることを報告した。発芽の早期化は，発芽後の実生がより速く成長し，競争において有利に働くと考えられている。実際に，ヨウシュヤマゴボウの実験では，早く発芽した実生が，遅く発芽した実生よりも大きく成長できることが確認されている。Ohsaki et al.[22]は，エゾノギシギシの種子が親株の葉由来の化学的刺激に応答して発芽を促進することを示した。エゾノギシギシの親株周辺では，競争相手となる他種植物の生育が阻害され，競争者がいない環境が整っていることが多く，そのような環境での発芽が実生にとって適応的であると考えられる。このように，種子は周囲に生育している植物からさまざまな刺激を受け取り，それを情報として利用している。

種子におけるコミュニケーションは，成長した植物体との間だけに留まらない。実は，

種子同士の間にもコミュニケーションが存在することが知られている。オオバコの種子は，同じ親株由来のきょうだい種子と一緒に，他種であるシロツメクサの種子と播種されると，非きょうだいの種子とシロツメクサの種子と一緒に播種された場合と比べて，発芽を約1日早める[23]（図3）。さらに興味深いことに，きょうだいの種子と共にシロツメクサの種子に遭遇したオオバコの種子は，きょうだいと同調して発芽する。これは，種子が互いに刺激をやり取りし，発生速度を調整していると考えられる。このような現象は，カメやワニなどの動物の卵間でも見られ，「胚間コミュニケーション」（Embryonic communication）と呼ばれている。種子間の胚間コミュニケーションは，種子が放出する水溶性の因子によって再現できることも確認されている。オオバコの実生は，きょうだい株と協力して他種の成長を阻害することが知られており，種子間のコミュニケーションは，実生期における競争に備えた準備として機能していると考えられる。

種子の発芽応答は主に2つの軸に基づいている[22]（図4(a)）。ひとつは，「発芽するか否か」という軸である。具体的には，周辺に植物が存在しない場合の種子（対象区）と，周辺に植物が存在する場合の種子の発芽率の違いが生じる（図5(a)）。対象区と比べて，最終的な発芽率が上昇した場合には，発芽が「促進（Promotion）」されたと定義され，低下した場合には，発芽が「停止（Suspension）」されたと考えられる。発芽率は，種子にとって発芽や成長に好適な環境において上昇し，不適な環境では低下すると考えられている[24]（Baskin & Baskin, 2014）。発芽率の応答は，種子が生育に適した環境を選択する際に重要な役割を果たすと考えられる。

もうひとつの軸は「発芽に要する時間」である。近隣に植物が存在しない場合の種子（対象区）と，近隣に植物が存在する場合の種子との発芽にかかる時間の差を比較することで検出することができる（図5(b)）。対象区と比べて発芽が早まった場合は「加速（Acceleration）」，遅れた場合は「遅延（Delay）」と定義される。発芽の加速は，芽生え

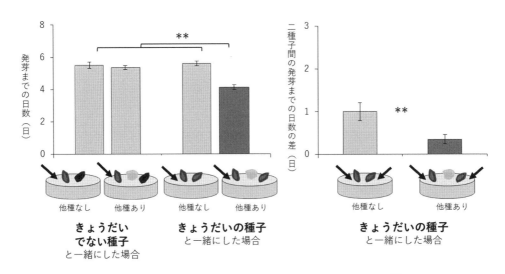

図3 きょうだいの種子に対するオオバコ種子の発芽応答[23]

Yamawo & Mukai (2017) をもとに図を改変

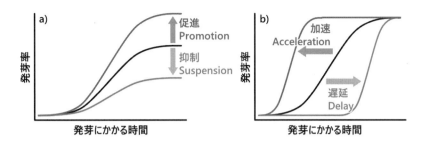

図4　発芽応答のパターン

Ohsaki et al. (2020) の図を一部改変

のより早い成長を可能にし，競争環境において有利である[21)25)]。一方，発芽の遅延は一般的に競争環境において不利であると考えられ，競争相手となる植物から放出される抑制物質などの影響を受けた結果と考えられる[22)]。発芽を引き起こす刺激の送信側（隣接する植物体）と受信側（種子）の両方から適応的意義を検討することで，コミュニケーションの実態を推察することができるだろう。しかし，それぞれの発芽応答に実際にどのような適応的機能があるのかについては，発芽応答が競争結果などに与える影響を調査する詳細な実験が必要である。

7．地上部のコミュニケーションとの相乗効果と機能の違い

地下の植物間コミュニケーションの方が地上でのコミュニケーションよりも効果的であると考えられている[26)]。地上でのシグナル伝達は揮発性有機化合物（VOCs）に依存しており，風による撹乱や温・湿度の変化，紫外線照射，対流圏のオゾンによる酸化など，さまざまな撹乱に曝されやすい一方で，地下でのコミュニケーションはそれらの影響が少ない根の排出物，揮発性代謝物，菌根ネットワークに依存している[27)-29)]。しかし，地上と地下部のコミュニケーションを比較した研究はこれまでにほとんどなく，その機能の違いについては今後の研究の発展が待たれる。

文　献

1) S. Depuydt: Arguments for and against self and non-self root recognition in plants, *Frontiers in Plant Science*, 5, 614 (2014).
2) M. Gruntman and A. Novoplansky: Physiologically mediated self/non-self discrimination in roots, *Proceedings of the National Academy of Sciences*, 101(11), 3863 (2004).
3) O. Falik, H. de Kroon and A. Novoplansky: Physiologically-mediated self/non-self root discrimination in Trifolium repens has mixed effects on plant performance, *Plant Signaling & Behavior*, 1(3), 116 (2006).
4) Y. Fukano and A. Yamawo: Self-discrimination in the tendrils of the vine *Cayratia japonica* is mediated by physiological connection, *Proceedings of the Royal Society B*, 282, 20151379 (2015).

5) M. Sato, H. Ohsaki, Y. Fukano and A. Yamawo: Self-discrimination in vine tendrils of different plant families, *Plant Signaling & Behavior*, e1451710 (2018).
6) S. A. Dudley and A. L. File: Kin recognition in an annual plant, *Biology Letters*, 3(4), 435 (2007).
7) S. Fang, R. T. Clark, Y. Zheng, A. S. Iyer-Pascuzzi, J. S. Weitz, L. V. Kochian H. Edelsbrunner, H. Liao and P. N. Benfey: Genotypic recognition and spatial responses by rice roots, *Proceedings of the National Academy of Sciences*, 110(7), 2670 (2013).
8) R. Karban and K. Shiojiri: Self-recognition affects plant communication and defense, *Ecology Letters*, 12(6), 502 (2009).
9) G. P. Murphy, C. J. Swanton, R. C. Van Acker and S. A. Dudley: Kin recognition, multilevel selection and altruism in crop sustainability, *Journal of Ecology*, 930 (2017).
10) A. Yamawo, M. Sato and H. Mukai: Experimental evidence for benefit of self discrimination in roots of a clonal plant, *AoB PLANTS*, 9, plx049 (2017).
11) H. Takigahira and A. Yamawo: Competitive responses based on kin-discrimination underlie variations in leaf functional traits in Japanese beech (*Fagus crenata*) seedlings, *Evolutionary Ecology*, 33, 521 (2019).
12) O. Falik, Y. Mordoch, L. Quansah, A. Fait and A. Novoplansky: Rumor has it...: relay communication of stress cues in plants, *PLoS ONE*, 6(11), e23625 (2011).
13) O. Falik, Y. Mordoch, D. Ben-Natan, M. Vanunu, O. Goldstein and A. Novoplansky: Plant responsiveness to root-root communication of stress cues, *Annals of Botany*, 110(2), 271 (2012).
14) O. Falik and A. Novoplansky: Interspecific drought cuing in plants, *Plants*, 12(5), 1200 (2023).
15) O. Falik I. Hoffmann and A. Novoplansky: Say it with flowers: flowering acceleration by root communication, *Plant Signaling & Behavior*, 9(4), e28258 (2014).
16) Z. Babikova, L. Gilbert, T. J. Bruce, M. Birkett, J. C. Caulfield, C. Woodcock, J. A. Picket and D. Johnson: Underground signals carried through common mycelial networks warn neighbouring plants of aphid attack, *Ecology Letters*, 16(7), 835 (2013).
17) Y. Y. Song, R. S. Zeng, J. F. Xu, J. Li, X. Shen and W. G. Yihdego: Interplant communication of tomato plants through underground common mycorrhizal networks, *PLoS ONE*, 5(10), e13324 (2010).
18) Y. Y. Song, M. Ye, C. Li, X. He, K. Zhu-Salzman, R. L. Wang, Y. J. Su, S. M. Luo and R. S. Zeng: Hijacking common mycorrhizal networks for herbivore-induced defence signal transfer between tomato plants, *Scientific reports*, 4(1), 3915 (2014).
19) Y. Y. Song, S. W. Simard, A. Carroll, W. W. Mohn and R. S. Zeng: Defoliation of interior Douglas-fir elicits carbon transfer and stress signalling to ponderosa pine neighbors through ectomycorrhizal networks, *Scientific Reports*, 5(1), 8495 (2015).
20) A. R. Dyer, A. Fenech and K. J. Rice: Accelerated seedling emergence in interspecific competitive neighbourhoods, *Ecology Letters*, 3(6), 523 (2000).
21) J. L. Orrock and C. C. Christopher: Density of intraspecific competitors determines the occurrence and benefits of accelerated germination, *American Journal of Botany*, 97(4), 694 (2010).
22) H. Ohsaki, H. Mukai and A. Yamawo: Biochemical recognition in seeds: Germination of *Rumex obtusifolius* is promoted by leaves of facilitative adult conspecifics, *Plant Species Biology*, 35, 233 (2020).
23) A. Yamawo and H. Mukai: Seeds integrate biological information about conspecific and allospecific neighbours, *Proceedings of the Royal Society B*, 284, 1857 (2017).
24) C. C. Baskin and J. M. Baskin: Seeds - Ecology, biogeography, and evolution of dormancy and germination, 2nd Ed. Academic Press (2014).
25) R. Turkington, D. E. Goldberg, L. Olsvig-Whittaker, and A. R. Dyer: Effects of density on timing of emergence and its consequences for survival and growth in two communities of annual plants, *Journal of Arid Environments*, 61(3), 377 (2005).

26) E. Guerrieri and S. Rasmann: Exposing belowground plant communication. *Science*, 384(6693), 272 (2024).
27) R. Karban: Plant communication. *Annual Review of Ecology, Evolution, and Systematics*, 52(1), 1 (2021).
28) S. Shen, S. Ma, L. Wu, S. L. Zhou and Y. L. Ruan: Winners take all: competition for carbon resource determines grain fate, *Trends in Plant Science*, 28(8), 893 (2023).
29) D. M. Pinto, J. D. Blande, S. R. Souza, A. M. Nerg and J. K. Holopainen: Plant volatile organic compounds (VOCs) in ozone (O_3) polluted atmospheres: the ecological effects, *Journal of Chemical Ecology*, 36, 22 (2010).

第2章 地下部における植物間コミュニケーション

第2節 地下茎で繋がるラメット間コミュニケーション

名古屋大学　榊原　均

1. はじめに

　植物のなかには，受粉により胚形成し，種子を介して繁殖する種（種子繁殖）の他に，根・茎・葉といった栄養器官から直接的に繁殖する種（栄養繁殖）が多く存在する。たとえば，サツマイモ（塊根）やジャガイモ（塊茎），ムカゴ（珠芽）などはその代表的な農作物である。また栄養繁殖する植物のなかには，タケのように地下茎（rhizome）と呼ばれる特殊な器官を土壌中で分枝・伸長させることで生育範囲を拡大し，繁殖を行うものも存在する。地下茎の分枝成長で栄養繁殖を行う植物群落では，地上では独立した別個体に見えても地下では地下茎を介して連結しているため，無数の株が地表を覆っていても，遺伝的には単一個体の場合もある。自然条件下においては，水，栄養，光などの環境要因は必ずしも一定ではなく，群落個体を構成する株（ラメット）が異なる環境条件に置かれることが多い。不均一な栄養環境に置かれたラメットはどのような応答をすることで，群落個体として効率的な成長を可能にしているのであろうか？　これまでに，地下茎を介してラメット間で水分や養分が移動することは確認されていたが[1]，環境応答のためのラメット間のコミュニケーションのしくみについてはほとんど理解が進んでいなかった。本節では，地下茎を用いて栄養繁殖を行う野生イネを対象とした，窒素栄養環境に応答した地下茎の成長様式および，ラメット間での栄養情報の伝達に関する最近の研究成果を概説する。

2. 栄養繁殖する野生イネ *Oryza longistaminata*

　Oryza longistaminata は，アフリカの湿地に自生する多年生の野生イネ種であり，草丈は2mを超え，地下茎の成長を通じて旺盛に繁殖する[2]。*O. longistaminata* のゲノム型は，栽培イネ（*Oryza sativa*）と同じAA型であり，両者間のゲノムシンテニーも高いことから[3]，この植物種は地下茎腋芽発生の遺伝的基盤の解明研究にも用いられている。*O. longistaminata* の地下茎は，地上茎と同様に，節，節間，腋芽から構成されており[4,5]

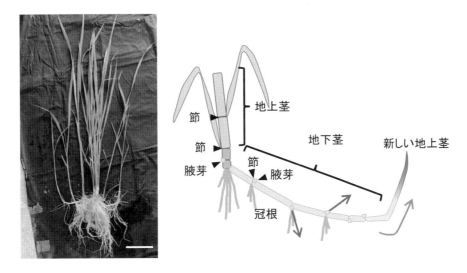

図1 野生イネ *O. longistaminata*

O. longistaminata の地上茎と地下茎の写真と模式図。地上茎と地下茎はそれぞれ節，節間，腋芽からなる類似構造をしている。地下茎腋芽は環境に応じて伸長し，二次地下茎となる。地下茎の先端は地上部に現れ，新しい地上茎となる。スケールバー：15 cm（右の模式図は文献5を元に描画した）

(図1)，地下茎の節に発生した腋芽が伸長することで，新たな地下茎が連続的に形成され，水平方向にテリトリーを拡大していく。分枝成長した地下茎の先端は，重力に対して逆方向に屈曲伸長し，地上に現れることで光合成器官であるシュートとなり，1つの株（ラメット）として成長する（図1）。この地下茎から地上茎への転換には糖栄養，特にスクロースが関係することが報告されている[5]。

地下茎の各節からは冠根も発生することから，地下茎の分枝成長は，より広範な土壌から水分や養分を効率的に獲得するための戦略の1つであると考えられる。これまで，種子繁殖を行うモデル植物であるシロイヌナズナや栽培イネを用いて，根や地上茎の分枝成長に対する栄養応答機構の研究が数多く行われてきた。しかし，地下茎の分枝成長制御や，不均一栄養環境に対するラメット間コミュニケーションのしくみについては，これまで研究例がほとんどなかった。そこで我々は，*O. longistaminata* の地下茎分枝成長の挙動および，地下茎を介したラメット間の栄養情報の伝達機構を，遺伝子レベルおよび分子レベルで解明することを目的として研究を行った。

3. *O. longistaminata* 地下茎の無機窒素栄養による分枝成長の制御様式

3.1 無機窒素栄養に応答した地下茎腋芽成長

まず初めに，*O. longistaminata* の地下茎腋芽成長に対する無機窒素栄養の影響を調べた。若いラメットを高窒素栄養条件（HN：2 mM NH_4NO_3）および低窒素条件（LN：0.2 mM NH_4NO_3）で水耕培養し，2週間後の腋芽の状態を観察した結果，HN条件では

LN条件に比べて腋芽の伸長が促進され,二次地下茎の形成割合が増加した[6](図2)。一方,LN条件下では,退化した腋芽の割合が有意に増加した。

3.2　窒素同化および植物ホルモンの初期応答

次に,この成長応答プロセスを,分子レベルおよび遺伝子レベルで理解するため,無機窒素投与後のアミノ酸と主要植物ホルモンの初期応答動態を定量分析した。HN処理した地下茎の冠根および節において,グルタミン内生量が投与後2時間以内に3倍から5倍にまで増加した。また,地下茎の冠根,腋芽および節で,トランスゼアチンなどのサイト

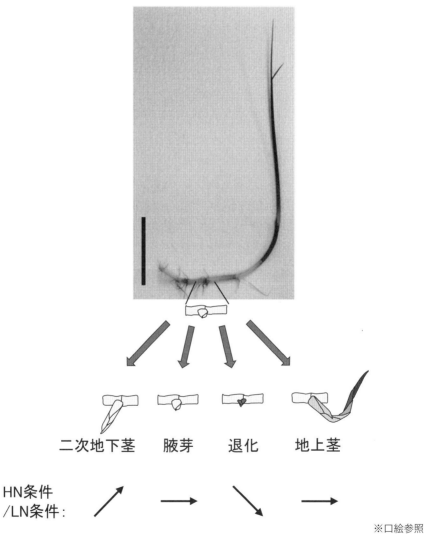

※口絵参照

図2　*O. longistaminata* 地下茎腋芽の窒素栄養に対する成長応答

高窒素栄養条件(HN)と低窒素栄養条件(LN)で2週間生育後の腋芽の状態の占める割合を有意に増加(上向矢印),有意に減少(下向矢印),有意差なし(横向矢印)で示した。スケールバー：10 cm(文献6のデータを元に作成)

カイニンおよびその前駆体が6時間後に有意に蓄積しており，それらの生合成遺伝子である *IPT4*, *IPT8*, *CYP735A4* の発現がHN処理後2時間から6時間で上昇していた[6]。

さらに，シュート腋芽成長の負のレギュレーターである *FC1* (*Fine Column 1*) 遺伝子の発現解析を行ったところ，窒素供給後6時間で *FC1* の発現が顕著に抑制され，10時間後においてもこの抑制状態が維持されていた。栽培イネ (*O. sativa*) における無機窒素栄養応答の研究では，細胞質局在型グルタミン合成酵素 (GS1) によって生成・蓄積したグルタミンが代謝シグナルとなり，サイトカイニン生合成酵素遺伝子の発現を誘導すること[7]-[10]，また，外因性サイトカイニン投与によって地上茎腋芽の伸長制御因子 *FC1* の発現が抑制されることが示されている[11]。このことから，*O. longistaminata* の地下茎における結果は，*O. sativa* の地上茎腋芽と同様の制御プロセスが地下茎の腋芽成長においてもはたらいていることを示唆している (図3)。前述のように，地下茎と地上茎は解剖学的な構造は類似しているが，生理学的な役割は大きく異なる。具体的には，地下茎は光合成シンク器官として機能し，栄養成長期にも節間が伸長する一方，地上茎は光合成ソース器官であり，節間の伸長は生殖転換期と

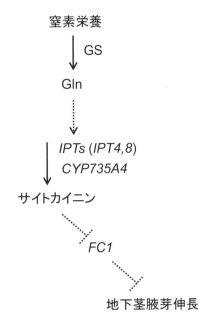

図3 窒素栄養に応答した *O. longistaminata* 地下茎腋芽伸長の制御モデル

窒素栄養がグルタミン合成酵素 (GS) により同化されることで，グルタミン (Gln) が蓄積し，グルタミンに関連したシグナルにより，*IPT4*, *IPT8*, *CYP735A4* などのサイトカイニン生合成遺伝子の発現が活性化される。サイトカイニンは *FC1* の発現を負に制御することで，地下茎腋芽の伸長抑制を解除する。実線の矢印は代謝の流れを，破線の矢印とT字は，それぞれ正の調節と負の調節を表す (文献6の図を改変)

密接に関係している。このような役割の違いはあるものの，腋芽の伸長制御機構は共通であることが示された。

3.3 無機窒素栄養への地下茎分枝成長の長期的な応答

さらに，HNおよびLN条件下での成長比較を8週間にわたって行った結果，HN条件下では二次地下茎の成長が促進され，三次地下茎の分枝成長も確認された[6]。これに対し，LN条件下では地下茎の分枝は抑制される一方で，節に発生した冠根の成長がより促進された。これらの結果は，窒素依存的な地下茎の成長促進が，水平方向へのテリトリー拡大に寄与している可能性を示唆している。

4. 地下茎を介したラメット間の無機栄養情報のコミュニケーション

4.1 不均一窒素栄養環境におけるアンモニウムイオン吸収の相補的促進

次に *O. longistaminata* が土壌中に不均一に存在する無機窒素栄養に対し，ラメット間でどのように情報をやりとりして成長調節をしているかについて研究を行った。まず，地

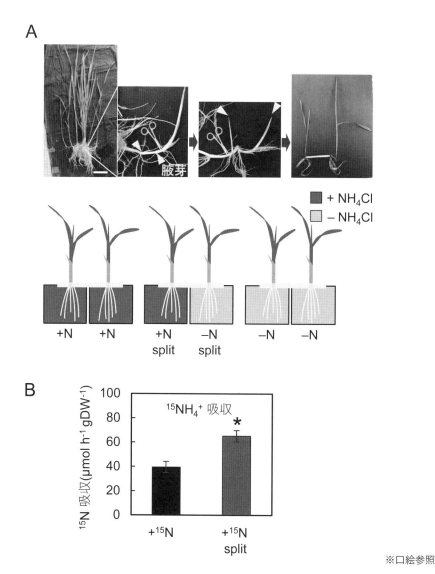

※口絵参照

図4 不均一な窒素栄養条件に応答したアンモニウムイオン吸収の相補的な調節

A：ラメット対の根を独立した窒素条件に別々に曝す水耕実験システムの概略図。地下茎の節間を切断することで地下茎腋芽の伸長を誘導し，ラメット対を準備する。スケールバー：15 cm
B：アンモニウムイオンの相補的な吸収速度の増加。アンモニウムイオン取り込み活性は$^{15}NH_4$をトレーサーとして測定した。エラーバーは生物学的反復（$n = 3$）の標準誤差を表す。$^*p < 0.05$（Studentのt検定（文献12の図を改変）

下茎で連結された若いラメット対を用いて，不均一な栄養条件を模した水耕栽培実験系を確立した（図4(A)）。ラメット対の一方の根を窒素十分条件（2.5 mM NH$_4$Cl），もう一方を窒素欠乏条件（0 mM NH$_4$Cl）に置き（＋N/－N split 条件），両方を窒素十分条件に置いた場合（＋N/＋N 条件）とアンモニウムイオンの吸収速度を測定・比較した。その結果，興味深いことに＋N/－N split 条件の＋N 側の根でのアンモニウムイオン吸収速度は，＋N/＋N 条件よりも有意に高かった[12]（図4(B)）。この結果は，窒素栄養が不均一な環境下では，窒素欠乏側のラメットから何らかの情報が発信され，窒素十分側のラメットで窒素の吸収が相補的に促進されていることを示唆している。

4.2 相補的応答の遺伝子制御ネットワーク

この現象をさらに深く理解するために，根におけるトランスクリプトーム解析を行ったところ，＋N/－N split 条件の＋N 側の根では，アンモニウムイオン吸収に関わる *AMT1;2* および *AMT1;3* 遺伝子が，＋N/＋N 条件に比べ有意に強く発現していた[12]。さらに，アンモニア同化系遺伝子（*GS1;2*，*NADH-GOGAT2*）や，アミノ酸生合成系遺伝子（アスパラギン酸アミノトランスフェラーゼ（AspAT），アスパラギン酸キナーゼ（AK）など），およびアミノ酸合成に必要な炭素骨格を供給する解糖系遺伝子の＋N/－N split の＋N 側での発現が，＋N/＋N 条件よりも強くなっていた（図5）。この結果は，窒素吸収および同化に関連する一連の遺伝子群が相補的に制御されていることを示唆している。

4.3 不均一窒素栄養環境におけるラメット間での窒素分配と成長応答

次に，窒素十分側のラメットで吸収された窒素が，欠乏側のラメットに分配されるかについて，安定同位体標識窒素を用いて調べた。その結果，＋N/－N split 条件における＋N 側から－N 側への窒素の移動は，＋N/＋N 条件下での移動よりも少なかった[12]（図6(A)）。また，5週間にわたるラメットの成長様式の長期の観察では，＋N/－N split 条件における＋N 側のラメットの腋芽伸長が，＋N/＋N 条件下よりも有意に促進されていた[12]（図6(B)）。

一方，腋芽成長の促進にはたらくサイトカイニンの生合成系遺伝子の発現様式を調べたところ，これらの遺伝子は＋N/－N split 条件において相補的な発現様式を示さず，＋N/－N split 条件の＋N 側と＋N/＋N 条件の間で差は見られなかった[12]（図6(C)）。これは，サイトカイニン生合成が，不均一窒素栄養条件への相補的応答の発現制御ネットワーク下にはないことを示している。また，栄養欠乏条件下で腋芽の成長を抑制するホルモンであるストリゴラクトンの生合成系遺伝子 *D10* の発現は，＋N/－N split 条件の－N 側および－N/－N 条件の根で同程度に上昇していた[12]。

4.4 ラメット間の窒素栄養情報伝達候補分子としての CEP1 ペプチド

地下茎を介して窒素欠乏側ラメットから送られる情報分子の実体は何であろうか？ トランスクリプトームデータでは，窒素欠乏側のラメットの根で *CEP1* ホモログ遺伝子の

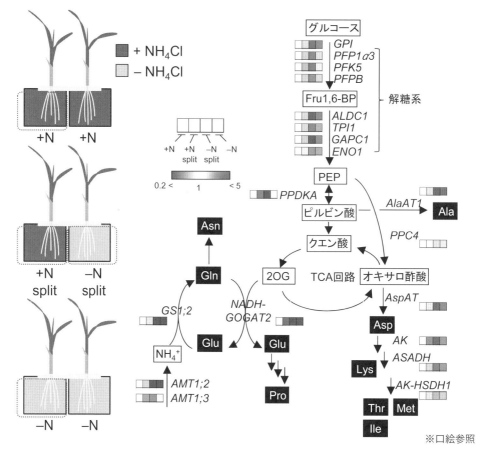

図 5　*O. longistaminata* ラメット対の根における不均一な窒素栄養条件に応答した遺伝子の発現変動

Fru1,6-BP：フルクトース -1,6- ビスリン酸，PEP：ホスホエノール - ピルビン酸，2OG：2- オキソグルタル酸（文献 12 の図を改変）

発現が顕著に上昇していることが確認された[12]。CEP1 はシロイヌナズナで発見されたペプチドホルモンで，不均一な窒素栄養環境下で窒素欠乏側の根で合成され，欠乏情報を全身に伝達する役割を持っている。このシグナルは地上部で CEPR 受容体に受容され，その下流因子である CEPD タンパク質が地上部から根に移動し，窒素十分側の根で *NRT2.1* を含む高親和性硝酸輸送体遺伝子の発現を誘導することで，相補的な窒素の取り込みを促進する[13)-17)]。シロイヌナズナにおいて，CEP1 は 1 つの個体内での全身シグナル伝達分子として機能するが，地下茎で連結された *O. longistaminata* ラメット対もそれぞれ根とシュートを持つとはいえ 1 つの個体である。そこで，*O. longistaminata* の *CEP1* ホモログ遺伝子がコードするペプチド領域を化学合成し，ラメットペアの片方の根に与えたところ，もう片方のラメットの根で，前述の相補的な発現上昇を示したアンモニウムイオン輸送体遺伝子 *AMT1;2* および *AMT1;3* 遺伝子，同化系遺伝子 *GS1;2* の発現が有意に上昇した[12]。この結果は，*O. longistaminata* において CEP1 ペプチドが，ラメット間の窒素栄養情報伝達分子としての役割を持つことを示唆している。

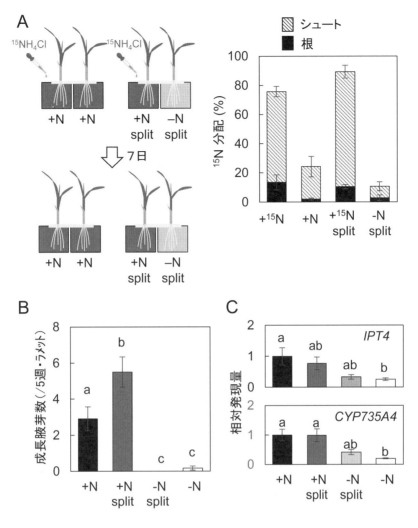

図6 吸収された窒素の配分とラメット対の成長様式

A：各スプリット処理の一方のラメットを 2.5 mM $^{15}NH_4Cl$ で5分間処理した後，非標識養液に戻し，7日後に ^{15}N の分配を分析した。エラーバーは生物学的反復（$n = 3$）の標準誤差を表す。
B：スプリット処理5週後の成長腋芽数の違い。エラーバーは生物学的反復（$n = 6～12$）の標準誤差を表す。Tukey の HSD 検定（$p < 0.05$）。
C：スプリット処理1週間後の各処理におけるサイトカイニン生合成遺伝子の相対発現量。
（文献12の図を改変）

5. まとめ

本節で紹介した結果に基づき，不均一窒素栄養環境におけるラメット間でのコミュニケーションと成長調節機構のモデル図を示す（図7）。本研究から得られた知見から，O. longistaminata は地下茎を介して栄養情報を共有し，窒素環境に応じて巧みな成長調節を行うしくみを備えていることが明らかとなった。具体的には，不均一な窒素栄養条件に置かれた場合，窒素欠乏側のラメットから CEP1 シグナルが地下茎を通じて送られ，窒

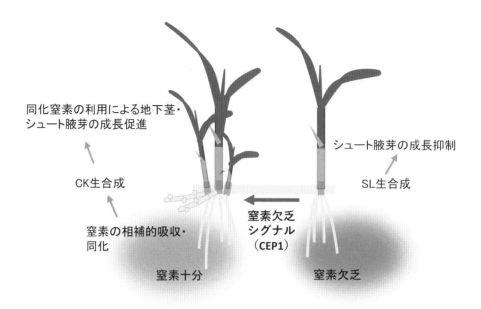

図7　不均一窒素栄養環境に置かれた O. longistaminata のラメット間でのコミュニケーションと成長調節機構のモデル

CK：サイトカイニン，SL：ストリゴラクトン

素十分側のラメットで相補的な窒素吸収やアミノ酸生合成のための遺伝子制御ネットワークが活性化される。これにより，窒素栄養十分環境での成長が促進され，窒素をより効率よく利用するための相補的な資源分配が行われる。

窒素十分側から欠乏側への同化窒素の移動は少なく，窒素十分側の成長を優先させることがわかった。これは窒素源が限られた環境において，より好適な環境にあるラメットの成長を優先することで，群落全体の生存と繁栄を図るための合理的な戦略であると解釈できる。

また，窒素欠乏側のラメットから送られる CEP1 シグナルによって，窒素十分側での窒素吸収が増強される一方で，成長促進ホルモンであるサイトカイニンの生合成遺伝子発現はこのネットワーク下にはない。しかし，窒素十分側のラメットで同化窒素がより多く分配される結果，地下茎や地上茎の腋芽の成長がより促進されたと考えられる。

このように，栄養繁殖を行う植物が不均一な窒素栄養環境において効率的に窒素栄養資源を利用し，成長を調節するしくみは，クローン植物群落が環境に適応し，持続的に繁栄するために重要な役割を果たしていると考えられる。種子繁殖する植物は，種子を飛散させることで，次の世代でより生育に適した環境に移動することが可能であるが，栄養繁殖する植物ではそれは叶わない。このしくみは，より適した窒素栄養環境にクローン植物群落が移動していくための駆動力となっているのかもしれない。

謝　辞

本節の執筆の元になった研究成果は，科学技術振興機構（JST）戦略的創造研究推進事業（CREST）「二酸化炭素資源化を目指した植物の物質生産力強化と生産物活用のための基盤技術の創出」の研究課題「作物の地下茎による栄養繁殖化に向けた基盤技術の開発」（研究代表者：芦苅基行　2013～2018年度）で得られたものである。柴崎杏平博士，河合美里氏をはじめ，この研究に携わった方々にこの場を借りて感謝を申し上げる。

文　献

1) H. De Kroon et al.: *Oecologia*, **116**, 38 (1998).
2) D. A. Vaughan: The Wild Relatives of Rice: A Genetic Resources Handbook (International Rice Research Institute, 46-47 (1994).
3) S. Reuscher et al.: *Commun. Biol.*, **1**, 162 (2018).
4) A. Yoshida et al.: *Plant Cell Physiol.*, **57**, 2213 (2016).
5) K. Bessho-Uehara et al.: *J. Plant Res.*, **131**, 693 (2018).
6) K. Shibasaki et al.: *Front. Plant Sci.*, **12**, 670101 (2021).
7) M. Ohashi et al.: *Plant Cell Physiol.*, **58**, 679 (2017).
8) T. Kamada-Nobusada et al.: *Plant Cell Physiol.*, **54**, 1881 (2013).
9) H. Sakakibara: *Plant J.*, **105**, 421 (2021).
10) T. Kiba et al.: *Plant Physiol.*, **192**, 2457 (2023).
11) K. Minakuchi et al.: *Plant Cell Physiol.*, **51**, 1127 (2010).
12) M. Kawai et al.: *Plant Physiol.*, **188**, 2364 (2022).
13) R. Tabata et al.: *Science*, **346**, 343 (2014).
14) S. Okamoto et al.: *Curr. Opin. Plant Biol.*, **34**, 35 (2016).
15) R. Ota et al.: *Nat. Commun.*, **11**, 641 (2020).
16) Y. Ohkubo et al.: *Nat. Plants*, **7**, 310 (2021).
17) Y. Ohkubo et al.: *Nat. Plants*, **3**, 17029 (2017).

第2章 地下部における植物間コミュニケーション

第3節 ストリゴラクトンを介した隣接植物間のコミュニケーション

埼玉大学　米山　香織

1. ストリゴラクトンとは

1.1 根寄生雑草の発芽刺激物質としての始まり

　1966年，アメリカのUSDAのグループにより，ワタの根浸出液から，根寄生雑草 *Striga* の発芽を誘導する発芽刺激物質として strigol（図1）が単離構造決定された[1]。

　根寄生雑草は，アフリカやヨーロッパを中心に農業生産に甚大な被害を与えている強害雑草である。宿主植物の根に侵入し，維管束に接続して養水分を奪うため，宿主となった農作物の収量や品質が著しく低下する。*Striga* は witchweed（魔女の雑草）と呼ばれて恐れられており，アフリカ全体では日本の国土を上回る5,000万 ha もの耕作地に *Striga* が存在し，その被害額は年間1兆円にものぼるといわれている[2]。アフリカの主要穀物でもあるソルガム，トウモロコシ，ミレットなどの単子葉作物を主な宿主とする。

　一方，地中海沿岸や中東地域に広く分布している *Phelipanche*, *Orobanche* は，トマト，タバコ，ナタネ，ヒマワリ，マメ類などの双子葉作物に寄生し，亜寒帯から温帯まで広く分布する。日本には *Orobanche minor*（英名：clover broomrape）が関東地方を中心に，河川敷に分布するアカクローバーなどに寄生している様子が報告されているが，今のところ目立った農業被害はない。

　Orobanchol（図1）は，*O. minor* の発芽刺激物質として初めて単離構造決定された[3]。Strigol や orobanchol などの根寄生雑草の発芽誘導活性に必須であるメチルフラノン環を共通にもつ一群の化合物は，ストリゴラクトンと総称されており，さまざまな植物の根浸出液からおよそ40種類ほどが単離構造決定されている[4]。根寄生雑草種子は，ストリゴラクトンなどの発芽刺激物質を感知して初めて発芽する特殊な発芽メカニズムを備えている。0.2～0.5 mm程度の非常に微小な根寄生雑草種子は，発芽後2, 3日以内に宿主植物に寄生できないと枯死してしまう。そのため根寄生雑草は，生きた根の存在を確実に感知するためのシグナル分子としてストリゴラクトンを利用するようになったと考えられている。

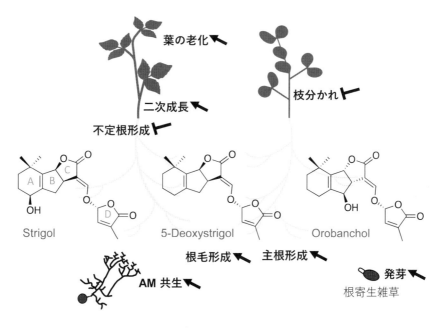

図1　ストリゴラクトンの構造と多様な機能

Strigol と orobanchol は根寄生雑草種子の発芽誘導物質として，5-deoxystrigol は AM 菌の菌糸分岐誘導物質として単離構造決定された。六員環（A 環）と五員環（B 環），ラクトン（C 環）から構成される三環ラクトンとメチルフラノン環（D 環）がエノールエーテル結合した構造をもつ典型的ストリゴラクトンと三環ラクトンを形成しない非典型的ストリゴラクトンも存在する。
ストリゴラクトンの機能において，矢印は促進，バーは抑制を示している

1.2　アーバスキュラー菌根菌との共生開始シグナル

では，植物はなぜ寄生されるリスクを冒してまでストリゴラクトンを分泌するのだろうか。その理由は，ストリゴラクトンが，重要な共生菌であるアーバスキュラー菌根（AM）菌の共生開始に必須だからである。AM 菌の胞子は発芽後，菌糸を伸長させるが，宿主植物の根の近傍でのみ，激しい菌糸分岐が誘導される。この菌糸分岐誘導物質 branching factor（BF）の単離構造決定を巡って多くの研究者が激しい競争を行っていたが，2005年，大阪府立大学（現・大阪公立大学）の秋山らは，ストリゴラクトンが BF であることを明らかにした[5]。

AM 菌は宿主に共生せずには生活環を全うできない絶対共生菌であり，宿主植物から光合成産物を受け取る代わりに，土壌中に張り巡らせた菌糸によって土壌中のリン酸などの無機養分を効率よく回収し，宿主植物に供給するという，安定的な食糧生産や生態系維持において重要な役割を担っている。陸上植物の 80 % 以上が AM 菌と共生していると言われているほど普遍的に存在する共生菌である。植物が，ミネラルが豊富な海中から常にミネラル不足にさらされる陸上へとその生息領域を拡大できたのは，この AM 菌との共生進化が不可欠であった[6]。

1.3　植物ホルモンとしての機能

それでは AM 菌の宿主植物だけがストリゴラクトンを分泌しているのだろうか。実は，AM 菌の宿主だけでなく非宿主植物もストリゴラクトンを生産している[7]。ではなぜ，非宿主植物も，AM 菌と共生するためのシグナル分子を生産する必要があるのだろうか。

AM 菌との共生シグナルとしての役割が明らかになってから間もない 2008 年に，ストリゴラクトンは植物地上部の枝分かれを抑制する植物ホルモンであることが 2 つのグループから同時に報告された[8)9)]。過剰な地上部枝分かれを示すイネやエンドウ変異体では，ストリゴラクトンが検出されず，かつ，合成ストリゴラクトンを外部投与すると枝分かれの表現型が野生型と同様に抑制されることが示された。その後，ストリゴラクトン生合成変異体，あるいは受容シグナル伝達変異体の表現型解析と合成ストリゴラクトンの外部投与による回復試験などにより，ストリゴラクトンは地上部枝分かれだけでなく，二次成長，地下部の形態形成，葉の老化などにも関与していることが次々と明らかにされた[10]（図 1）。

1.4　養分欠乏で誘導される分子シグナル

AM 共生と地上部枝分かれの抑制という一見無関係の現象をつなぐものは何であろう。それは養分欠乏に対する応答である。これまで調べられた AM 菌の宿主植物は，共通してリン欠乏条件下でストリゴラクトンの生産・分泌を顕著に促進する[11]。すなわち，植物はリン欠乏条件にさらされると，AM 菌からのリン酸供給を期待して AM 共生を促進するためにストリゴラクトンの分泌を増やし，かつ，必要となるエネルギーの消耗を最小限にするために地上部の成長を抑制していると考えられる。また，リン酸は土壌に吸着されやすい性質であることから，植物は常にリン欠乏にさらされており，ストリゴラクトンによる地上部および地下部の形態制御，AM 菌のリクルートのためのストリゴラクトン分泌は，自然生態系で普遍的に行われていると考えられる。

2. ストリゴラクトンの受容メカニズム

2.1　枝分かれ抑制ホルモンの受容

過剰な地上部枝分かれ表現型を示すが，内生ストリゴラクトン量が増加しており，ストリゴラクトンの外部投与で回復しないストリゴラクトン非感受性変異体の解析から，3 つの主要なストリゴラクトン受容シグナル伝達因子，イネでは D14, D3, D53 が明らかにされている。

D14 はストリゴラクトンの受容体の α/β-加水分解酵素であり，実際にストリゴラクトンを加水分解する能力をもっている[12]。D3 は，ロイシンリッチリピート型 F-box タンパク質であり，Skp1, Cullin, Rbx1 とともに SCF 複合体を形成する[13]。D53 は，ストリゴラクトン信号伝達におけるリプレッサーとして機能する[14]。

ストリゴラクトンがD14の活性ポケットに結合すると，D14の触媒トライアッドを形成するAspを含むループ領域の構造が変化し，ポケットが拡張され，ストリゴラクトンの移動，それに伴うLid構造の変化が起こる。D53は，ストリゴラクトン依存的にD14と相互作用するとともにD3依存的にユビキチン化され，26Sプロテアソーム系によって分解され，ホルモン信号が伝わる。ストリゴラクトン信号伝達後は，D14は元の立体構造に戻り，ストリゴラクトンを加水分解して不活性化すると考えられている[15]。

2.2 発芽誘導物質の受容

根寄生雑草のストリゴラクトン受容体は，D14のパラログであるShHTL/KAI2ファミリーであることが報告されている[16)17]。*Striga*では11個の遺伝子のうち9個の遺伝子産物がストリゴラクトン受容体としての活性をもっており，ストリゴラクトンの結合するポケットの大きさおよび形がそれぞれ異なっている[18]。それぞれの植物から異なる構造を持つストリゴラクトンが分泌されることから，さまざまなストリゴラクトンに応答できるように進化した可能性が考えられている。また，これらの受容体は，植物種によっては特徴的なストリゴラクトン以外の発芽刺激物質，イソチオシアン酸エステル，セスキテルペンラクトン類などの受容にも関わっている[19)20]。

3. 植物間コミュニケーションにおけるストリゴラクトンの関与

3.1 密植条件下でのストリゴラクトンの生合成・分泌，そして枝分かれ制御

ストリゴラクトンの生合成・分泌は，リン酸や窒素などの無機栄養だけでなく，オーキシンやサイトカイニンなどの植物ホルモンによっても制御を受ける[21)22]。それ以外に，密植条件も植物のストリゴラクトン生合成・分泌に影響を与えることを見出した[23)24]。

イネ（*Oryza sativa* cv. 日本晴）は，orobancholや4-deoxyorobancholを主要なストリゴラクトンとして分泌する。ある時，培養個体数を変化させて水耕栽培しても，水耕液中のストリゴラクトン濃度が一定となることに気づいた。すなわち，1個体あたりのストリゴラクトン分泌量は，1個体と比較すると2個体培養ではその1/2に，3個体培養では1/3となった（図2）。この時，根の内生ストリゴラクトン含量は培養個体数が変化しても差は認められなかった。また3個体培養条件下では1個体培養と比較し，根のストリゴラクトン生合成遺伝子の発現量が有意に低下しており，ストリゴラクトン分泌量低下の結果と一致していた。

一方，ストリゴラクトン受容欠損変異体である*d14*変異体では，野生型で認められたような1個体あたりのストリゴラクトン分泌量の明確な低下は認められなかった。根のストリゴラクトン生合成遺伝子の発現量も，1個体培養と3個体培養間で差は認められなかった。すなわち，野生型でみられる培養個体数の増加とともに1個体あたりのストリゴラクトン分泌量の低下が起こるのはD14を介していることが示唆された。

バーミキュライトを用いた土耕培養でも，野生型は3個体培養で1個体あたりのスト

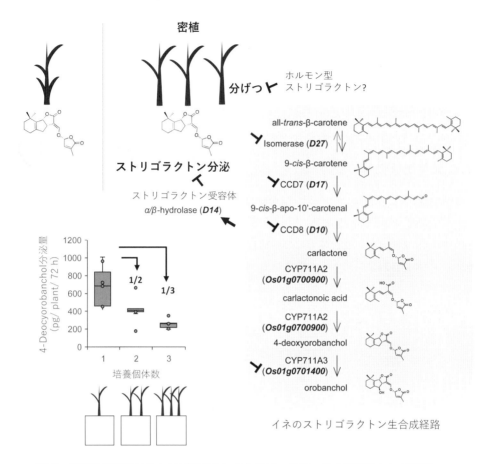

図2 密植条件下でのストリゴラクトンの生合成・分泌・地上部枝分かれの制御

密植条件下では，ストリゴラクトン生合成遺伝子の発現量が低下し，受容体 D14 の発現量の増加が認められた。そして，1 個体あたりのストリゴラクトンの分泌量の低下と分げつの抑制が起こる。植物体内でホルモンとして作用するストリゴラクトンは，根圏に分泌されるストリゴラクトンとは異なる構造をもつことが示唆されているが，その実体はまだ明らかになっていない。図での矢印は促進，バーは抑制を示している

リゴラクトン分泌量が低下し，*d14* 変異体では低下が起こらないことを確認した。この時野生型では，地上部枝分かれが 3 個体培養で低下するのに対して，ストリゴラクトン生合成欠損変異体および受容シグナル伝達変異体ではそのような枝分かれ低下は認められなかった。

同じような現象はイネだけでなくエンドウでも確認することができた[24]。すなわち密植条件下では，植物は土壌根圏に存在するストリゴラクトン濃度を感知し，自身のストリゴラクトン生合成・分泌を抑制し，枝分かれを抑えているということが示された。

3.2 混植条件でのストリゴラクトンの生合成・分泌，そして枝分かれ制御

野生型イネとストリゴラクトンを欠損している生合成変異体を水耕条件下で混植したところ，野生型イネのストリゴラクトン分泌は 1/2 まで低下しないことがわかった[23]。こ

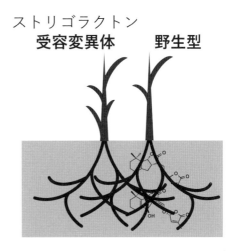

図3 隣接する植物が地上部枝分かれに与える影響
ストリゴラクトン生合成変異体の地上部枝分かれは，野生型が隣接すると抑制されることから，野生型が分泌するストリゴラクトンを吸収することにより，枝分かれが抑制される可能性が考えられた。一方，ストリゴラクトン受容変異体の枝分かれは抑制されない

の時，根の内生ストリゴラクトン含量を精査すると，当然ながら単植した時の生合成変異体の根からストリゴラクトンは検出されず，野生型と混植した生合成変異体の根からはストリゴラクトンが検出され，その含量は野生型の内生量の半分に相当することがわかった。すなわち，生合成変異体は野生型が分泌したストリゴラクトンを積極的に吸収していることが明らかになった。次に，バーミキュライトを用いて混植栽培し，地上部枝分かれ表現型を調査すると，野生型と混植した生合成変異体の枝分かれは生合成変異体と混植した場合と比較し有意に抑制された。一方，ストリゴラクトン受容変異体の地上部枝分かれは，隣接植物の影響を受けなかった（図3）。

これらの結果から，ストリゴラクトンが欠損している生合成変異体はその存在を感知されず，一方，ストリゴラクトンを分泌することができるが受容できない受容変異体は隣接植物の存在を感知することができないことが示唆された。すなわち，根寄生雑草だけでなく一般的な植物も，隣接植物の存在をストリゴラクトンで感知している可能性が示唆された[25)26)]。

4. まとめ

地下部は容易に可視化できないこともあり，研究対象としては難題であるかもしれないが，根浸出液に含まれるさまざまな化合物が植物−植物コミュニケーションに作用していることが予想される。一方，植物間コミュニケーションにおけるストリゴラクトンの関与について，現時点で多くの謎が残されている。そもそもストリゴラクトンの植物ホルモンとしての機能が明らかになったのは2008年のことであり，その生合成経路の全貌および枝分かれ抑制活性本体についても明らかになっていない。ストリゴラクトンを根から土壌

根圏へ，あるいは根から地上部へ運搬するトランスポーターについては，これまでペチュニアのPDR1が，両方の運搬に関与していることが報告されているが[27]，タルウマゴヤシでは別々のトランスポーターが関与している可能性が示唆されている[28]。そして土壌根圏から植物体内へと運搬するトランスポーターの同定も重要である。今後，ストリゴラクトンの構造多様性の意義が，植物–植物コミュニケーションのツールにあるのかどうか，その可能性が検討され，多くの謎が解明されていくことを期待する。

文　献

1) C. E. Cook, L. P. Whichard, B. Turner et al.: *Science*, 154, 1189 (1966).
2) C. Parker: *Weed Sci.*, 60, 269 (2012).
3) T. Yokota, H. Sakai, K. Okuno et al.: *Phytochemistry*, 49, 1967 (1998).
4) T. Nomura, Y. Seto and J. Kyozuka: *J. Exp. Bot.*, 75, 1134 (2024).
5) K. Akiyama, K. Matsuzaki and H. Hayashi: *Nature*, 435, 824 (2005).
6) K. Kodama, M. K. Rich, A. Yoda et al.: *Nat. Commun.*, 13, 1 (2022).
7) K. Yoneyama, X. Xie, H. Sekimoto et al.: *New Phytol.*, 179, 484 (2008).
8) V. Gomez-Roldan, S. Fermas, P. B. Brewer et al. *Nature*, 455, 189 (2008).
9) M. Umehara, A. Hanada, S. Yoshida et al.: *Nature*, 455, 195 (2008).
10) K. Yoneyama and P. B. Brewer: *Curr. Opin. Plant Biol.*, 63, 102072 (2021).
11) K. Yoneyama: How do strigolactones ameliorate nutrient deficiencies in plants?, Engineering Plants for Agriculture, P. C. Ronald (ed.), Cold Spring Harbor Laboratory Press, 1-16 (2019).
12) C. Hamiaux, R. S. Drummond, B. J. Janssen et al.: *Curr. Biol.*, 22, 2032 (2012).
13) L. H. Zhao, X. E. Zhou, W. Yi et al.: *Cell Res.*, 25, 1219 (2015).
14) L. Jiang, X. Liu, G. Xiong et al.: *Nature*, 504, 401 (2013).
15) Y. Seto, R. Yasui, H. Kameoka et al.: *Nat. Commun.*, 10, 191 (2019).
16) C. E. Corn, R. Bythell-Douglas, D. Neumann et al.: *Science*, 349, 540 (2015).
17) Y. Tsuchiya, M. Yoshimura, Y. Sato et al.: *Science*, 349, 864 (2015).
18) S. Toh, D. Holbrook-Smith, P. J. Stogios et al.: *Science*, 350, 203 (2015).
19) A. de Saint Germain, A. Jacobs, G. Brun et al.: *Plant Commun.*, 2, 100166 (2021).
20) S. Takei, Y. Uchiyama, M. Bürger et al.: *Plant Cell Physiol.*, 64, 996 (2023).
21) K. Yoneyama, T. Kisugi, X. Xie et al.: *Planta*, 241, 687 (2015).
22) K. Yoneyama, X. Xie, T. Nomura et al.: *Front. Plant Sci.*, 11, 438 (2020).
23) K. Yoneyama, X. Xie, T. Nomura et al.: *Curr. Biol.*, 32, 3601 (2022).
24) C. D. Wheeldon, M. Hamon-Josse, H. Lund et al.: *Curr. Biol.*, 32, 3593 (2022).
25) K. Yoneyama and T. Bennett.: *Curr. Opin. Plant Biol.*, 77, 102456 (2024).
26) 米山香織：植物の成長調節, 58, 100 (2023).
27) T. Kretzschmar, W. Kohlen, J. Sasse et al.: *Nature*, 483, 341 (2012).
28) J. Banasiak, L. Borghi, N. Stec et al.: *Front. Plant Sci.*, 11, 18 (2020).

第2章 地下部における植物間コミュニケーション

第4節 森林生態系における土壌微生物のネットワーク

京都大学　門脇　浩明

1. 概　要

　植物は地上において植食者と対峙し、動物と送粉や種子散布を通じた共生関係を築く。地下では根において病原菌と戦いながらも、菌根菌などの共生菌と資源のトレードを行う相利的な関係を持つ。これらの敵対的、あるいは相利共生的な相互作用が重なり合い、植物の多様性を形づくっていると考えられる。したがって、陸上生態系における植物群集の多様性の維持・促進機構を理解するためには、植物をとりまく地上と地下の相互作用を統一的に理解する必要がある。しかし、相互作用のネットワークはあまりにも複雑であるため、その働きを読み解くことは容易ではない。本節では、実験生態学的なアプローチによって近年明らかになってきた、根圏や土壌に生息する微生物と植物の相互作用とその多種共存における役割についての知見を紹介する。

2. 地下の微生物が介在するフィードバック

　植物は地上の世界と地下の世界をつなぐ媒介者であり、地上と地下のそれぞれにおいてさまざまな生物と敵対的、あるいは相利的な相互関係を有する[1]。よって、植物の個体群密度や分布、多様性や群集構造の成立機構を明らかにするためには、植物をとりまく地上と地下の相互作用を統一的に考慮する必要がある。そこで役立つのが生態学的な「フィードバック」の考え方である。フィードバックの考え方では、ある場所において植物が存在することで周辺環境、とくに植物に付随する周囲の生物群集の構造や組成を変え（植物→環境）、その変化が次世代の生存率や成長率（パフォーマンス）に影響を及ぼす（環境→植物）。

　その代表的な例といえるのが、アメリカの生態学者 James Bever らによって確立された「植物土壌フィードバック理論」（plant-soil feedback theory）である[2,3]。その理論によると、樹木の周辺に天敵（土壌病原菌や植食者など）が蓄積するならば、感染によって実生（芽生え）のパフォーマンスは低下するだろう。そのとき、天敵が同種の実生だけ

を特異的にターゲットにするならば，同種の実生が異種の実生よりも病原菌の影響をより強く受け，相対的にパフォーマンスが低下しやすくなるだろう。これを負の種特異的なフィードバック（negative species-specific feedback）と呼ぶ。

一方で，樹木の周辺土壌に特異的な共生菌が蓄積し，かつ，同種の実生に対し特異的な成長促進効果を発揮するならば，同種の実生は異種の実生よりも菌の感染を通じてより高い成長率を示すことができる。これを正の種特異的な植物土壌フィードック（positive species-specific feedback と呼ぶ）。このように，土壌微生物と植物が双方向に影響しあう結果として，樹木の分布や個体数の変化の方向性が大きく変わってくることがわかる。

3. 菌根タイプが介在する植物土壌フィードバック

近年の研究により，植物土壌フィードバックの方向性と強度は，樹木の種レベルの形質によって一定の説明が可能であることが明らかになりつつある[4)5)]。そのなかで最も有力な形質と考えられているのが，樹木が共生する菌根タイプ（mycorrhizal type）である。菌根タイプは根の形態学的な観察に基づいて分類される形質である。日本における最も代表的な菌根タイプは，アーバスキュラー菌根（arbuscular mycorrhiza）と外生菌根（ectomycorrhiza）である（それぞれの特徴を表1にまとめている）。植物土壌フィードバックを測定した研究から，アーバスキュラー菌根（arbuscular mycorrhiza）を形成する樹種は負のフィードバックを示す傾向があり，外生菌根（ectomycorrhiza）を形成する樹種は正のフィードバックを示す傾向があることが知られている[4)5)]。また，同じ菌根タイプのもとで実生の定着率や成長率が高くなることも知られており，これは，同一菌根タイプによるマッチング効果（あるいは菌根タイプの合致による正のフィードバック）と呼ばれる。

これらの傾向から予想されることは，森林におけるアーバスキュラー菌根樹種と外生菌根樹種の分布様式の違いが生じるということである[6)]。たとえば，外生菌根樹種において正のフィードバックがはたらくならば，同種の実生の成長を促進するため，特定の種が森林において固まり，優占する状況が生まれやすい（図1(a)）。同種でなくても同じ菌根タイプの樹種が有利になるようなフィードバックがはたらくならば，一度最初に定着した樹木と同じ菌根タイプの林が形成されやすくなるだろう（図1(b)：アーバスキュラー菌根

表1 森林における2つの主要な菌根タイプの特徴

アーバスキュラー菌根性樹種（AM樹種）	外生菌根性樹種（EcM樹種）
● アーバスキュラー菌根菌と細胞「内」において共生する ● 熱帯において優占的で多様性が高い ● 過半数の樹種と共生する ● 同種実生の定着を阻害する負のフィードバックを示す傾向がある ● 落葉は分解されやすく，栄養循環が早い	● 外生菌根菌と細胞「外」において共生する ● 温帯林において優占的である ● マツ・ブナ・カバノキ科などと共生 ● 同種実生の定着を促進する正のフィードバックを示す傾向がある ● 落葉は分解されにくく，栄養循環が遅い

図1　植物土壌フィードバックが生み出す樹木の分布様式の違い

中央の樹木が土壌中に微生物を蓄積する様子を描いている。菌根タイプを樹形で表し、同じ菌根タイプ内での樹種の違いをシルエットの白黒で表現している。
(a) 樹木が周辺に共生菌を蓄積し、それが同種の実生を有利にするため、同種が分布を拡大していく (b) 同じ菌根タイプの樹木であれば同種であろうと異種であろうと共生菌の効果で有利になるため、同じ菌根タイプほど有利になる。(c) 樹木が周辺に病原菌を蓄積し、それが同種の実生にとって不利に働くため、同じ菌根タイプの異なる種や異なる菌根タイプの樹木の実生が定着できる条件を生み出す

の林ができる場所と外生菌根の林ができる場所のいずれか1つの状態に落ち着く)。アーバスキュラー菌根樹種において負のフィードバックがはたらくならば、病原菌などの蓄積により同種が固まることはないので、異なる樹種が入り乱れてまばらに分布することになる (図1(c))。アーバスキュラー菌根樹種と外生菌根樹種の分布様式の違いは植物土壌フィードバックと密接にかかわるのであろうか。

実際、日本の温帯林においては、アーバスキュラー菌根樹種と外生菌根樹種は共存しているが、林冠を優占しているのは外生菌根樹種であることがほとんどである。同じ菌根タイプのなかでの植物土壌フィードバックと、菌根タイプ合致によるフィードバックが重なり合って、実生のパフォーマンスが決まると考えられる。しかし、実生をとりまく土壌微生物との相互作用のネットワークはあまりにも複雑であるため、それがどのようにフィードバックを生み出すのかを読み解くことは容易ではない。本節では、実験生態学的なアプローチによって明らかになってきた、根圏や土壌に生息する微生物と植物の相互作用とその植物土壌フィードバックにおける役割についての知見を紹介する。

4. 実験的アプローチによって解き明かすフィードバックの実態

4.1 菌根タイプに着目した実生栽培実験

筆者らは、樹木と共生する菌根タイプに着目した実験によって、土壌微生物や植食性昆虫が生み出すフィードバックが実生のパフォーマンスにどのような影響をもたらすのかを調べた[7]。実験では、種特異的なフィードバックと菌根タイプの合致によるフィードバックの効果を解明するため、群集をひとつの繰り返し単位とする実験を行った。すなわち、ミニチュアのアーバスキュラー菌根樹種の森、外生菌根樹種の森、何も生えていない区画（対照区）をつくっておき、それぞれに本来はアーバスキュラー菌根菌と共生するがまだ菌に感染していない実生を導入する処理区、外生菌根菌と共生するがまだ菌に感染してい

ない実生を導入する処理区，実生を導入しない処理区を完全に交差させる，3×3の直交要因実験を行った（図2）。群集を実験単位とするメリットは，(1) 小さいポット実験よりも複雑で，多様な樹種が混在している現実により近い設定で実験できること，そして，(2) 小さいポット実験では再現することの難しいような，地下の張り巡らされる土壌微生物のネットワークや樹木どうしの光や土壌栄養をめぐる自然な競争も再現できることである。

個々のメソコズムは，1.2 m四方・土壌深度30 cmのミニチュアの森であり，基質土壌として赤玉土と真砂土と腐葉土（7：2：1の体積比）を詰め込んだ，堆肥枠とコンクリートブロックで建設された巨大プランターのようなものである[5)7)]。メソコズムには，同じ菌根タイプに属する4樹種4個体ずつ計16個体の菌根菌を保有する苗木（高さ30 cm）を等間隔のグリッド上でラテン方格のデザインに従って定着させた。数ヵ月後に，それぞれの苗木を中心とする半径5 cm同心円上の位置に実生4樹種を1個体ずつ植え，計64個体の実生を移植した（図2）。2度の実生の生育期を経た後，すべての実生について根を切断することなく掘り起こして収穫した。収穫時には全ての実生と苗木の根端サンプルを収集し，そのDNA（真菌のバーコード領域であるITS領域）をDNAシーケンサーで解読することで保有する根圏微生物群集の組成と構造を調べた。

収穫後，実生パフォーマンスをさまざまな観点で測定し，そのデータをもとにフィードバックの指標となる形質について比較した。解析対象の形質として，(1) 地上部乾燥重量，(2) 比葉面積（乾燥葉量あたりの葉面積，あるいは葉の薄さ），(3) 地下部への投資（地上部乾燥重量に対する根の割合），(4) 茎の強さ（基部茎直径÷乾燥茎重量），(5) 食害率（葉のスキャン画像をもとに算出），(6) 葉のクロロフィル量（SPAD値）。形質には，地下の微生物を介したフィードバックの効果を反映すると考えられる形質もあれば，

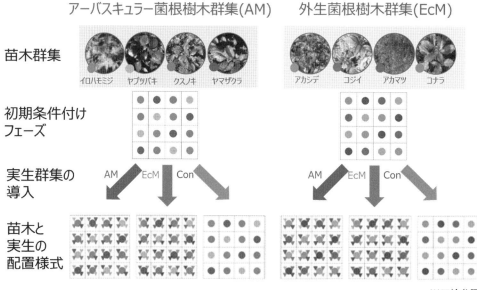

図2　菌根タイプに着目した実験デザインの概略図

地上の植食者を介したフィードバックの効果を反映すると考えられる形質もあり，また，それらのフィードバックの両方を反映すると考えられる形質もある。たとえば，地上部の葉食害率は，植食者が媒介するフィードバックを反映する形質であるし，地下部への投資は土壌微生物が介在するフィードバックを反映する形質である。他の形質（地上部乾燥重量・茎直径・葉のクロロフィル）は地上と地下の両方のフィードバックを反映する形質と考えられる。

4.2 菌根タイプごとの種特異的フィードバックと菌根タイプ合致効果の実態

アーバスキュラー菌根樹種と外生菌根樹種はどのような種特異的なフィードバックと菌根タイプのマッチング効果を示すのだろうか？ Kadowaki et al.[7]は，メソコズムにおける各実生樹種のパフォーマンスの平均値を計算し，それを用いて実生のパフォーマンスを決定する要因としての種特異的フィードバック・菌根タイプの効果を定量化した。**図3**はその結果を示しており，左列は種特異的フィードバックの方向性と強度，右列は菌根タイプマッチング効果の方向性と強度を，一般化線形モデルの線形対比（linear contrast）に基づいて定量化している。種特異的フィードバックの対比係数については正の値が大きくなるほど，同種の苗木の下において異種の苗木の下よりもパフォーマンスが高くなることを意味する（あるいは負の係数値が大きくなるほど異種の苗木の下において同種の苗木の下よりもパフォーマンスが高くなる）。菌根タイプのマッチング効果については，正の係数値が大きくなるほど同じ菌根タイプの苗木の下で育てたほうが異なる菌根タイプの苗木の下で育てた場合よりもパフォーマンスが高くなることを意味する。

図3ではさまざまな形質について検討した結果を示しているが，地下菌類と植食者の両方に関連すると思われる形質（すなわち，地上部の重量と比葉面積）を用いて実生のパフォーマンスを評価した場合，フィードバックは種特異的というよりも菌根タイプ特異的な傾向が強かった（図3(a)～(d)）。たとえば，（同じ菌根タイプ内で）同種の下の実生と異種の下の実生の地上部バイオマスを比較すると，アーバスキュラー菌根性の樹種は弱い負または中立のフィードバック（すなわち，同種の苗木の下において異種の苗木の下よりも地上部バイオマスが少ない）を示す傾向があり，外生菌根樹種は，弱い正または中立のフィードバック（すなわち，同種の苗木の下のほうが異種の苗木の下よりも地上部バイオマスが大きい）を示す傾向があった（図3(a)）。

ここで興味深い傾向をピックアップしてみよう。地上部の食害フィードバック（食害葉面積）を反映する実生形質を検討したところ，アーバスキュラー菌根性の樹種であるツバキ（*Camellia*）の実生は，異種の苗木に対して，同種の苗木のもとで，より少ないダメージを受け（図3(i)；対比係数＝－1.31±0.57 SE, $z = -2.29$, $p = 0.04$），一方，外生菌根性のコナラ（*Quercus*）の実生は，異種の苗木に対して，同種の苗木のもとでより多くのダメージを受けた（図3(i)；対比係数＝1.16±0.42 SE, $z = 2.78$, $p = 0.01$）。対照的に，すべての実生種において，菌根タイプが一致する苗木と一致しない苗木の下で生育した場合，食害率に有意な差は見られなかった。よって，地上部の食害フィードバックは菌根タイプ特異的ではなく種特異的である可能性が高い。

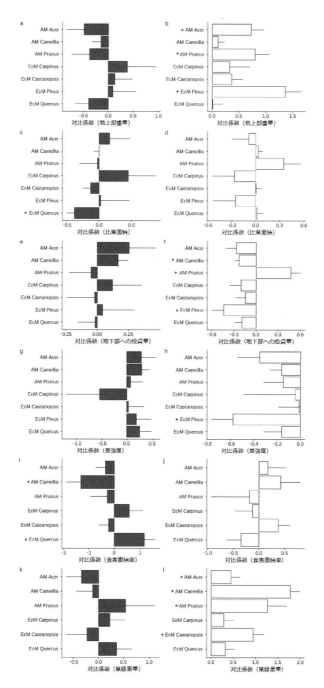

図3 種特異的フィードバックと菌根タイプ合致によるフィードバックの効果を実生の樹種ごとに一般化線形モデルに基づく線形対比（linear contrast）によって定量的に評価した結果

パネル左列は種特異的フィードバック，右列は菌根タイプ合致によるフィードバックの効果を意味する。(a)(b) 地上部乾燥重量，(c)(d) 比葉面積（乾燥葉量あたりの葉面積，あるいは葉の薄さ），(e)(f) 地下部への投資（地上部乾燥重量に対する根の割合），(g)(h) 茎の強さ（基部茎直径÷乾燥茎重量），(i)(j) 食害率（葉のスキャン画像をもとに算出），(k)(l) クロロフィル量を用いた。種特異的なフィードバックの強さは，正の値では同種の苗木の下のほうが異種の苗木下よりもパフォーマンスが良く，負の値は同種の苗木の下のほうがパフォーマンスが悪化することを示す。菌根タイプ合致の効果は，正の値は同じ菌根タイプでパフォーマンスが良くなる，負の値ほど小さくなることを示す

逆に，地下の微生物を介したフィードバックを反映する形質を調べると，アーバスキュラー菌根樹種も外生菌根樹種もしばしば菌根タイプ特異的なフィードバックを示した。地下部への投資を用いてパフォーマンスを評価したところ，種特異的なフィードバックの証拠は得られなかったが，いくつかの樹種では菌根タイプの効果が顕著であった（図3(e)，(f)）。たとえば，アーバスキュラー菌根性のヤマザクラ（*Prunus*）の実生は，菌根タイプがマッチした苗木の下において，ミスマッチした苗木の下で育てた場合よりも，根への投資を増加させた（正の菌根タイプ特異的フィードバック；対比係数= 0.47±0.13 SE, $z = 3.57$, $p<0.001$）。対照的に，外生菌根性のアカマツ実生は，同じタイプの苗木とくらべて異なるタイプの苗木の下では，根への投資を減少させた（負の菌根タイプ特異的フィードバック；対比係数= − 0.44±0.16 SE, $z = -2.74$, $p = 0.01$）。これはおそらく，近傍の土壌に豊富に存在する菌根菌が植物の養分獲得を促進し，根の成長の必要性を最小限に抑えたためと推測することができる。

　まとめると，実生が経験するフィードバックの方向と大きさは，近隣の苗木の属性（同じ菌根タイプ内の同種の実生と異種の実生，菌根タイプが一致する実生と不一致の実生），および地上部フィードバックと地下部フィードバックのどちらを考慮するかによって異なることが示唆された。地上部の食害フィードバックが検出されたのは，地下部の菌類媒介フィードバックが中立であった樹種だけであり，2つの異なるフィードバックの効果は植物種によって異なることが示唆された。既往研究では，地上部の草食と植物土壌フィードバックを操作し，食害がひどくなるほど植物土壌フィードバックがより中立になることが示されている[8]。おそらく，食害ストレスが根からの滲出液生産を増加させ，病原性と有益性の両方の土壌微生物の影響を緩和させるためかもしれない。このことは，食害フィードバックがアーバスキュラー菌根樹種であるツバキ（*Camellia*）と外生菌根樹種であるミズナラ（*Quercus*）でのみ検出された理由と関連する可能性がある。

5. DNAシーケンスで迫る菌根ネットワークの役割

　植物土壌フィードバック理論で想定されるような土壌中の微生物の蓄積や共有は捉えづらいものである。たしかに，地下に張り巡らされるネットワークを追跡したり可視化したりすることは困難であるが*，間接的な手法としてDNAシーケンスを用いれば，実際に樹木をとりまく空間範囲での菌糸の面的な広がりの指標を計算し，比較することができる。隣接する樹木の根のサンプルから同じ菌のOTU（Operational Taxonomic Unit；近縁なDNA配列をひとまとめに分類するための操作上の単位）を検出できたら，つながっている可能性があると考えることができる。もちろん，OTUが同じであったとしても同じ種の同じ個体の菌が隣接する植物個体を結び付けているとは限らないが，どれくらいの

＊　菌根ネットワークの実態はとても掴みづらいものである。近年，スザンヌ・シマードによる自伝がベストセラーとなり"Mother tree"の名のもと地下の菌根ネットワークが一般的に知られるようになった。一方で，ソーシャルメディアで根拠が十分に得られていない結果について宣伝されたことが問題視されている（Karst et al. 2023）。

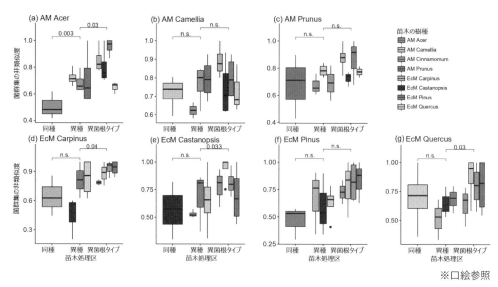

図4 苗木と実生の真菌群集の共有からみた土壌微生物のネットーワーク形成

上段はアーバスキュラー菌根性の実生，下段が外生菌根性の実生についての結果を示す。菌群集の非類似度は，実験単位であるメソコズムにおいて，実生種に付随する真菌類の種組成と苗木種に付随する真菌類の種組成を MacArthur-Horn 非類似度指数を用いて計算した値を，実生と苗木が同種である組み合わせ（x 軸のラベルでは「同種」と表記），実生と苗木が同じ菌根タイプであるが異種である組み合わせ（「異種」と表記），実生と苗木が異なる菌根タイプである組み合わせ（「異菌根タイプ」）でグルーピングのうえ統計的な検定を行っている。統計的に有意な対には p 値を付しており，有意でない場合は n.s. と付記している

空間的な範囲で菌群集の組成の類似度が減衰するかを調べることで，菌類群集レベルでのネットワークの広がりの空間スケールを推定することができる[5]。そこで，収穫した実生と近接する苗木のそれぞれの根に付随する真菌群集の組成と構造を DNA シーケンスによって調べた結果，どの実生種も，同種の苗木と異種の苗木の下では，実生が保有する真菌の種組成に有意な違いは見られなかった[7]。しかし，すべての実生種において，菌根タイプが一致する処理と一致しない処理では，菌種組成が明らかに異なっていた（図4）。菌根タイプが同じ場合に実生は苗木と菌類を共有しやすくなる傾向は，土壌微生物が媒介するフィードバックの効果を反映すると考えられる形質を調べた結果とおおむね一致している。ただし，地上部の植食者・捕食者についても共有パターンを調べたところ（図5），実生と苗木のあいだでの共有は弱く，食害率のフィードバックとのつながりは見られなかった[7]。苗木から実生への生物的要因の伝達（地上部の植食者・捕食者・地下部の菌類を含む）は，実生が経験するフィードバック効果の方向や大きさと連動しているという証拠を見出すことはできなかった。

6. 今後の課題

生態学的なフィードバックは，多様な種から構成されるような実際の自然条件に近い環境においても，実生段階における樹木の命運を握る要因となりうることを示している。

※口絵参照

図5 実験において観察された節足動物群集（クモやアリなどの捕食者とさまざまな植食性昆虫）[7]

　フィードバックを媒介するのは土壌微生物だけではなく，もっと複雑なメカニズムも考えられる。分解されやすい葉をもつ植物ほど，栄養獲得の面で同種が有利になることもある[9]。一方で，分解されにくい葉をもつ植物では，植食者にとってもタンニンやフェノールといった二次代謝物質（防衛物質）を多く含んでいるため，他の種の定着を妨げることで独占する正のフィードバックを引き起こすかもしれない[9]。地上部のネットワークや地下部のネットワーク（共通の菌糸ネットワーク）を通じて互いに影響し合うこともあるだろう[10)11)]。さまざまな植物種（同種と異種）が混在し，それぞれの植物種に影響を与える状況において，生態学的フィードバックに関する理解を深めるには，地上部と地下部の生物因子の蓄積だけでなく，それらが樹木群集の形成に与える正味の影響についても調べる，群集スケールの研究の意義を確認することができた。フィードバック理論は，地下と地上の相互作用を統一的に理解するフレームワークへと成長しつつある[12]。しかし，実験的に測定されるフィードバックが，自然林における樹木群集の共存機構としてどの程度重要であるのかについては，いまだ十分に解明されておらず，今後の展開が期待される。

文　献

1) R. D. Bardgett and D. A. Wardle: Oxford University Press (2010).
2) J. D. Bever: *Ecology*, 75, 1965 (1994).
3) J. D. Bever et al. *J. Ecology*, 85, 561 (1997).

4) J. A. Bennett et al.: *Science*, 335, 181 (2017).
5) K. Kadowaki et al.: *Commun. Biol.*, 1, 19 (2018).
6) C. Averill et al.: *Nat. Ecol. Evol.*, 6, 375 (2022).
7) K. Kadowaki et al.: *Oecologia*, 195, 773 (2021).
8) J. Heinze et al.: *Oecologia*, 190, 651 (2019).
9) R. P. Phillips et al.: *New Phytol.*, 99, 41 (2013).
10) Z. Babikova et al.: *Ecol. Lett.*, 16, 835 (2013).
11) S. W. Simard and D. M.Durall: *Can. J. Bot.*, 82, 1140 (2004).
12) K. Kadowaki: *Ecol. Res.*, 39, 257 (2024).

第2章 地下部における植物間コミュニケーション

第5節 雨後のキノコの電気的な会話を測定する

東北大学　深澤　遊

1. はじめに

「あめのひ きのこは…」という絵本がある。森の動物たちが次々とキノコの下に入り雨宿りをするのだが、初めは小さかったキノコが（恐らく雨の水を吸って）むくむくと大きくなり、最後にはたくさんの動物が1つのキノコの傘の下におさまってしまう、というお話だ。たしかに、晴れた日に干からびていたキノコも、雨の日には水を吸ってツヤツヤし、生き生きとしている。日本の梅雨はキノコの季節でもある。今、これを書いている2024年の梅雨は、東北地方では梅雨入りしてもなかなかまとまった雨が降らなかったが、7月に入り雨が続くと、あちこちからキノコが次々と顔を出してきている。

キノコは雨の日に成長するのだ。しかしそれ以外になにか変化はないだろうか？　キノコに電極を刺すという方法を使ってキノコの電気的な活性を測定したところ、雨の日に活性が高くなっていることがわかった。やはりキノコは雨の日に元気にもなっているようである。さらに、電気的な活性のパターンは隣のキノコから隣のキノコへと伝達されているらしいこともわかった。キノコは雨の日に会話しているのだろうか？

本稿では、なぜキノコに電極など刺してみようと思ったのか（これはよく聞かれる）という問いに答えつつ、そこから見えてきたことと、今後の展望について述べる。

2. 菌類の知的な行動

まず知っておいていただきたいのが、キノコは菌類にとっての花のようなもので、本体は地下や枯木・落葉の中にいるということだ。多くの場合、それは菌糸（hyphae）と呼ばれる直径10 μm程度の細長い細胞がつながって糸状になった構造をしており、分枝と融合を繰り返して複雑な網目状のネットワークを形成している。このネットワークのことを菌糸体（mycelium）と呼ぶ。菌類は従属栄養生物なので、この細い糸状の体を枯木などの有機物の中に侵入させ、細胞外酵素を分泌して周囲の有機物を分解・吸収して生活している。これは腐生菌の場合だが、菌根菌や内生菌といった植物と共生関係を結ぶ菌類

や，植物に病気を引き起こす病原菌でも，ホストの組織内に菌糸を侵入させて細胞の周囲から養分を吸収するという部分は共通している。そして，菌糸体が充分成長して繁殖に必要なエネルギーが貯まると，キノコ（花）を「咲かせ」，胞子を散布する，というわけだ。地面に生えているキノコを抜くと，根元に根のようなものがついていることがあるが，これは根ではなく菌糸体，むしろこちらが本体である。抜いたせいでちぎれてしまっただけで，さっきまでは地中に広がる菌糸体のネットワークにつながっていたのだ。

つまり「キノコ」として私たちの目に見えているものは，菌類が季節になると胞子を散布するために形成する器官であり，それ以外の大部分の活動（有機物の分解・吸収や，植物根との共生・寄生関係など）は，人間からは見えにくい地下や枯木の中で菌糸体として行われている。この菌糸体，培養してみると，いろいろ面白い「行動」をする。植物と同様，菌類も固着性だと思われがちだが，ゆっくりと移動することができる。地上に広がる菌類の菌糸体の分布を数年間記録した研究によれば，菌糸体の分布が年々移動していた[1]。これは，進行方向への菌糸成長と，後方での菌糸の枯死・分解が起こることにより結果として移動しているわけだ。ただ，一度生えたキノコが場所を移動することはない。植物のように，生えた場所で枯れていくだけだ。これが，菌類が固着性だというイメージに一役買っているのかもしれない。しかし地下では人知れず移動しているのである。その証拠に，森の地上に出るキノコの位置を毎年記録すると，キノコの出る位置が年々移動していることがわかるだろう。

菌糸体を培養し，さまざまな状況に置くと，それに応じた柔軟な行動を示すことが最近の研究から明らかになってきた。腐生菌や菌根菌，植物病原菌を対象に，菌糸1本レベルのミクロなスケールから菌糸体レベルのマクロなスケールまで，さまざまな研究が行われている。ミクロなスケールでは，マイクロ流体デバイスと呼ばれる微小な経路を自在に設計することで[2)-4)]，障害物などに対する菌糸の成長応答が研究され，細胞レベルでの成長方向の記憶とそのメカニズムが明らかにされつつある[5)6)]。ここでは，筆者が行っている菌糸体レベルのマクロなスケールにおける行動研究を紹介する。

肉眼で目視可能な菌糸束（菌糸が何本も束になったもの。単純な束から，通道組織と表皮組織が分化した複雑なものまでさまざま）を形成する菌種を用いることで，肉眼的なスケールの菌糸体の行動観察が可能になる。特に，木材腐朽性の担子菌類チャカワタケ（*Phanerochaete velutina*）が菌糸体の行動観察によく用いられている。チャカワタケが定着したブナの角材（0.5 cm^3 から 4 cm^3 まで，いろいろなサイズ）を接種源として，土を約5 mmの厚さに敷いたトレイ（24 cm x 24 cmなど，通常のシャーレより大型のものを用いる）の上に置くと，角材から菌糸体が土の上に伸びてくる。チャカワタケは野外でもこのように土壌表層に菌糸束のネットワークを伸ばすタイプの菌種である。そして，接種源の角材から少し離れたところに新しいブナの角材を置くと，菌糸体はしだいにこの新しい角材に定着してくる。さらに培養を続けると，土の上に放射状に広がっていた菌糸束がしだいに消えていき，接種源の角材と新しい角材をつなぐ太い菌糸束だけになってしまう（図1(a)）。不要な菌糸束がなくなり，必要な菌糸束が強化されたのだ。面白いことに，新しく置く角材（ここではエサと呼ぼう）のサイズをいろいろ変えてみると，大

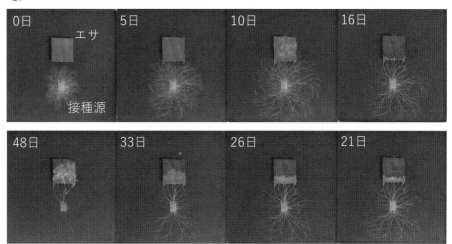

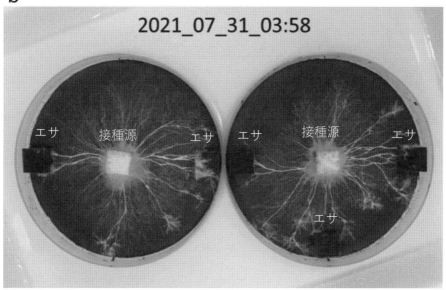

図1 （a）接種源角材（1×1×0.5 cm）から菌糸がある程度伸びてからエサ角材（4×4×1 cm）を近くに置くと、菌糸体はエサに徐々に定着しながら、土壌の上に展開していた探索用の菌糸を徐々に引っ込め、接種源とエサを結ぶ菌糸の束を太くしていく。（b）接種源角材（1.5×1.5×1.5 cm）からエサ角材（同サイズ）に定着がはじまったのと同じタイミングで、エサ以外の場所の菌糸も分枝が活発化する

きいサイズのエサを見つけた菌糸体は、接種源の角材からエサの角材に完全に引越してしまうことがわかった[7]。エサが小さいと引越しは起こらない。つまり、チャカワタケの菌糸体はエサのサイズによって引越すか引越さないかを決断しているといえる。

エサへの定着が進むと探索用の菌糸束が消えていくと書いたが、実はその前にもう1つ面白い変化が起こる。放射状に広がった菌糸体の一部がエサに接触すると、その部分の

菌糸は成長が活発化してエサへの定着が起こるが，このとき接触した部分以外の菌糸でも成長が活発化するのだ[8]（図1(b)）。これらの実験結果は，菌糸がエサに接触したという情報やエサのサイズ情報を，何らかの方法で菌糸体全体に伝達している可能性を示唆している。菌糸体の行動について，詳しくは深澤[9]を参照されたい。

3. 生体電位

　菌糸体の内部では原形質が流動しているので，その流れに乗って情報伝達物質が輸送されている[10]。しかしここでは電気的なシグナル伝達の可能性を考えてみたい。生命活動によって生体内で生み出される電気的な活性を生体電位と呼び，単細胞生物であるバクテリアや原生動物から，菌類や植物，動物といった多細胞生物まであらゆる生物で知られている[11]。細胞膜に存在するタンパク質でできたイオンチャネルがイオンを能動的に輸送することによって生じる細胞内外のイオン濃度の差，すなわち膜電位（membrane potential）がよく知られているが，このようなイオン濃度の勾配は細胞内外だけでなく，細胞内，細胞間，組織間など，さまざまなスケールで生じうる[12]。

　電位による情報伝達は，脊椎動物の中枢神経系の神経細胞（ニューロン）でよく研究されている[13]。刺激を受け取った神経細胞の細胞膜では，ナトリウムイオンチャネルが開き，ナトリウムイオンが細胞内に流入することで細胞内の電位が急速に高まる。すると今度はナトリウムイオンチャネルが閉じ，カリウムイオンチャネルが開いてカリウムイオンが細胞外に排出されることで細胞の電位が下がっていく。この一連の変化（活動電位）が神経細胞の長く伸びた部分（軸索）を伝わっていくことで情報が神経細胞内を伝達されていく。活動電位が軸索の末端（軸索終末）まで達すると，カルシウムイオンチャネルが開きカルシウムイオンが神経細胞内に流入する。軸索終末のカルシウムイオン濃度が高まると，グルタミン酸などの神経伝達物質を含むシナプス小胞が細胞膜と結合し，エキソサイトーシス（細胞質中の小胞が細胞膜に結合して小胞内部の成分が細胞外に放出される現象）により神経伝達物質が神経細胞外に放出される。神経伝達物質を受容した隣の神経細胞では膜電位が変化し，情報が神経細胞間を伝達されていく。

　しかし，電位による情報伝達は脳や神経系を持った動物に限られるわけではない。植物では，細胞膜におけるカルシウムイオンの能動的輸送により生じた細胞内外の電位差がシグナル伝達に関係していることが示されている[14]。カルシウムイオンの蛍光バイオマーカー（GCaMP3）を形質転換により導入したシロイヌナズナ（*Arabidopsis thaliana*）を用いて行われた実験では，葉が蛾の幼虫による食害を受けると，食害部位から放出されるグルタミン酸濃度の上昇を契機として2秒以内に食害部位のカルシウムイオン濃度が上昇する様子が観察された。カルシウムイオン濃度の上昇は，およそ秒速1 mmの速度で主に葉脈の師管細胞を伝って伝達され，1～2分かけて食害部位から離れた部分の葉まで到達した。すなわち電気的なシグナル伝達が起こっていることが示唆された。シグナルを受け取った遠位の葉では，防御応答に関連する植物ホルモンのジャスモン酸生成関連経路が活性化され，ジャスモン酸イソロイシンの濃度が上昇したことから，食害の情報が伝達

されたことにより食害を受けていない葉でも食害への防御の準備がなされたと考えられる。前述したようにグルタミン酸は脊椎動物の中枢神経系でもシナプスにおける興奮性神経伝達物質として働く[13]ことから，次に述べるバクテリアの例も含め，グルタミン酸を契機として始まる電気的シグナル伝達が神経系の有無にかかわらず広く生物に保存されている可能性を示唆しており，興味深い。同様なシグナル伝達はオジギソウ[15]やコケなどでも見つかっている[16]。

　さらに興味深いことに，同様な電気的シグナル伝達はバクテリアでも報告されている。バクテリアでは，数十億ものバクテリア細胞が集合したバイオフィルムと呼ばれる状態で，カリウムイオンの濃度勾配による電気的なシグナル伝達が起こることが知られている[17][18]。具体的には，枯草菌（*Bacillus subtilis*）のバイオフィルムにおいて，中心部分にいるバクテリア細胞と周辺部分にいるバクテリア細胞は，窒素源であるグルタミン酸をめぐり競合関係にある。中心部分の細胞においてグルタミン酸の枯渇により代謝ストレスが生じると，これを契機として細胞内のカリウムイオンが能動的に細胞外へ放出される。すると隣接する細胞は細胞外カリウムイオンの濃度上昇を感知し，膜電位の脱分極が起こる。脱分極は細胞内の陽電荷を一時的に低下させ，これによりグルタミン酸の取込みが低下することにより，隣接細胞も代謝ストレスを感じ，細胞外にカリウムイオンを放出する。このようにして，グルタミン酸の欠乏を契機としたシグナルが，カリウムイオンの濃度差による膜電位の変化としてバケツリレーのようにバイオフィルムの周辺部の細胞へと伝達されていく。これはニューロンが発火した時に起きる現象と非常によく似ているが，その伝達速度は時速3 mm程度だそうだ。そして最終的に，このシグナルを受け取った周辺部分の細胞は代謝活動を低下させ，グルタミン酸の吸収が制限される。すると，グルタミン酸がバイオフィルムの中心部まで浸透していくことができ，枯渇していた中心部の細胞もグルタミン酸にアクセスできるようになる。バクテリアではシグナル伝達物質による多数のバクテリア細胞の同調的活動（クオラムセンシング）が従来から知られているが，加えてこういった電気的なシグナル伝達も細胞間コミュニケーションの重要なメカニズムであると考えられ始めている[19][20]。

4．菌類の電位

　菌類においても，電気的活性が測定されている。最も古い測定例は，おそらくSlayman et al.[21]のもので，菌類のモデル生物である子嚢菌のアカパンカビ（*Neurospora crassa*）の菌糸にマイクロ電極を刺して細胞膜内外の電位差，すなわち膜電位が測定された。興味深いことに，菌糸の膜電位はさまざまな周期・振幅の自発的な正弦波振動を示した。なかでも特徴的だったのは，振動周期が3〜4分で振幅が10〜20 mVのゆっくりとした振動と，振動周期が20〜30秒で振幅が同程度の比較的速い振動である。前者は寒天培地上の菌糸，後者はカリウムを制限した液体震盪培養の菌糸での測定結果らしいので，これらの培養条件の違いが振動周期の違いをもたらしたと考えられる。さらに，シアン化物を添加して菌糸を化学的に刺激すると，神経細胞の活動電位に見られるような脱分極と再分

極，過分極の一連の反応が見られた。

　時代は下り，1990年代にはOlsson[22]が同様にマイクロ電極を用いてさまざまな担子菌の菌糸における電位を測定し，ナラタケ属の*Armillaria bulbosa*, キララタケ（*Coprinellus micaceus*），サンゴハリタケ（*Hericium coralloides*），ニガクリタケ（*Hypholoma fasciculare*），ヒダハタケ（*Paxillus involutus*），スッポンタケ（*Phallus impudicus*），ヒラタケ（*Pleurotus ostreatus*），ナミダタケ（*Serpula lacrymans*）において同様に「活動電位」のような電位変化が観察されたことを報告している。さらにOlsson and Hansson[23]は*A. bulbosa*とヒラタケの培養菌糸において，このような活動電位様の規則正しいパルスを観測した。これはSlayman et al.[21]が報告したような正弦波とは異なり，その波形は脱分極・再分極・過分極のフェーズを繰り返しているように見え，まるで心電図のようである。パルスの頻度は*A. bulbosa*とヒラタケで異なっており，0.5 Hzから5 Hz程度と幅があった。これはアカパンカビでみられた振動よりだいぶ速い。また，興味深いことに，培地に木片を添加すると振動周期が早まった。3 Hz程度の電位振動を示している*A. bulbosa*の培養菌糸の，電極から1〜2 cmの位置に5×5×5 mmのブナの木片を置くと，振動周期が9 Hz程度まで上昇した。そして木片を取り除くと，振動周期はまたもとの3 Hz程度に戻った。同じサイズのプラスチック片では同様な変化は見られなかったことから，*A. bulbosa*の菌糸は資源であるブナの木片の存在を感じ取って活動を活性化させたと考えられる。このような電気的な振動が菌糸の活動と関係があることは確かなようだ。カルシウムイオンの蛍光マーカーを使った近年の研究によれば，伸長成長をしている菌糸先端において細胞内カルシウムイオン濃度に振動が見られた[24]。これは膜電位が生じていることを意味する。興味深いことに，このイオン濃度の振動と菌糸先端の伸長速度が同期していた。カルシウムイオンが，菌糸伸長に必要なアクチン繊維の集合とエキソサイトーシス（菌糸先端は小胞がエキソサイトーシスにより細胞膜に結合することにより伸長する）の調節に関わっているらしい。

　最近は電極を用いた菌類の電位の直接的な測定は，ヒトの皮下電位測定などに用いられるサイズの電極（マイクロ電極よりだいぶ大きい）を用いて子実体（キノコ）や培養菌糸の塊に設置することで子実体の電気的な活性を測定する研究が多くなされている。イギリス，西イングランド大学のAndrew Adamatzky教授の研究グループは，この方法でいろいろな種類のキノコ・菌糸体の電気的な活性を測定し，やはり自発的な活動電位のような電位振動が観察されることを報告している[25]。さらにAdamatzky教授は，キノコや菌糸体にさまざまな刺激を与えることで電位にどのような影響があるかを調べた。栽培されているヒラタケのキノコに火を近づけたり，食塩（NaCl）を乗せたりして刺激すると，キノコの電位は大きく変動した[26]。また，菌床（オガクズに窒素源などを添加したもの）で培養されている*Ganoderma resinaceum*の菌糸体に重りを乗せると，その刺激もまた電位の変化として検出された[27]。つまり，菌類はキノコや菌糸体の塊といったマクロなスケールでも，外部の刺激に対して電気的活性を変化させることがわかった。ただ，ここで注意しなければならないのは，細胞膜の内外にマイクロ電極を設置して電位差を測定した場合と異なり，キノコや菌糸体の塊に2本の電極を刺して電極間の電位差を測定した場

合，そこに見られた電位差は，細胞膜に生じた膜電位によるものとは限らない。菌糸が有機酸などを分泌して周囲の pH が変わっても電位差は生じうる。すなわち，電位の変化をそのまま神経系で見られるような電気的シグナルだと考えることは拙速である。

5. 菌類の電位伝達

それでも，何らかの電気的なシグナルである可能性ももちろん残されている。Adamatzky 教授は，火や塩の刺激によって生じた電位の変化が，刺激を受けたキノコから隣のキノコへと伝わることを発見した[26]。また，菌床栽培された菌糸の塊や菌糸でできたマットや菌糸を定着させた布に電極を設置し，さまざまな刺激（エタノール，麦芽エキス，デキストロース，重り，光）に対する電位の変化を調べ，刺激地点からの距離に応じて電位の変化が伝達されることを報告している[28)29)]。さらに，人為的に入力した電気信号も菌糸マットを介して入力周波数に応じて伝達されることも確認された[30]。

筆者のグループでも，電極を設置した寒天培地を使い，菌糸が刺激に応じた電気的信号を伝達していると考えられる実験結果を得ているので紹介する[31]。この実験では，木材腐朽菌の一種でナメコと同属の *Pholiota brunnescens* という担子菌類の菌糸を用いた。直径 9 cm のプラスチックシャーレの蓋を貫通させて電極を設置し，電極の先端が培地上の菌糸に触れるようにした。シャーレの中心から周辺部に向かって 6 本の測定用電極を放射上に配置し，シャーレ中心の基準電極との電位の差を記録した（図 2）。また，一番外側の電極の 1 つの場所に角材（1×1×1 cm）を設置した。寒天培地に栄養分は入れていないので，この角材が唯一の栄養源となる。*P. brunnescens* の菌糸をシャーレの中心から成長させながら電位を継続的に 100 日以上にわたり測定したところ，測定電極のところまで菌糸が伸びてくると一度電位が上昇してから下降する傾向がみられた。また面白いことに，培養開始後 60 日程度から，角材の場所の電極で明瞭な電位振動が始まり，測定を終了した 134 日目まで 7 日周期の安定した振動が継続した。その他の電極では逆位相の弱い振動が見られた。6 ヵ所の電極で得られた電位の時系列データを用い，時系列因果推論により電極間のデータの因果関係を推定したところ，角材の位置の電極からそれ以外の電極へ向けた強く安定した因果関係が検出された。ただ，面白いことにこの因果関係は培養 60 日ごろに角材の位置で先に述べた電位振動が開始するのと時を同じくして消失した。これらの結果は何を意味しているのだろうか？　まず，培養 60 日ごろまで角材の電極からその他の電極へ向けた因果関係があったことから，角材に定着した菌糸がそれ以外の場所の菌糸へ向けて電気的なシグナルを送っている可能性が考えられる。資源である角材を発見したことを他の部分に伝えることで，原形質の流動を角材の方向へ向かわせるように促しているのかもしれない。この実験系では，角材が唯一の栄養源になるので，菌糸は最終的に全体が角材に移動してくるはずである。土を敷き詰めた培地上での培養実験では，培養後 42 日間で *P. brunnescens* の菌糸が接種源から角材へ移動してしまうことが報告されている[32]。60 日後以降は，菌糸が角材への移動を完了し，角材内部で分解活動を活発化させたために他の部位の電極との間の因果関係が見られなくなったのかもしれない。

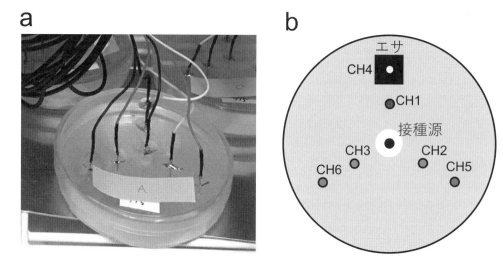

図2 (a) 電極を設置したシャーレ（直径9 cm）。(b) 6本の電極と接種源，エサ角材の配置。接種源のあるシャーレ中心には基準電極がある

エサ角材のサイズは1辺1 cm。中心に穴を開けてそこにCH4の電極を差し込んである。シャーレ中央の接種源の位置に設置した基準電極と，CH1からCH6までの6本の電極の間の電位差を測定した（Fukasawa et al.[31]より改変）

6. 雨後のキノコの会話？

しかしこれらはすべて実験室内でのことである。野外の菌糸では電気的シグナルが伝達されているのだろうか？　そのような研究はこれまでなかった。菌糸は微小なので野外の菌糸に電極を設置することは難しい。しかし，キノコに電極を設置してはどうだろうか。先に紹介したAdamatzky教授の研究でもキノコに電極を設置して電位が測定されていた。キノコは地上や枯木の表面に生えているが，その本体である菌糸は地下や枯木の内部に伸びていることは冒頭で紹介した。野外でも，近隣に生えている同種のキノコは地下や枯木内部で菌糸によりつながっている可能性が高い。職場の森に隣り合って生えていたオオキツネタケ（*Laccaria bicolor*）のキノコ6本に電極を設置し，毎秒の電位を3日間測定した[33]。この場合，測定電極をキノコの傘，基準電極を柄の根元に設置して，電極間の電位差を測定している（図3(a)）。

測定1日目は，電位はほとんど検出されなかった（図3(b)）。おそらくほぼ2週間にわたりまとまった降雨が見られずキノコが乾燥していたためであろう。しかし2日目の早朝に台風による降雨が始まると，電位の激しい変化が記録され始めた。雨はその日の夜にはほぼ止んだが，キノコの電位はその後も高い値を保ったまま安定した。この安定した期間の時系列データを使い，時系列因果推論によりキノコ間の電位変化パターンの因果関係を解析したところ，キノコ間に因果関係が検出された。近いキノコほど強い因果関係があり，遠いほど弱くなったが，面白いことに因果関係の強さに方向性があり，近くても逆方向の因果関係は弱い傾向があった。また，因果関係の時間的遅れについても解析したところ，これも同様に方向性があり，ある方向の因果関係は時間的遅れが短いのに対し，逆

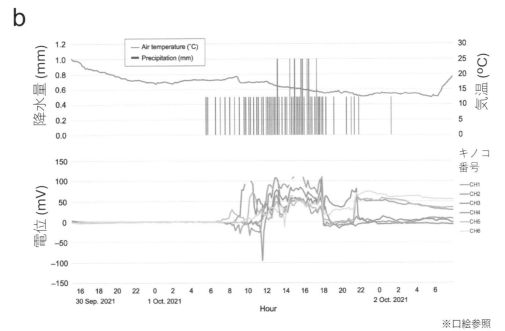

図3 （a）キノコに電極を設置した様子。（b）測定期間中の降水量，気温，電位データ。全て10分ごとの値

柄の基部に基準電極，傘の中央に測定電極を設置してある。キノコごとに基準電極と測定電極の電位差を測定した（Fukasawa et al.[33]より改変）

方向は時間的遅れが長かった。すなわち，キノコ間を電気的なパターンが方向性を持って伝達されている可能性が考えられる。この方向性が何によって決まっているのかはよくわからない。地下に広がっているであろうオオキツネタケの菌糸ネットワークのトポロジーによるのかもしれない。

7. 今後の展望

キノコや菌糸で見られる電位変化のパターンが何らかの情報をもっているのか，もし持っているとして，その情報を受け取ったキノコや菌糸になんらかの生理的な変化が起こっているのか，まだ全くわかっていない。Adamatzky教授はキノコの電位変化のパターンに見られるスパイクをアルファベット，その塊を単語とみなして言語学的解析を行い，構文も見られるとして論文を発表しているが[34]，そのパターンに何らかの意味や情報が含まれていることがわからない限り，このような解析はあまり意味がないようにも思われる[35]。今後は，電位の伝達を測定しながら菌糸やキノコの生理的変化を詳しく調べることで，電位変化のパターンに含まれる情報や機能を解明していく必要がある。それがわかれば，逆に人為的な電気刺激を与えることで菌類の行動や活性を制御できるかもしれない。実際，キノコ栽培では電気刺激により子実体の発生を促す技術が存在する[36]。適切な電気刺激のパターンなどが明らかになれば，キノコ栽培技術の改良にもつながるだろう。

電位変化のパターンやその伝達は，菌種によって全く異なる可能性もある。Itani et al.[37]はコウジカビと同属の*Aspergillus nidulans*の菌糸にカルシウムイオンのバイオマーカーを導入して可視化を行い，菌糸に物理的刺激（切断）や化学的刺激（エタノール・食塩水添加）を行ったが，細胞内のカルシウムイオン濃度の増加が刺激地点から1.5 mm以上伝達されることはなかった。このような菌種では，刺激への応答は局所的なものに限られるかもしれない。一方で，巨大な菌糸ネットワークを形成するナラタケ属やチャカワタケでは養分の輸送が数m規模で行われるため，それに伴い情報の伝達も大規模に起こっている可能性がある[38]。さまざまな菌種で比較研究を行うことにより，菌糸の情報伝達能力の進化に関する理解も進むだろう。

さらに，菌類と他の生物の電気的コミュニケーションも興味あるところだ。アーバスキュラー菌根菌（AMF）の菌糸が植物根に定着する初期段階には，おそらくカルシウムイオンやプロトンなどの陽イオンが関係すると思われる菌糸と根の電場（electric fields）の相互作用が起こることが知られている[39]。植物根の抽出物をAMFの培地に加えると菌糸の電場が負にシフトし[40]，AMFの菌糸が根に定着すると，根の電場にも変化が見られる[41]。植物根の電場はAMFによる宿主認識に関係しているのかもしれない[42]。伝統的に菌類として研究されてきた植物病原性の卵菌（Oomycetes。現在は菌類からは除外されている）も植物根の電場を感知して遊走子が植物根への定着を行うらしい[43)44]。AMFが複数の植物個体に定着している場合，電気的な信号はAMFの菌糸を介して植物個体間を伝達される可能性もある（Thomas and Cooper[45]；ただしこの論文の実験設定にはBlatt et al.[46]により問題も指摘されている）。

生体電位はあらゆる生物細胞で見られ[11]，その研究領域は生態学，進化学，さまざまな応用分野への展望に満ちている。

謝　辞

本節で紹介した筆者の研究において重要な解析手法である，時系列データの因果推論は，香港科技大学の潮雅之氏および東北大学の長田穣氏に解析いただきました。また，電位の測定に際しては，長岡工業高等専門学校の武樋孝幸氏と赤井大介氏にご協力いただきました。研究の実施に際しては日本学術振興会科学研究費補助金 学術変革領域研究（A）（JP22H05669）ならびにキオクシア（株）から研究助成をいただきました。ここに記して謝意を評します。

文　献

1) L. Boddy: Saprotrophic cord systems: dispersal mechanisms in space and time, *Mycoscience*, **50**, 9 (2009).
2) E. C. Hammer, C. Arellano-Caicedo, P. M. Mafla-Endara, E. T. Kiers, T. Shimizu, P. Ohlsson and K. Aleklett: Hyphal exploration strategies and habitat modificaation of an arbuscular mycorrhizal fungus in microengineered soil chips, *Fungal Ecol.*, **67**, 101302 (2024).
3) K. Aleklett, P. Ohlsson, M. Bengtsson and E. C. Hammer: Fungal foraging behaviour and hyphal space exploration in micro-structured soil chips, *ISME J.*, **15**, 1782 (2021).
4) T. Bedekovic and A. C. Brand: Microfabrication and its use in investigating fungal biology, *Mol. Microbiol.*, **117**, 569 (2022).
5) M. Held, C. Edwards and D. V. Nicolau: Probing the growth dynamics of *Neurospora crassa* with microfluidic structures, *Fungal Biol.*, **115**, 493 (2011).
6) M. Held, O. Kaspar, C. Edwards and D. V. Nicolau: Intrecellular mechanisms of fungal space searching in microenvironments, *PNAS*, **116**, 13543 (2019).
7) Y. Fukasawa, M. Savoury and L. Boddy: Ecological memory and relocation decisions in fungal mycelial networks: responses to quantity and location of new resources, *ISME J.*, **14**, 380 (2020).
8) L. Boddy: Saprotrophic cord-forming fungi: meeting the challenge of heterogeneous environments, *Mycologia*, **91**, 13 (1999).
9) 深澤遊：菌類の菌糸体の行動, 日本生態学会誌, 74巻, 印刷中.
10) D. Johnson and L. Gilbert: Interplant signalling through hyphal networks, *New Phytol.*, **205**, 1448 (2015).
11) A. Hanson: Spontaneous electrical low-frequency oscillations: a possible role in *Hydra* and all living systems, *Phil. Trans. R. Soc. B*, **376**, 20190763 (2021).
12) M. Levin, A. M. Pietak and J. Bischof: Planarian regeneration as a model of anatomical homeostasis: Recent progress in biophysical and computational approaches, *Semin. Cell Dev. Biol.*, **87**, 125 (2019).
13) E. R. Kandel, J. H. Schwartz, T. M. Jessell, S. A. Siegelbaum and A. J. Hudspeth: Principles of neural science. Fifth Edition, McGraw Hill Medical (2013).
14) M. Toyota, D. Spencer, S. Sawai-Toyota, W. Jiaqi, T. Zhang, A. J. Koo, G. A. Howe and S. Gilroy: Glutamate triggers long-distance, calcium-based plant defense signaling, *Science*, **361**, 1112 (2018).
15) T. Hagiwara, H. Mano, T. Miura, M. Hasebe and M. Toyota: Calcium-mediated rapid movements defend against herbivorous insects in Mimosa pudica, *Nat. Commun.*, **13**, 6412 (2022).
16) M. Toyota: Conservation of long-range signaling in land plants via glutamate receptor-like channels, *Plant Cell Physiol.*, **65**, 657 (2024).

17) J. Liu, A. Prindle, J. Humphries, M. Gabalda-Sagarra, M. Asally, D. D. Lee, S. Ly, J. Garcia-Ojalvo and G. M. Süel: Metabolic codependence gives rise to collective oscillations within biofilms, *Nature*, **523**, 550 (2015).
18) A. Prindle J. Liu M. Asally, S. Ly, J. Garcia-Ojalvo and G. M. Süel: Ion channels enable electrical communication in bacterial communities, *Nature*, **527**, 59 (2015).
19) E. Masi, M. Ciszak, L. Santopolo, A. Frascella, L. Giovannetti, E. Marchi, C. Viti and S. Mancuso: Electrical spiking in bacterial biofilms, *J. R. Soc. Interface*, **12**, 20141036 (2015).
20) A. Bavaharan and C. Skilbeck: Electrical signalling in prokaryotes and its convergence with quorum sensing in *Bacillus*, *BioEssays*, **44**, 2100193 (2022).
21) C. L. Slayman, W. S. Long and D. Grandmann: "Action potentials" in Neurospora crassa, a mycelial fungus, *Biochemica et Biophysica Acta*, **426**, 732 (1976).
22) S. Olsson: Nutrient translocation and electrical signalling in mycelia, N. A. R. Gow, G. D. Robson and G. M. Gadd (eds.), The fungal colony, Cambridge University Press (1999).
23) S. Olsson and B. S. Hanson: Action potential-like activity found in fungal mycelia is sensitive to stimulation, *Naturwissenschaften*, **82**, 30 (1995).
24) N. Takeshita, M. Evangelinos, L. Zhou, T. Serizawa, R. A. Somera-Fajardo, L. Lu, N. Takaya, U. Nienhaus and R. Fischer: Pulses of Ca^{2+} coordinate actin assembly and exocytosis for stepwise cell extension, *PNAS*, **114**, 5701 (2017).
25) A. Adamatzky: On spiking behaviour of oyster fungi *Pleurotus djamor*, *Sci. Rep.*, **8**, 7873 (2018).
26) A. Adamatzky: Towards fungal computer, *Interface Focus*, **8**, 20180029 (2018).
27) A. Adamatzky and A. Gandia: Living mycelium composites discern weights via patterns of electrical activity, *J. Bioresour. Bioprod.*, **7**, 26 (2022).
28) A. Adamatzky, A. Gandia and A. Chiolerio: Fungal sensing skin, *Fungal Biol. Biotechnol.*, **8**, 3 (2021).
29) A. Adamatzky, A. Nikolaidou, A. Gandia, A. Chiolerio and M. M. Dehshibi: Reactive fungal wearable, *BioSystems*, **199**, 104304 (2021).
30) R. Mayne, N. Roberts, N. Phillips, R. Weerasekera and A. Adamatzky: Propagation of electrical signals by fungi, *BioSystems*, **229**, 104933 (2023).
31) Y. Fukasawa, D. Akai, T. Takehi and Y. Osada: Electrical integrity and week-long oscillation in fungal mycelia, *Sci. Rep.*, **14**, 15601 (2024).
32) Y. Fukasawa and K. Kaga: Timing of resource addition affects the migration behavior of wood decomposer fungal mycelia, *J. Fungi*, **7**, 654 (2021).
33) Y. Fukasawa, D. Akai, M. Ushio and T. Takehi: Electrical potentials in ectomycorrhizal fungus *Laccaria bicolor* after a rainfall event, *Fungal Ecol.*, **63**, 101229 (2023).
34) A. Adamatzky: Language of fungi derived from their electrical spiking activity, *R. Soc. Open Sci.*, **9**, 211926 (2022).
35) M. R. Blatt, G. K. Pullum, A. Draguhn, B. Bowman, D. G. Robinson and L. Taiz: Does electrical activity in fungi function as a language?, *Fungal Ecol.*, **68**, 101326 (2024).
36) K. Takaki, K. Takahashi and Y. Sakamoto: High-Voltage Methods for Mushroom Fruit-Body Developments. Physical Methods for Stimulation of Plant and Mushroom Development, *InTech* (2018). Available at: http://dx.doi.org/10.5772/intechopen.79159.
37) A. Itani, S. Masuo, R. Yamamoto, T. Serizawa, Y. Fukasawa, N. Takaya et al.: Local calcium signal transmission in mycelial network exhibits decentralized stress responses, *PNAS Nexus*, **2**, 1 (2023).
38) M. D. Fricker, L. L. M. Heaton, N. S. Jones and L. Boddy: The mycelium as a network, *Microbiol. Spectr.*, **5**, FUNK-0033-2017 (2017).
39) N. Requena E. Serrano, A. Ocón and M. Breuninger: Plant signals and fungal perception during arbuscular mycorrhiza establishment, *Phytochemistry*, **68**, 33 (2007).
40) S. M. Ayling, S. E. Smith and F. A. Smith: Transmembrane electric potential difference of germ tubes of arbuscular mycorrhizal fungi responds to external stimuli, *New Phytol.*, **147**, 631

(2000).

41) R. L. L. Berbara, B. M. Morris and H. M. A. C. Fonseca, B. Reid, N. A. R. Gow and M. J. Daft: Electrical currents associated with arbuscular mycorrhizal interactions, *New Phytol.*, **129**, 433 (1995).

42) A. C. Ramos, A. R. Façanha and J. A. Feijó: Proton (H$^+$) flux signature for the presymbiotic development of the arbuscular mycorrhizal fungi, *New Phytol.*, **178**, 177 (2008).

43) P. van West, B. M. Morris, B. Reid, A. A. Appiah, M. C. Osborne, T. A. Campbell, S. J. Shepherd and N. A. R. Gow: Oomycete plant pathogens use electric fields to target roots, *Mol. Plant-Microbe Interact.*, **15**, 790 (2002).

44) E. Moratto S. Rothery T. O. Bozkurt and G. Sena: Enhanced germination and electrotactic behaviour of *Phytophthora palmivora* zoospores in weak electric fields, *Phys. Biol.*, **20**, 056005 (2023).

45) M. A. Thomas and R. L. Cooper: Building bridges: mycelium-mediated plant-plant electrophysiologicl communication, *Plant Signal. Behav.*, **17**, 2129291 (2022).

46) M. R. Blatt A. Draguhn, L. Taiz and D. G. Robinson: A challenge to claims for mycorrhizal-transmitted wound signaling, *Plant Signal. Behav.*, **18**, 2222957 (2023).

第 3 章

植物 – 動物間における相互作用

第3章 植物-動物間における相互作用

第1節　天敵が利用する植物由来の情報

国立研究開発法人農業・食品産業技術総合研究機構　　釘宮　聡一

1. はじめに

　第1章と第2章では植物（や菌類）同士のコミュニケーションについて論じてきた。そのコミュニケーションでは，主に化学物質というシグナルを介して個体間（や個体内）で双方向に情報の伝達がなされていた。第3章では，植物と動物の間のコミュニケーションについて述べるのだが，あらためてよく考えてみると，植物-動物間コミュニケーションは植物間コミュニケーションとはどうも趣きを異にするようだ。というのも，植物側から動物側に情報が伝達される事例ばかりあって，動物側から植物側に情報が伝わる例はなかなか見つからないのである。たとえば，食虫植物のハエトリグサの仲間（*Dionaea* 属）などは，獲物となる昆虫が接触した刺激（＝情報）を直接うけとって捕食することが知られているが，これを一般的にコミュニケーションとは考えないだろう。生態学辞典（共立出版）では「コミュニケーション」について，「…発信者によってオンオフされる『信号（シグナル，signal）』を伴う現象，…（中略）…発信者が信号を発することで受信者の行動に影響を与えることを指すものとする」とある。これに従うと，本章で紹介する植物-動物間の情報発信は多分に一方向的ではあるが，それもまた「コミュニケーション」であるらしい。あるいは，動物のような神経系や運動器系をもたない植物では，シグナルに対する反応が即座に行動として現れないだけで，植物も動物からシグナルを受信しているかもしれない。いずれにせよ，これまで見てきたように多者間のシグナル送信で形作る「情報ネットワーク」と，食う-食われるの関係が連なる「食物連鎖」と，が複雑に織り成す「生物間相互作用ネットワーク」によって，植物-動物間でも双方向の関係が形成されると考えることができる。本章でそうした植物-動物間の相互作用における「コミュニケーション」について見ていくにあたり，まず植物-天敵間の相互作用にあらためて注目することから始める。

2. 寄生性天敵と捕食性天敵

　「天敵」は，大まかに寄生性天敵（parasitoid）と捕食性天敵（predator）に分けられ

る[1]。病原体（pathogen）も天敵に含まれるが，ここでは扱わない。ややこしいことに日本語では，"predator"を「捕食者」で表したり，より広く"parasitoid"と"predator"をあわせて「捕食者」と表現することもあるので，文脈で「捕食者」の意味を判断する必要がある。さて，寄生性天敵は，親が他の生物（寄主）に子を寄生させ，子が寄主の体液や組織から栄養を摂取して育つ。最終的に寄主は死ぬ点で，寄生しても宿主を殺さない寄生者（parasite）とは区別される。寄生性天敵の多くは膜翅目（寄生蜂）か双翅目（寄生バエ）に属しているが，鞘翅目の寄生性天敵も少ないながら存在する。一方，捕食性天敵は，自身が獲物を捕えて食べるか，子に与えて食べさせる。テントウムシ類，カメムシ類，ハネカクシ類，カブリダニ類などの無脊椎動物だけでなく，両生類，爬虫類，鳥類，哺乳類などの脊椎動物も含め，多くの肉食動物は捕食性天敵である。異なる生活史の特性を反映して，一般的に寄生性天敵では寄主特異性があるのに対し，その制約がない捕食性天敵では獲物の対象範囲が広い傾向にある。この点で，「コミュニケーション」において交わされる情報の精度にも違いがありそうだ。以下，寄生性天敵を中心に例をあげて紹介する。

3. HIPVs を利用して寄生性天敵は寄主を探索する

寄生性天敵は自らの子孫を残すため，寄主となる昆虫を探し出して産卵しなければならない。寄生バエのなかには，寄主の体に直接産卵するのではなく，寄主の餌となる植物に卵を産み散らかしておいて，寄主がその植物を摂食する際にいっしょに取り込まれるような寄生の開始方法をとるものもいる[2]。いずれにせよ寄生性天敵の雌は，探索の初期段階において寄主が生息する場所を見つける必要がありそうだ。その手掛かりのひとつとしてHIPVsを利用していることが数多くの天敵種で明らかにされてきたが（1章1節も参照），HIPVsは単に「寄主の存在」を伝えるだけでなく，それ以上に細やかな情報を伝えていて，寄生性天敵がそれらを有効に利用していると示唆される例が見つかってきた。また，天敵はHIPVsがあれば必ず反応するわけではなく，状況によっては情報をスルーするなど，自らの生理状態に応じて適切に情報を使い分けていることがわかってきた。

3.1 寄主の齢期を HIPVs で識別する

寄生蜂のカリヤサムライコマユバチ（*Cotesia kariyai*）は，トウモロコシ等のイネ科植物を主な食草とするアワヨトウ（*Mythimna separata*）の幼虫に寄生する。アワヨトウの幼虫期間は6齢までであり，本寄生蜂はすべての齢の幼虫に寄生できる。しかし，卵を産みつけた寄主が先に（同種や異種の寄生蜂に）寄生されていると，後から孵化したハチは先客との闘争に負けて育つことができない。こうした背景のもと，本寄生蜂の雌成虫は1〜4齢の若齢幼虫が食害したトウモロコシ *Zea mays* の放出するHIPVsに対して選好性を示すが，5，6齢の老齢幼虫が食害した場合には選好性を示さないことが報告されている[3]。これらのHIPVsを捕集して化学分析したところ，多くの成分が老齢幼虫の食害で増加していたが，若齢幼虫の食害時にのみ生産される成分や増産される成分が認めら

れ，そうした特定の成分や全体の組成比の違いによって，本寄生蜂は若齢と老齢の幼虫食害を識別していることが示唆されている。なお，一般的に老齢幼虫の方が体サイズが大きくより多く産卵できるので，寄主として良質な資源である[2]。にもかかわらず，先客がいる可能性の高い老齢幼虫に寄生するリスクの方を寄生蜂は避けているようだ。しかしここで昆虫がHIPVsを利用することの適応的解釈を論ずるのは尚早であり，トウモロコシのような栽培種以外に野生植物を実験材料に用いて改めて検証する必要があるだろう。また植物側からみて，寄生後も食害し続ける若齢幼虫の情報をHIPVsで発信する意義についても，同様に野生の植物を用いて，他の捕食性天敵の効果等ともあわせて総合的に検討するべきだろう。

3.2 寄主が食害中の株をHIPVsで特定する

寄生蜂コナガサムライコマユバチ（*Cotesia vestalis*）は，アブラナ科作物の主要害虫であるコナガ（*Plutella xylostella*）の幼虫に寄生する。多くの草食動物と同じく，幼虫は1ヵ所に止まって食害し続けることはなく，摂食と移動を繰り返して葉々や株間を渡り歩く。こうして，野外には健全植物や，いままさに幼虫に齧られている被害植物，その後に移動してしまって幼虫のいない被害植物が入り混じったモザイク状態が出現することになるが，果たして本寄生蜂はこれらを区別できるだろうか？ 実験室内の行動試験において，コナガ幼虫が24時間食害中のコマツナ（*Brassica rapa* var. *perviridis*）（食害中株）と，食害させた後で幼虫を除去して1日経過したコマツナ（食害後株）とを呈示すると，寄生蜂は有意に食害中株へ好んで定位することが確認できた[4]。これらの植物の揮発性成分を捕集して化学分析したところ，*a*-ピネン，(*E*)-*β*-オシメン，リモネン，(*E*, *E*)-*α*-ファーネセン等のテルペン類が食害に伴って増産され，幼虫除去後も数日ほど放出され続けていた。これらに対して，ベンジルシアニドやジメチルトリスルフィドは食害によって顕著に増加するものの，幼虫除去後には健全株と同程度にまで減少していた。こうした各検出成分について，標品を用いて人工的に調製した溶液をろ紙に塗布して添えた健全株（処理株）を準備した。それらと無処理の健全株（対照株）との間の選択試験において，寄生蜂はベンジルシアニドおよびジメチルトリスルフィドの各成分に対して10 mgL^{-1}の低濃度でも選好性を示したが，他の成分に対してはその濃度で選好性を示さなかった。したがって，寄生蜂は効率良く寄主存在株を発見するために，食害中にだけ放出される上の2成分を利用しているものと考えられる。

3.3 カラシ油配糖体(glucosinolate)－ミロシナーゼ防御システム

ここで，ベンジルシアニドの放出メカニズムについて少し詳しく見ておこう。アブラナ科植物はカラシ油配糖体（glucosinolates）という二次代謝産物を生産でき，細胞に蓄えている。また，別の細胞ではミロシナーゼ（myrosinase）という酵素を蓄えている[5]。未被害時には両者は異なる細胞に分画化されているが，食害等で細胞が破壊されると，両者が混ざって酵素反応が起こりカラシ油成分（isothiocyanates）が生じる。さらに代謝が進みニトリル化合物（nitriles）やチオシアネート化合物（thiocyanates）となる。コナ

ガサムライコマユバチを誘引するベンジルシアニドは，このニトリル化合物の1つである。植食性昆虫にとって，これらカラシ油成分やニトリル化合物は有毒であるため，この一連の機構は「カラシ油配糖体－ミロシナーゼ防御システム」として機能している[6]。ところが，アブラナ科植物の害虫であるコナガの幼虫は，その解毒手段を獲得している。すなわち，スルファターゼという酵素の働きによりカラシ油配糖体をデスルフォ体に変換することで無毒化し，カラシ油成分やニトリル化合物の発生を妨げている[7]。したがって，ベンジルシアニドはコナガの糞からは放出されない。にもかかわらず，コナガ幼虫が食害中の株へ寄生蜂がピンポイントに定位できるのは，食害されて葉の組織が今まさに破壊されている部位からのみ放出されるベンジルシアニドを検知してのことと推察される。このように信頼に足るシグナル（honest signal）を寄主探索の手掛かりに利用していることはとても理に適っているように思われる。ただし，ベンジルシアニドは非寄主による食害や機械傷によっても生産される点では，完全には信頼できないシグナル（dishonest signal）とも言える。本寄生蜂の場合，食害株上に残されたコナガ幼虫の吐いた糸や糞，食痕等をさらなる手掛かりに利用している。

3.4 OIPVsを利用して卵寄生蜂は寄主を探索する

害虫由来のエリシターは，動物側から送られて，受信した植物側に反応を引き起こすシグナルの稀な例であるかもしれない。食害に伴うエリシターについては第5章で詳しく述べられるので，ここでは昆虫の産卵が引き金となって植物が誘導的に生産する植物揮発性物質（oviposition-induced plant volatiles：OIPVs）と，そのエリシターについて触れておく。植物は，害虫の食害だけでなく産卵にも応答してさまざまな抵抗性を誘導することが明らかになってきた[8]。そして，卵に寄生するタイプのハチ（卵寄生蜂）は，寄主の産卵が引き金となって放出されるOIPVsを手掛かりに寄主の卵を探索することがさまざまな三者系で報告されている[9]。OIPVsの組成は，寄主の幼虫が食害した場合に放出されるHIPVsの組成と異なっており，卵寄生蜂は双方を識別できるらしい。また，OIPVsを誘導するエリシターとして，雌の卵管分泌物成分や，交尾時に雄から雌へ託された精包（spermatophore）の成分が関わる例が報告されている[10][11]。ただし，OIPVsに加えて，寄主の性フェロモンの残り香が寄主存在を端的に示す手掛かりとなっているケースが少なくないようだ[9]。

3.5 適切に使い分けるべき情報だからこそ，時にHIPVsを無視する

これまで見てきたようにコナガサムライコマユバチの寄主探索において，HIPVsは重要なシグナルとなっているわけだが，寄生蜂の雌は常にこれを利用して寄主を探索しているわけではない。たとえば，未交尾雌はHIPVsに対する選好性が低下することが見出されている[12]。その理由として，本寄生蜂が産雄性単為生殖（parthenogenesis）を行うことが考えられる。すなわち，半数倍数性の性決定機構において，雌は未交尾でも子を産めるが，未受精卵からは半数体の息子しか育たない[2]。一方，既交尾雌は，娘に育つ二倍体の受精卵と，息子に育つ半数体の未受精の両方（つまり雌雄）を産める。従って処女雌

は，雄しか産めなくても今すぐ寄主を探索して子孫を残すか，貴重な卵を温存して交尾後に雌雄を産めるようになってから子孫を残すか，というトレードオフに直面している。コナガサムライコマユバチでは後者を選択して，未交尾時には産卵を控えるべく，HIPVs を積極的には利用していないと解釈できる。

ほかにも，現在の繁殖と将来の繁殖を天秤にかけねばならない問題を寄生蜂は抱えている[13]。たとえば，飢えていてもひたすら寄主を探すか，より長生きして繁殖の機会を増やすため寄主探索は後回しにして餌を探すか，というトレードオフにも直面しているだろう。これについては次で述べる。

4. 植物が提供する餌を利用する天敵

一般には，動物が餌として摂取する物質を「情報」として扱うことに抵抗を覚える向きがあるかもしれない。しかし，たとえば花蜜に含まれる糖類は味覚に作用して，動物の摂食を促し定着させるという点で，食餌成分中の味覚作用物質は植物が発するシグナルであると解釈できる。もちろん，花の香りや色もシグナルとして利用されるだろう。以下では，植物から天敵にさまざまな形で提供される餌について述べる。

4.1 天敵も「花」で採餌する

寄主探索と餌探索のトレードオフの話に戻ろう。結論から述べると，コナガサムライコマユバチの雌は飲まず食わずで寄主を探索し続けるわけにはいかない。空腹の雌を行動試験に供すると，コマツナの HIPVs に対する選好性は低下することがわかった[14]。一方，コマツナの花を水差しにして呈示すると，空腹の個体は好んでそれに定位した。その際，嗅覚情報（花香）や視覚情報（花色など）を手掛かりに利用していることが操作実験で証明されている[14,15]。逆に，満腹の個体は花に対して選好性を示さない。本寄生蜂の成虫は host-feeding（寄主体液摂取）を行わないので，雌が長生きしてより多くの子孫を残すためには，寄主と異なる場所にある花などの餌源を探索して利用する必要がある。実際，この寄生蜂の成虫に菜の花だけを与えて飼育すると，それを餌源として利用でき寿命が大きく延びた[14]。他の寄生性天敵の成虫も花を餌源として利用するのに加え，捕食性天敵も獲物が得られない時の補助餌源として花蜜や花粉を利用することが知られている[16]。

多くの花の蜜の主要成分はフラクトース，グルコース，スクロースであり，これらの糖類は天敵にとって活動のエネルギー源となる。一方で，花粉にはタンパク質やアミノ酸，脂質，ビタミン，ミネラル等の栄養源も多く含まれており[16]，これらも味覚に作用するシグナルとして働き得る。ただし，後述する花外蜜や真珠体なども含めて，天敵がどの植物由来の（栄養組成が異なる）餌によく反応するのかは，味覚受容体の構成次第であり，これには各天敵種の栄養要求性が生殖生理とも関わって色濃く反映されているものと推察される。

4.2 「花外蜜腺」で採餌する

　花以外の部位に存在する蜜腺を花外蜜腺という。この分泌物を舐めに頻繁に訪れるアリ類によって鱗翅目幼虫などの植食者が排除されることから，植物の花外蜜腺は主にアリ類を介して間接的に食害を低減する働きを担っているとされている[17]。同様に，寄生蜂の成虫も花外蜜腺の分泌物を餌として利用でき，捕食性天敵も獲物が得られない時の補助餌源として利用できるため，これらの天敵を介した間接防衛にも花外蜜腺が寄与すると考えられている[16)18)]。たとえば，リママメ（*Phaseolus lunatus*）ではナミハダニ（*Tetranychus urticae*）に食害されると花外蜜腺の分泌量が増加し，その分泌物が存在することで天敵であるチリカブリダニ（*Phytoseiulus persimilis*）の分散が抑えられることが実験的に示された[19]。分泌物の糖組成を化学分析したところ，主要な3成分であるフラクトース，グルコース，スクロースのうち，フラクトースとグルコースがナミハダニ食害株で増加しており，これらが補助餌源となってチリカブリダニを留めることが示唆された。なお，リママメの花外蜜腺の分泌量は，ナミハダニ被害株のHIPVsに暴露するだけでも（ナミハダニの食害を受けていない健全株で）増加した[19]。すなわち，ここでも揮発性物質を介した同種植物間のコミュニケーションが成立している（1章1節も参照）。

4.3 「甘露」を採餌する

　甘露は，植物の茎や葉を吸汁するアブラムシ類やカイガラムシ類等の吸汁性昆虫の排泄物のことを指す。この甘露を舐めにアリ類が訪れて，随伴することでアブラムシ類がテントウムシ等による捕食を免れていることはよく知られていよう[20]。正確には，甘露は植物自体が生産するシグナルではないのだが，機能としては花外蜜と同様に，アリ以外にも広く天敵を留める働きがあり[16]，植物の防衛形質の延長された表現型とみなせるだろう。

　寄生蜂が甘露を餌として利用できるのかを調べるため，実際にコナガサムライコマユバチにモモアカアブラムシ（*Myzus persicae*）を発生させたコマツナ株を与えて飼育したところ，コマツナ株（対照株）だけを与えた場合よりも本寄生蜂は長生きした[21]。さらに，本寄生蜂が甘露を採餌する際，モモアカアブラムシ食害コマツナを学習することも明らかになった。というのも，アブラムシ食害株と健全な対照株の間で選択試験を行うと，アブラムシ食害株上の甘露を採餌した経験のある個体は有意に多くアブラムシ食害株に定位したのに対し，その経験のない（ハチミツだけを餌に与えた）個体は選好性を示さなかったのである[21]。本寄生蜂は，アブラムシ食害によってコマツナが誘導生産したHIPVsか，甘露自体の匂い成分か，あるいはその両方を餌（＝甘露）の報酬と連合学習したものと推測される。このことは，寄主だけでなく餌をも臨機応変に効率よく探索できる寄生蜂の優れた学習能力を垣間見せているのではないだろうか。

4.4 「真珠体」や「溢液」を採餌する

　植物の真珠体（pearl body）は，Beltian bodyやMüllerian body，Beccarian bodyなどとともに，フードボディー（food body）と呼ばれる固形の生産物の1つである。植

物の表皮組織に由来すると考えられ，花外蜜腺の分泌物と同じく，主にアリ類を介して植食者を排除する働きを担っているが，その組成として糖類の他に脂質あるいはタンパク質等を多く含んでいる点で異なっている[16)22)]。花外蜜腺ほどではないにしても，アリ以外の天敵も利用できる可能性があり，実際にヤブガラシ（*Cayratia japonica*）の真珠体をコウズケカブリダニ（*Euseius sojaensis*）が代替餌源として利用するとの報告がある[23)]。

葉の端部から道管液や師管液が滲出する溢液（いつえき，guttation）はさまざまな維管束植物で見られる。昆虫にとっての溢液は，基本的に水分の供給源であるとみなされてきたが，最近になって，この溢液が栄養源として多種多様な昆虫に利用されている可能性が指摘されている。ハイブッシュブルーベリー（*Vaccinium corymbosum*）の葉から滲出する溢液には糖類やタンパク質が含まれていて，寄生性天敵や捕食性天敵がそれを餌源として利用できることが示された[24)]。植食者も溢液を利用し得るが，それよりも天敵の利用頻度が高く，餌源としての効果も天敵で高いことが示唆されており，今後さらに研究の進展が待たれる。

5. おわりに

植物が天敵に提供するものとしては他に，雨風をしのげるシェルターや外敵からの避難場所（refuge）等があるが，さらには内部が空洞になった特殊な構造物である domatia をアリやダニに営巣場所として提供する例もある[22)]。熱帯のアリ植物では domatia に花外蜜腺が付いていたり，吸汁性昆虫がいたりする優良物件を提供しているケースも知られているが，それほどまでの強い共生関係はアリ以外の天敵と植物との間には見つからなさそうだ。上で見てきた天敵の植物とのコミュニケーションにおける主な関心事は，寄生性天敵では寄主や餌源の情報であり，捕食性天敵では獲物や補助餌源の情報であった。植物の立場からは，排除してもらいたい植食者の存在を HIPVs や OIPVs で天敵に知らせて呼び寄せ，場合によって別途，餌源を提供することで天敵を長く留まらせている，ということになるだろう。これを農業の生産現場で害虫管理のために有効活用したいと考えるのはもっともなことである。その試みの実際については，第 6 章を参照されたい。

文　献

1) 上野高敏ほか：バイオロジカルコントロール──害虫管理と天敵の生物学（仲井まどか，大野和朗，田中利治編集），浅倉書店，77-128(2009).
2) H. C. J. Godfray: Parasitoids – Behavioral and Evolutionary Ecology, Princeton University Press (1994).
3) J. Takabayashi et al.: *J. Chem. Ecol.*, 21, 273(1995).
4) S. Kugimiya et al.: *J. Chem. Ecol.*, 36, 620(2010).
5) U. Wittstock and B.A. Halkier: *Trends Plant Sci.*, 7, 263(2002).
6) I. Winde and U. Wittstock: *Phytochem.*, 72, 1566(2011).
7) A. Ratzka et al.: *Proc. Natl. Acad. Sci. USA*, 99, 11223(2002).
8) M. Hilker and N.E. Fatouros: *Annu. Rev. Entomol.*, 60, 493(2015).

9) N. E. Fatouros et al.: *Behav. Ecol.*, **19**, 677(2008).
10) N. E. Fatouros et al.: *Proc. Natl. Acad. Sci. USA*, **105**, 10033(2008).
11) J. Hundacker et al.: *Plant Cell Environ.*, **45**, 1033(2022).
12) S. Kugimiya et al.: *Ecol. Entomol.*, **35**, 279(2010).
13) C. Bernstein and M. Jervis: Behavioral Ecology of Insect Parasitoids――From Theoretical Approaches to Field Applications (Eds., E. Wajnberg, C. Bernstein, J. van Alphen), Wiley-Blackwell, 129-171(2008).
14) S. Kugimiya et al.: *Appl. Entomol. Zool.*, **45**, 369(2010).
15) S. Kugimiya et al.: *Anim. Cogn.*, **27**, 50 (2024).
16) F. L. Wäckers et al.: Plant-Provided Food for Carnivorous Insects――A Protective Mutualism and Its Applications, Cambridge University Press (2005).
17) A. A. Agrawal, M.T. Rutter: *Oikos*, **83**, 227(1998).
18) M. Heil: *Annu. Rev. Entomol.*, **60**, 213(2015).
19) Y. Choh et al.: *Oecologia*, **147**, 455(2006).
20) B. Stadler and A.F.G. Dixon: *Annu. Rev. Ecol. Evol. Syst.*, **36**, 345(2005).
21) S. Kugimiya et al.: *Ecol. Entomol.*, **35**, 538(2010).
22) V. Rico-Gray and P.S. Oliveira: The Ecology and Evolution of Ant-Plant Interactions, Chicago University Press, 99-141(2007).
23) M. Ozawa and S. Yano: *Ecol. Res.*, **24**, 257(2009).
24) P. Urbaneja-Bernat et al.: *Proc. R. Soc. B*, **287**, 20201080(2020).

第3章 植物−動物間における相互作用

第2節 植物と捕食性天敵間の相互作用

国立研究開発法人農業・食品産業技術総合研究機構　　下田　武志

1. はじめに

　ハダニの食害を受けた植物が特殊な匂い（HIPVs）を放出し，天敵であるカブリダニを誘引する現象が発見されてから約40年が経過する[1]。HIPVsとは何か？ 天敵の誘引にどのような意味があるのか？ その答えを求めて，さまざまな植物−植食者−捕食性天敵の三者系を対象に研究が行われてきた[2)3)]。その成果の多くは，他の匂いが存在しない室内環境下で得られたものである。しかし実際の野外環境では，異なる植食者の存在を示す別のHIPVsや，無関係な植物由来の匂い（background volatiles）も存在する[4]。実際の野外ではどのような行動反応を示すのか？ という疑問に対し，捕食性天敵，特にカブリダニでは野外研究が技術的に難しく，明確な答えは得られていなかった。そのようななか，筆者らはハダニの天敵昆虫が野外でHIPVsを頼りにハダニ寄生株に定位（飛来）することを実証し，また逆に，環境条件次第では室内試験のようには反応しないことを示すなど，野外での実態やその意味を明らかにしてきた。そこで本稿では，その概要を紹介し，主にハダニの天敵昆虫の採餌戦略の観点から，野外での実態について説明する。

2. 本稿で主に扱う植食者と捕食性天敵について

2.1 植食者：ハダニ

　本稿ではナミハダニ（*Tetranychus urticae* Koch）とミカンハダニ（*Panonychus citri* (McGregor)）を主に扱う（図1）。前者はHIPVs研究のモデル三者系として有名なナミハダニ−リママメ−チリカブリダニ（*Phytoseiulus persimilis* Athias-Henriot）における植食者であり，野菜や果樹を含む多くの作物の害虫として世界的に知られる。葉上に糸や網を張って集団で寄生し，表面組織を吸汁して落葉や枯死を引き起こす。一方，ミカンハダニは柑橘の害虫として有名で，葉や枝に寄生するが，網は張らない。

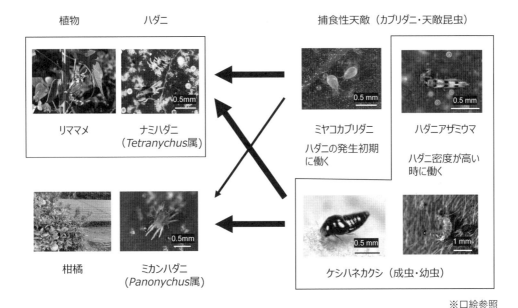

図1 本稿における主な研究対象。四角で囲った組み合わせを対象に，室内や野外での誘引試験を実施した。矢印の太さは，各天敵の餌選好性を示す

2.2 捕食性天敵：カブリダニと天敵昆虫

　ハダニの捕食性天敵は「カブリダニ」と「天敵昆虫」に大別される（図1）。前者の代表はミヤコカブリダニ（*Neoseiulus californicus* McGregor）で，捕食能力は高くはないが，ハダニの発生初期から植物上に定着し，その密度を低く維持する働きがある。餌探索時にHIPVsに誘引され，ハダニの糸や網にも反応することが知られている。

　後者は，あまり一般的ではないが，国内ではヒメハダニカブリケシハネカクシ（*Oligota kashmirica benefica* Naomi）やハダニアザミウマ（*Scolothrips takahasii* Priesner）が知られている。これらはハダニの密度が高い時期に出現し，その密度を急激に低下させる働きがある。ケシハネカクシは成虫および幼虫がハダニを専門的に捕食する甲虫で，*Tetranychus*属と*Panonychus*属両方のハダニを好む。また捕食能力が高く，豊富な餌を求めて成虫が頻繁に飛翔する[5]。移動能力は高く，果樹園と周辺植生との間を数十m移動すると考えられている（詳細は後述の6.1を参照）。一方，ハダニアザミウマも成虫および幼虫がハダニを専門的に捕食するが，*Tetranychus*属のハダニをより好む。本種も餌を求めて成虫が果樹園内外を飛翔移動することが知られている[6]。捕食能力や定着性については，ケシハネカクシとミヤコカブリダニの中間である。

3. 天敵昆虫を用いた室内/野外試験：その1

3.1 室内試験

　天敵昆虫を対象とした室内誘引試験でも，カブリダニで広く用いられるY字管（オルファクトメーター）が使用できる。試験方法も同様で，試験区と対照区の空気をY字型の両端から一定の流速で送り，天敵を管の中（Y字型ワイヤー上）で歩かせ，より多くの個体が試験区を選択するかどうかで誘引性の有無を判断する。ただし，飛翔しやすい天敵昆虫では「きちんと歩かせて選択させる」こと自体が難しく，流速や照明の当て方，Y字管の置き方などを調整しながら，匂いに対して自然に反応する条件を予備試験で探し出す必要があった。

　このような試行錯誤を経て，後述する野外試験のミカン圃場に生息するハダニアザミウマ個体群の成虫を対象に，ナミハダニ寄生リママメのHIPVsに対する反応を評価した[7]。HIPVsは，「植食者の食害によって誘導され，植物が放出する匂い」であるため，1つの試験結果では誘引性を判断できない。そこで，ハダニ寄生葉，未寄生葉（食害なし），ハダニ（残さを含む），機械傷葉（物理的な傷あり）のそれぞれを試験区とし，対照区の空気と比較した結果，ハダニ寄生葉の匂いにのみ誘引性が認められた（図2）。これらの結

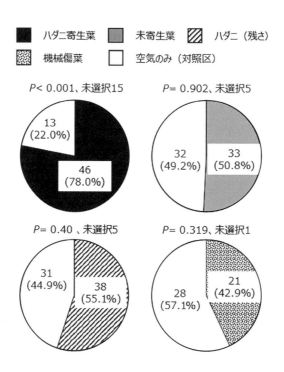

図2　各種の匂い源に対するハダニアザミウマの室内誘引試験結果[7]（Shimoda et al., 1997 より）
ハダニ寄生葉にのみ統計的に有意差があり，誘引性が認められる

果を総合的に判断し，室内環境でHIPVsに誘引されると結論した。

また，同圃場に生息するケシハネカクシ個体群についても室内試験を行い，ナミハダニ寄生リママメ葉の匂いに誘引されることを確認した。

3.2 野外試験による実態解明

室内で実証されたHIPVsに対する行動反応が，実際の野外でも再現されるのか？ その答えを求めて，ミカンハダニが発生する温州ミカン圃場［農林水産省果樹試験場カンキツ部口之津支場（当時），長崎県口之津町］において，トラップを用いた誘引試験を実施した（図3）[7]。明確な答えを得るためには，視覚や触覚情報による影響を極力なくし，嗅覚情報でのみ天敵を誘引する必要がある。そこで今回の試験では，内部がほぼ見えない箱形トラップを考案し，ナミハダニ寄生，または未寄生のリママメ株を箱内に入れた（図4）。そして，匂いが放出される箇所をメッシュ張りすることで，ハダニの逃亡と，天敵昆虫のハダニ糸や残さとの接触を防止する工夫を行い，放出箇所の手前に捕獲のための粘着シートを取り付けた。このようなトラップを圃場内にランダムに同数設置し，各トラップの天敵捕獲数を一定期間，調査すると同時に，圃場全体の発生調査も行った。

その結果，ハダニアザミウマ成虫は，ハダニ寄生株を入れたトラップにのみ捕獲された（寄生株：42個体，未被害株：0個体）。さらに，圃場内のミカンハダニの減少が引き金となり，トラップから5 m以上離れたミカン樹上に生息した個体がHIPVsに誘引されて飛来し，捕獲されたこともわかった（図3，図4）。捕食性天敵がHIPVsを利用し，植食者の食害を受けた植物に定位することを室内／野外の両環境下で実証したものはその当時はほぼ無く[8]，ハダニの天敵については本研究が最初であった[7]。

一方，ケシハネカクシは，トラップ付近を含む圃場全体に比較的高密度で生息していた

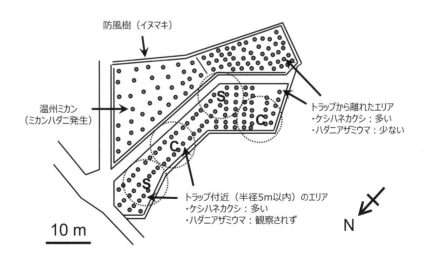

図3 ミカン圃場におけるトラップの設置状況[7]（Shimoda et al., 1997より）
S：ハダニ寄生株を入れたトラップ，C：未寄生株を入れたトラップ

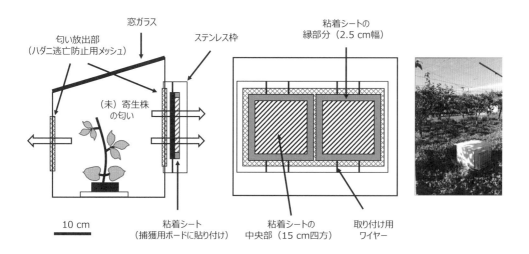

図4 ミカン圃場での天敵誘引試験にいたトラップ[7](Shimoda et al., 1997 より)

ハダニ寄生株または未寄生株（各4株）を内部に設置し，匂いの放出部の手前に粘着シートを設置した。粘着シート上の中央部に捕獲された天敵個体は，飛翔しながら定位したと判断した。写真は，別の試験において，類似の箱形トラップをナシ園に設置した様子[6]

にもかかわらず，ハダニ寄生株を入れたトラップに多く捕獲されることはなかった（図3，図4）（寄生株：2個体，未被害株：4個体）。つまり，室内と野外ではHIPVsに対する反応が異なった。また，ハダニアザミウマと同じ環境に生息し，同じ餌（ミカンハダニ）を利用していても，新たな餌（ナミハダニ）に対しては異なる反応を示した。この興味深い結果については本稿の後半で考察するが，次に，ケシハネカクシはそもそも餌探索時にHIPVsをよく利用しているのか？　という観点から，別の野外試験を設計した。

4. 天敵昆虫を用いた室内／野外試験：その2

4.1　室内試験

ケシハネカクシの誘引試験を京都大学農学部構内（京都市）で実施する前に，同地に生息する天敵個体群の匂い応答性について，Y字管を用いた室内試験を行った[9]。その結果，前述（3.1）の室内試験と同様に，ナミハダニ寄生リママメ葉に対して強い誘引性が確認されたが，ハダニ，未被害葉，機械傷葉には反応しなかった。個体群が異なってもケシハネカクシはHIPVsによく反応することを確認したうえで，以下の野外誘引試験を進めた。

4.2　野外試験：本当に野外では誘引されないのか？

「ケシハネカクシは野外でもHIPVsを利用してハダニ寄生葉に定位できる」という仮説のもとに，試験を設計した[9]。具体的には，トラップは，ナミハダニ寄生または未寄生の

リママメのリーフディスクと粘着シートを入れた市販の昆虫飼育ケースを考案した。嗅覚情報（のみ）の誘引性を確認するため，前回（3.2）同様，視覚や触覚情報による影響を極力なくした（詳細は図 5 を参照）。さらに，前回よりも植物のサイズを小さく（株→葉）するとともに，体長 1 mm という微小なケシハネカクシでも簡単に粘着シートまで侵入できないトラップを考案，採用した。これにより，前回よりも少ない HIPVs に対して強く誘引された個体が捕獲されることになる。

　野外試験を実施した試験フィールドには，主にカンザワハダニ（T. kanzawai Kishida）が寄生するカラムシやエノキグサの群落（以下，雑草群落）があり，多数のケシハネカクシが観察された（図 6）。そこで，この雑草群落の一部に草刈りを行い，ケシハネカクシを約 5～20 m 離れた，主に Eotetranychus 属のハダニが寄生するカジノキの群落へと強制的に移動させ，その後に試験を開始した。すなわち，ハダニ寄生または未寄生リーフディスクを用いたトラップをカジノキ群落内に同数設置し，各トラップに捕獲される天敵数を一定期間調査すると同時に，フィールド全体の発生調査も行った。

　その結果，ケシハネカクシ成虫はハダニ寄生葉のトラップにのみ捕獲され（寄生葉：12 個体，未被害葉：0 個体），HIPVs を利用したハダニ被害葉への定位が確認された。また試験フィールド全体の調査から，草刈りによって雑草群落からカジノキ群落に飛翔移動したケシハネカクシ成虫の一部がトラップに誘引されたことを確認した。また，ケシハネカクシ成虫は雑草群落から（恐らく 1 回の飛翔で）5～16 m ほぼ直線的に移動した後，カジノキの約 1 m 手前からは他の昆虫でも見られるようなジグザグ飛行やホバリング行

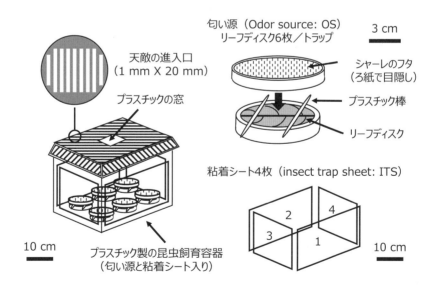

図 5　京大構内での誘引試験に用いたトラップ[10]（Shimoda and Takabayashi, 2001a より）

ハダニ寄生または未寄生のリーフディスクを内部に 6 個設置し，容器の内壁に粘着シートを貼り付けた。リーフディスクからは匂いが放出されるが，リーフディスク自体は外部から見えないようにして，視覚情報を極力なくした。ハダニはリーフディスク上から逃亡できないため，ハダニや残さ（糸など）の触覚情報も排除されている。進入口の幅は 1 mm と狭く，天敵が容易に容器内に侵入できない構造になっている

※口絵参照

図6　京大構内での天敵誘引試験のイメージ[10]（Shimoda and Takabayashi, 2001a より）

試験フィールド（約30 m×40 m）において雑草群落からカジノキ群落へのケシハネカクシの移動を人為的に誘導し，カジノキ群落に設置したトラップに対する天敵捕獲数を調査した

動を数回繰り返したうえでカジノキ葉に定位したことを観察した[10]（下田，未発表）。

5. 行動反応が異なる理由

以上の研究事例から，ハダニ寄生マメのHIPVsに対する天敵の反応は，その種類や生息する環境で異なることがわかった。つまり，

① 室内試験では，ハダニアザミウマもケシハネカクシも誘引された
② ミカン圃場では，ハダニアザミウマがトラップから比較的離れた場所から誘引された
③ ミカン圃場では，ケシハネカクシはトラップ付近にいたにもかかわらず誘引されなかった
④ 雑草群落からカジノキ群落への移動時に，ケシハネカクシが誘引された

興味深いことは，②と③で天敵昆虫により反応が違うことである。この理由について，ここでは2つの可能性について考察したい。

まず，トラップ－天敵間の距離の影響については，一般に，情報シグナルとしての匂いの強さは距離とともに減少するため[11]，トラップから遠く離れた天敵ほどHIPVsへの反応が難しくなると予想される。しかし，②と③の結果はこれとは逆であり，この距離の影響の可能性は低いと考えられる。

次に，最も可能性が高いと考えられる，複数のHIPVsが存在しうる影響について。つまり，それぞれの天敵にとって，より好ましい餌の種類やその密度を示すHIPVsには反

応し，そうでない HIPVs に反応しなかった可能性が考えられる。カブリダニにはそうした識別能力があることが知られており，同様の能力は天敵昆虫にもあるかもしれない。その場合，圃場でミカンハダニを利用してきたハダニアザミウマにとって，より好ましい餌＝ナミハダニ（図1）の存在を示す HIPVs に反応したと考えれば結果と矛盾しない。さらに，極めて多くの餌を必要とするケシハネカクシにとっては，ミカンハダニよりも個体数の少ないナミハダニ（の存在を示す HIPVs）は情報として有益ではなかったのかもしれない。

なお，雑草群落からの移動を余儀なくされたケシハネカクシにとって，カジノキ群落の *Eotetranychus* 属ハダニは，産卵や幼虫発育には適さず，成虫が生き延びるための一時的な餌資源に過ぎない（下田ら，未発表）。ケシハネカクシ成虫は移動後も好適な産卵・発育場所を探す必要に迫られているため，個体数は少なくてもより好適な餌であるナミハダニの存在を示す HIPVs に誘引された可能性がある。

6. 野外での誘引試験や発生調査で見えてくるもの

6.1 残された課題

これまでハダニの天敵昆虫の HIPVs に対する利用の実態を説明してきた。ここでは残された疑問のうち，2点について触れておく。1つは，天敵がどの位の距離から HIPVs に反応するのかということである。たとえば，京大構内でのケシハネカクシの移動（5〜16 m）では，残り1 mの距離でカジノキからの匂いに反応し，飛翔行動を変化させたように見えた一方，移動開始直後から匂いに誘引されて一直線にカジノキ群落へと移動したようにも解釈できた。ケシハネカクシは豊富な餌を求めて頻繁に移動し，時には，30〜50 m離れた果樹園とその周辺植生（雑草群落や防風樹など）の間を移動している可能性がある（図7）[10]。その場合，飢餓耐性に欠ける本種が，数十 m先の餌資源を（ほぼ）ランダムに発見しているとは考えにくい。証明は簡単ではないが，移動開始直後もしくは初期段階から HIPVs を利用している可能性は十分に考えられる。

もう1つは，天敵昆虫やカブリダニが持つ天敵としての特徴と，HIPVs に対する応答性との関係についてである。これは植食者に対する植物側の間接防衛から見ると非常に興味深い課題である。繰り返しになるが，一般にハダニの発生初期にはカブリダニが働き，ハダニ密度が上昇するとハダニアザミウマやケシハネカクシなどが出現して，ハダニ密度を急速に低下させる。植物はハダニの密度変化，つまり自身が受けている食害程度の違いにあわせて HIPVs の出し方を変え，「最適なボディガード」を呼んでいるのだろうか？これについては，従来「カブリダニ」「天敵昆虫」どちらか一方のみを研究対象としてきたため，いまだ明確な答えは得られていない。なお，筆者の経験上，カブリダニの野外での匂い応答性は低く，野外未満，温室内スケールの試験ですら，HIPVs による誘引を実証することは難しい[12]。また，その理由も明確ではない（HIPVs よりもハダニが張る糸を主に利用しているかもしれない）。植物−ハダニ−カブリダニを用いた室内研究は確か

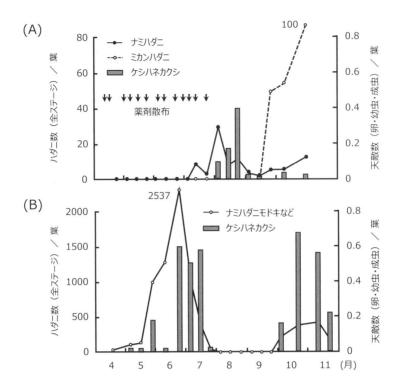

図7 ナシ園（A）および周辺のクズ群落（B）におけるハダニおよびケシハネカクシの発生消長[10]（Shimoda and Takabayashi, 2001a より）

果樹園とクズ群落とは約30〜50 m離れている。ナシ園内外の他の植物上には本天敵は観察されなかったことから，餌を求めて両生息場所間を飛翔移動していると考えられる

に大事ではあるが，HIPVsを介した相互作用系をより深く理解するためには，天敵昆虫を含めた室内/野外試験の比較研究が必要になるだろう。

6.2 野外研究の動向と今後の展望

　HIPVsに対する野外での行動反応については，人為的に合成したHIPVs成分を用いたトラップ試験が約20年前から行われている。たとえばサリチル酸メチルは，チリカブリダニやミヤコカブリダニに対する天敵誘引物質の1つとして知られていたが[13]，クサカゲロウの一種も誘引されることが野外試験で明らかになった[14]。その後，ハナカメムシ科，テントウムシ科，ハナアブ科，さらには天敵寄生蜂などの天敵類に対しても有効であることが報告され，本成分を含むHIPVsの合成成分は，その一部が商品化されるなど，農業現場における害虫防除や天敵のモニタリングにも利用されている[15]。こうした流れは今後も続き，HIPVsに関する基礎・応用研究を牽引していくことになるであろう。そういう意味では，今回紹介した著者らの研究は古典的なものとなりつつある。しかし，HIPVsを介した三者相互作用系をより深く理解するためには，HIPVsに対する行動反応の実態を解明し，その理由やメカニズムにまで踏み込むことが重要であり，著者らの研究

の進め方が引き続き参考になるであろう。

文　献
1) M. Dicke et al.: *J. Chem. Ecol.*, **16**, 381 (1990).
2) T. C. J. Turlings, and M. Erb: *Ann. Rev. of Entomol.*, **63**, 433 (2018).
3) M. Dicke et al.: *Exp. Appl. Acarol.*, **22**, 311 (1998).
4) R. Schröder and M. Hilker: *Bioscience*, **58**, 308 (2008).
5) 下田武志ほか：応動昆，9, 37(2), 75 (1993).
6) H. Takahashi et al.: *Exp. Appl. Acarol.*, **25**, 393 (2001).
7) T. Shimoda et al.: *J. Chem. Ecol.*, **23**, 2033 (1997).
8) B. Drukker et al.: *Entomol. Exp. Appl.*, **77**, 193 (1995).
9) T. Shimoda and J. Takabayashi: *Entomol. Exp. Appl.*, **101**, 41 (2001b).
10) T. Shimoda and J. Takabayashi: *Popul. Ecol.*, **43**, 15 (2001a).
11) J. Murlis et al.: *Ann. Rev. of Entomol.*, **37**, 505 (1992).
12) T. Shimoda et al.: *New Phytologist*, **193**, 1009 (2012).
13) T. Shimoda et al.: *J. Chem. Ecol.* **31**, 2019 (2005).
14) D. G. James.: *J. Chem. Ecol.*, **29**, 1601 (2003).
15) H. Yu et al.: *Env. Entomol.* **47**, 114 (2018).

第3章 植物-動物間における相互作用

第3節 情報・相互作用ネットワークの多様性と可塑性をもたらす天敵昆虫類の学習能力

筑波大学名誉教授　戒能　洋一

1. 学習行動とは

　Haverkamp & Smid[1]によれば，学習は連合学習と非連合学習の2つに分けられる。非連合学習では，刺激が繰り返し継続されても何の結果も得られない場合に「慣れ」(habituation) が起こり，そのため動物は資源を節約するために反応を減らすことを学習する。また，「鋭敏化」(sensitization) は，有害な刺激，寄主の痕跡，食物など，意味のある強い刺激の後に起こる。動物はその刺激だけでなく，他の刺激に対しても反応レベルを高める。「鋭敏化」により，動物は潜在的に有害な出来事が起こりうること，あるいは潜在的な資源が利用可能であることを学習する。このような刺激が結果なしに繰り返される場合，慣れが生じる可能性がある。

　一方，連合学習では，動物は，中立のいわゆる「条件刺激」(CS) が，別の，生得的に意味のある刺激（「無条件刺激」，US）に先行することを学習する。たとえば，におい刺激をCS，報酬となる餌刺激をUSとするような場合である。また，USは，口吻伸展反射 (PER) 条件付けのような反射を誘導する。条件付けの後，CSに反応してPERのような「条件反射」(CR) が起こることで，記憶を定量化することができる[1]。

2. 寄生性昆虫の連合学習

　寄生性昆虫のなかでも寄生蜂の研究がほとんどであるが，その条件刺激の種類によって寄主に関連した視覚刺激を学習する場合，餌に関連した化学刺激を学習する場合，交尾相手に関連した化学刺激，寄主に関連した化学刺激[2]などが主なものであろう。このなかでも，寄主に関連した化学刺激に関しては，学習するステージの違いにより，羽化するまであるいは羽化直後の学習，羽化後の学習，植食者誘導性植物揮発性成分（HIPVs）の学習，寄主自身由来の物質，新奇の寄主と関係しないにおいの学習，などに分類される。こ

こでは，植物化学成分および HIPVs の学習に関して行った我々の研究事例を取り上げて解説する。

2.1 カリヤコマユバチの連合学習

寄生蜂カリヤコマユバチ（図1）は，コマユバチ科に属し，ヤガ科のアワヨトウを寄主とする多寄生蜂である。我々のグループは，アワヨトウを寄主とする内部寄生蜂カリヤコマユバチを用いて，寄主加害植物のにおいに対する定位飛翔行動の関連を研究してきた。その過程で，寄主糞への反応と同時に加害植物のにおいに接することが重要であることを見出し，その行動を詳しく見ることにした。25 ℃の空調室内で 50×50 cm，長さ 1.5 m の風洞を用い，風上にアワヨトウ幼虫に加害

※口絵参照

図1 アワヨトウ幼虫に産卵しようとする雌カリヤコマユバチ（蔵満氏原図）

されたトウモロコシ株（アワヨトウや糞は除去）を置いた。1 m 風下から未経験のカリヤコマユバチ雌を放すと，約 30 ％の蜂が植物上に到達した。それに対し，雌蜂に対して事前に加害植物上を自由に探索させる経験をすると，加害株には約 70 ％の蜂が着地した[3]。この結果は，雌蜂が植物上を探索する過程でアワヨトウの糞やかみ跡などのカイロモン（寄主由来の刺激物質）に反応する過程で加害植物のにおいを経験し，これを結びつけた結果と考えられる。これは，糞やかみ跡などのカイロモンを無条件刺激（US），加害植物のにおいを条件刺激（CS）とした連合学習であると言えるだろう。この解析をさらに進めていった。

前述の実験では，風洞実験の前に加害植物葉の上で自由に探索させたが，この中では，アワヨトウ糞の一部，幼虫のかみ跡などが含まれるので，有力候補の1つとして糞と葉の抽出物を取り上げ，それぞれ単独と両者の組み合わせで条件付けを行い，加害植物を誘引源とした風洞実験を行った。その結果は，図2のようになり，植物成分と糞の両者が揃ったときに初めて条件付けが成立し，連合学習が行われることがわかった[3]。

2.2 ハマキコウラコマユバチの連合学習

コマユバチ科の卵‐幼虫寄生蜂ハマキコウラコマユバチ（図3）（以下，ハマキコウラ）においても連合学習の実験が行われた。カリヤコマユバチと大きく異なる点は，ハマキコウラの反応が接触化学刺激（contact chemicals）に対するものであるため，風洞やオルファクトメーターは使えないことである。

そこで我々は，直径 9 cm ガラスシャーレの底に物質を塗布し，その上を触角でたどる行動を指標にして条件付けおよび生物検定を行った。茶葉のエタノール抽出物（CS）をガラスシャーレ底面に線状に塗布して中央に寄主卵塊を置く（US），そして3日齢の雌蜂をシャーレ内に放し3分間放置する。雌蜂はシャーレ内部を歩き回り，数秒で卵塊を発

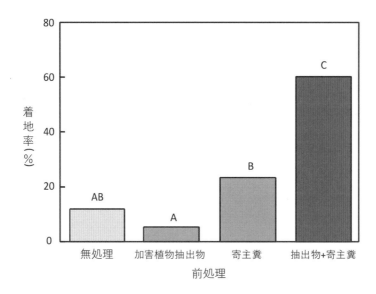

図2 カリヤコマユバチに3種類の条件付け（前処理）を行い，加害植物を誘引源とした風洞実験を行った結果（同一符号の平均値間は有意差なし）

見し産卵行動に入る。3分経過後，雌蜂を卵塊から引き離し容器に保管する。この条件付けの後，30分後に抽出物を塗布しただけのガラスシャーレ内に雌蜂を放した。そうすると，雌蜂は抽出物の線に沿って歩くことがわかり，3分間の歩行距離でその学習度合いを検定することができた。そこで，学習度合いを最適化するための条件（条件付けの回数，条件付けの間隔，産卵時間など）の検討を行った。その結果，30分間隔で3回の条件

※口絵参照
図3 寄主卵塊に産卵するハマキコウラコマユバチ

付けを行うことが最適であることがわかった[4]。さらに，9 cmガラスシャーレの底に抽出物を十字に処理することにより，2種類の植物の選好度を比較することができることがわかった。その後，いくつかの植物の抽出物を使い学習実験を行った結果，茶葉と同等に学習できる植物，チャほどには学習できない植物，チャとの識別が困難な植物に分けることができた[5]。

　その一例を示すと，トウモロコシのように，チャで条件付けすればチャを選択し，トウモロコシで条件付けすればトウモロコシを選択する場合（図4），チャと同じツバキ科のツバキのように，チャで条件付けしてもツバキで条件付けしても識別できない場合（図5）がある。しかし，この場合には，雌蜂をチャで条件付けし，さらにツバキで負の条件付け（産卵の報酬を与えない）をすることで，雌蜂はチャとツバキを識別することがわかった（図6）。この結果は，野外においても寄生蜂が近縁の植物を学習して識別しながら寄主発見していることがうかがえる。

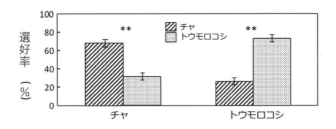

図4 茶葉（左）とトウモロコシ（右）で条件付けして，チャとトウモロコシの選択実験を行った結果（平均 ±S. E., *n*=10-15）

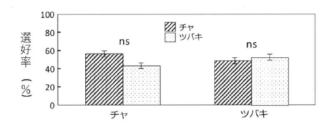

図5 茶葉（左）とツバキ（右）で条件付けして，チャとツバキの選択実験を行った結果（平均 ±S. E., *n*=10-15）

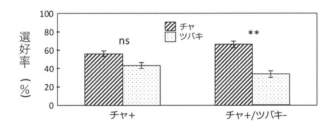

図6 茶葉（左）で通常の条件付けを行った場合と茶葉で通常の条件付けをしてさらにツバキで（-）の条件付け（右）をして，チャとツバキの選択実験を行った結果（平均 ±S. E., *n*=10-15）

2.3 エルビアブラバチの羽化直後の学習

　エルビアブラバチ（*Aphidius ervi*，以下エルビ）はコマユバチ科のアブラバチ亜科に属し，主として *Acyrthosiphon* 属のアブラムシを寄主とする単寄生性の内部寄生蜂である。また，本種は農業害虫エンドウヒゲナガアブラムシ（以下ヒゲナガ）の天敵として知られている。竹本らは，まず，ヒゲナガ被害ソラマメ株上で羽化したエルビ雌成虫を用いて実験を行った。ヒゲナガ被害株と未被害株由来のにおいを選択させたところ，エルビはヒゲナガ被害株のにおいに誘引された。エルビが羽化する条件を揃えるために，寄生されたヒゲナガのマミーをシャーレに集めて，植物が存在しない状態で羽化させたところ，そのような状態のエルビは被害株のにおいに誘引されなかった[6]。一方，集めたマミーをヒゲナガ被害株由来のにおいの中で羽化させたところ，そのようなエルビは，ヒゲナガ被害

株に対する反応性を示した。反応性獲得のメカニズムを詳しく調べた結果，エルビはマミーの中で蛹になる前に一度，羽化時にもう一度と合計2回の異なるタイミングでヒゲナガ被害株のにおいを経験して初めてそのにおいに対する反応性を確立できることがわかった[7)8)]。このような二段構えの学習が行われていることは，寄生蜂が周到に寄主発見の手がかりに対する反応性を準備していることを示している。

3. HIPVs成分と連合学習

　我々のグループは，カリヤコマユバチを用いて，HIPVsと学習行動の関連を研究してきた。その理由の1つは，風洞実験においてHIPVsに対する反応がそれほど高くなかったので，これを高める方法はないかと考えたからである。直径9 cmのシャーレにHIPVs合成品を処理したろ紙片を入れ，その上に直接コマユバチの触角が触れないようにナイロンメッシュ片を被せ，その上に寄主アワヨトウの糞を数個おき，シャーレの中に雌コマユバチを放した。雌蜂は，シャーレ内を探索した後，糞に近づくと特徴的な触角での反応を示す。1分間この反応をさせた後，容器に戻した。風洞は，前述同様，50×50 cm，長さ150 cmの大きさで，25℃湿度60%以上の空調室に設置してあり，照度は2200 lx，風速は30 cm/秒に設定している。高さ20 cmのステージに合成品を処理したろ紙片を置き，風下15 cmの同じ高さのステージから雌コマユバチを放し，5分以内にステージに到達するかどうかを調べた。供試した合成品混合物は3種類を準備し，A：トウモロコシが寄主加害時に放出する成分，B：未加害トウモロコシから放出する成分，C：AとBを混合した成分とした。前処理をしていない未経験の個体との比較を図7に示した。Aでは，未経験のハチはある程度の反応はあるが，前処理効果が明確ではない。Bでは，未経験のハチでは反応はなく，前処理した個体が1濃度ではあるが明確な前処理効果を示した。Cでは，未経験のハチも反応はするが，前処理によって3濃度で反応の高まりが見られた[9)]。

　この結果から，未経験バチの加害植物のHIPVsに対する反応は高いが，未加害植物からのにおいに対しては反応は低い。しかし，前処理をした個体はHIPVsに対しては反応は高まらないが，未加害植物成分に対して有意に反応が高まることがわかった。すなわち，未加害植物成分に対し学習する潜在力があることがわかる。このことは，コマユバチの学習行動の可塑性を示していると言えるだろう。

4. 未知化学成分の連合学習

4.1 バニラ成分の学習

　バニラ，チョコレートなどのにおい成分は，多くの昆虫には無縁で，そのような成分で学習が成立するかどうかは疑問であった。高須らは，寄主探索と餌探索とを寄生蜂（オオタバコガコマユバチ）の生理状態によって切り替えていることを室内および野外実験で証明した。室内に置いた風洞装置を使い，寄主とバニラのにおい，餌とチョコレートのにお

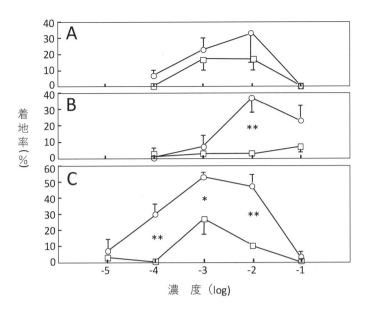

図7 寄主加害時にトウモロコシ葉から出るにおいの合成品混合物（A），加害を受けない葉から出るにおいの合成品混合物（B），AとBの混合物（C）

A: host-induced blend: geranyl acetate (0.3), β-caryophyllene (1.3), (E)-β-farnesene (32.3), and indole (7.0) （単位は mg/ml）
B: nonspecific blend: (E)-2-hexenal (4.4), (Z)-3-hexen-1-ol (2.0), (Z)-3-hexen-1-yl acetate (5.5), β-myrcene (0.9), linalool (3.5) （単位は mg/ml）
C: mixed blend. Each blend was diluted to concentrations of 10^{-1} to 10^{-5} times with hexane

いというような組み合わせで学習させ，両者を学習した雌蜂は空腹の時はチョコレート（餌），満腹になればバニラ（寄主）のにおいを選択することを示した[10]。

4.2 単一化学成分の学習

多くの学習実験で用いられている植物のにおいまたはその抽出物のにおいは当然のことながら，数多くの物質の混合物である。前述のハマキコウラコマユバチにおいて，合成化合物を用いた学習実験が行われた。我々の用いた茶葉成分に関しては多くの分析例があり，その中の1つの文献[11]から代表的な5成分（ゲラニオール，リナロール，(Z)-3-ヘキセノール，サリチル酸メチル，ベンジルアルコール）を選び，それぞれを単独で条件付けして学習反応を調べた。その結果，ゲラニオールとリナロールに対して高い学習効果が見られた。単一の合成成分で条件付けした雌個体が2つの成分を識別できることがわかり，また二成分の比率を変えた混合物の条件付けにおいても両者の識別能力があることがわかった[12]。これらの結果から，野外の植物成分の学習においても，植物由来成分のなかでも小数のキーとなる成分を学習することで，識別能力を発揮し探索効率を上げていることが推察される。

5. 連合学習の生物的防除での利用

高須[13]は，放飼した天敵を定着させるための連合学習の方法を挙げている。連合学習によって寄主あるいはその関連の手がかりに対する感受性を高めた寄生蜂を放飼すれば，寄主発見効率は高まり，生物的防除効率を上げることは理論上は可能であるが，それに成功して生物的防除がうまく行った例は未だ見られていない。実際に，連合学習が役立ったかどうかの判断も難しいであろう。著者のグループでは，野外の網ケージ（6×4 m，高さ2 m）において植物成分（チャまたはヤマモモ）で条件付けを行った雌蜂（ハマキコウラコマユバチ）をチャとヤマモモの鉢植えを並べたケージ内に放し，どちらの植物に定着するかを観察した（未発表データ）。放飼した当初は，条件付けした方の植物上に多く見られた蜂も30分もすると両者の植物間で差が無くなった。放飼直後には一方の植物に反応していた雌蜂も，報酬（寄主卵塊）がないので徐々に反応しなくなるのである。寄主がある密度以上存在し，報酬が得られれば学習した記憶は強化され，さらに反応は高まるであろう。寄主密度が低ければ，負の条件付けが続き，瞬く間に反応しなくなると思われる。実際に応用に移す場合には，種々の条件を考慮して行う必要がある。

髙林ら[14]は，HIPVsを生物的防除へ利用しようとした試みを紹介しているが，天敵類の学習能力を加味した操作を加えることにより，今後，よりターゲットを絞り込んだ天敵利用が可能になるかも知れない。

文　献

1) A. Haverkamp and H. M. SmidL: *Current Opinion in Insect Science*, 42, 47(2020).
2) G. Giunti et al.: *Biological Control*, 90, 208(2015).
3) J. Fukushima et al.: *Entomologia Experimentalis et Applicata*, 99, 341(2001).
4) T. Honda et al.: *Applied Entomology and Zoology*, 33, 271(1998).
5) H. Seino et al.: *Applied Entomology and Zoology*, 43, 83(2008).
6) H. Takemoto et al.: *Applied Entomology and Zoology*, 44, 23(2009).
7) H. Takemoto et al.: *Journal of Plant Interactions*, 6, 137(2011).
8) H. Takemoto et al.: *Animal Behavior*, 83, 1491(2012).
9) J. Fukushima et al.: *Journal of Chemical Ecology*, 28, 579(2002).
10) J. Lewis and K. Takasu: *Nature*, 348, 635(1990).
11) T. Yamanishi et al.: *Agricultural and Biological Chemistry*, 27, 193(1963).
12) H. Seino et al.: *Applied Entomology and Zoology*, 45, 339(2010).
13) 高須啓志：バイオロジカル・コントロール，仲井まどかほか（編著），95-105(2009).
14) 髙林純示ほか：植物防疫，70, 366(2016).

第3章 植物-動物間における相互作用

第4節　植物株上で繰り広げられる複雑な情報・相互作用ネットワーク

京都大学名誉教授　髙林　純示　　近畿大学　米谷　衣代
龍谷大学　塩尻　かおり

1. はじめに

　植物は，風に吹かれて，静かに佇んでいるように見える。しかし実際には，多様な生物との複雑な相互作用の起点となり，陸域生態系における多様な生物の共存を支えている。そのような相互作用では，植物が放出する揮発性物質（匂い）が重要な役割をはたしている場合がある。本節では特に植物の匂いがさまざまな文脈で機能することから見えてくる生物間の情報・相互作用ネットワークについて紹介する。

2. 植物の匂いについて

　無傷の緑色植物でもさまざまに変動する野外環境下では，風，雨，強光などの非生物学的ストレスを受けて（あるいは受けなくても），多くの場合微量ではあるが，植物種特異的な匂いのブレンドを放出している。それをここでは「植物の無傷の匂い」と呼ぶ。また，草刈りなどで経験するように，葉にハサミなどの機械的傷が加わったときにも，特異的な匂いブレンドが放出される。これらを本節では「植物の機械傷の匂い」と呼ぶ。
　さらに植物の葉が植食性節足動物（害虫）の食害を受けると，機械傷の匂いに加えて，揮発性のテルペノイドなどの匂い物質の特徴的な生産と放出が始まる。これらは食害誘導性揮発性物質（Herbivory-Induced Plant Volatiles: HIPVs）と呼ばれる。HIPVs も複数の匂い物質のブレンドである。同じ植物種の個体が，異なった害虫種の食害を受けた場合，害虫種特異的なブレンドの HIPVs が放出される。また，同じ害虫の食害でも，植物の種が異なると放出される HIPVs のブレンドは異なる。さらに，食害する害虫の発育段階によっても放出される HIPVs のブレンドが異なる場合が報告されている[1]。HIPVs のブレンドには「現在どの植物がどのような状態の害虫に食害されているか」という情報を潜在的に含んでいると言える。

3. 植物由来の匂いの生態機能

HIPVs の場合，その主要な機能の 1 つとして，害虫の捕食性天敵の誘引があげられる。天敵は前述のような HIPVs の特異性を利用して，餌生物が食害した株に定位する場合が知られている。また，植物と害虫との相互作用においても，植物の匂いは重要な役割をはたしている。植物の無傷の匂いは，それを食害する害虫が情報として利用し，餌植物を発見する場合がある。また害虫が HIPVs を情報として利用し，すでに同種害虫他個体に食害されている植物を，餌資源として認識するために利用している場合や，すでに競争者がいる餌資源として認識して，その株を避ける場合が報告されている[1]。昼と夜の匂いの違いを害虫が利用している場合もある。夜行性のアワヨトウ（*Mythimna separata*）幼虫は，光よりもむしろトウモロコシ株の無傷の匂いやアワヨトウの食害株の HIPVs に応答して，昼間隠れる行動を示す[2]。また，植物間のコミュニケーションにおいても，植物の匂いの特異性は意味を持っている（第 1 章）。

4. 植物由来のさまざまな匂いが織りなす情報・相互作用ネットワーク

植物，害虫，天敵の三者からなる「食う-食われる関係」は，生態系における基本構造で，三栄養段階相互作用系と表記される（長いので普通は「三者系」と呼ばれている）。植物の無傷の匂い，機械傷の匂い，HIPVs の特異性は，三者系において害虫や天敵が異なった文脈で情報として利用しており，その結果，匂い情報・相互作用ネットワークと呼べる構造が形成される。

ここでは，まず 1 つの三者系での匂い情報が持つ多機能性の例として，ヤナギの 1 種であるジャヤナギ（*Salix eriocarpa*），成虫も幼虫もヤナギ科植物葉を食害するヤナギルリハムシ（*Plagiodera versicolora*），その幼虫を捕食する天敵のカメノコテントウ（*Aiolocaria hexaspilota*）の三者系を紹介する。

次に 2 つの三者系のカップリングが生み出す匂いの情報・相互作用ネットワークの例を，(1) キャベツ株（*Brassica oleracea* var. *capitata*），コナガ（*Plutella zylostella*）幼虫，その天敵寄生蜂のコナガサムライコマユバチ（*Cotesia vestalis*）からなる三者系と，(2) キャベツ株，モンシロチョウ（*Pieris rapae*）幼虫，その天敵寄生蜂のアオムシサムライコマユバチ（*Cotesia glomerata*）からなる三者系がキャベツ上でカップリングした場合で紹介する。

4.1 ジャヤナギ，ヤナギルリハムシ，カメノコテントウ三者系における匂い情報の多機能性

4.1.1 捕食者カメノコテントウが利用するジャヤナギ株の匂い
(A) カメノコテントウ成虫の反応

カメノコテントウ（以下カメノコ）成虫は，ヤナギルリハムシ（以下ハムシ）幼虫は捕食できるが，ハムシ成虫は捕食することができない。Y 字型のガラス管の左右から異なっ

た植物のかおりを流して虫に選ばせる装置（Y字型オルファクトメーター）を用い，ハムシ幼虫が食害したジャヤナギ株のHIPVs（幼虫HIPVs）と無傷株の匂いを選ばせると，カメノコ成虫は，幼虫HIPVsを選好した。次に，餌にならないハムシ成虫が食害した株のHIPVs（成虫HIPVs）と無傷株の匂いを選ばせると，カメノコ成虫は，成虫HIPVsを選好しなかった。カメノコ成虫は，捕食できるハムシ幼虫の食害で放出されるHIPVsを情報として認識し，ハムシ幼虫探索に用いている[3]。

　幼虫HIPVsと成虫HIPVsの違いを調べるために，ガスクロマトグラフ質量分析計で分析した[3]。同程度食害の幼虫HIPVsと成虫HIPVsを構成する成分には差は無かったが，ブレンドの比率が大きく異なった。また同程度食害にもかかわらず，幼虫HIPVsの総量は，成虫HIPVsの約4倍であった（図1）。幼虫HIPVsと成虫HIPVsの量的・質的な違いをカメノコは識別していると考えられる。

(B)　カメノコ幼虫の反応

　カメノコ幼虫は，ハムシ食害株で孵化し，ハムシ幼虫を補食しながら成長するため，食害株を探索する必要はない。しかしながら，株上のハムシ幼虫を発見するために幼虫HIPVsを利用している可能性が考えられる。そこで，幼虫HIPVs，成虫HIPVsと無傷株の匂いをカメノコ幼虫に選ばせたところ，予想に反して，幼虫HIPVsにも成虫HIPVsにも反応しなかった[3]。株上でカメノコ幼虫は，ハムシ幼虫の糞などの別の手がかりを利用してハムシ幼虫を発見していると考えられる。

4.1.2　植食者ハムシが利用するジャヤナギ株の匂い

(A)　ハムシ成虫の反応

　ハムシ成虫は新葉を好んで摂食し，新しい葉を多くつけた枝に集合する傾向がある。成虫が新葉のついた枝を，野外でどのように探索しているのだろうか。ジャヤナギ株の匂い

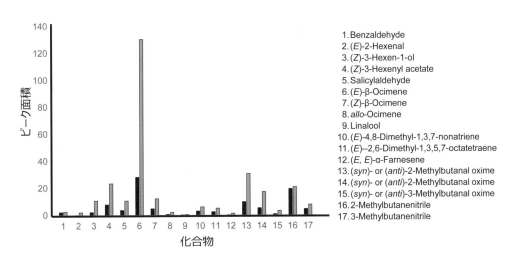

図1　ヤナギ枝から放出されるHIPVs　黒：成虫食害，灰色：幼虫食害

に対する応答に注目した。ジャヤナギ新葉枝（無傷）の匂いに対する反応を4.1.1（A）と同様にY字型のオルファクトメーターで調べた。ハムシ成虫のオス，メスは，空腹の個体と満腹の個体を用意した。オス，メスともに，空腹，満腹にかかわらず空気よりも無傷の新葉枝の匂いを好んだ[4]。これらの結果から，ハムシ成虫は，空腹レベルにかかわらず無傷の新葉枝の匂いを利用して，餌となる新葉を探索していると考えられる。

無傷の新葉枝の匂いとハムシ成虫食害枝のHIPVsに対する反応性も調べた。この場合は，空腹のメスだけがハムシ成虫食害HIPVsを選好した。空腹のオスも，統計的には有意ではないが，選好する傾向が認められた[4]。ヤナギルリハムシ成虫は，ジャヤナギ新葉枝のかおりだけでなく成虫HIPVsも利用して餌資源（新葉枝）を発見しているようだ。

(B) ハムシ幼虫の反応

ハムシの卵は15から20個集まった卵塊で葉上に産まれる。孵化したハムシ幼虫は若齢期に集合，移動分散，再集合を繰り返しながら食害し成長していく。集合する行動は，成長に従って徐々に観察されなくなり，3令期になるころには単独で行動するようになる。若令幼虫は集合することにより生存率を高めるが，3令になると集合性は生存率に影響を与えない。集合性は若令幼虫期における特徴的な性質と言える。

ハムシ若令幼虫の集合，移動分散，再集合にHIPVsが関与しているかを調べた。ジャヤナギの無傷枝の匂いと若令幼虫食害枝のHIPVsに対するハムシ幼虫の反応を直径が14 cmのシャーレ内で調べた。1令，2令幼虫は，1日間若齢が食害した葉（軽度食害葉）のHIPVsを無傷の匂いより選好した。しかしながら，3日間若齢が食害した葉や，食害が終わって2日以上経過した食害葉のHIPVsに対しては反応しなかった[5]。

これらの結果より，同じ若令期の他個体が食害を始めた葉のHIPVsに反応することで，1齢幼虫は分散と再集合を実現していると考えられる。次に，集合性を持たない3齢幼虫の匂い応答を調べたところ，軽度食害葉HIPVsに対して選好性を示さなかった[5]。

4.1.1と4.1.2の結果から，未被害およびハムシ被害ジャヤナギ株の匂いが，さまざまな情報としてハムシやカメノコに利用されている全体像を図2にまとめた。ハムシ，カメノコの発育段階によって，異なる匂い情報に対する様々な応答性を見ることができる[6]。

4.2 2つの三者系のカップリングが形成する情報・相互作用ネットワーク

これまでの植物の匂いによって媒介される三者系に関する研究は，主に1種の植物が1種の害虫に食害された場合に放出されるHIPVsと，それに対する天敵の応答に関して焦点が当てられてきた。しかし，自然条件下では，多くの植物は複数の害虫による食害を同時に受けている。4.2では，1つの植物（キャベツ）の上で，コナガ幼虫寄生蜂のコナガサムライコマユバチ（モンシロチョウ幼虫には寄生できない）と，モンシロチョウ幼虫寄生蜂のアオムシサムライコマユバチ（コナガ幼虫に寄生できない）が構成する2つの三者系がカップリングした場合に形成される情報・相互作用ネットワークについて紹介する。なお以下では，両寄生蜂をコナガコマユバチ，アオムシコマユバチと省略して記載している。

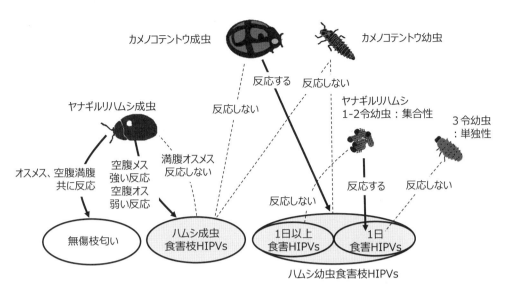

図2 ジャヤナギ上で形成される匂い情報の多機能性

ジャヤナギ上のヤナギルリハムシとカメノコテントウとの関係は，さまざまな匂いに対する応答性の有無によって維持されている．図中の「反応しない」は，無傷枝の匂いとHIPVsを比較した場合である．ヤナギルリハムシ成虫の場合，満腹オスメスは，HIPVsに対して無傷枝の匂いと同程度に反応している

4.2.1　コナガ幼虫食害キャベツ株にモンシロチョウ幼虫の食害が加わった場合

(A)　コナガコマユバチの匂い応答

　コナガ幼虫食害キャベツ株からのHIPVsと未被害株の匂いを選択させると，コナガコマユバチは食害株へと誘引される．誘引性は，約30 cm四方のアクリルボックス内に2つの異なった処理の株を配置し，寄生蜂がどちらを選好するかで判定した（選択箱実験）．コナガコマユバチのこの応答は特異的で，同所的に生息している非寄主のモンシロチョウ幼虫食害株のHIPVsには反応しない[7]．

　では，コナガ幼虫食害株にモンシロチョウ幼虫の食害が加わった場合（両種食害株），この誘引がどう影響されるか．選択箱実験で誘引性を比較したところ，コナガコマユバチはコナガ幼虫食害株のHIPVsを両種幼虫食害株のHIPVsより有意に選好した．両種食害株の誘引性が低下したことを意味している．ガスクロマトグラフ質量分析計を用いた化学分析の結果，両種食害株から放出されるHIPVsのブレンドはコナガ幼虫食害HIPVsに比べ，構成成分は同じでもブレンドの比率が大きく変わっていた[8]．次に，この誘引性の低下が寄生率に及ぼす影響についてさらに調べた．

　両種食害株のHIPVsの誘引性が低下すれば，その上のコナガ幼虫の寄生率も低下するはずである．人工気象室内で，コナガ幼虫食害株と両種食害株を配置し，コナガコマユバチを放してそれら株上のコナガの被寄生率を調べたところ，予想通りコナガ幼虫の被寄生率はコナガ幼虫食害株に比べて，両種食害株で大きく低下した．この結果から，キャベツ株上でコナガ幼虫とモンシロチョウ幼虫とが共存することは，コナガ幼虫に対しては正の影響（寄生されにくくなる）を，コナガコマユバチに対しては負の影響（コナガ幼虫を発

見しにくくなり寄生率ダウン）を与えたと言える[8]。

(B) コナガメス成虫産卵行動への影響

次に，コナガメス成虫の産卵行動を，上記の結果より考えてみた。両種食害株は，コナガコマユバチの寄生されにくい安全な場所（天敵低密度空間）であるため，コナガメス成虫は両種食害株を選好する可能性が考えられる。

人工気象室内で，未被害株と食害キャベツ株（コナガメス成虫が産卵し，孵化後に両種食害株となる＝天敵低密度空間）とをペアで組み合わせて配置し，コナガメス成虫に与え産卵の選好性を比較した。コナガメス成虫は，モンシロチョウ幼虫食害株に対して高い産卵の選好性を示した。未被害株の代わりに，機械的傷を与えた株やコナガ食害株を用いた実験でも，コナガメス成虫は食害キャベツ株への高い産卵選好性を示した。これらの結果は，コナガメス成虫が次世代にとっての「天敵低密度空間」となるモンシロチョウ幼虫食害株への産卵を優先していると考えられる[9]。

次に，未被害株とコナガ幼虫食害株に対するコナガメス成虫の産卵選好性を調べた。この場合，予想に反して，次世代の資源競争が予想されるコナガ幼虫食害株を選好した[10]。この選好性は（1）コナガ被害株のコナガコマユバチへの誘引の特異性と，（2）コナガコマユバチの寄生特性という2つの要因から説明できる。すなわち，（1）コナガ幼虫食害株は，コナガ幼虫が与える被害が多い少ないに関係なく，コナガコマユバチを強く誘引すること，（2）コナガコマユバチの1つの被害株上での寄生個体数は2匹以下で，それ以上幼虫がいたとしても株から立ち去る行動を示すこと，である。(1)と(2)より，1株に存在するコナガ幼虫が多かろうと少なかろうと，その株に飛来するコナガコマユバチの数は変わらず，コナガ幼虫が多ければ多いほど，コナガ幼虫1匹当たりの被寄生確率は低下する。これは「出会いと薄めの効果（Encounter-Dilution Effect）」と呼ばれている。(1)に関しては，コナガ幼虫の被害が小さくても大きくても，大声で助けを呼んでいると形容できるので「オオカミ少年シグナル（Cry Wolf Signal）」と呼ばれている[10]。なお，このような誘引は例外的で，多くの場合HIPVsの天敵誘引性は，被害量に比例して増加する（正直シグナル）。コナガメス成虫が産卵の際にコナガ幼虫被害株を未被害株より好むのは，HIPVsの「オオカミ少年シグナル」が作り出す「出会いと薄めの効果」で説明ができる[11]。

4.2.2 モンシロチョウ幼虫食害キャベツ株にコナガ幼虫の食害が加わった場合

(A) アオムコマユバチの匂い応答

モンシロチョウ幼虫食害キャベツ株からのHIPVsと未被害株の匂いを選択箱実験で調べると，アオムシコマユバチは食害株へと誘引される。コナガコマユバチの場合と異なり，アオムシコマユバチのこの匂い応答は非特異的で，非寄主であるコナガ幼虫食害キャベツ株のHIPVsや機械的傷を与えたキャベツ株の匂いにも誘引される[7]。

では，モンシロチョウ幼虫食害株にコナガ幼虫の食害が加わった場合（両種食害株），アオムシコマユバチに対する誘引性は変化するのだろうか。選択箱内で，モンシロチョウ

幼虫食害株のHIPVsと両種食害株のHIPVsを同時にアオムシコマユバチに提示したところ，両種食害株のHIPVsを選好した。被害キャベツ株のアオムシコマユバチ誘引力は，被害程度に比例して増加する緑のかおりの放出量で決まる（正直シグナル）[10]。両種食害株での被害面積がモンシロチョウ幼虫食害株より増えており，緑のかおりの放出量も多くなったためコナガコユマバチは両種株を選考したと考えられる[8]。

両種食害株のHIPVsの誘引性が増加すれば，その上のモンシロチョウ幼虫の寄生率も増加するはずである。人工気象室内で，モンシロチョウ幼虫食害株と両種食害株を配置し，アオムシコマユバチを放して，モンシロチョウ幼虫の被寄生率を比較した。その結果，予想通り寄生率は両種食害株で大きく上昇した。これらから，キャベツ株でモンシロチョウ幼虫とコナガ幼虫とが共存することは，モンシロチョウ幼虫に対しては負の影響（寄生されやすくなる）を与え，アオムシコマユバチに対しては正の影響（モンシロチョウ幼虫を発見しやすくなり，寄生率アップ）を与えると言える[8]。

(B) モンシロチョウメス成虫の産卵行動への影響

モンシロチョウメス成虫は，種を問わず幼虫食害の被害が大きい株は「天敵高密度空間」かつ「資源競争空間」であり，食害株を産卵の場所として忌避すると考えられる。それを検証するために，まず未被害キャベツ株とモンシロチョウ幼虫食害株へのモンシロチョウメス成虫の産卵選好性を野外ケージで調べたところ，予想通り未被害キャベツ株を選好した[9]。

次に，未被害キャベツ株とコナガ幼虫食害株を用いて，モンシロチョウメス成虫の産卵選好性を調べた。不思議なことに，モンシロチョウメス成虫は両方の株に等しい産卵選好性を示した。この結果は，モンシロチョウメス成虫がコナガ幼虫食害株を「天敵高密度空間」や「資源競争空間」として積極的に避けていないことを示している。この理由は完全には解明できていない。しかし，共通の捕食者であるアリの行動から一部説明できると思われる。

モンシロチョウ幼虫体表に密生する毛からは粘性の高い油滴が分泌されており，この物質はアリに対する防衛物質となっている[12]。アリのアンテナがモンシロチョウ幼虫に触れると油滴がアンテナに付着するため，アリは捕獲行動をいったん中止し，アンテナのクリーニングを行う。一方，コナガ幼虫はこのような油滴を分泌する毛を持たないため，アリは容易に捕獲することができる。油滴の効果を調べるために，人工気象室内で3種のアリ（トビイロケアリ，アメイロアリ，アミメアリ）を用いて彼らの捕獲行動を観察した。その結果，両種幼虫が餌場に存在する場合，いずれのアリもコナガ幼虫を優先して捕獲した。モンシロチョウ幼虫が持つ油滴の効果であると考えられる。

モンシロチョウ幼虫が，コナガ幼虫食害株に産卵する場合，そこが次世代幼虫にとって「天敵高密度空間」や「資源競争空間」になるというデメリットが考えられる。その一方で，共通の天敵であるアリに対しては，2種が株上で共存することで，モンシロチョウ幼虫が捕獲される相対的な割合の減少というメリットが期待できる[13]。このようなメリットとデメリットのバランスが，モンシロチョウメス成虫の産卵選好性に影響を与えているの

かもしれない。

2つの三者系がキャベツ株上で共存することによって想定される情報・相互作用ネットワークは，図3にまとめられる。食う食われる関係は実線で示されるが（図3(A)(B)），これが我々の視覚が認識できる世界である。2つの三者系が同じキャベツ株上でカップリングした場合，HIPVs情報の変化によって合計8本の矢印からなる目に見えない情報・相互作用ネットワークの存在が浮き彫りになった（図3(C)(D)）。これが図3(A)(B) の

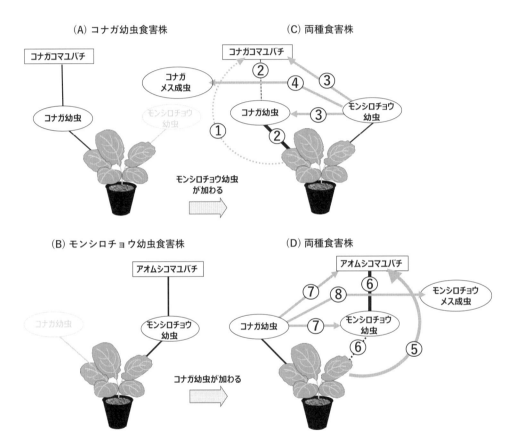

図3　キャベツ上の情報・相互作用ネットワーク　(A)，(B) 視覚で捉えることができる「食う―食われる」関係。(C)，(D) 目に見えない化学情報がつくるネットワークの関係を追記したもの

キャベツ－コナガ幼虫－コナガコマユバチ三者系にモンシロチョウ幼虫が加わった場合（(A) → (C)）
①両種食害でコナガコマユバチの誘引性が低下する。②その結果，コナガコマユバチの寄生率が低下し，コナガによる食害は増える。③したがってモンシロチョウ幼虫の存在は，コナガ幼虫にとってプラスの，コナガコマユバチにとってマイナスの影響を与える。④その結果生じるコナガコマユバチ低密度空間はコナガメス成虫の産卵選好性に影響を与える。
キャベツ－モンシロチョウ幼虫－アオムシコマユバチ三者系にコナガ幼虫が加わった場合（(B) → (D)）
⑤両種食害でアオムシコマユバチの誘引性が増加する。⑥その結果，アオムシコマユバチの寄生率が上昇し，キャベツのアオムシによる食害は減少する。⑦したがってコナガ幼虫の存在は，モンシロチョウ幼虫にとってマイナスの，アオムシコマユバチにとってプラスの影響を与える。⑧その結果生じるアオムシコマユバチ高密度空間はモンシロチョウメス成虫の産卵選好性に影響を与える

関係を支えている。

5. おわりに

　ここで紹介した2つの研究例はケーススタディーである。ジャヤナギの場合，野外では他のさまざまなヤナギ種と共存している。ヤナギの種によってハムシに対する抵抗性とカメノコへの誘引性が異なるため，ヤナギ－ハムシ－カメノコ三者の相互作用は，ある地域のヤナギ種の種構成によって大きく影響されると考えられる[14]。キャベツの場合でも，害虫の密度や発育段階，植物体の発育段階によって情報ネットワークは影響を受ける[15)16)]。多くの害虫と天敵が共存している野外では，ここで紹介した以上に複雑な相互作用や情報ネットワークが形成されているのだろう。また，キャベツ株，ジャヤナギ株ともに，匂いを介した植物間コミュニケーションが報告されている[17)18)]。それらを加味した植物の匂いが作り出す情報ネットワークに関する研究は，野外において多様な生き物が共存している機構の解明において重要であろう。

文　献

1) J. Takabayashi: *Plant and Cell Physiology,* 63, 344(2022).
2) K. Shiojiri, R. Ozawa and J. Takabayashi: *PLoS Biology,* 4, 1044(2006).
3) K. Yoneya, S. Kugimiya and J. Takabayashi: *Physiological Entomology,* 34, 379(2009).
4) K. Yoneya, S. Kugimiya and J. Takabayashi: *Journal of Plant Interactions,* 4, 125(2009).
5) K. Yoneya, R. Ozawa and J. Takabayashi: *Journal of Chemical Ecology,* 36, 671(2010).
6) K. Yoneya and J. Takabayashi: *Journal of Plant Interactions,* 8, 197(2013).
7) K. Shiojiri, J. Takabayashi, S. Yano and A. Takafuji: *Applied Entomology and Zoology,* 35, 87 (2000).
8) K. Shiojiri, J. Takabayashi, S. Yano and A. Takafuji: *Population Ecology,* 43, 23(2001).
9) K. Shiojiri, J. Takabayashi, S. Yano and A. Takafuji: *Ecology Letters,* 5, 186(2002).
10) K. Shiojiri, R. Ozawa, S. Kugimiya, M. Uefune, M. van Wijk, M. W. Sabelis and J. Takabayashi: *Plos One,* 5(8), e12161 (2010).
11) K. Shiojiri and J. Takabayashi: *Ecological Entomology,* 28, 573(2003).
12) J. Takabayashi, Y. Sato, S. Yano and N. Ohsaki: *Applied Entomology and Zoology,* 35, 87 (2000).
13) K. Shiojiri, M. Sabelis and J. Takabayashi: *R. Soc. open sci,* 2, 150524(2015).
14) K. Yoneya, M. Uefune and J. Takabayashi: *PLoS One,* 7, e51505(2012).
15) K. Shiojiri and J. Takabayashi: J*ournal of Insect Behavior,* 4, 567(2005).
16) M. Yamamoto, K. Shiojiri, M. Uefune and J. Takabayashi: *Journal of Plant Interactions,* 2-3, 167(2011).
17) J. Peng, J. J. A. van Loon and M. Dicke: *Plant Biology,* 13, 276(2011).
18) K. Yoneya, S. Kugimiya and J. Takabayashi: *Applied Entomology and Zoology,* 49, 249(2014).

第3章　植物-動物間における相互作用

第5節　虫をだます花の適応放散

独立行政法人国立科学博物館　　奥山　雄大

1. はじめに

　被子植物は，花粉を媒介する昆虫（送粉者）との共進化の結果繁栄を遂げ，30万種を超える現生種を擁するに至ったと考えられている。その多様化プロセスの中核である花と送粉者との関係は，一般的には花が花蜜や花粉といった報酬を提供し，その見返りに送粉者が植物の外交配を担うという相利共生系の典型例としてよく挙げられる。ところが実際には花が送粉者を一方的に搾取するような系が多数知られている。これは送粉者と植物が互いに自身の繁殖成功を志向して進化していることを考えれば，驚くには当たらないかもしれない。とは言え，送粉者を「だます」花をつける植物群は少数派であり，その奇妙な繁殖戦略を支える花の形質の数々は，一般的にイメージされる花の姿とは大きく異なることもあり，興味深いものである。

2. 無報酬送粉：花に擬態する花

　さて，花がだます相手である送粉者には，もともと訪花性があるものと，通常は花を訪れることがないものに分けられる。もともと訪花性のある送粉者をだます花とは，多くの場合花らしい姿をしており，ただ無報酬であるために送粉者に利益を与えないというものである。このような送粉様式には汎化食餌偽装（Generalized food deception）とベイツ型食餌擬態（Batesian food-source mimicry）が含まれ，前者は特定の擬態モデルを持たず，主として送粉者の先天的な餌源の探索イメージを利用して送粉者を誘引する戦略であるのに対し，後者は群集内の特定の植物種の花に擬態する戦略である[1]。無報酬の花で訪花性のある送粉者をだます戦略はいわば「花への擬態」と言い換えることができ，これには擬態に付随した特殊な形質を必要としないため，虫をだます花の戦略としては最も一般的なものである。その一方で，後述する「花ではないものに擬態する花」をつける種が多いラン科やサトイモ科などでは本来的に無報酬の花が一般的であり，より特殊化した擬態様式の前適応として無報酬化を位置付けられるだろう。（ただし，後述する産卵場所擬態花などでは花蜜を分泌するものも知られており，擬態花＝無報酬とは限らないこと

には注意が必要である。)

　無報酬化，特に花蜜を失うことの適応的意義については，いまだに議論が続いている。素朴な発想としては花蜜がコストとなることがまず考えられるだろう。実際に花蜜に多少のコストが存在することはいくつかの研究から示されている[2)-4)]。しかし実際のところ，コスト仮説ではわずかな花蜜も出さないという形質状態が進化した理由を説明するには不十分のように思われる。特に，無報酬が卓越する*ラン科では無報酬の種は花蜜を出す種より結実率がはるかに低いことも知られている[5)6)]。つまりこれは花蜜を失うことによる繁殖機会の損失は無視できないレベルである可能性が高いということであり，一種のパラドクスである。このパターンを説明する仮説としては，以下のようなものが考えられる。1) ラン科では生理的，生態的な理由から他の系統群より花蜜のコストが大きい。2) ラン科では1回の訪花による送粉効率が高いため，1つの花に多くの送粉者を呼ぶ必要がない。3) ラン科では報酬によって滞在時間が増加したり隣花受粉の機会が増大する場合，そのコストが大きい。1) について補足するならば，菌従属栄養性が高く，着生性の種が多いラン科では他系統群と比較して特に花蜜のコストが大きいという可能性は考えられるだろう。2) 3) については，ラン科のほとんどの種が採用している花粉塊による送粉との関係が指摘されている[1)]。いずれにせよ，系統学的研究から無報酬・有報酬間の形質進化は柔軟に起きていることが知られており[1)]，報酬の有無のどちらが適応的であるかは，状況依存的に変化するのだろう。

3. 性擬態：昆虫に擬態する花

　送粉者をだます花の中でも特に直感的な興味を惹くのが，特定の昆虫種のメスに擬態してオスを送粉者とする現象であり，これは性擬態（sexual mimicry）と呼ばれている。性擬態においては送粉者をだます形質の実体はほとんどの場合花から放出される昆虫のフェロモン物質であり，したがってこの現象は典型的な化学擬態の例として知られている。この化学擬態によって特異的に送粉者が誘引され，この哀れなオスは時に花に対して交尾行動も試みることで送粉が達成されるのである。性擬態で知られているのはほとんどがラン科の例であり，少なくとも18の属で報告されている[1)]。この他にはキク科の *Gorteria diffusa* とアヤメ科の *Iris paradoxa* で確認されているのみである。*Gorteria diffusa* では舌状花の花弁にハエのメスに似たスポット状の構造が1つの頭花あたり数個つき，嗅覚主体の例が多い性擬態としては例外的にこれらが視覚的にオスのハエを誘引することが知られている[8)]。*Iris paradoxa* では同じヨーロッパ・地中海沿岸地域にある *Ophrys* 属のランの一部の種と同様，ツヤハナバチ属のオスを誘引し，これは同昆虫に夜間の休眠場所を提供する送粉様式から進化したことが示唆されている[9)]。

　近年，筆者らを含む日本の研究グループが，サトイモ科テンナンショウ属（図1(A)，

---

*　従来ラン科の30%の種が無報酬であると推定されてきたが，最近この推計の根拠は薄く，また実際には無報酬とされている種の花で微量の花蜜が分泌されているケースも知られている[7)]ことから，完全に花蜜を持たない種の割合はこれよりはるかに少ない可能性がある。

図1 性擬態する花

(A) ウメガシマテンナンショウと (B) その雌花序の断面。本種は性擬態であることが証明されてはいないが，同種のキノコバエを特異的に誘引していることからその可能性が強い。(C) *Ophrys fuciflora* の国内栽培株に誘引されたニッポンヒゲナガハナバチの雄

(B))においても性擬態が送粉者を誘引するメカニズムとして働いている可能性を提唱している。神戸市に同所的に生育するホソバテンナンショウとコウライテンナンショウでは，前者はキノコバエの1種 *Cordyla murina* を，後者はキノコバエの1種 *Brevicornu* sp. を特異的に誘引し，いずれの例でも誘引される個体のほとんどがオスであることがわかっている。また花序付属体の先端部を切除するとこの特異的誘引能力が失われるため，この部分からこれらのキノコバエ類のフェロモン様物質が放出されている可能性が高い[10]。テンナンショウ属における性擬態仮説を実証するためその物質的実体について目下調査中である。

さて性擬態を採用する植物は，生得的な訪花性を持つ昆虫しか利用できないという制約から解放されるため，潜在的にはあらゆる昆虫を送粉者として利用し得るように思われるが，実際には「だまされる」送粉者はそのほとんどがハチ目とハエ目昆虫であり[1]，この他にはカミキリムシの1種[11]とハナムグリの1種[12]がそれぞれ送粉者として知られているのみである。たとえばチョウ目昆虫は送粉者としては一般的であり，特にガの仲間ではフェロモンによって強く誘引される性質があるにもかかわらず，性擬態花の送粉者となる例は知られていない。またハチ目やハエ目であっても，性擬態花の送粉者となる種は著しく一部の系統群に偏っている[1]。どのような生物学的要因がこの「花にだまされやすい昆虫」を制約しているのかについては興味深い問題である。

フェロモン擬態の物質的実体については，ラン科のいくつかの系統群で詳細に調査がなされている。たとえばさまざまなハチ目昆虫をだます *Ophrys* 属において，ムカシハナバチ属やヒメハナバチ属に送粉される種では炭素数25ないし27のアルケン類が誘引物質として特定されている一方で[13]，ツチバチ科の1種 *Campsoscolia ciliata* に送粉される種では9-ヒドロキシデカン酸という，花の香り物質としては他からは知られていない物質が特定されている[14]。一方で *Ophrys* 属にはこの他にもマルハナバチ類を誘引する種や

ヒゲナガハナバチ類を誘引する種（図1(C)）が知られているが，これらについてはそのフェロモンの物質的実体は未解明であるらしい。このことから，*Ophrys*属の多様化の過程では送粉者の転換と連動して化学擬態の形質（＝フェロモン物質）を頻繁に転換してきたことが窺われ，そのプロセスやメカニズムの詳細の解明が待たれる。なお，オーストラリア南西部に分布する全く別系統のラン科*Pterostylis orbiculata*においては，上記のものと化学的には類似した炭素数23のアルケンがキノコバエの1種*Mycomya sp.*の誘引物質であることが特定されており[15]，類似した代謝機構が異なる系で流用されていることが示唆される。

性擬態という現象の興味深い点の1つは，植物側と昆虫側が同一の特殊な物質をコミュニケーションに利用しているにもかかわらず，それぞれ独自に生合成メカニズムを獲得しているという点である。これらの物質の代謝システムについてはまだ知見は十分ではないが，今後研究が進むことで，植物と昆虫で代謝系に収斂進化が起きているのかなど，動植物の物質代謝に共通する重要な知見が得られる可能性がある。

4．産卵場所擬態：「地べたに落ちているもの」に擬態する花

最後に取り上げる花の擬態様式は，昆虫の産卵場所となる物体への擬態であり，これは産卵場所擬態（oviposition-site mimicry）として知られる現象である。性擬態が主として昆虫のオスをだます戦略であるのに対し，産卵場所擬態は主としてメスをだます戦略であると言えるが，実際は昆虫の産卵場所には，メスを探し求めるオスも訪れるため，オスが送粉者として働くことも多い。昆虫の産卵場所となる物体は当然のことながら多種多様であり，性擬態と同様潜在的にはさまざまな昆虫種をだます花がありうる。また実際に，ラン科に集中している性擬態とは異なり，多くの植物の系統群が産卵場所擬態の花を持ちうるため，まだ送粉自然史の研究が進んでいない熱帯域などを中心に，全く新しいタイプの産卵場所擬態様式がこれから次々と発見されるのはほぼ間違いないと考えられる。しかし現在までに得られている知見から，産卵場所擬態には多くの植物の系統群で採用されている典型的なモデルがいくつか存在する点は注目に値する。そのモデルとは，腐肉（動物遺骸），獣糞，発酵果実，そしてきのこである[1]。これらはいずれも，タンパク質や炭水化物を多く含み栄養豊富で陸上生態系に普遍的に現れるものの，安定的には出現せず，また分解者である昆虫を中心とした動物に速やかに利用されるため，長持ちしない「つかの間」の資源であるという点が共通している。これらを利用する昆虫は，いつどこに現れるかわからないこれらの物体を探し求めるための強力な探索能力（多くの場合嗅覚依存である）と，移動能力を兼ね備えており，植物側にとっては送粉者として利用するのに適当な格好の標的ということになるのだろう。

産卵場所擬態花にはいくつかの共通する形質の傾向があり，そのなかの代表的なものとして，地表開花性（geoflory）と送粉者を閉じ込める仕組みが挙げられる[1]。地表開花性は多くの系統で派生的な形質であることが明らかであり，また擬態のモデルがほとんどの場合「地べたに落ちている」ものであることも考え合わせれば，産卵場所擬態に付随した

適応であることは間違いない。また送粉者を閉じ込める仕組みについては、産卵場所を探し花を自由に歩き回る送粉者を葯や柱頭に確実に接触させ、送粉を成功させるための適応と捉えることができるだろう。

産卵場所擬態のなかでも最も一般的なものが腐肉擬態（図2(A)～(C)）であり、これは20以上の植物の科から報告されている[16]。この仕組みはおそらく科学的に認識され

※口絵参照

図2　腐肉に擬態する花

(A) *Stapelia grandiflora* の国内栽培株に訪花し産卵するキンバエ類。本種を含むスタペリアの仲間の花が腐肉擬態であることは18世紀末にはすでに認識されていた。(B) ショクダイオオコンニャクの国内栽培株の開花。この写真は開花直後の夜の様子で、この時花から放出された強烈な匂いは温室全体に充満している。(C) ラフレシアの1種、*Rafflesia keithii* の花

た最初の生物擬態であることも知られており，送粉生物学の創始者であるシュプレンゲルによるこの現象への言及は動物におけるベイツ型擬態の発見の半世紀前に遡る[1]。これは腐肉擬態が人間にとって認識しやすい花形質を伴うためであると考えられ，たとえば世界最大の花あるいは花序をつけるショクダイオオコンニャク（図2(B)）やラフレシア（図2(C)）は腐肉擬態花の代表例であることからもこのことは理解できるだろう。腐肉擬態に特徴的なのは花から放出される強いにおいであり，特に含硫黄成分であるジメチルジスルフィドやジメチルトリスルフィドはその香気成分の典型である。これらは動物性タンパク質が分解される際に多く生じる物質でハエ類に対し強い誘引効果があることが知られており[17)18)]，腐肉擬態花からは例外なく放出される。またこれらの物質はヒトの鼻でも高感度で捉えられるため，腐肉擬態が早期に認識された所以でもある。

腐肉擬態花に似た擬態戦略として獣糞擬態が挙げられる。哺乳類の糞は，その香気成分が肉食獣由来か草食獣由来で大きく異なることが知られており，前者ではジメチルジスルフィドやジメチルトリスルフィドを多く含むが，後者ではテルペン類を多く含む。またインドールやスカトールといった窒素を含む物質やp-クレゾールは獣糞から広く放出される香気成分で，獣糞擬態花でもよく見られるものである[1]。なお獣糞擬態は腐肉擬態と連続的であり，また両方のモデルに共通して誘引される昆虫も多い点には留意が必要である。とは言えボルネオ島で発見されたフンコロガシ類の甲虫によって送粉されるローウィア科 *Orchidantha inouei* などは，疑念の余地がない獣糞擬態花の例であると言えよう[19]。

発酵した果実への擬態は，バンレイシ科，サトイモ科，ラン科，そしてソテツ科で知られている[1]。このタイプの花は果実の香気成分として一般的なエステル類，そしてアルコールや酢酸，アセトインといった発酵時に典型的に放出される物質を多く放出するのが特徴であり，バンレイシ科やソテツ科ではケシキスイ類などの果実食の甲虫が，サトイモ科やラン科ではショウジョウバエ類が送粉者となる場合が多いようである。

産卵場所擬態の類型の1つとしてはきのこ擬態もよく知られているが，実際にはその報告はラン科，サトイモ科，ウマノスズクサ科に限られており，また厳密にこれが証明された例は少ない。関東地方西部に自生するウマノスズクサ科タマノカンアオイ（図3(A)）は菌食性のキノコバエの1種 *Cordyla murina* によって送粉され，またこの昆虫は花内部に産卵も行うため，きのこ擬態であると考えて間違いなさそうではある[20)21)]。しかし実際には本種の花の香り成分は典型的なきのこのものとは異なっており[21]，送粉者がいかにして花に誘引されているかについてはいまだにはっきりしていない。きのこ擬態花の最も確実な例としては，新熱帯の雲霧林帯に生育するラン科のドラクラ属（図3(B)）の例が挙げられるだろう。ドラクラ属の多くの種はきのこ特有の香気成分である炭素数8の物質群，すなわち1-オクテン-3-オール，3-オクタノン，3-オクタノールといった物質を花から放出するだけでなく，唇弁の形状までひだを持つきのこの傘にそっくりであるという驚くべき形質を有している。また3D-プリンタで作った模型を利用した画期的なフィールド実験により，香気成分と花の色の両方が送粉者である菌食性のショウジョウバエ類の誘引に効果的に働いていることが示されている[22]。

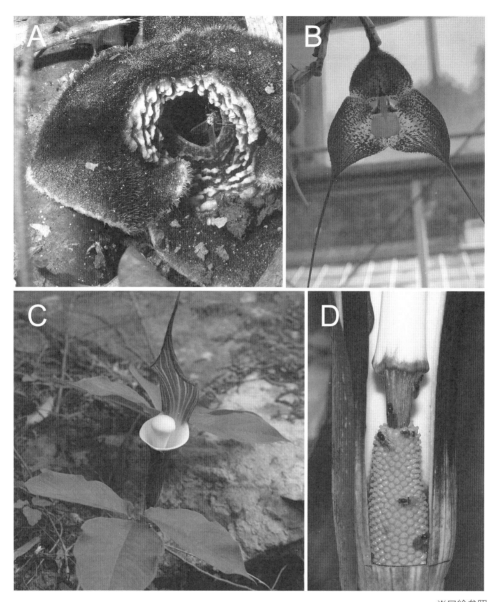

※口絵参照

図3 きのこに擬態する花

(A) タマノカンアオイの花に訪花したキノコバエの1種 *Cordyla murina*。胸部にたくさんの花粉がついており，有効な送粉者であることが窺われる。(B) ドラクラ属の1種 *Dracula polyphemus* の国内栽培株の花。唇弁がきのこにそっくりであるだけでなく，花には明瞭なきのこ様の香りがある。(C) ユキモチソウの開花株とその雌花序の断面。大量のキノコショウジョウバエが花序内に閉じ込められている

なお筆者たちは最近，サトイモ科テンナンショウ属ユキモチソウ（図3(C)）の送粉様式が明確なきのこ擬態であることを発見している。キノコバエ類が送粉者として卓越するテンナンショウ属はもともときのこ擬態によって送粉者を誘引していると考えられていたが，詳細に調べてみるときのこ擬態と思われるものはほとんど無く，一方で先に述べた通

り性擬態と疑われるものが見つかっているなど，その送粉メカニズムの全容解明は大きな研究のフロンティアと言える。そのテンナンショウ属のなかにあって，ユキモチソウは肥大した真っ白な花序付属体を持ち，仏炎苞は黒紫色で，舷部が立ち上がるなど，際立って特異な花序形質を持つ種である。筆者らはユキモチソウの花序が強いきのこ臭を放っていることに気づき，その香気成分を調べたところ，上述のきのこ特有の炭素数8の物質群，1-オクテン-3-オールおよび3-オクタノンを主成分とし，それにセスキテルペン類が加わった香りであること，この成分組成がきのこ類のなかでもサルノコシカケ類などの多孔菌目の木材腐朽菌子実体の香りに類似していることを突き止めた。また実際にユキモチソウの花序に誘引され，花序内部に閉じ込められる送粉者群集はキノコショウジョウバエ類（*Mycodrosophila*）を中心としたショウジョウバエ類で，これは多孔菌目の子実体に集まる昆虫群集と酷似していた[23]。

　産卵場所擬態とそれ以外の擬態の大きな違いとしては，擬態によってモデル側が影響を受けたり進化することはなく，擬態は一方向的にモデルに似るように進行するということが挙げられる。また植物側が化学擬態する対象となる誘引物質は，モデル側においては多くの場合細菌や酵母を含む真菌類による代謝産物であり，いかにして進化的に大きく隔たったこれらの代謝システムの産物と同一の物質を生合成できるに至ったかは興味深い問題である。先に述べた通り，産卵場所擬態についてはまだ未知の擬態モデルが多く存在する可能性が高いが，その多様性の全容解明の大きな障壁となっているのは，送粉者となる昆虫側の自然史に関する知見の不足である。ある産卵場所擬態と考えられる花とその送粉者の系において，最も困難なのは擬態のモデルを特定することである。これは「だまされる」側であるハエ目や甲虫目の昆虫の生活史が多くの場合未知であることに起因する。地道な昆虫の自然史研究が何より重要であることは言うまでもないが，一方で誘引する花の香り成分などの知見から本来の昆虫の産卵場所を推定できるということもあるかもしれない。植物学と昆虫学をつなぐ領域としても擬態花の研究は注目に値するだろう。

5. 日本列島における擬態花の適応放散

　「だまし」による送粉様式の進化は，生得的に訪花性のある昆虫を対象とした色，香り，形といった花形質の制約からの解放を意味するため，植物の種分化や多様化の原動力となることが期待される。一方で，「だまし」による送粉様式は実際には被子植物の送粉様式の主流とはなっていないことからも想起されるように，このような搾取的な生活史戦略は長期的には繁殖成功の低下につながり，系統群の絶滅率を上げることでトータルでの多様化速度の減少につながる可能性もある。

　実際に，無報酬と有報酬の系統間比較を行ったいくつかの研究からは，無報酬化そのものが植物側の種分化を促進しているかどうかについてはあまりはっきりとした結論は得られていないようである[24]。その一方で，花の形質そのものに着目すれば，「だまし」による送粉様式がその多様化を促していることは裏付けられており[25]，これは擬態により「花らしい」形質という制約から逃れたためであると考えることができるだろう。また実際に

は擬態花をつける系統群は現生の全ての種が「だます」種として特殊化している場合が多く，多様化パターンを公平に比較できる適切な姉妹群が設定できないのも上記のような解析ではっきりした傾向が得られていない原因ではないかと考えられる．

　筆者らは陸上植物の多様化プロセスやメカニズムへの理解を深めるため，日本列島で著しく種分化，多様化を遂げた植物群を研究モデルとしており，その代表的なものとして，ユキノシタ科チャルメルソウ属，ウマノスズクサ科カンアオイ属カンアオイ節，サトイモ科テンナンショウ属マムシグサ節に特に着目している．これらはいずれも日本を多様性の中心としており，そのほとんどが日本固有種である，また系統の成立年代も大体700〜1000万年程度と考えられるという点で同等の比較対象と評価できる．一方で，国内に分布する種数はチャルメルソウ属が13種であるのに対し，カンアオイ節，マムシグサ節はそれぞれ50種を超えている．この種数の違いを生んでいる生物学的要因はいくつか考えられるが，その1つとして重要だと睨んでいるのが，カンアオイ節，マムシグサ節の全種が「昆虫をだます花」で送粉を行うという点である[26]．

　このような視点に立ってそれぞれの系統群で詳細に送粉様式を調べてみると，チャルメルソウ属においては基本的にそれぞれの種は2タイプの送粉者（口吻の短いキノコバエ類と，口吻の長いミカドシギキノコバエ）のいずれかあるいは両方に送粉されるものしか存在しないのに対し，カンアオイ節，マムシグサ節では調べた種の多くで異なる種のハエ目昆虫に特異的に送粉されていることが明らかになってきている．この特異性を決定づけている要因はいまだ明確に立証されているわけではないが，花から放出される香気成分によって規定されている可能性が高い．実際に，カンアオイ節では香気成分のレパートリーが著しく多様であり，種ごとに腐肉，きのこ，発酵した果実などさまざまなタイプの擬態モデルを採用しているようである．すなわち，カンアオイ節ではこの擬態モデル間での送粉様式の転換が多様化メカニズムとして働いた可能性が高い．またテンナンショウ節では，種ごとに主な送粉者がキノコバエ科のもの，クロバネキノコバエ科のものがあり，また同じキノコバエ科，クロバネキノコバエ科のなかでも特定の種だけが花序に誘引されることが多い．このことから，植物種ごとに異なる種特異的なフェロモン物質を放出することで種分化を遂げてきた可能性が高く，送粉者誘引の物質的実体の解明が目下の課題である．

　「虫をだます花」に関連する形質，特にその香気成分を構成する物質には特有のものも多く，そして何より物質の多様性については他に類を見ない．一方でいわゆるモデル植物で「擬態する花」をつけるものはないため，その形質を実現しているメカニズムの研究はほとんど進んでいないのが現状である．今後，筆者らはカンアオイ属，テンナンショウ属における擬態の詳細な自然史研究およびその物質的実体の解明を進めてゆくつもりである．それと同時に多様な種の花のトランスクリプトーム解析やゲノム解析を進めており，これらの情報を統合して詳細に種間比較を行うことで，極めて近縁な種間であっても驚異的な物質生産・昆虫操作レパートリーを実現しているメカニズムに迫ることができると期待している．

謝　辞

なお本稿を書くにあたっての概念の整理や論旨の構築にあたっては，Johnson and Shiestl (2016) *Floral Mimicry*[1]を大いに参考とし，そこにその後に出版された論文の知見や著者個人の見解を加えた。本書は現在刊行されている擬態する花に関する唯一の教科書であり，この極めて魅力的な研究テーマについて極めて幅広く，深遠な洞察を行なっている優れた総説となっており，本稿に興味を持った方には強く一読を進めるものである。また本稿ではその成果の多くを紹介できてはいないが，筆者の擬態する花に関する研究は，JSPS科研費19H03292およびJSTさきがけ研究JPMJPR21D3の助成を受けたものである。

文　献

1) S. D. Johnson: Floral Mimicry, Oxford University Press (2016).
2) J. M. Pleasants and S. J. Chaplin: *Oecologia*, **59**, 232 (1983).
3) E. E. Southwick: *Ecology*, **65**, 1775 (1984).
4) L. D. Harder and S. C. H. Barrett: *Funct. Ecol.*, **6**, 226 (1992).
5) M. R. M. Neiland and C. C. Wilcock: *Amer. J. Bot.*, **85**, 1657 (1998).
6) R. L. Tremblay et al.: *Biol. J. Linn. Soc.*, **84**, 1 (2005).
7) M. Shrestha et al.: *Plant Biol.*, **22**, 555 (2020).
8) A. G. Ellis and S. D. Johnson: *Amer. Nat.*, **176**, E143 (2010).
9) N. J. Vereecken et al.: *Proc. R. Soc. B.*, **279**, 4786 (2012).
10) K. Suetsugu et al.: *Ecology*, **102**, e03242 (2021).
11) C. Cohen et al.: *Curr. Biol*, **31**, 1962 (2021).
12) S. Wakamura et al.: *Chemoecol.*, **30**, 49 (2020).
13) P. M. Schlüter et al.:. *Proc. Nat. Acad. Sci. USA*, **108**, 5696 (2011).
14) M. Ayasse, et. al.: *Proc. R. Soc. B.*, **270**, 517 (2003).
15) T. Hayashi et al.: *Curr. Biol.*, **31**, 1954 (2021).
16) A. Jürgens, eds. by M. E. Benbow et al.: Carrion ecology, evolution, and their applications, CRC Press, 361–386 (2015).
17) P. Zito et al.: *Chemoecol.* **24**, 261 (2014).
18) S. L. Wee et al.: *Phytochemistry* **153**, 120 (2018).
19) S. Sakai and T. Inoue: *Am. J. Bot.*, **86**, 56 (1999).
20) T. Sugawara: *Plant Sp. Biol.,* **3**, 7 (1988).
21) S. Kakishima and Y. Okuyama: *Bull. Natl. Mus. Nat. Sci., Ser. B, Bot.* **46**, 129 (2021).
22) T. Policha et al.: *New Phytol.* **210**, 1058 (2016).
23) S. Kakishima et al.: *biorxiv*, 819136 (2019)
24) T. J. Givnish et al.: *Proc. R. Soc. B.*, **282**, 20151553. (2015).
25) J. D. Ackerman et al.: *Plant. Syst. Evol.* **293**, 91 (2011).
26) Y. Okuyama and S. Kakishima: *Pop. Ecol.* **64**, 130 (2022).

第 3 章　植物 – 動物間における相互作用

第 6 節　蜜や花粉を食べる動物と被子植物が織りなす送粉共生系～「花はよろず屋」という視点から考える

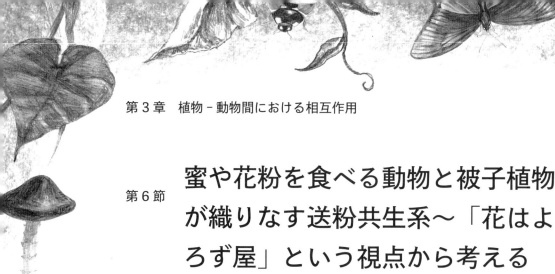

筑波大学　　大橋　一晴　　筑波大学　　高木　健太郎

1. さまざまな動物を惹き寄せる蜜や花粉

　自然界の多くの植物は，花を訪れた動物たちに花粉を付着させ，雌しべの柱頭にまで運ぶ役割を担わせている。このようなやり方で種子を残す「動物媒花」は，被子植物のじつに 88 % を占める[1]。さらに動物媒花のうち，動物を花に誘引するための報酬として蜜を提供する種は，全体の 74 % にも達する[2]。残りの 26 % には，花粉のみを報酬として提供するものや，油脂，芳香，産卵場所などのちょっと変わった報酬を提供するもの，または報酬を一切提供せずに動物をだまして花粉を運ばせるものが含まれる。したがって，少なくとも被子植物の 65 % は，蜜や花粉を報酬に動物を花に惹き寄せることで，彼らに送粉を担わせていると言ってよいだろう。

　動物への報酬として蜜や花粉がこれほど主要な地位を占めるのは，それらを食料として利用できる動物が，地球上に数多く存在するためであろう。実際，昆虫はもちろん，鳥や爬虫類，コウモリ，げっ歯類などの脊椎動物にも，蜜や花粉を好む生物は多い。したがって，蜜や花粉を報酬とする花は，特定の送粉者に依存するのではなく，さまざまな動物に送粉をゆだねる「ジェネラリスト（よろず屋）」になりやすいと言えるかもしれない。野外観察に基づく多くの研究でも，蜜や花粉を報酬とする花は，複数の異なる動物群によって訪花・送粉される傾向が強いことが指摘されている[3]。

2. ジェネラリストのジレンマ

　ジェネラリスト，つまり多様な動物を利用する花には，送粉者不足による繁殖失敗のリスクが低いという明確な長所がある[4]。また，ジェネラリストは他種の花と送粉者を共有する可能性が高いので，他種と一緒に開花すれば目立ちやすくなり，より多くの送粉者を惹き寄せることができるかもしれない[5]。これらの長所は，送粉者の種類や個体数が時間

的・空間的に大きくばらつく環境では,とりわけ重要な意味をもつだろう。

しかし一方で,ジェネラリストには潜在的な短所も考えられる。まず第一に,ある送粉者が訪れることで別の動物による送粉がうまくゆかなくなる「トレードオフ」の可能性がある[6]。たとえば,2種類の送粉者が花の形質に対して相反する強い自然選択圧をかける場合,中間的な形質をもつジェネラリストの花は,どちらの動物にも十分に送粉してもらえない可能性がある。あるいはまた,花粉や胚珠の数はかぎられているため,送粉効率の低い動物が頻繁に訪れると,効率の高い別の動物による送粉の機会を大幅に失うことになるかもしれない。こうしたトレードオフは,花がジェネラリストであることを不利にする要因であり,そのため古くから生物学者は,花の適応進化は特定の送粉者に対する「スペシャリスト(専門家)」へと進むのが一般的と考えてきた[7]。実際,中南米に分布するキキョウ科 *Burmeistera* 属では,コウモリによる送粉には広い幅の花冠が,ハチドリによる送粉には狭い幅の花冠がそれぞれ適しているため,それぞれの種はいずれか一方の送粉者に特殊化せざるを得ない[8]。また,さまざまな分類群で繰り返し進化したハチドリ媒花は,花粉を大量に浪費し,ハチドリによる送粉の機会を奪うハナバチの訪花を妨げる形質(彼らの色覚系では緑葉と区別しにくい紅い花色など)をもち,ハチドリによる送粉に特殊化している[9]。

第二に,ジェネラリストは他種と送粉者を共有する可能性が高い。その結果,彼らは送粉者をめぐって他種の花と競争しなければならず,かえって送粉者不足に陥りやすいかもしれない[10]。さらに深刻な問題として,共有する送粉者が複数種の花を行き来することで,他種の花粉が柱頭に付着して結実率が低下する,あるいは自身の花粉が他種の柱頭に付着して無駄に失われるというリスクも考えられる[11]。

自然選択による生物進化の原理に基づくなら,現実にみられる多くのジェネラリストの花では,長所による利益が短所によるコストを上回っているはずである。だとすれば,彼らは一体どのような手段で,これらの短所を克服しているのだろうか? 本節では,こうした「ジェネラリストのジレンマ」を軽減する方向への進化が,蜜や花粉を報酬とする花の表現型の多様性と収斂にどのように影響を与えてきたのか,最新の知見を基に考察する。

3. ジレンマを克服する花の戦略

3.1 短所を克服する・その1〜トレードオフの緩和

異なる送粉者を利用するジェネラリストの花に関する研究では,上述のキキョウ科 *Burmeistera* 属の花を訪れるコウモリとハチドリのような,送粉に適した花の表現型をめぐって送粉者間で強いトレードオフが生じる例は,これまで確認されていない[12]。このことは,ジェネラリストとして繁栄している花が,何らかの形質を進化的に獲得することで,トレードオフを回避あるいは緩和している可能性を示唆している。このような戦略には,大きく分けて3つの可能性が考えられる。

1つ目は，花の形質を時間的に変化させることで，花の表現型をめぐるトレードオフを回避する戦略である．たとえば，日中活動するハナバチと夜間活動するガを送粉者とするバッコヤナギの花は，昼と夜で放出する香りの成分を大きく切り替えることで，ハナバチとガの間でみられる，香りに対する好みの違いによるトレードオフの影響を避けている[13]．また，クサボタンの花は，開花ステージに応じて花弁の反り返り具合を変化させ，口吻長が異なる2種のマルハナバチがいずれも吸蜜できるようにすることで，トレードオフを効果的に軽減している[14]．

2つ目は，新たな形質を組み合わせることで，動物の訪花行動や送粉プロセスを変容させ，花の表現型をめぐるトレードオフを緩和する戦略である．たとえば，被子植物のなかには，古くなって繁殖を終えた花を落とさずにそのまま維持し，さらにその色を（しばしば新たに色素を合成して）大きく変える植物が存在する（図1）．古い花を残す性質は，花がたくさん咲いているように見せたり，遠くから目立たせたりすることで，送粉者の訪

※口絵参照

図1 花色変化植物の1種，ハコネウツギ（*Weigela coraeensis*）を訪れるトラマルハナバチ（*Bombus diversus*）

開花から3〜4日後，花弁の色は白から赤紫に変わる．赤紫の古い花はすでに繁殖を終え，蜜も分泌していないにもかかわらず，白い花とほぼ同じ形状を保ち，数日間株上に残る．この古い花の存在は，ハエやアブ，採餌経験の少ないハナバチなど，見かけのにぎやかさに釣られやすい送粉者を惹きつけるのに役立つ．一方で，古い花が色を変えるのは，報酬のない花を見分けさせ，見かけにだまされるのを嫌うマルハナバチのような賢い送粉者にも繰り返し訪問してもらうためだと考えられる．つまり花色変化は，異なる選好を持つ2タイプの動物を送粉に役立てるための，花の巧みな戦略なのである．（撮影・大橋一晴）

問を増やす利点がある。しかし，なぜ古い花の色まで変える必要があるのだろうか？この疑問への手がかりは，これらの「花色変化植物」のほとんどが，さまざまな動物を惹き寄せるジェネラリストであり，その訪問者にしばしばハナバチの仲間が3分の1以上含まれている点にある[15]。ハナバチのなかには，利益とコストのバランスに鋭敏に反応して採餌行動を変える，マルハナバチのような動物がいる。彼らは，ハエやアブなどの外見のにぎやかさだけで容易に誘引できる送粉者とは異なり，花粉も蜜も含まない古い花をまぎれ込ませた「嘘つき」の植物を嫌い，そのすぐれた空間学習能力で再訪を避けてしまう[16]。つまり植物は，古い花を多数維持するほどハエやアブを誘引できる一方で，損得に厳しいマルハナバチには避けられてしまうのである。だがこのトレードオフは，古い花の色を変えることで緩和できる。色を手がかりに古い花を避けられるならば，マルハナバチもそのような植物を嫌ったりはしないからだ[16]。つまりこれらの植物は，古い花の維持に色変化という形質を組み合わせることで，見かけにだまされやすいハエやアブと，中身にこだわるマルハナバチのトレードオフを緩和し，ジェネラリストとして成功しているのである。また，南アフリカの *Aloe* 属では，短い口吻をもつハナバチによる送粉には浅い花筒が，長いくちばしをもつタイヨウチョウによる送粉には深い花筒が適しているため，大部分の種は，ハナバチかタイヨウチョウのいずれか一方に特殊化している。ところが一部の種は，浅い花筒をもちながら，ジェネラリストとして成功している。浅い花では，タイヨウチョウがくちばしを奥まで挿入せずに吸蜜できるため，葯や柱頭に身体（頭）が触れることはない。しかし，ジェネラリストの種ではさらに花冠幅が狭くなっており，タイヨウチョウのくちばしに葯や柱頭が触れる仕組みになっている。このように，浅い花筒と狭い花冠を併せもつ花は，口吻の短いハナバチだけでなく，くちばしの長いタイヨウチョウまでも送粉者として利用することができるのである[17]。

　3つ目の戦略は，送粉効率の高い動物の活動時刻に合わせて開花し，優先的に訪花させることで，効率の低い別の動物による送粉機会の損失を最小限に抑える方法である。たとえばスイカズラの花は，夜行性スズメガの活動時刻に合わせるかのように，夕方に開花する。しかしスズメガの訪花はさほど多くないため，花粉の大部分は翌日まで葯内に残り，日中に盛んに訪れる昼行性ハナバチによって運ばれることになる。つまり，ハナバチはスイカズラの主要な送粉者でありながら，なぜかスズメガよりも「後回し」にされているのである。実は，ハナバチは頻繁に訪花する主要な花粉の運び手である反面，毛づくろいをしたり幼虫の餌として花粉団子を作ったりすることで，体表に付着した花粉の大半を柱頭まで運ばずに浪費してしまう，効率の低い送粉者でもある[18]。一方，スズメガは訪花頻度は低いものの，毛づくろいや花粉食をせず，体表花粉を柱頭まで届ける確率が高い。このような状況では，もしスイカズラが朝や昼に開花すれば，花粉は夕方までにすべてハナバチに持ち去られてしまい，スズメガが効率の高い送粉を提供する機会はなくなる。しかし夕方に開花すれば，まず夜間にスズメガが訪れた後，翌朝まで残った花粉だけがハナバチに運ばれることになる。よって，柱頭まで無事に届く花粉の合計量は，送粉効率の高いスズメガを利用できる分，夕方開花の方が高くなると期待される[19][20]。同様の夕方開花は，昼のハナバチと夜のガを利用するバッコヤナギ（上述）でも観察されている[21]。

以上のように，多くのジェネラリストの花は，トレードオフによる送粉量の低下を進化的に緩和することで，複数の動物に同時適応している可能性がある．とくに注目すべきは，これら3つのトレードオフ緩和戦略が，特徴的な表現型をさまざまな分類群で繰り返し進化させているように見える点である．上に挙げた花色変化や夕方開花は，そうした収斂進化の有力な候補と言えるだろう．従来，ジェネラリストの花は方向性の一貫しない自然選択圧にさらされており，したがって収斂進化を生じにくいと予想されてきた．しかし上記の考察からすると，ジェネラリストの花にしばしば見られる表現型は，トレードオフ緩和による特定の動物群集に対する同時適応の結果として生じた，収斂進化の産物ないしシンドロームである可能性も考えられる[6]．今後の研究により，ジェネラリストの花におけるトレードオフ緩和の具体的事例が，さらに蓄積していくことが期待される．

3.2　短所を克服する・その2〜送粉者の共有がもたらす負の影響の緩和

　次に，ジェネラリストが抱えるもう1つのジレンマ，送粉者の共有によって生じる競争や異種間花粉移動が，花の表現型に与える影響を考えてみる．他種との送粉者の共有を避ける最もわかりやすい手段は，開花時期の調整であろう．たとえば，米コロラド州で行われた研究では，ハチドリを送粉者として共有するミヤマヒエンソウ（仮名）とホソベンギリアの間で花粉が移動すると結実率が低下するため，両種の間には開花時期の重複を避ける方向への自然選択が強くはたらいていることが示された[22]．

　しかしながら，開花時期の調整によるジレンマの回避は，共存する植物種が多い群集や，高山帯など生育可能な期間が短い生育地では，必ずしも実現できないだろう．このような場合にまず予想されるのは，送粉者をめぐる競争の激化である．蜜や花粉を報酬とする花が，一般に目立つ色や香りをもつ傾向が強いのは，このような理由によるのかもしれない．そして，問題はそれだけではない．共有する送粉者が種間を行き来する機会が増えれば，さらに異種間花粉移動というジレンマも無視できなくなる．こうした状況下では，異種間の花粉移動を抑える効果をもつ何らかの花の形質が，種子生産数の増加を通じて集団内に広まる（つまり進化する）かもしれない．ここではそのような形質を擬人的に「防御策」と表現し，実際にどのような防御策があり得るのか，そして防御策が進化してきた証拠として，これまでどのようなことが明らかになっているのかを概説する．

　葯から柱頭までの花粉移動における各段階に注目すれば，異種間花粉移動の防御策には，大きく分けて2つのタイプが予想される．1つ目は，動物が異なる種の花間を移動しないようにする「行動的隔離」である．ジェネラリストの花は，マルハナバチやハチドリといった種のレベルでは，すでに他種と送粉者を共有している．したがって行動的隔離を実現するためには，送粉者の個体ごとに，異種間移動を妨げなければならない．実は植物にとって都合のいいことに，ハナバチやチョウの仲間には，たとえ複数種の花が咲いていても，個体レベルの採餌では，しばしばある1種の花ばかりを連続して訪れる習性がある．たとえば，マルハナバチのある個体がクサフジばかりを訪れている傍らで，別の個体はミヤコグサばかりを訪れている様子がみられることがある[23]．もしも花が，何らかの形質によってこの「定花性」を高めることができるなら，その形質は，異種間花粉移動を抑

える有効な防御策となるかもしれない。そうした観点から，定花性が起こる動物側のメカニズムには，古くから関心が寄せられてきた[24)25)]。とくに注目されてきたのは，昆虫を含む多くの動物の記憶システムが，膨大な情報を長期にわたり蓄える貯蔵庫＝長期記憶と，その情報を採餌などの場面で利用する際の作業場＝短期記憶で構成されている点である。動物は，たとえ一度は覚えた情報でも，長期記憶から短期記憶に呼び出さなければ，現実の場面で利用することはできない。しかも，短期記憶に保持できる情報量はごくわずかである[26)]。よって動物は，覚えた花を余さず利用しようとすれば，異なる種の花に出会う度，その花の情報を長期記憶から呼び出さねばならなくなる。定花性は，このような切り替えの手間を最小限に抑えるための行動と考えられるのである。

　こうした定花性のメカニズムに基づき，多くの生物学者は，同じ群集内で花を咲かせる植物種が，互いに異なる色の花をもつことで切り替えの手間を生み出し，定花性を高めることで異種間花粉移動を効果的に減らしている，と予測してきた。たしかに野外で採餌するハナバチ類は，花の色や形が種間で異なるほど，顕著な定花性を示すことがわかっている[27)]。しかし，同じ群集内で咲く花は形質の多様性が高い，という予測を野外で検証した研究では，必ずしも一貫した結果は得られていない[28)]。この矛盾を解くヒントとして，最近行われた研究[29)]では，マルハナバチの室内実験の結果に基づき，他種と異なる形質をもつことが有利になるのは，空間的に他種と著しく混ざり合って生育する植物にかぎられる可能性を指摘している。というのも，異なる種が混ざり合う環境では，動物が定花性を高めるためには多くの花を飛び越えなければならず，飛行コストが増えてしまうためだ。このような場合，定花性は低くなりがちであり，花にとっては，他種と異なる形質をもつことで動物にとっての切り替えの手間を増やすことが有利になるだろう。しかし同種の植物がパッチ状に分布する環境では，隣接する同種を訪れ続ける方が，むしろ動物にとっては飛行コストの節約となる。このような状況ではどのみち定花性は高くなるため，花の形質の種間差は，定花性のレベルにはほとんど影響しないと考えられる。この指摘が正しければ，同じ群集内で咲く花は形質の多様性が高い，という予測を厳密に検証するためには，定花性がもたらす動物にとっての利益とコストが，群集内の植物種の混ざり具合によって変化する点を考慮する必要があるのかもしれない。

　上記の行動的隔離は，動物の種間往来を妨げるという最も直接的な防御策ではあるものの，これだけでは十分に異種間花粉移動を防げない場合もある。たとえば，上述のマルハナバチの室内実験[29)]では，花が他種と空間的に混ざり合う状況では，色を他種と大きく変えるとマルハナバチの定花性は著しく高まったものの，最終的な定花性のレベルは異種間花粉移動を防ぐには十分とは言えなかった。このような場合は，2つ目の防御策である「機械的隔離」が必要となるかもしれない。機械的隔離とは，花粉の受け渡しに用いる送粉者の体表部位を他種と空間的に分けることで，異種花粉が柱頭に届いてしまう確率，もしくは自種の花粉が異種の柱頭に届いてしまう確率を下げる仕組みである。たとえば，前出の *Burmeistera* 属に含まれる19種のコウモリ媒花で行われた調査では，同じ地点で開花する種の間では，生殖器官（雄しべや雌しべ）の長さが大きく異なることがわかっている[30)]。これは，隣接する植物種間で機械的隔離が進化した例と考えられる。つまり，種間

で生殖器官の長さが違えばコウモリの頭部に触れる部位も異なるため，個体が種間を移動しても花粉の移動が起こりにくくなるのである．この説明は，ケージ内で行われた実験でも正しいことが確認された．

また，機械的隔離がうまく機能するためには，送粉者が花を訪れる際の姿勢が安定していることが重要である．姿勢が安定しない場合，送粉者の特定の体表部位に一貫して葯や柱頭を触れさせることが難しくなるからだ．送粉者の姿勢を安定させる機能をもつと考えられてきた花の形質の1つに，左右対称性がある．たしかに野外で観察すると，左右対称花を訪れる送粉者は，常に腹側を下にして正面から潜り込むようにみえる．最近行われた研究[31]では，39種の植物について，左右対称性を含むいくつかの形質を計測し，これらの花を訪れる動物の体表に付着した花粉の分布を調べた結果，左右対称花，合弁花，および横向きに咲く花が，いずれも一貫した体表部位に花粉を付着させる傾向があることが示されている．しかし，これらの形質が実際に送粉者の訪花姿勢を安定させる効果をもつのかについては，注意すべき点もある．というのも，自然界に存在する左右対称花のおよそ9割は横向きに咲く．したがって上記の結果だけでは，花の対称性と向きのどちらが訪花姿勢の安定に寄与したかを特定することはできないのである．

この問題に注目して最近行われた研究[32]では，対称性と向きを9通りに組み合わせた人工花を用いて，どちらの形質がマルハナバチの訪花姿勢をより安定させるかを調べている．彼らの結果によれば，マルハナバチの訪花姿勢は，横向きの花で他の向きより1.6倍も安定する一方，花の対称性（左右対称，二軸対称，放射対称）にはまったく影響されない．これは，横向きの花ではハチが常に腹側を下にして潜り込むため，形状によらず姿勢が安定するためと考えられる．この発見は，左右対称花における送粉者の訪花姿勢の安定化が，従来考えられていた花冠の形状の効果ではなく，横向きという性質によるものである可能性を示唆している．以上のように，異種間花粉移動が花の表現型にもたらす進化的帰結については，未だわかっていない点が多い．操作実験などを用いて動物の行動と花の形質の関係を明らかにする研究が，今後さらに蓄積される必要があろう．

3.3 長所を強化する戦略の可能性

本節では十分に議論できなかったものの，ジェネラリストのジレンマを解決する花の戦略は，短所を克服するものばかりとはかぎらない．たとえば，訪花に適した気温が異なるなど「環境への反応が異なる動物」を送粉者として取り込むことができれば，送粉量が気温の変動の影響を受けにくくなり，ジェネラリストの長所である繁殖失敗のリスク回避がより効果的になるかもしれない[33]．また，マルハナバチのような学習能力が高い送粉者は，いったん覚えた餌場や花色に固執する傾向が強い．このことから，シーズン半ばに咲く花は，同じ場所に生育する先行開花種に近い色や形の花をもち，その開花時期が終わる直後に咲きはじめることで，送粉者の獲得に有利になる可能性がある．この仮説は，米コロラド州における野外実験でも実証されており[34]，送粉者の共有がもたらす短所を避けつつ，誘引力の増大という長所のみを享受できる，有効な戦略の可能性を提示している．

4. おわりに

　本節では，蜜や花粉を報酬として動物に送粉をゆだねる花に着目し，こうした花の最も顕著な特徴である「多様な送粉者の利用」が生み出すジレンマが，花の表現型の多様化や収斂に与える影響を考察した。ここで紹介した，ジェネラリスト特有のジレンマを解決するための戦略という視点から花の進化を捉え直すアプローチは，あるきまった送粉者への特殊化が花の表現型収斂（送粉シンドローム）を生み出す，といった従来の枠組みを超え，花の進化に対するより包括的な理解をもたらす可能性がある。

　動物との相互作用を通じた花の進化に対する関心は，しばしば高度に特殊化した風変わりな系に集中しがちである。しかし近年の研究は，自然界で圧倒的多数を占めるジェネラリストの花がどのような自然選択圧にさらされ，どのような表現型を獲得してきたのかという，より普遍的な生物現象の理解にも焦点を当てつつある。この小文が，そのようなエキサイティングな研究の最前線の雰囲気を伝えるものとなっていれば幸いである。

文　献

1) J. Ollerton, R. Winfree and S. Tarrant: How many flowering plants are pollinated by animals?, *Oikos*, **120**, 321 (2011).
2) C. S. Ballarin, F. E. Fontúrbel, A. R. Rech et al.: How many animal-pollinated angiosperms are nectar-producing?, *New Phytologist*, **243**, 2008 (2024).
3) N. M. Waser and J. Ollerton (eds.): Plant-pollinator interactions: from specialization to generalization, University of Chicago Press (2006).
4) S. Martén-Rodríguez and C. B. Fenster: Pollen limitation and reproductive assurance in Antillean Gesnerieae: a specialists vs. generalist comparison, *Ecology*, **91**, 155 (2010).
5) D. A. Moeller: Facilitative interactions among plants via shared pollinators, *Ecology*, **85**, 3289 (2004).
6) K. Ohashi, A. Jürgens and J. D. Thomson: Trade-off mitigation: a conceptual framework for understanding floral adaptation in multispecies interactions, *Biological Reviews*, **96**, 2258 (2021).
7) G. L. Stebbins: Adaptive radiation of reproductive characteristics in angiosperms, I: pollination mechanisms, *Annual Review of Ecology and Systematics*, **1**, 307 (1970).
8) N. Muchhala: Adaptive trade-off in floral morphology mediates specialization for flowers pollinated by bats and hummingbirds, *American Naturalist*, **169**, 494 (2007).
9) J. D. Thomson, P. Wilson, M. Valenzuela and M. Malzone: Pollen presentation and pollination syndromes, with special reference to Penstemon, *Plant Species Biology*, **15**, 11 (2000).
10) B. Rathcke: Competition and facilitation among plants for pollination. In L. Real (ed.), Pollination biology, Academic Press, 305-325 (1983).
11) T. L. Ashman and G. Arceo-Gómez: Toward a predictive understanding of the fitness costs of heterospecific pollen receipt and its importance in co-flowering communities, *American Journal of Botany*, **100**, 1061 (2013).
12) W. S. Armbruster: Floral specialization and angiosperm diversity: phenotypic divergence, fitness trade-offs and realized pollination accuracy, *AoB Plants*, **6**, 1 (2014).
13) A. Jürgens, U. Glück, G. Aas and S. Dötterl: Diel fragrance pattern correlates with olfactory preferences of diurnal and nocturnal flower visitors in *Salix caprea* (Salicaceae), *Botanical Journal of the Linnean Society*, **175**, 624 (2014).

14) I. Dohzono and K. Suzuki: Bumblebee-pollination and temporal change of the calyx tube length in *Clematis stans* (Ranunculaceae), *Journal of Plant Research*, 115, 355 (2002).
15) K. Ohashi, T. T. Makino and K. Arikawa: Floral colour change in the eyes of pollinators: testing possible constraints and correlated evolution, *Functional Ecology*, 29, 1144 (2015).
16) T. T. Makino, K. Ohashi and S. Sakai: How do floral display size and the density of surrounding flowers influence the likelihood of bumble bee revisitation to a plant?, *Functional Ecology*, 21, 87 (2007).
17) A. L. Hargreaves, G. T. Langston and S. D. Johnson: Narrow entrance of short-tubed Aloe flowers facilitates pollen transfer on long sunbird bills, *South African Journal of Botany*, 124, 23 (2019).
18) L. D. Harder and J. D. Thomson: Evolutionary options for maximizing pollen dispersal of animal-pollinated plants, *American Naturalist*, 133, 323 (1989).
19) T. Miyake and T. Yahara: Why does the flower of *Lonicera japonica* open at dusk?, *Canadian Journal of Botany*, 76, 1806 (1998).
20) T. Miyake and T. Yahara: Theoretical evolution of pollen transfer and diurnal evaluation by nocturnal: when should a flower open?, *Oikos*, 2, 233 (1999).
21) K. Ohashi and A. Jürgens: Three options are better than two: compensatory nature of different pollination modes in *Salix caprea* L, *Journal of Pollination Ecology*, 28, 75 (2021).
22) N. M. Waser: Competition for hummingbird pollination and sequential flowering in two Colorado wildflowers, *Ecology*, 59, 934 (1978).
23) L. Chittka, A. Gumbert and J. Kunze: Foraging dynamics of bumble bees: correlates of movements within and between plant species, *Behavioral Ecology*, 8, 239 (1997).
24) C. Darwin: The effects of cross and self fertilization in the vegetable kingdom, Murray (1876).
25) L. Chittka, J. D. Thomson and N. M. Waser: Flower constancy, insect psychology, and plant evolution, *Naturwissenschaften*, 86, 361 (1999).
26) H. S. Ishii: Analysis of bumblebee visitation sequences within single bouts: Implication of the overstrike effect on short-term memory, *Behavioral Ecology and Sociobiology*, 57, 599 (2005).
27) L. Chittka, J. Spaethe, A. Schmidt and A. Hickelsberger: Adaptation, constraint, and chance in the evolution of flower color and pollinator color vision. In L. Chittka and J. D. Thomson (eds.), Cognitive Ecology of Pollination, Cambridge University Press, 106-126 (2001).
28) A. Gumbert, J. Kunze and L. Chittka: Floral colour diversity in plant communities, bee colour space and a null model, *Proceedings of the Royal Society B*, 266, 1711 (1999).
29) K. Takagi and K. Ohashi: Realized flower constancy in bumble bees: optimal foraging strategy balancing cognitive and travel costs and its possible consequences for floral diversity, *bioRxiv* (2024).
30) N. Muchhala and M. D. Potts: Character displacement among bat-pollinated flowers of the genus *Burmeistera*: analysis of mechanism, process and pattern, *Proceedings of the Royal Society B*, 274, 2731 (2007).
31) A. B. Stewart, C. Diller, M. R. Dudash and C. B. Fenster: Pollination-precision hypothesis: support from native honey bees and nectar bats, *New Phytologist*, 235, 1629 (2022).
32) N. Jirgal and K. Ohashi,: Effects of floral symmetry and orientation on the consistency of pollinator entry angle, *The Science of Nature*, 110, article number 19 (2023).
33) T. Miyashita, S. Hayashi, K. Natsume and H. Taki: Diverse flower-visiting responses among pollinators to multiple weather variables in buckwheat pollination, *Scientific Reports*, 13, 3099 (2023).
34) J. E. Ogilvie and J. D. Thomson: Site fidelity by bees drives pollination facilitation in sequentially blooming plant species, *Ecology*, 97, 1442 (2016).

第3章 植物-動物間における相互作用

第7節 異端の花たち：まだ見ぬ植物と送粉者の相互作用

東京大学　望月　昂

1. 送粉者から理解する花の多様性

　現在の陸上生態系を支える陸上植物のうち，多くを占めるのが被子植物である。被子植物は25万種程度が存在すると予想されており，花をつけることが特徴的な分類群である。被子植物は地に根を張り，動かない選択肢を取るために，動物とは全く異なる生活や手段を講じていることが多い。被子植物を特徴づける花は，交配のために配偶子である花粉を，同種個体とやり取りするための器官である。被子植物の実に85%以上は，動物によって花粉を運搬されていると予想されている[1]。送粉動物には，鳥やコウモリなどの飛翔性の脊椎動物の他，霊長類，げっ歯類などの哺乳類も含まれる。送粉に関わる分類群の数として多いのは，なんといっても昆虫類である。主な送粉者として，ハチ目，ハエ目，チョウ目，甲虫目が挙げられる[2]。植物は，こうした動物に広く受粉される場合もあれば，特定の目や科のみに受粉されるケースや，果ては，ただ1種の動物によってのみ受粉される場合もある。では，植物はどのようにこれらの動物を"使い分け"ているのだろうか？

　送粉者が異なる植物は，異なる花形質を持つことが古くから知られてきた。特に，送粉者を共有する植物には，同じような花形質が見られることがあり，これを送粉シンドロームという[3]（図1）。たとえばガ類に受粉される植物は，白い花，芳香，夜に咲く花，蜜を湛える距をもつ，など，複数の形質がセットで観察される場合がある。クチナシやハマユウを想像してもらえればよいだろう。一方で，近縁な植物であっても，ハチドリに受粉される場合には，花は赤く，匂いはなく，昼に咲く花を持つ，という特徴を持つ。こうした違いは，選択圧を与える送粉者の感覚や形態に応じて，それぞれの植物が適応してきた結果だと考えられる。

　このように送粉シンドロームは，動けない植物が，自在に動き回る動物に花粉運搬を任せた結果，動物から与えられる自然選択と平行進化を証左するものとして，重要な考え方である。しかしながら，こうした例に当てはまる場合ばかりでなく，現在知られている送粉シンドロームに該当しない植物も数多く存在する。もし送粉シンドロームの前提を疑わ

※口絵参照

図1 送粉シンドロームの一例。(A) ハナバチ媒花：ヤマトリカブトとトラマルハナバチ，(B) 鳥媒花：ツバキとメジロ，(C) チョウ媒花：ヒガンバナとクロアゲハ，(D) スズメガ媒花：きわめて長い花筒をもつニューカレドニアのクチナシ属の一種，(E) ハエ媒：ミヤマキンポウゲとハナバエの一種，(F) ジェネラリスト：エゾノシシウド

なければ，こうした植物には，既存の送粉者とは質的に異なる選択圧を与えうる，未知の送粉者がいると予想される。こうした植物の送粉様式を調べれば，未だ誰も知らない新しい送粉系を発見できるのではないだろうか。実際，野山を歩くと，教科書や論文に書いてある送粉シンドロームに該当するような花を持たないものは散見される。それでは，「異端な」花形質は，どのような送粉者と関わりをもつのだろうか。

2. 暗赤色花とキノコバエ媒送粉シンドローム

アオキという植物がある。日本，台湾，中国に分布し，日本の森においては，落葉樹林において林床を構成する代表的な樹木である。庭木にも用いられることもあり，赤い実がついている様子を見たことがある方は多いのではないかと思う。しかし，花がどのようなものか，すぐに思い浮かべられる方は少ないのではないだろうか。実は，ちょうど桜の咲く時期に，林床でひっそりと咲いているのだ。アオキの花は，4枚の暗赤色の花弁をもつ7 mmほどの小さなもので，雄蕊が非常に短く，花の基部（花盤：柱頭の裾野の部分）にへばりつくように配置している（図2(A)）。このような花は，まさしく，先に話に挙げた送粉シンドロームのいずれにも該当しない花である。特に，暗赤色の花は，腐肉食のハエに送粉されるラフレシアなどの植物や，性擬態するラン科植物など，複数の植物分類群において知られるものの，送粉者との関わりは不明瞭な形質だ。アオキについては，花に集まる昆虫に関する研究はあったが，具体的に花粉運搬の貢献はわかっておらず，植物が適応したと思われる主要な送粉者が不明なままだった。

そこで私たちは，京都大学の裏山である吉田山を含む複数個所で観察を行ったところ，

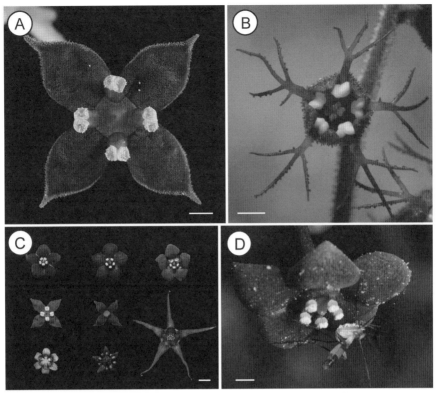

図2 キノコバエ媒花の送粉シンドローム。(A) アオキの雄花，(B) チャルメルソウ，(C) キノコバエに送粉される5科7種の日本の野生植物。上段：ニシキギ科ニシキギ属のサワダツ（左），ムラサキマユミ（中），クロツリバナ（右），中段：アオキ科アオキの雄花（左）と雌花（右），下段：ユリ科タケシマラン（左），ユキノシタ科クロクモソウ（中），マンサク科マルバノキ（右），(D) ムラサキマユミを訪れるナガマドキノコバエの一種

スケールバーは，1 mm (A, B ,D) と2 mm (C)

日暮れ前後30分ほどの間に，キノコバエ科の昆虫が群がってくることが観察された。よく観察してみると，アオキの花は一日を通じて実に100種を超える昆虫に訪花されていたのだが，体表に付着した花粉の数や，訪問頻度などに基づいて送粉者としての重要度を計算してみると，日暮れに集まるキノコバエの仲間がもっとも花粉運搬に貢献していることがわかった。

キノコバエは，その名の通りキノコ（菌類の子実体）や，朽木，コケで繁殖する双翅目：ハエ目の昆虫である。湿った環境に多く生息し，森の中のちょっとした渓流でスウォームを作っている様子がよく観察される。植物の送粉者としても知られた昆虫であり，日本だと，テンナンショウ属の植物が花序に捕えて送粉させることがよく知られる。キノコバエによる送粉はラン科，サトイモ科など複数の植物で知られていた一方で，私たちの研究が行われるまで，そのほとんどが擬態やだましの送粉システムであるとされてきた。蜜を報酬としてキノコバエに送粉されるのはチャルメルソウ属が代表的であった[4]。

チャルメルソウ属はユキノシタ科の多年生草本で，やはりキノコバエが生息しているよ

第7節 異端の花たち：まだ見ぬ植物と送粉者の相互作用 | 171

うな渓流沿いのコケの上などの湿度の高い環境に生育する植物である。比較的最近，送粉者キノコバエが，チャルメルソウ類が生える環境を提供するコケを食草としていることもまた明らかになった[5]。チャルメルソウ属は，花弁が骨組みのようになった特殊なかたちをしており，これは送粉者キノコバエの足場として機能することが知られている[6]。チャルメルソウとアオキ―同じく蜜報酬を持ちキノコバエに送粉される，まったく異なる分類群の植物である。花弁の形は大きく異なる。しかしながら，注意深く観察すると，これらの植物は，平たく，よく似たサイズの花をもち，その花はディスプレイが暗赤色と緑色で構成され，雄しべ，特に花糸が短く，露出した蜜腺をもつ，という類似点があることがわかる（図2(A)(B)）。花のサイズはキノコバエにフィットしているように考えられるうえ，露出した蜜腺でキノコバエが採餌する際に，花盤付近に配置された葯が体に触れるようすもまた，これらの植物で共通していることから，花形態がキノコバエに適応していることを窺わせた。これはキノコバエに対する送粉シンドロームなのではないだろうか。このような仮説が立てば，やることはシンプルである。まずは，同じような花をもつ植物を探し出し，送粉者がキノコバエかどうかを調べることで，花形質の予測性を検証する。次に，近縁種間で送粉者と花形質を比較し，キノコバエによる送粉が花形質の進化をもたらしたかどうかを検証する。

　図鑑『日本の野生植物』と指導教員のアドバイスをもとに，ニシキギ科ニシキギ属の複数種（サワダツ，ムラサキマユミ，クロツリバナ），マンサク科のマルバノキ，ユキノシタ科のクロクモソウ，そして，ユリ科のタケシマランにターゲットを絞り，観察を行った（図2(C)）。これらの植物での観察は，利尻島，白山，飛騨高山，大津，大山など，実にさまざまな場所で行い，かなり苦戦はしたものの，いずれも蜜を吸いに来たキノコバエに送粉されるということが明らかになった。ニシキギ属のムラサキマユミという植物は，群生せず，しかも膝丈程度の高さにしか成長せず，花は下向きであるというものだった。つまり，訪花昆虫を観察するときには，地べたに這いつくばりながら花を見上げて辛抱強く待つ必要があった。しかも1つの株がせいぜい2〜20個ほどの花しかつけないので，訪花のチャンスが極めて少なく，大変な思いをした。年を変え，場所を変え，ついに，花粉を大量に付着させたキノコバエが訪花するようすを観察ときの鮮烈な光景は忘れがたいものだ（図2(D)）。このようにして，5科7種の植物で新たに蜜報酬型のキノコバエ媒の送粉様式を発見し，アオキ－チャルメルソウ様の花形質とキノコバエとの間に密接な関係性があることが示唆された[7]。

　さて，似た花をもつものがキノコバエに送粉されることがわかったが，では，ちょっと違う花をもつものはどうだろうか？　キノコバエによる送粉は，花形質ではなく，系統で決まっている可能性もまだ残されている。この調査のため，世界に130種，日本に18種が分布するニシキギ属植物を対象に，送粉様式と花形質の関係性を調べることにした。日本には，ツリバナ，マユミ，マサキ，コマユミ（変種としてニシキギを含む）など山歩きやガーデニングをする人にはよく知られた植物を含み，基本的には白〜緑白色の花をつける。日本には上述の3種のほかに，アオツリバナという暗赤色の花を持つ種があるが，他はすべて白色である。まず，白色のニシキギ属5種と，外群のクロヅルで，先ほどま

での研究と同様に送粉者を調べたところ，ハナバチや大型のハエ，甲虫が送粉者であること，キノコバエはほとんど訪れないことがわかった．さらに，暗赤色の花をもち，日本の種とは系統的に離れた種を求めて，海外にも足を延ばした．系統的に離れた種は独立に暗赤色を進化させているようであり，これらがキノコバエに送粉されるかどうか，は，平行進化を検証するうえで重要である．そこで，共同研究者が見つかり，うまく自生地も発見できた台湾のタイワンアズサ *Euonymus laxiflorus* とアメリカのムラサキマサキ *E. atropurpureus* で観察を行ったところ，これら2種がキノコバエによって送粉されることがわかった（**図3**）．暗赤色の平たい花がキノコバエ媒の送粉シンドロームと信じている一方で，日本の中だけの現象ではないかという疑念もあった自分にとって，外国産のこの2種が日本産種と同じようにキノコバエに送粉されていたことは，突き詰めているものへの大きな安心感を与えてくれたものだった．

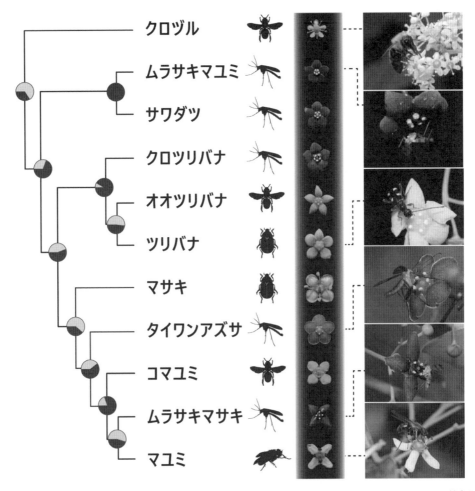

※口絵参照

図3 ニシキギ属における花色と送粉様式の進化パターン
各枝の先端の影絵は送粉者を示す．系統樹上の円グラフは，その系統が分岐した時点において緑白色または暗赤色どちらの花色をもっていたかの確率を示す

ここまでで，花の色と送粉者に関わりがあることが見えてきた。この研究では，花の色に加えて，雄しべの長さ，花の匂いも同時に調べていた。「これら3つの形質が，送粉者と関連して進化してきたか？」を問うのが今回の研究の大事な部分である。そこで，クロヅルを外群としたニシキギ属の系統樹を用いて，進化的な解析をしたところ，キノコバエによる送粉に伴って，花は赤く，雄しべは短くなり，花の匂いとしてアセトインを獲得することがわかった。これは暗に，キノコバエへの適応が，花形質の平行進化をもたらしたことを示している（図3)[8]。これにて，当初に思い描いた，アオキ−チャルメルソウ様の花形質が，キノコバエによる送粉に伴う送粉シンドロームである可能性の検証ができたのだった。簡単に書いてはいるものの，この研究は，始まりから出版まで8年，そしてその間に2度の大改訂を要しており，エネルギーと粘り強さが求められる仕事であった。

　ただし，この研究においては，花形質とキノコバエの進化的関係性は示唆されたものの，生態学的なつながり，すなわち，花の色と匂いがキノコバエを誘引するか，についてはまだわかっていない。特に，アセトインは乳酸発酵などによって生じる，微生物由来の揮発性成分としてよく知られるものだが，アセトインを主要な花の匂いとするものはほとんど知られていない。このことからも，キノコバエ媒花の特殊性が窺えるが，アセトインがキノコバエを誘引するのか，あるいは，花の色と関係する副産物なのか，はたまたキノコバエ以外の昆虫を忌避する役割があるのか，今後の研究によって検証していきたい。

3．狩りバチによる送粉

　さて，これで，暗赤色の花はキノコバエ媒ということで解決したのだろうか？…実は，全くもってそんなことはない。たしかに暗赤色とアオキ様の花形態をもつものはキノコバエ媒花だという自信はあるが，花形態が異なるものは，キノコバエ媒とはいえないだろう。私は上述の植物たちの観察の傍ら，暗赤色の花を持つものや，既存の送粉シンドロームに属さない植物の観察を続けてきた。そんななかで出会ったのが，ノダケという植物だ。

　ノダケはセリ科シシウド属に属する多年生草本で，林縁や湿った草地などに生える植物だ。セリ科といえば，大きな白色の傘状花序で，実に多様な昆虫を惹きつける，「ジェネラリスト」として有名だ[9]（図1(F)）。とある日，フィールドで枯れ草のような姿をしたノダケに心惹かれ，ぼんやりと眺めていると，オオスズメバチがやってきた。一つひとつ，花に口を押し当てている様子から，どうやら，蜜を飲んでいるらしい。10分程観察したが，オオスズメバチの他，コガタスズメバチやヒメスズメバチなど，スズメバチ属の昆虫が次々にノダケの花序を訪れることがわかった（図4(A)）。スズメバチをはじめとする狩りバチは，白い花をつけるセリ科植物でもたまに見られるが，そうした場合，ハエやハチなどがもっと高い頻度で観察されるものである。しかしながらノダケの場合，わずかな数のチョウやハエがいるばかりで，訪花者のほとんどがスズメバチのようだった。これは，新しいスズメバチ媒花ではないだろうか。このように考え，新しい研究チャンスに昂ったものの，博士課程の主要なテーマであったキノコバエ媒の研究で手一杯で，ノダケ

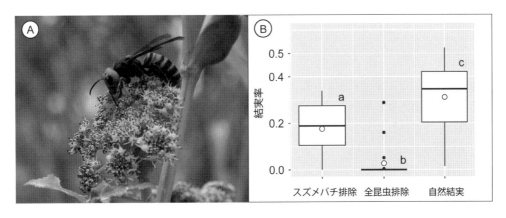

図4 （A）ノダケを訪れるオオスズメバチ，（B）昆虫排除実験の結果

排除実験では，自然結実＞スズメバチ排除＞全昆虫排除の順で結実率が低下した。それぞれの箱ひげ図の右肩のアルファベットは，文字が異なる場合には処理間で統計的に有意な差があったことを示す

に手をだす余裕はなく，しばらくこのテーマは眠りにつくことになる。

　学位を取得し，東京大学の小石川植物園に異動したあと，分園の日光植物園を訪れる機会があった。ここで再び，園内に自生しているノダケと再会を果たし，研究を再開した。しかし，観察をしてみると，ノダケと同所的に生育（こちらは植栽）している，緑色の花序をもつイワニンジンの方がスズメバチの集客力がはるかに高い。ノダケにもスズメバチは来るが，イワニンジンの方が高い誘引力をもつように感じた。そこで，この2種を対象に，訪花昆虫を調べたところ，両種ともにスズメバチ類が主要な訪花昆虫であることがわかった。日光植物園では，キイロスズメバチが最も多い訪花者であり，体の腹側と脚に大量に花粉を付着させていることがわかった。このことから，両種は，スズメバチ類に特化した「スペシャリスト」の送粉様式を持つことが示唆された。

　次に，スズメバチが実際にどれほど送粉に寄与しているかを調べるために，スズメバチを選択的に排除し，結実率の低減を確認することで，スズメバチの送粉者としての重要性を評価することにした。ここでは，7 mmのメッシュでできた袋を花序にかけてスズメバチを排除，1 mmメッシュの袋を用いてすべての訪花昆虫を排除，何もかけずすべての訪花昆虫を受け入れる，という3つの処理間で結実率を比較した。スズメバチが圧倒的に高頻度で，大量の花粉を運搬していたため，スズメバチ排除区では，結実率が大きく低減し，ほぼゼロになると予想した。しかしながら，実験が終わってみると，スズメバチ排除区では，たしかに結実率が低減したのだが，その下げ幅は期待したほどではなかった（図4(B)）。これはおそらくだが，スズメバチを排除したことで，他の訪花昆虫が花を訪れるようになったからではないかと考えている。実際に，荒いメッシュをすり抜けてハエが訪花している様子が観察された。さらに，ある日の観察で，花序の上で蜜を飲んでいたスズメバチが，他の訪花昆虫と鉢合わせた瞬間豹変し，すぐさま狩り殺してしまった場面を目撃してしまった。これまで数多の訪花者スズメバチを観察・採集してきた身としては，花

にいる限りスズメバチは触っても問題ないほど穏やかな「蜜エンジョイ」モードであって，普段の攻撃性や狩人としての行動機能は薄れていると思い込んでいたため，この観察は衝撃的だった。しかしこの観察は，スズメバチが，狩人としての役割を忘れることなく訪花行動を示すことを意味している。訪花昆虫は，わざわざスズメバチがいる花序には訪花しないであろうことを考えると，スズメバチの存在が他の訪花昆虫を遠ざけていても不思議はないと思われる。

　以上の観察と実験に基づくと，スズメバチの在不在によってノダケとイワニンジンの訪花者相はずいぶん変わりそうではあるが，自然状況下においてはスズメバチが主要な送粉者であると考えられる。これは，ジェネラリストと信じられてきたセリ科において，貴重な例外である。さらに，スズメバチの送粉者としての二面性が，スズメバチを主要な送粉者たらしめていることは，送粉様式の特殊化が，訪花者の種間相互作用という生態学的な文脈で達成されていることを示唆している[10]。

　さて，色の話に戻ると，スズメバチが主要な送粉者であると思われるノダケとイワニンジンの暗赤色や緑色の花は，キノコバエ媒花にも通じるところがあるし，代表的な狩りバチ媒花とされるヒナノウスツボ属などにもみられる特徴だ[2]。同じような色合いをもつウコギ科のケヤマウコギやキヅタもまたスズメバチが頻繁に訪れるようである[11]ことからも，キノコバエ媒花と同様，一定の関係性があるように思える。最近では，ガガイモ亜科植物の研究から，暗赤色の花を送粉する昆虫には，タマバエやヌカカ，キモグリバエなど，送粉者としてはあまり聞きなじみのない双翅目昆虫によって送粉されることも明らかになりつつある。研究はまだ半ばであるものの，これらのことから見えてきたのは，暗赤色や緑色の花をもつ植物は，ハナバチやチョウ，鳥，（オオ）コウモリ，ガ，ハナアブなど，これまで送粉生態学をけん引してきた研究で扱われてきた"メジャーな"送粉者ではなく，キノコバエやタマバエ，ヌカカ，キモグリバエなどの双翅目や，狩りバチ，甲虫など，研究例の少ない"マイナーな"送粉者と関わりを持ちそうだということだ。これらの送粉昆虫は，色覚や色の選好性に関する研究が少なく，花の色が，送粉において至近的にどうふるまっているのかを理解することは当分先になりそうである。昆虫の生理や認知については門外漢の筆者としては，送粉系をどんどん発見して増やし，それらに共通する部分をあぶりだすことで，花の色と送粉者の関係性に迫りたいと考えている。

　花の多様性や，花と送粉者の相互作用の多様性と進化を理解するためには，さまざまな系からの知見を集め，統合していくことが重要である。実際，南アフリカではクモバチに送粉される複数の植物が似たような花形質を持つことが近年発見されており，花の形態や匂いの機能について新しい説明が数多く提案されている[12]。新しい送粉系の発見そのものは世界中で行われている。しかしながら，それらは基本的に散発的・偶発的なものである。送粉シンドロームのはぐれものを探索するという手法は一般的ではないが，ある程度体系立てて新しい系を発見することができる。

4. さいごに

　未知は人を惹きつけて止まないことだ。研究者は未知を目指して日々仕事をしているわけだが，筆者の場合，上述の通り，新規の送粉系の発見を通じて，これまでの研究であまり見向きされてこなかったような形質をもつ花や植物分類群の進化・生態学的な観察をすることが研究のスタイルである。暗赤色の花の他，学生の時からキョウチクトウ科ガガイモ亜科植物に関する研究にも取り組んでいる。たとえば，ガの脚先によって送粉されるサクララン[13]や，昆虫を吸血する生活史をもつハエによって送粉されるカモメヅルの仲間，狩り蜂に送粉されつつ，余計な訪花昆虫を花の毛によるフィルターで排除するソメモノカズラなど，興味深い送粉生態をもつ植物が，日本だけでも複数見出されている。

　こうした研究も面白いのだが，日本の植物が特別というわけではない。外国に目を向ければ，興味深い植物がこれでもかというほど存在し，その送粉生態を解明される日を待っている。ガガイモ亜科植物を例にとれば，サクララン属は500種以上が東南アジアに分布するが，送粉者が明らかなのはたった2種だ。サクララン属植物には，極めて多様な花形質が認められるので，サクラランとは異なる送粉システムをもつ種があってもなんら不思議ではない。筆者は，日本での研究の傍ら，少しずつ新たな系を発見すべく，なるべく毎年海外に行って調査をしている。最近では，マレーシア，タイ，シンガポールに赴いて熱帯の植物観察を重ねている。さらに，ごく最近，アルメニアの研究者とつながったことで，コーカサスで送粉研究を始めることができた（図5）。コーカサスは世界の多様性ホットスポットの1つであるにもかかわらず，送粉研究がほぼ皆無であり，一度赴いただけでたくさんの発見があった。日本は植物相に関する理解も醸成し，その上に成り立つ送粉などの種間相互作用の研究もアクティブに行われており，しばしば研究対象がバッ

※口絵参照

図5　(A) 荒涼としたアルメニアの大地に点在する花畑。(B) ポピーの野生種の1つ，*Papaver arenarium*

ポピーの類は送粉者が不明な種が多い

ティングすることもある．しかし，こうした諸外国は完全なブルーオーシャンである．海外での研究は，コミュニケーションや法律などさまざまな難しさもあるが，そこを乗り越えれば，だれも見たことのない送粉系をこの目にできるだろう．

文　献

1) J. Ollerton, R. Winfree and S. Tarrant: How many flowering plants are pollinated by animals?, *Oikos*, 120(3), 321(2011).
2) P. Willmer: Pollination and floral ecology. In Pollination and floral ecology, Princeton University Press (2011).
3) C. B. Fenster, W. S. Armbruster, P. Wilson, M. R. Dudash and J. D. Thomson: Pollination syndromes and floral specialization, *Annu. Rev. Ecol. Evol. Syst.*, 35(1), 375 (2004).
4) Y. Okuyama, O. Pellmyr and M. Kato: Parallel floral adaptations to pollination by fungus gnats within the genus Mitella (Saxifragaceae), *Mol. Phylogenetics Evol.*, 46(2), 560(2008).
5) Y. Okuyama, T. Okamoto, J. Kjærandsen and M. Kato: Bryophytes facilitate outcrossing of *Mitella* by functioning as larval food for pollinating fungus gnats, *Ecology*, 99(8), 1890(2018).
6) K. R. Katsuhara, S. Kitamura and A. Ushimaru: Functional significance of petals as landing sites in fungus-gnat pollinated flowers of *Mitella pauciflora* (Saxifragaceae), *Func. Eco.*, 31(6), 1193(2017).
7) K. Mochizuki and A. Kawakita: Pollination by fungus gnats and associated floral characteristics in five families of the Japanese flora, *Ann. Bot.*, 121(4), 651(2018).
8) K. Mochizuki, T. Okamoto, K. H. Chen, C. N. Wang, M. Evans, A. T. Kramer and A. Kawakita: Adaptation to pollination by fungus gnats underlies the evolution of pollination syndrome in the genus *Euonymus*, *Ann. Bot.*, 132(2), 319(2023).
9) J. M. Olesen, Y. L. Dupont, B. K. Ehlers and D. M. Hansen: The openness of a flower and its number of flower-visitor species, *Taxon*, 56(3), 729(2007).
10) K. Mochizuki: Hunt and pollinate: Hornet pollination of the putative generalist genus *Angelica*, *Ecology*, e4311(2024).
11) 山田雅輝：スズメバチが好むケヤマウコギの花，青森自然誌研究，18, 35(2013).
12) A. Shuttleworth and S. D. Johnson: The *Hemipepsis* wasp-pollination system in South Africa: a comparative analysis of trait convergence in a highly specialized plant guild, *Bot. J. Linn. Soc.*, 168(3), 278(2012).
13) K. Mochizuki, S. Furukawa and A. Kawakita: Pollinia transfer on moth legs in *Hoya carnosa* (Apocynaceae), *Am. J. Bot.*, 104(6), 953(2017).

第3章 植物-動物間における相互作用

第8節 絶対送粉共生系における花の匂いの役割

岐阜大学　岡本　朋子

1. はじめに

　種数や形態，形質の多様性の点において，陸上植物の王者である被子植物を王者たらしめるのは，その繁殖を支える器官である花の存在が大きい。花はさまざまな形，サイズ，色をした花弁を有するだけでなく，種によって異なる匂いを放出している。花の色や匂いのシグナルは，花粉を他個体に運ぶ送粉者に自身の存在をアピールし，誘い寄せる役割を果たしており，これらの形質は送粉者とのインタラクションを通じて進化してきたと考えられている[1]。その結果，地球は我々の目を惹く美しい花々に溢れている。しかしながら，中にはヒトの興味を惹く点では力不足と言わざるを得ない植物も存在する。それらは大抵花の形が奇抜で花としては認識されないか，サイズが小さく色が地味でそもそも花の存在自体に気付かれない。しかしながら，このような花はヒトの興味を惹かずともひっそりと，かつ密接に送粉者とインタラクションをしている。

　一般的な送粉系では，送粉者は花蜜や花粉などの資源を求めて花を訪れ，その際に偶然体についた花粉を他の花に運ぶことで共生関係が成立する。このような系で，送粉者が得る報酬はさまざまで，よく知られる花蜜や花粉以外にも，熱や匂いや油などが挙げられる。主に花蜜と花粉は送粉者自身の飛翔のエネルギーや幼虫の餌として，熱や匂いは交尾相手の獲得，油は幼虫の餌や巣の裏張りとして利用される[2]-[4]。このような報酬で見られる共通した特徴として，成虫自身がそれぞれの報酬を直接受け取る点が挙げられる。一方，送粉者自身が直接報酬を受け取ることなく，花を去った後，もしくは死亡した後に報酬が生じる変わった送粉共生系も存在する。これは，繁殖地提供型送粉系と呼ばれ，送粉者が花を訪れた際に産卵し，孵化した幼虫が，花粉，種子，胚珠，ゴール，開花が終わり腐敗した花など，花に関わるものを食べて成長するといった特徴がみられる。アザミウマ等の一部の送粉者は花に産卵するだけでなく，自分自身も花粉等を食べて栄養を得るが，多くの場合，繁殖地提供型送粉系で送粉者が得る報酬は「自身の子の餌」のみである。Sakai[5]では，繁殖地提供型送粉系を，送粉者の幼虫が食べるものによって，① 種子，胚珠，ゴール（虫こぶ）食 ② 花粉食 ③ 腐敗した花や花序食と3つのタイプに分類して

いる。なかでも，幼虫が種子，胚珠，ゴールなどを食べる系では，植物と送粉者の間に極めて高い種特異性が見られ，両者が繁殖を完全に依存し合うことが多く，共進化や種分化等の進化研究の好適な材料となっている。本節では，繁殖地提供型送粉系のなかでも①幼虫が種子や花の一部をゴール化したものを食べる，②植物と送粉者の間に高い種特異性がみられ，繁殖を強く依存し合う，③送粉者が能動的に送粉を行う，の3つの条件を満たす系（絶対送粉共生系）について触れていく。

絶対送粉共生系をはじめとした繁殖地提供型送粉系では，多くの場合送粉者の誘引に花の匂いが用いられる[6]。これまで被子植物の花の匂いを構成する揮発性化合物は，1000種以上の植物から1720種以上の揮発性化合物が同定されている[7]。被子植物約35万2000種のうち87%以上が動物によって受粉され[8]，さらに送粉者の多くが昆虫であることを踏まえると，未だ発見されていない揮発性化合物が多く存在すると考えられる。このように，花の匂いに含まれる揮発性化合物自体の多様性だけでなく，量的・質的な違いにより事実上無限の組み合わせが可能であり，花の匂いは植物が有する表現型のなかで最も複雑かつ，変異しやすい形質であるといえる。絶対送粉共生系では，花の匂いは種特異的な送粉者を誘引するだけにとどまらず，花の状態を示すシグナル等になっている。ここでは，絶対送粉共生系のなかでも，近年花の匂いの研究が盛んであるユッカとユッカガ，イチジクとイチジクコバチ，コミカンソウとハナホソガの3つの系について具体的な例を挙げつつ，花の匂いの役割について紹介していく。

2. ユッカ-ユッカガ

進化学の父であるチャールズ・ダーウィンが「the most wonderful case of fertilisation ever published（これまでに発表されたなかで最も素晴らしい共生系）」と称したものとして，キジカクシ科 *Yucca* 属と *Hesperoyucca* 属の植物（以下ユッカと示す）とヒゲマガリガ科 *Palategcula* 属と *Tegeticula* 属のガ類（以下ユッカガと示す）の絶対送粉共生関係がある（図1）。ユッカは北米から中央アメリカの乾燥地帯を中心に約50種が生育し，いずれの種もユッカガによって花粉が運搬される[9]。日本でも園芸植物としてイトラン（*Yucca filamentosa*）やキミガヨラン（*Yucca recurvifolia*）などが栽培されている。ユッカはいずれの種も白からクリーム色の釣鐘型の花を鈴なりにつけ，*Hesperoyucca whipplei*（送粉者：*Tegeticula maculata*）を除いて，受粉は日没後に行われる[10]。送粉者であるメスのユッカガは，寄主

※口絵参照

図1 *Yucca filamentosa* の花と送粉者の *Tegeticula yuccasella*。口器にユッカの花粉をたずさえている（白矢印）

の花の中で交尾をした後，"maxillary tentacle"と呼ばれる，小顎肢由来の独特な形態の器官を使って，寄主の花粉をボール状にして集める。その後別の花に移動し，硬い産卵管を使って発達中の胚珠に卵を多数産みつけるが，産卵の場所や方法は種によって異なる。最後に，ユッカガは花粉をカップ状の柱頭に押し込んで，授粉を完了させる。孵化した幼虫は，発達中の種子の5～30％を食べて成長し，残った種子が植物の繁殖に使われる。非常に興味深いことに，ユッカの花は最大90％の花が成熟する前に落下するが，花の落下はユッカガの産卵数が多いものほど起こりやすく，これを選択的中絶機構とよぶ[11]。これは，多量に産卵されたことによる種子の過剰な食害を防ぐだけでなく，不十分な授粉のみで産卵を行うような，ユッカガの裏切り行為に対する制裁になると考えられている。

　ユッカとユッカガの関係では，高い種特異性がみられ，ほとんどのユッカガは単一種のユッカとパートナーシップを結んでおり[12)13)]，花の匂いをたよりに寄主と非寄主を判別し訪花している。*Yucca glaura* とその送粉者である *Tegeticula yuccasella* を対象に行ったY字管実験では，授粉と産卵を行うメスのユッカガだけでなく，受粉に関わらないオスのユッカガも寄主の花の匂いに誘引されることがわかっており，これは花が交尾場所として機能していることが理由と考えられる[14]。ユッカの花の匂いはこれまでに9種で調べられており，多くの種がホモテルペンの (*E*)-4, 8-dimethyl-1, 3, 7-nonatriene（以下 (*E*)-DMNTと記す）を微量～優占成分として，その他に C_{10}-C_{19} のアルカンやアルケンを含んでいる。その他に，6種のユッカを対象とした研究では，(*E*)-DMNT から誘導される新規のテトラノルセスキテルペノイド4成分が新たに発見され，これら4成分は全て *Y. filamentosa* の花の匂いに含まれることから，filamentolide, filamentol, filamental, filamentone と名付けられた[15]（図2）。(*E*)-DMNT, (*Z*)-filamentol, (*Z*)-filamentolide はユッカガの触角の電位応答を引き起こす他，(*Z*)-filamentolide は野外でのトラップ実験でユッカガを誘引することが確認されており，これらがユッカガの誘引成分として極めて重要であると考えられる。しかしながら，これらの成分は単一種のユッカのみではなく，いくつかの種で見られているため，おそらく単一成分によって種特異的な関係が維持されているのではない。種ごとに優占する化合物が異なったり，それぞれの成分の構成比が異なることから，これらの違いがユッカガの寄主選択の際の情報として役立って

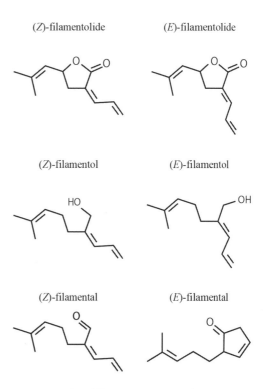

図2　ユッカで新規に発見された6種のテトラノルセスキテルペノイド

いるのであろう。

　花の匂いはユッカとユッカガにとって，互いが繁殖を達成するために重要な情報といえる。このような形質は変異することが両者の適応度低下につながるため，変異が起こりにくい保存的な形質であるといえる。実際，異所的に生育する近縁な 2 種（*Y. elata* と *Y. filamentosa*）では，異なる種のユッカガに送粉されているにもかかわらず，花の匂いの成分と組成が酷似している[16]。一般的に，異所的に生育する種では，異なる環境への適応や遺伝的浮動によって少なからず形質に変異が生じることが多いが，ユッカの場合は花の匂いが繁殖に関わる形質のため，極めて保存的であることを示している。

　寄主の発見や選択以外にも，ユッカガは訪花の際に情報として化合物を利用している。ユッカガは花を選択する際に，他個体によって産卵と受粉が行われたものと行われていないものを区別し，後者の花には著しく少ない数の卵を産み，授粉回数も減らすという行動をみせる。これは前述した寄主植物の選択的中絶によって，産んだ卵が失われることを防ぐ効果があると考えられる。一般的に花は受粉が完了するとエネルギーの投資を送粉者誘引から結実へと変える。花の匂いの場合，受粉後に放出量の減少やプロファイルの変化が見られることが多い。ユッカガは，人工的に授粉させた花と未受粉の花のどちらにも選好性を示さないことから，受粉による花の匂いのプロファイルの変化が，産卵基質としての花の状態を示すシグナルとはならないようである[14]。ところが，実験的にメスの腹部抽出物を塗りつけた未受粉花をユッカガに提示すると，産卵数と授粉回数を減少させることから，ユッカガは産卵の際にマーキングフェロモンを花に残し，それが受粉・産卵済みの情報となっていると考えられる[17]。

3．イチジク - イチジクコバチ

　ユッカと共に古くから知られる絶対送粉共生系として，クワ科イチジク属の植物（以下イチジクと示す）とイチジクコバチ科の複数属のハチ（以下イチジクコバチと示す）の関係がある[18]。イチジクは無花果と書くように，花囊と呼ばれる袋状の花序を持ち，袋の内側に多数の花を咲かせるため，一見して花が咲かずに実がなるように見える（図 3）。一般的な被子植物の開放型の花とは異なり，昆虫が花にアプローチすることが難しい。送粉者であるイチジクコバチは，体長 1～2 mm 程度の大きさで，ostiole とよばれる小さな孔から花囊内に侵入する。Ostiole はひだ状の構造で極めて狭く，たいていのイチジクコバチは一度花囊内にはいると外には出られない。そのため，間違った種を選択してしまった場合に訪花のやり直しができず，イチジクコバチの寄主植物の選択と訪花は一生で 1 度のみであり，間違った種を選択した個体は子を残せない。イチジクコバチは花囊に侵入後授粉と産卵を行い，孵化した幼虫は種子の一部，もしくは花をゴール化させたものを食べて成長する。花囊の中でオスと交尾をしたメスのイチジクコバチは，花粉を持って脱出し，他の花囊へと飛び立つ[18]。

　イチジクは熱帯を中心に 750 種以上が生育する，絶対送粉共生系のなかでは最も多様化を遂げたグループであり，形態や形質だけでなくイチジクコバチとの関係にも高い多様

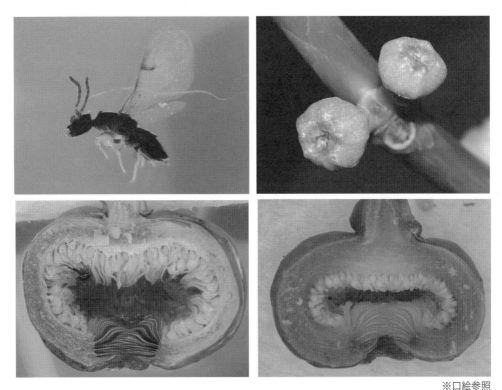

図3 オオバイヌビワ（*Ficus septica*）の送粉者の *Ceratosolen* sp. のメス（左上）。オオバイヌビワの花期の花嚢（右上）。オオバイヌビワの雌花嚢（左下）と雄花嚢（右下）。白い粒状のものが花。ひだ状の構造はイチジクコバチが出入りする Ostiole

※口絵参照

性がみられる。たとえば，イチジクには，雌雄同株と機能的雌雄異株の種があり，これらは受粉の戦略が大きく異なっている（図4）。機能的雌雄異株とは，種子生産に寄与せずイチジクコバチの育成に特化した雌花と雄花をつけ，もっぱら花粉生産をする株（機能的雄株）と花粉を産せず，種子をつける雌株に分かれる，変わった性表現である。機能的雌雄異株の種では，イチジクコバチは機能的雄株上でしか繁殖できず，雌株の花嚢に入った場合は授粉を行うが，産卵はできずに死んでしまう。また，他の絶対送粉共生では，植物と送粉者の間に1種対1種の高い種特異性がみられ，イチジクでもおおむね同様であるが，おおよそ3分の1の種でその関係が崩壊している点が特徴的である[19]。さらに，ユッカやハナホソガでは例外なくみられる能動的送粉についても，イチジクコバチでは行わない種が多く含まれる[20]。能動的送粉を行う種では，胸部に花粉をおさめるためのくぼみ（花粉ポケット）があり，前脚にある特殊な櫛状突起（coxal comb）を用いて花粉の出し入れを行う（図5）が，受動的送粉を行う種ではこのような行動は見られず，花嚢内を動きまわった際に体についた花粉が雌蕊に付着することで受粉が完了する。

　ユッカの場合，花は夜の暗闇でも目立つ白色をしており，花の匂いだけでなく視覚的な情報もユッカガが花の発見をする際に役立つと考えられているが，イチジクの場合は視覚的情報の乏しさゆえに嗅覚情報の重要性が強調されている。実際，Y字管実験や花抽出物

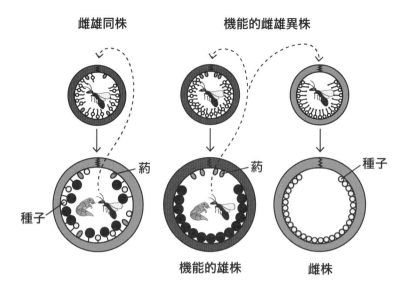

図4 雌雄同株と機能的雌雄異株のイチジクおよびイチジクコバチの繁殖戦略の違い。機能的雌雄異株の種では，雌株の花嚢に入ったイジジクコバチは繁殖ができず，雄株に入った場合のみ繁殖ができる

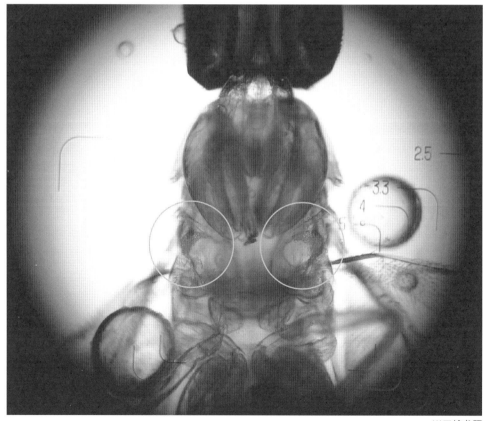

※口絵参照

図5 イチジクコバチの胸部にある花粉ポケット（白丸）。小さな粒がイチジクの花粉

の提示実験を通じて，寄主のイチジクの花の匂いにイチジクコバチが誘引されることが数多く報告されている[21]-[23]．これまでに花の匂いが分析されたイチジクは30種以上におよび，いずれの種もlinaloolや(*E*)-*β*-ocimene, *α*-copaeneなどのごくありふれたテルペノイドが多く含まれている．例外的に*Ficus semicordata*では，他の植物では見られない珍奇な単一の化合物（4-methylanisole）によって種特異的な送粉者を誘引する"プライベートチャンネル"とよばれる現象が見られる[24]．プライベートチャンネルは，種特異的な送粉者のフェロモンに擬態し花へ誘引するラン等（擬交尾送粉系）でしばしばみられるが[25]，絶対送粉共生系においては稀な現象といえる．花の匂い成分の組成比をベースとしたプロファイルの比較では，種間で明確に匂いが異なる[26]，もしくは，樹高やostioleのサイズ等の生態的に似通った種間では匂いが大きく異なり，生態的特徴を共有する種間では匂いが比較的似ていないことが明らかになっている[23]．イチジクの大部分では，ありふれた化合物のブレンドによって種特異的な送粉者を誘引しているというのが近年の考え方であり，実際*Ficus carica*では(*S*)-(+)-linalool, Benzyl alcohol, (*E*)-linalool oxide furanoid, (*Z*)-linalool oxide furanoidの4成分のブレンドによって，送粉者である*Blastophaga psenes*を強く誘引することが明らかになっている[27]．

　機能的雌雄異株のイチジクの場合，イチジクコバチは雄株でのみ繁殖が可能で雌株では死に絶えるため，雌花嚢に訪れるメリットがない．一方のイチジクは雌株にイチジクコバチが来なければ種子が残せず繁殖ができないため，両者の間には訪花をめぐるコンフリクトが生じる．野外で花期にあるイチジクの雄花嚢と雌花嚢を割ってみると，明らかに雄花嚢に入るイチジクコバチが多くはあるが，少ないながらも雌花嚢にも見られる．訪花のメリットがないにもかかわらず，雌株を選ぶイチジクコバチがいる理由として，以下の2つの理由が考えられている．1つ目は，雄株からイチジクコバチが出てくる時期に，花期を迎えるのが主に雌株であり，雌雄株間での開花フェノロジーの非同調性がある種がみられること，2つ目は雌花嚢が雄花嚢の匂いに「擬態」していることが挙げられる[26]．開花フェノロジーが雄雌間で同調する種の場合，イチジクコバチが花粉を携えて飛び立った後雄雌両方の花嚢が花期にあたるため，イチジクコバチは産卵が可能な雄花嚢に入りやすくなると考えられる．しかしながら，このような種では，雄花嚢と雌花嚢の匂いが極めて似ており，イチジクコバチも雄雌花嚢を匂いでは区別できないことから，雌花嚢に"騙されて"訪花していると考えられる[26][28]．

4. コミカンソウ - ハナホソガ

　2003年に発見された新規の絶対送粉共生の例として，コミカンソウ科のカンコノキ属（*Glochidion,* 以下カンコノキ），オオシマコバンノキ属（*Breynia,* 以下オオシマコバンノキ），コミカンソウ属（*Phyllanthus*）の植物とホソガ科ハナホソガ属（*Epicephala,* 以下ハナホソガと示す）がある．上記の植物3属には約1200種が含まれるが，その内最も多様なコミカンソウ属800種のなかでは絶対送粉共生系ではないものも多く含み，さらに送粉者誘引のメカニズムについての知見が少ないため，ここでは割愛し，主にカンコノキ

について紹介する。カンコノキは東南アジアを中心に約300種が分布し，形態が明らかに異なる雌花と雄花を葉腋部につける雌雄同株の木本植物である。雌花は花弁を欠いて一見蕾のようであり，さらに緑〜黄緑色を示すため，夕暮れ以降にガ類によって送粉される花には珍しく目立たない形態である（図6）。ハナホソガは体長5 mm前後の小さなガで，メスは口吻に花粉を携えるための毛を多く有し，日没後に雄花を訪れ花粉を集める。その後雌花へ移動し，口吻で集めた花粉を柱頭にこすりつけ授粉した後同じ花に産卵する。花の中で孵化した幼虫は，発達中の種子の約30〜50％を食べて成長し，残った種子が植物の繁殖に使われる[29]。キールンカンコノキ（Glochidion lanceolatum）では2種のハナホソガによって受粉が行われること

※口絵参照

図6　ウラジロカンコノキ（Glochidion acuminatum）の雌花に授粉するハナホソガ（Epicephala anthophilia）。口吻に大量の花粉がつき，黄色く太く見える

が確認されているが，この2種のハナホソガが他の複数種のカンコノキを授粉することは確認されておらず，基本的にハナホソガは1種のカンコノキのみを利用する[30]。ユッカとイチジク同様，Y字管を用いた選択実験によってハナホソガは花の匂いのみで同所的に生育する非寄主と寄主のカンコノキを判別できることが確認されており，種特異的な関係は花の匂いによって維持されている[31]。ユッカガと同様，受粉に関わらないオスのハナホソガも寄主のカンコノキの花の匂いに誘引されるが，これは寄主植物が交尾場所として利用されることが理由であると考えられる。しかしながら，オオシマコバンノキ（Breynia vitis-idaea）とオオシマコバンノキハナホソガ（Epicephala vitisidaea）を用いた実験では，オスのハナホソガは寄主の花の匂いには誘引されない[32]。オオシマコバンノキは夜間に葉が閉じるため，ハナホソガが交尾場所として利用しにくい可能性があるが，系によってオスの寄主植物の花の匂いに対する行動が異なる理由は不明である。これまでに分析されたカンコノキ9種，オオシマコバンノキ3種は主にごくありふれたテルペノイド（(S)-$(+)$-linalool，(R)-$(-)$-linaloolや(E)-β-ocimeneなど）や芳香族化合物（PhenylacetaldehydeやMethyl anthranilateなど）で構成されており，さらにさまざまな種で共有するパターンが多い[31,33,34]。しかし，これらの成分の組成比を比較すると，明確に種を区別できることから，コミカンソウとハナホソガの系においても，いくつかのありふれた化合物のブレンドが種特異的な送粉者の誘引に重要であると考えられる。たとえば，オオシマコバンノキ（B. vitis-idaea）では，2-phenylethyl alcoholと2-phenylacetonitrileが主に放出されており，これら2成分はそれぞれ単一成分でハナホソガを誘引できるだけでなく，同時に存在することでより強い誘引性があることがわかっている[32]。

　また，カンコノキでは，前述のユッカと同様，卵が多く産み付けられた雌花が木から落

とされる選択的中絶機構が確認されている[35]。生存した雌花における産卵数の分布をみると，1つの花あたりの卵の数が1個以下であることが多く，ハナホソガは他個体がすでに産卵した花を避けて訪花することが示唆されている。ヒラミカンコノキ（*Glochidion rubrum*）では，人工的に雌花を受粉させると，全体的な花の匂いの放出量が減少するが，化合物ごとに減少率が異なる。特に，Eugenol は受粉後に劇的に減少するだけでなく，ハナホソガの触角に提示した場合に電位応答が得られる[36]。さらに，Eugenol は同所的に生育する他のカンコノキからは放出されていないことから，送粉者にとっては寄主のシグナルになるだけでなく，未受粉花のシグナルとしても働いている可能性が高いと考えられる。

イチジクでは，機能的雌雄異株の種で花の匂いの雄−雌間擬態が行われていることは前述したがそれとは逆に，カンコノキとオオシマコバンノキでは雌雄花間で匂いの劇的な違い（性的二型）が見られることがわかっている[37]。ハナホソガの授粉行動は，雄花で花粉を集めた後に雌花で授粉と産卵を行い，その後花粉がなくなるまで雌花への訪花を繰り返すため，雄花への訪花の必要性は"口吻に花粉がない"という状況でのみ生じる。雌雄花で花の匂いが似て区別できない場合，ハナホソガは不必要な雄花への訪花を行い，余計なエネルギー的，時間的コストが生じてしまう。一般的な送粉共生系の場合，雄花は結実のコストがなく，花粉分散のために送粉者に数多く訪れてもらうことが適応度の向上につながるため，送粉者誘引（誘引形質や花蜜などの報酬）にエネルギーを投じる傾向がみられる。そのため送粉者も雄花に訪花しがちになるが，雌花は結実のため同種の花粉を持った送粉者に訪花してもらう必要がある。そのため色や形，匂いなどの誘引形質を雄花に似せて受粉を達成していると考えられる。カンコノキは，動物媒の植物には稀な誘引形質の性的二型性を進化させた点で非常に興味深い植物と言える。また，このような花の匂いの性的二型は，同じコミカンソウ科のなかでも，ハナホソガによって受粉される種でのみ見られ，能動的送粉行動がその進化の原動力になった可能性が高い。

文　献

1) C. B. Fenster, W. S. Armbruster, P. Wilson, M. R. Dudash and J. D. Thomson: Pollination Syndromes and Floral Specialization, *Annual Review of Ecology, Evolution, and Systematics,* 35, 375 (2004).
2) B. B. Simpson and J. L. Neft: Floral rewards: alternatives to pollen and nectar, *Annals of the Missouri Botanical Garden,* 68, 301 (1981).
3) K. E. Steiner and V. B. Whitehead: Oil flowers and oil bees: Further evidence for pollinator adaptation, *Evolution,* 45, 1493 (1991).
4) B. J. Arriaga-Osnaya, J. Contreras-Garduño, F. J. Espinosa-García, Y. M. García-Rodríguez, M. Moreno-García and H. Lanz-Mendoza: Are body size and volatile blends honest signals in orchid bees?, *Ecology and Evolution,* 7, 3037 (2017).
5) S. Sakai: A review of brood-site pollination mutualism: plants providing breeding sites for their pollinators, *Journal of Plant Research,* 115, 161 (2002).
6) M. Hossaert-McKey, C. Soler, B. Schatz and M. Proffit: Floral scents: their roles in nursery pollination mutualism, *Chemoecology,* 20, 75 (2010).

7) J. T. Knudsen, R. Eriksson, J. Gershenzon and B. Ståhl: Diversity and distribution of floral scent, *The Botanical Review,* 72, 1(2006).

8) J. Ollerton, R. Winfree and S. Tarrant: How many flowering plants are pollinated by animals?, *Oikos,* 120, 321(2011).

9) O. Pellmyr: Yuccas, Yucca Moths, and Coevolution: A Review, *Annals of the Missouri Botanical Garden,* 90, 35(2003).

10) J.A. Powell and R. A. Mackie: Biological interrelationships of moths and *Yucca whipplei* (Lepidoptera: Gelechiidae, Blastobasidae, Prodoxidae), *Univ. Calif. Publ. Entomol,* 42, 1(1966).

11) O. Pellmyr and C. J. Huth: Evolutionary stability ofmutualism between yuccas and yucca moths, *Nature,* 372, 257(1994).

12) O. Pellmyr: Systematic revision of the yucca moths in the *Tegeticula yuccasella* complex (Lepidoptera: Prodoxidae) north of Mexico, *Systematic Entomology,* 24, 243(1999).

13) O. Pellmyr and M. Balcázar-Lara: Systematics of the *Yucca* Moth Genus Parategeticula (Lepidoptera: Prodoxidae), with Description of Three Mexican Species, *Annals of the Entomological Society of America,* 93, 432(2000).

14) G. P. Svensson, O. Pellmyr and R. Raguso: Pollinator attraction to volatiles from virgin and pollinated host flowers in a *yucca*/moth obligate mutualism, *Oikos,* 120, 1577(2011).

15) A. Tröger, G.P. Svensson, H-M. Galbrecht, R. Twele J.M. Patt, S. Bartam, P.H.G. Zarbin, K. A. Segraves, D.M. Althoff, S. Reuss, R.A. Raguso and W. Francke: Tetranorsesquiterpenoids as attractants of yucca moths to yucca flowers, *Journal of Chemical Ecology,* 47, 1025(2021).

16) G.P. Svensson, O. Pellmyr and R. Raguso: Strong conservation of floral scent composition in two allopatric yuccas, *Journal of Chemical Ecology,* 32, 2657(2006).

17) C.J. Huth and O. Pellmyre: Yucca moth oviposition and pollination behavior is affected by past flower visitors: evidence for a host-marking pheromone, *Oecologia,* 119, 593(1999).

18) D.H. Janzen: How to be a fig, *Annual Review of Ecology and Systematics,* 10, 13(1979).

19) J. Cook and J. Rasplus: Mutualists with attitude: coevolving fig wasps and figs, *Trends in Ecology & Evolution,* 18, 241(2003).

20) F. Kjellberg, J. Emmanuelle, J. L. Bronstein, A. Patel, J. Yokoyama and J-Y. Rasplus: Pollination mode in fig wasps: the predictive power of correlated traits, *Proceedings of the Royal Society of London. Series B: Biological Sciences,* 268, 1113(2001).

21) L. Grison-Pigé, J. M. Bessière and M. Hossaert-McKey: Specific attraction of fig-pollinating wasps: Role of volatile compounds released by tropical figs, *Journal of Chemical Ecology,* 28, 283(2002).

22) Y-l Chen, M-l Huang, W-s Wu, A-f. Wang, T. BAO, C-f Zheng, L-s Chou, H-y Tzeng and S-w Tu: The floral scent of Ficus pumila var. pumila and its effect on the choosing behavior of pollinating wasps of Wiebesia pumilae, *Acta Ecologica sinica,* 36, 321(2016).

23) T. Okamoto and Z-H. Su: Chemical analysis of floral scents in sympatric Ficus species : highlighting different compositions of floral scents in morphologically and phylogenetically close species, *Plant Systematics and Evolution,* 307, 45(2021).

24) C. Chen, Q. Song, M. Proffit, J. M. Bessiere, Z. Li and M. Hossaert-McKey: Private channel: a single unusual compound assures specific pollinator attraction in *Ficus semicordata, Functional Ecology,* 23, 941(2009).

25) F. P. Schiestl, R. Peakall, J. G. Mant, F. Ibarra, C. Schulz, S. Franke and W. Francke: The Chemistry of Sexual Deception in an Orchid-Wasp Pollination System, *Science,* 302, 437(2003).

26) M. Hossaert-McKey, M. Proffit, C. C. L. Soler, C. Chen, J.-M. Bessière, B. Schatz and R. M. Borges: How to be a dioecious fig: Chemical mimicry between sexes matters only when both sexes flower synchronously, *Scientific Reports,* 6, 21236(2016).

27) M. Proffit, B. Lapeyre, B. Buatois, X. X. Deng, P. Arnal, F. Gouzerh, D. Carrasco and M. Hossaert-McKey: Chemical signal is in the blend: bases of plant-pollinator encounter in a highly specialized interaction, *Scientific Reports,* 10, 10071(2020).

28) C. C. L. Soler, M. Proffit, J.M. Bessiere, M. Hossaert-McKey and B. Schatz: Evidence for inter-

sexual chemical mimicry in a dioecious plant, *Ecology Letters,* 15, 978(2012).
29) M. Kato, A. Takimura and A. Kawakita: An obligate pollination mutualism and reciprocal diversification in the tree genus *Glochidion* (Euphorbiaceae), *Proceedings of the National Academy of Sciences of the United States of America,* 100, 5264(2003).
30) A. Kawakita and M. Kato: Revision of the Japanese species of *Epicephala* Meyrick with descriptions of seven new species (Lepidoptera, Gracillariidae), *ZooKeys,* 568, 87(2016).
31) T. Okamoto, A. Kawakita and M. Kato: Interspecific variation of floral scent composition in Glochidion and its association with host-specific pollinating seed parasite (*Epicephala*), *Journal of Chemical Ecology,* 33, 1065(2007).
32) G.P. Svensson, T. Okamoto, A. Kawakita, R. Goto and M. Kato: Chemical ecology of obligate pollination mutualisms: testing the 'private channel' hypothesis in the *Breynia- Epicephala* association, *New Phytologist,* 186, 995(2010).
33) D. Huang, F. Shi, M. Chai, R. Li and H. Li: Interspecific and Intersexual Differences in the Chemical Composition of Floral Scent in Glochidion Species (Phyllanthaceae) in South China, *Journal of Chemistry,* 2015, 1(2015).
34) Z-g Zhang, K-j Teng and H-H. Li: Biological characteristics of *Epicephala ancylopa* (Lepidoptera : Gracillariidae) on host *Glochidion* sp. (Phyllanthaceae) and the compositional analysis of its floral scent, *Acta Entomologica Sinica,* 2016, 669(2016).
35) R. Goto, T. Okamoto, E. T. Kiers, A. Kawakita and M. Kato: Selective flower abortion maintains moth cooperation in a newly discovered pollination mutualism, *Ecology Letters,* 13, 321 (2010).
36) T. Okamoto, G. P. Svensson, R. Goto, A. Kawakita and M. Kato: Nocturnal emission and post-pollination change of floral scent in the leafflower tree, *Glochidion rubrum*, exclusively pollinated by seed-parasitic leafflower moths, *Plant Species Biology,* 37, 197 (2022).
37) T. Okamoto, A. Kawakita, R. Goto, G. P. Svensson and M. Kato: Active pollination favours sexual dimorphism in floral scent, *Proceedings of the Royal Society B: Biological Sciences,* 280, 20132280(2013).

第 3 章 植物−動物間における相互作用

第 9 節 虫癭と植物

京都府立大学　平野　朋子

1. 虫癭の定義と謎

「果実のようで果実とは異なる構造物の中に虫が生息している」現象は，古今東西で観察されてきた。その構造物は，「虫癭（むしこぶ），虫癭（ちゅうえい），英語名で Gall と呼ばれている。

「虫癭」は，昆虫やダニなどが植物の遺伝子に作用し，植物組織の異常な発生を誘導して形成される「こぶ」状の構造物であり，芽や茎，葉，蕾，花，実，根など，さまざまな部位につくられる。「虫癭」は，葉を切って作るゆりかごや，葉を食べ進んだ跡などのように，葉が変形したものではなく，植物独自の生活環では形成されない特殊器官である（図 1，2）。

植物に虫癭をつくらせる昆虫（虫癭形成昆虫）は，自身の住居や餌場獲得のために，特別に，植物の発生プログラムを操作して，植物に虫癭を創らせたと考えられている。ま

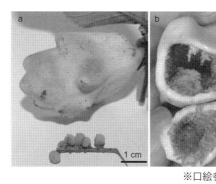

※口絵参照

図 1　ヌルデの虫癭（a 上）は，ヌルデの果実（a 下）に色や形態は似ているが，大きさが異なる。ヌルデの虫癭を割ると，数千個体ものヌルデシロアブラムシが観察される（b）

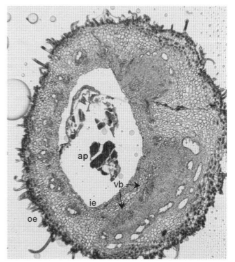

※口絵参照

図 2　ヌルデシロアブラムシがヌルデに作る虫癭「五倍子」の構造

外部にはリグニン化した硬い外郭構造（oe），内部には柔らかい構造（ie）と維管束構造（vb）が発達しており，内部の空洞部分に，ヌルデシロアブラムシ（ap）が生息している（文献 10 より引用）

た，「セントラルドグマ」によって個体自身の遺伝子が発現した結果としての表現型を超えた，他者操作による「延長された表現型」の代表例ともいえる[1]。

虫瘤は，虫瘤形成昆虫が植物への産卵や摂食の時に働きかけることで形成誘導されることが提案されてきた。また，虫瘤形成昆虫はタマバエ，タマバチ，アブラムシなどの2万から20万種も知られ[2,3]，虫瘤形成昆虫と寄主植物の組み合わせによって，「多様な形態」が作り出されることから[4,5]，虫瘤ごとに，虫瘤形成因子が存在すると考えられてきた。

しかしながら，虫瘤形成の分子メカニズムは，ほとんど解明されてこなかった。

2. 虫瘤形成メカニズムの解明のための研究材料

2.1 宿主植物ヌルデ

我々は，「多様な形態」とされる「虫瘤」の構造を把握するため，入手が容易な宿主植物ヌルデ（*Rhus javanica*）の虫瘤とその虫瘤形成昆虫ヌルデシロアブラムシ（*Schlechtendalia chinensis*）を実験材料に選んだ。

ヌルデは，日本，中国，ヒマラヤ，東南アジアに自生する，樹高3〜7 mのウルシ科の落葉高木で，道路脇や空き地などの荒れ地に真っ先に出現するパイオニアプランツと呼ばれている。奇数の小葉からなる羽状複葉をもち，葉軸にある翼葉に，ヌルデシロアブラムシ，ヌルデフシダニ，ヤノハナフシアブラムシなどが虫瘤を形成する。特にヌルデシロアブラムシが作る虫瘤は，古くから五倍子（ごばいし）とよばれ，タンニンの含量が高いことからお歯黒の原料や漢方薬として用いられてきた。

2.2 虫瘤形成昆虫ヌルデシロアブラムシ

ヌルデの虫瘤形成昆虫ヌルデシロアブラムシ（*Schlechtendalia chinensis*）の生活環は，複雑である。5，6月頃に，幹母と呼ばれる1匹の雌が一次寄主であるヌルデの翼葉に着くと，その周囲が隆起して幹母を包み込み，直径1 mmほどの初期の虫瘤が形成される。その後，幹母は無性生殖で自分自身のクローンである「胎生雌虫（たいせいしちゅう）」を産み，胎生雌虫やその子孫が単為生殖を繰り返し，9月頃までヌルデシロアブラムシの体長2 mmほどの「無翅型」コピーが増産される。それにつれて虫瘤はこぶしほどの大きさにまで急速に成長する。

秋になると，虫瘤の中で成長した翅を持つ「有翅型」の個体が生まれ，虫瘤に穴を開けて飛び出し，二次寄主であるコケ植物（チョウチンゴケ類）に移動する。そこで無性生殖で産まれた幼虫が越冬し，翌春に有翅虫となって再びヌルデに移動すると，無性生殖で雌と雄が産まれ，有性生殖によって，新たな幹母が生まれる。

3. 虫瘤の構造：虫瘤は，高度に組織化した器官である

ヌルデ虫瘤は，中央に昆虫の住む空間があり，これを取り囲む組織は層状構造をしてい

る．すなわち，昆虫の食料となるカルス（幹細胞）化した内部構造，水分や養分を送り込むために張り巡らされた維管束，非常に堅い木質化した外殻構造，といった特徴的な構造をもっており（図2），我々は，これらを『虫瘤の三大構造』と呼ぶことにした．これは，バクテリアやウイルスが作る秩序のない腫瘍状の組織「クラウンゴール」（単なる細胞の塊）とは異なり，高度に組織化した複雑な特殊器官である．

4. 虫瘤形成に必要な遺伝子

虫瘤には，単に少し膨らんだだけのヒサカキ虫瘤，これより膨らみが目立つカンコノキ虫瘤，立体的なブドウ虫瘤，そして，幹細胞や二次細胞壁などが組織立ち，はっきりした高次構造をもつヨモギやヌルデの虫瘤など，構造の複雑性に違いが観察される．我々は，これら数種類の虫瘤について，網羅的遺伝子発現解析 RNA sequencing (RNA-seq.) 解析を行い，共通点を探ったところ，幹細胞を維持または誘導する遺伝子群（CLE44, BAM3, WOX ファミリー）と花器官形成 ABCE モデルの遺伝子群の顕著な発現を発見した．

植物の組織は，根の先と茎の先にある細胞が分裂を繰り返すことにより成長するが，茎の先の細胞は「茎」または「葉」になり，日長や気温などの条件が整うと，「花（花器官）」をつくり出す．多くの植物の花は，外側から，がく，花弁，雄しべ，雌しべ（心皮）が同心円状にならび，受粉後に，雌しべが果実となることが知られている．

茎の先の細胞群が花を経て果実となるしくみは，古くからよく研究され，花器官の形成は，ホメオティック遺伝子モデル「ABCE モデル」に従っていることがわかっている．このモデルは，1991 年，E. Meyerowitz や E. Coen のグループによって提唱され，その後の研究によって確立した．「がく，花弁，雄しべ，雌しべの4種の花器官は，クラス A，B，C，E の4種類の遺伝子の発現によって決まる」，すなわち，「すべての花器官の形成に必要とされるクラス E 遺伝子が発現し，その上でクラス A 遺伝子が働くと，花器官の一番外側のがくが形成され，クラス A とクラス B 遺伝子の両方が働くとその内側の花弁が，クラス B 遺伝子とクラス C 遺伝子の両方が働くとその内側の雄しべが，クラス C 遺伝子が働くと，中心の雌しべが形成される」というものである[6]．

我々は，網羅的遺伝子発現解析により，複数種類の虫瘤で，花器官形成遺伝子の発現上昇を発見しただけでなく，それら遺伝子発現の組み合わせが虫瘤によって異なることも見出した．たとえば，虫瘤器官の立体性や複雑性が高い，ヨモギやヌルデの虫瘤では，花器官形成のベースにあるクラス E 遺伝子と A，C 遺伝子が高発現し，クラス B 遺伝子の発現は低く保たれ，虫瘤器官の立体性や複雑性が低い虫瘤ほど，クラス A 遺伝子やクラス E 遺伝子の発現が低くなっていた（図3(a)）[7]．この結果は，虫瘤形成メカニズムの大枠を浮かび上がらせている．

すなわち，ヨモギやヌルデのような立体性や複雑性が高い虫瘤は，クラス E，A，C 遺伝子の高発現および B 遺伝子の低発現により，「がくと雌しべが発達し，花弁と雄しべの退化」した結果であり，がくが硬化して外殻になり，雌しべが変化して昆虫の餌となる栄

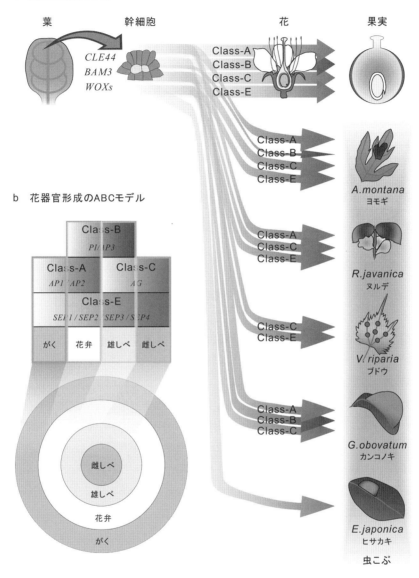

図3 虫癭形成モデル（a）と花器官形成のABCモデル（b）

(a) 幹細胞誘導遺伝子の発現の後，花器官形成のクラスA，B，C遺伝子の発現組み合わせによって虫癭の形態が決まる。(b) クラスE遺伝子をベースに，クラスA遺伝子が働くとがくが，クラスA，B遺伝子が働くと花弁が，クラスB，C遺伝子が働くと雄しべが，クラスC遺伝子が働くと雌しべが形成される

養豊富な組織が形成されたのだろう，と推察される．チャールズ・ダーウィンの，「虫癭が植物の果実に似ている」という指摘は[8]，我々の研究などにより，遺伝子レベルで証明された[7)9)10]．

以上を総合して考えると，虫癭形成は，初期においては，あらゆる虫癭に共通の遺伝子発現の誘導で，葉などの分化した器官から幹細胞化が促進され，その後の花器官形成遺伝子の発現量の組み合わせによって，虫癭の形態のバリエーションが生まれていると考察された．

一方，ヌルデの初期の虫癭および葉，花，実で発現している遺伝子について網羅的に解析したところ，初期の虫癭では，細胞を初期化状態にする遺伝子，花芽や花や果実の形成遺伝子を制御する転写因子の他に，光合成関連の遺伝子の発現や，植物組織を木部化させるリグニンやスベリン合成に関与する遺伝子などの発現が顕著に変動していた．

5．虫癭形成昆虫は植物ホルモンを生成する

これまでの研究において，虫癭形成には，昆虫が合成する植物ホルモンの関与を示唆する報告がある[11]．そこで，ヌルデシロアブラムシの虫体中の植物ホルモン量を調べると，植物ホルモンであるオーキシンとサイトカイニンを高濃度に蓄積していた[10]．オーキシンやサイトカイニンには，植物の幹細胞化や細胞増殖を促進する作用がある．たとえば，植物にオーキシンやサイトカイニンを与えて培養すると，分化細胞から「カルス」と呼ばれる未分化細胞が増殖し，その後の誘導で植物体に再生することができる．

したがって，「虫癭形成昆虫は，ホスト植物の組織に，オーキシンやサイトカイニンなど植物ホルモンを注入し，細胞を初期化状態にする遺伝子を発現させて，未分化組織を作り，その後，未分化組織から花芽や花や実を作る転写因子の働きを活性化させて，葉に実のような器官の形成を誘導し，初期の虫癭構造を作り出す」と結論づけた（図3）．しかしながら，オーキシンやサイトカイニンなどの植物ホルモンだけでは，花器官形成のE，A，C遺伝子の誘導や，虫癭のような複雑な高次構造を持った器官形成の誘導を説明することはできず，虫癭形成昆虫が未知の「虫癭形成因子」を分泌することで，植物の発生プログラムを高度に操作していることが強く示唆された．

6．虫癭形成因子探索のためのツール，Ab-GALFAの開発

我々は，植物ホルモンとともに分泌される「虫癭形成因子」を同定するため，モデル植物シロイヌナズナを使ったアッセイ法，Arabidopsis based-gall formation assay（Ab-GALFA）を開発した[9]．これは，ヌルデシロアブラムシを含む虫癭形成期の虫癭形成昆虫をすりつぶした懸濁液（虫液）に植物を浸しておくと，一晩で植物の根の形態が大きく変わり，虫癭様構造を形成する，という発見に基づいている（図4）．

Ab-GALFAを用いると，ヌルデシロアブラムシ虫液は，ヌルデシロアブラムシ虫体の

植物ホルモン組成を再現した溶液（artificial phytohormone mix: AHM）よりはるかに著しく，シロイヌナズナ分化細胞の幹細胞化，維管束の1つである導管形成，堅い二次細胞壁形成を誘導させることがわかった。すなわち，シロイヌナズナ蛍光標識幹細胞マーカーラインの4日目芽生えを，虫液もしくはAHMに一晩浸漬したとき，虫液の方がより広範囲で高い強度の蛍光が観察されたのである（図5）。加えて，虫液による，導管の構成成分であるリグニンとスベリンの染色色素や，二次細胞壁の成分の蛍光標識の増強が確認されたのである。これらの結果は，虫液が，シロイヌナズナに虫瘤に似た構造（虫瘤様構造）を形成させる物質を含み，また，虫瘤が，植物が共通するメカニズムでつくられることを示している。

Ab-GALFAによって，虫液によるシロイヌナズナ芽生えの反応と同様の反応を起こす物質を探せば，虫瘤形成因子を見つけることができ，また，虫瘤形成因子候補物質が虫瘤形成活性をもつかどうかも，Ab-GALFAで評価できることを確かめた。

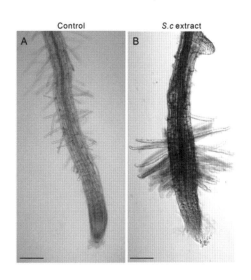

図4　シロイヌナズナは，ヌルデシロアブラムシ虫体の破砕液に浸漬すると（右），異常な細胞分裂と細胞伸長が起こり，水に浸漬したとき（左）と比較して，形態が大きく変化する。スケールバー＝ 100 µm

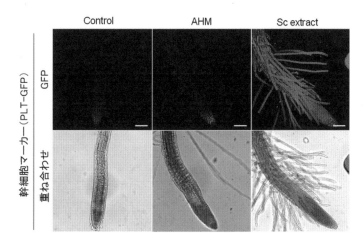

※口絵参照

図5　シロイヌナズナの分化細胞における幹細胞化

植物の芽生えにおける，蛍光タンパク質で標識した幹細胞マーカー遺伝子の蛍光画像（上図・GFP）と明視野を重ね合わせた画像（下図・重ね合わせ）。ヌルデシロアブラムシ虫体の植物ホルモン組成を再現した溶液（AHM）で浸した方は根の先端で，ヌルデシロアブラムシ虫体破砕液（Sc extract）に浸した方は，根全体で高強度の蛍光が観察された。スケールバー＝ 100 µm

7. 虫瘤形成因子 CAP ペプチドの発見

我々は，未知の虫瘤形成因子が，どのような性質をもつ物質か，有機化合物，核酸，タンパク質，ペプチドのうち何であるか，を見極めるため，虫液を熱処理やペプチダーゼ処理した後，これらを用いた Ab-GAFA を行った。その結果，虫液の虫瘤形成活性は，熱処理しても維持されたが，ペプチダーゼ処理によって不活化したことから（図6），虫瘤形成因子はペプチドであると判断した。

次に，「虫瘤の成長速度が大きい時期のアブラムシは，虫瘤形成因子を高発現して，分泌し，それを植物側が受け取る」と想定し，in silico のスクリーニングを行った。すなわち，(1) 虫瘤形成期のヌルデシロアブラムシに発現上昇する遺伝子のなかから，(2) N 末端に分泌シグナルを持ち，(3) 植物のタンパク質と相同性を持つタンパク質，というクライテリアで探索し，酵母から，動物，植物まで広く保存されたタンパク質，Cysteine-rich secretory proteins, Antigen5, and pathogenesis-related 1 proteins (CAP) を，虫瘤形成因子候補として同定した（図7 (a)）。

昆虫や植物の CAP タンパク質のアミノ酸配列をアライメント解析した結果，CAP タンパク質の C 末端付近に，高度に保存されている領域があることがわかった（図7 (b)）。そこで，C 末端の保存領域を含む 22 残基のペプチド配列（CAP-p22 ペプチド）を化学合成し，シロイヌナズナに処理したところ，シロイヌナズナの芽生えで，幹細胞マーカーが高発現するとともに（図7(C)），導管形成や二次細胞壁の誘導を確認した。

続いて，高濃度（4 µM）または低濃度（60 nM）の CAP-p22 ペプチドで処理した 4 日齢のシロイヌナズナの芽生えを用いて

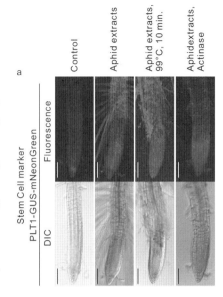

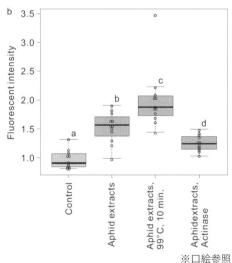

※口絵参照

図6 アブラムシ抽出液を，無処理，99 ℃で 10 分間煮沸，または 1 mg/mL アクチナーゼで 5 分間処理し，PLT1-GUS-mNeonGreen が発現する幹細胞マーカーラインの 4 日目芽生えを 16 時間浸したときの PLT1-GUS-mNeonGreen の局在（a）および蛍光強度（b）。文字が異なるグループは互いに有意に異なる（n = 12, $p<0.05$, Wilcoxon 検定，Steel-Dwass 検定）。スケールバー = 100 µm

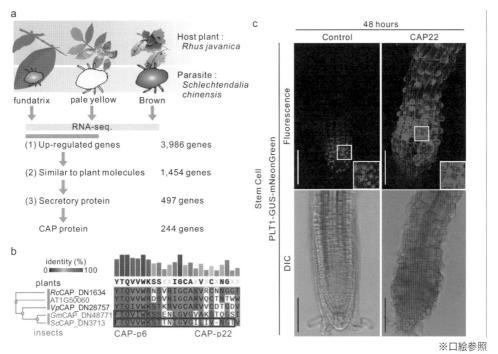

※口絵参照

図7　虫瘤形成因子のスクリーニングにより同定された候補 CAP ペプチドは，幹細胞化誘導活性を持つ

(a) 虫瘤形成因子のスクリーニングスキーム。幹母および淡黄色アブラムシが，茶色アブラムシと比較して発現が上昇した 3,986 遺伝子のうち，1,454 遺伝子は，植物にも類似タンパク質が存在した（シロイヌナズナゲノムデータベース TAIR10 より BLAST；Basic Local Alignment Search Tool 検索）。これらのうち，497 遺伝子が N 末端シグナルペプチドを持つ翻訳候補遺伝子であり，そのうち，244 個の CAP タンパク質を含んでいた。(b) *R. javanica* (*Rj*), *S. chinensis* (*Sc*), *Arabidopsis thaliana* (AGI コード), *Veronica peregrina* (*Vp*), *Gymnetron miyoshi* (*Gm*) の CAP タンパク質配列の系統樹と部分アラインメントから，高度に保存された 6 アミノ酸配列 CAP-p6 と，CAP-p6 と 16 アミノ酸からなる 22 アミノ酸配列（CAP-p22）が示されている。(c) PLT1-GUS-mNeonGreen を発現するシロイヌナズナ芽生えは，4 μM CAP-p22 ペプチドに 48 時間浸すと，丸みを帯びた細胞が増殖し，広範囲に蛍光が観察される。スケールバー＝ 100 μm

　RNA-seq 解析を行ったところ，CAP-p22 ペプチドは，高濃度で「遺伝子発現」，「発生」，「光合成」に関連する遺伝子群を，低濃度で「光合成」，「生物ストレス耐性」，「概日リズム」に関連する遺伝子群を発現誘導することがわかった。また，高濃度の CAP-p22 ペプチド処理は，幹細胞維持（PLT2, RGF2, RGF4, WOX1, RGFR2），木部形成（ACL5），二次細胞壁形成（MYB45, MYB63, VND6, MYB54, MYB52）に関与する遺伝子を発現上昇させ（図8），植物ホルモンによって誘導される遺伝子との合計は，虫液処理によって発現が上昇する遺伝子の 53.6 %，減少する遺伝子の 63.1 % をカバーしていた。

　一方，我々は，最も保存性が高い 6 残基のアミノ酸配列 CAP-p6 ペプチドが，CAP-p22 ペプチドと同様の活性を示すことを確認した。

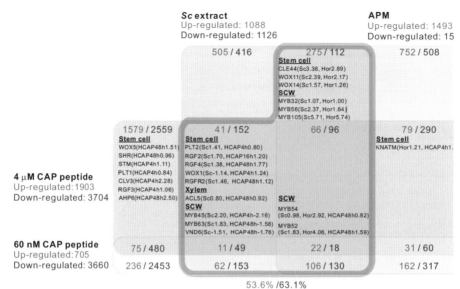

図 8　虫瘤形成昆虫体内中の植物ホルモンや CAP ペプチドによって発現誘導される植物の遺伝子

シロイヌナズナ芽生えに，アブラムシ抽出物（Sc extract）を処理して発現上昇 / 減少した遺伝子の 53.6 % /63.1 % は，高濃度（4 μM）または低濃度（60 nM）の CAP ペプチド処理または，人工植物ホルモン混合物（APM）処理時の発現上昇 / 減少した遺伝子であった。ベン図には，幹細胞（Stem cell），二次細胞壁（SCW），導管（Xylem）の形成に関与するマーカー遺伝子，logFC 値が示されている。CAP peptide; sum>1, |log FC|>1, FDR<0.05, Sc extract; sum>10, |log FC|>1, FDR<0.05, APM; sum>10, |log FC|>1, FDR<0.05

8. 人工的に虫瘤を誘導する

　虫瘤形成メカニズムの必須要件を確かめる最も直接的な方法は，虫瘤形成昆虫なしで人工的に虫瘤を形成することである。そこで，我々は，人工虫瘤を形成させ，さらに，その分子メカニズムを解析するためのモデル植物として，ムシクサ（*Veronica peregrina*）を選び，野外から探して採取した。宿主植物ムシクサは，寄主昆虫ムシクサコバンゾウムシ（*Gymnaetron miyoshii* Miyoshi）の誘導によって虫瘤を形成する，背丈 20 cm くらい，ライフサイクルが 2, 3 ヵ月の 1 年草である。ゾウムシの雌はムシクサの花弁や萼に穴を開け，発育中の花芽に産卵し，その後，孵化した幼虫が，胚珠を刺激して虫瘤を形成させる。

　我々は，CAP-p6 ペプチド，オーキシン（1- ナフタレン酢酸（NAA）），サイトカイニン（6- ベンジルアミノプリン（BAP））をさまざまな配分で混合した植物用培地でムシクサを培養し，人工的に虫瘤を再現することを試みた。

　その結果，0.05 〜 0.2 mg/mL NAA, 0.05 〜 0.25 mg/ml BAP, 10 〜 20 μM の CAP-p6 ペプチドを含む培地では，植物のシュートの先に虫瘤様器官が形成された。この虫瘤様器官には，虫瘤構造に典型的な 4 つの特徴：(i) 昆虫の生活空間となる中心の空洞，(ii) 虫瘤の内層にあるカルス様または柔細胞，(iii) 外層の細胞に形成された二次細胞壁，(iv) 虫瘤内層の管状要素を持つ維管束，が観察された（図 9）。

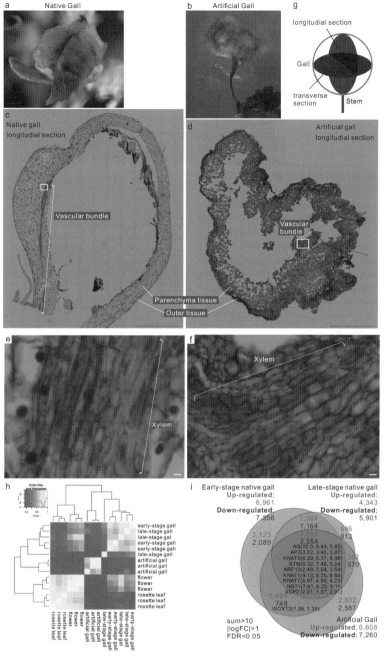

※口絵参照

図9 天然の虫瘤と人工虫瘤を比較すると，形態も遺伝子発現プロファイルも類似していた

大阪府の堺ふれあいの森自然公園で採取したムシクサ（*Veronica peregrina*）の虫瘤 (a) と人工虫瘤 (b) の縦断面を，サフラニン/O，ファストグリーン，ヘマトキシリンで染色した（c～f）。両方に，柔組織（Parenchyma tissue），木質化した外層（Outer tissue），維管束（Vascular bundle）の1つである管状要素（TE）(e, f) を持つ導管（Xylem）が観察される。(g) 天然の虫瘤と人工虫瘤それぞれの縦断面および横断面の模式図。(h) 天然虫瘤におけるロゼット葉，花，天然初期虫瘤，天然後期虫瘤，人工虫瘤の各組織から得られた遺伝子発現相関の階層的クラスタリング。(i) 初期虫瘤，後期虫瘤，人工虫瘤の間で，発現が上昇/減少した遺伝子の重なりを示すベン図；数種類の虫瘤で高発現する遺伝子名とその log FC 値を示す（sum>10, |log FC|>1, FDR<0.05）。スケールバー= 1 mm（a–d）および 10 μm（e and f）

ムシクサのロゼット葉，花，天然の初期虫瘤（幼虫が生息する直径3〜5 mmの虫瘤），天然の後期虫瘤（さなぎが生息する直径5〜10 mmの虫瘤），人工的に形成された虫瘤様器官の5種類の組織における，網羅的遺伝子発現解析の結果，虫瘤様器官の遺伝子発現プロファイルは，初期および後期の天然の虫瘤と高い類似性を示した（図9(h)）。

　また，天然の初期虫瘤では，発現上昇遺伝子の48.0 %，および，発現減少遺伝子の61.4 %が，天然の後期虫瘤での発現上昇・減少遺伝子とオーバーラップしていた。これに対し，人工的に形成した虫瘤様器官では，発現上昇遺伝子の57.6 %，および，発現減少遺伝子の64.3 %が，初期または後期の虫瘤で発現変動した遺伝子とオーバーラップしていたことから（図9(g)），人工的に形成した虫瘤様器官は，「人工虫瘤」であることが実験的に証明された。

　以上の結果より，CAPペプチド，オーキシン，サイトカイニンが基本的な虫瘤形成の必須要素であることが確認された。したがって，虫瘤形成昆虫は，植物と昆虫の両方に共通する分子であるCAPペプチドを使って，植物が元々持っているシステムをハイジャックしたと考えられる。

9. 虫瘤誘導物質で植物が強くなる——CAPペプチドのバイオスティミュラントとしての利用

　ヌルデは，虫瘤が形成されると，光合成効率が上昇し，また，我々の研究から，虫瘤を2, 3ヵ月で100万倍の体積に成長させながら，病原性バクテリアなどの環境ストレスに対して抵抗性を持つこともわかっている。実際，前述のCAPペプチド処理したシロイヌナズナの網羅的遺伝子発現解析より，CAPペプチドが乾燥やABA応答，病害応答，高温耐性や光合成関連の遺伝子群を顕著に発現誘導するという結果を得ている。

　これらのことから，CAPペプチドの，植物に成長促進や病害抵抗性を付与する生物賦活剤（バイオスティミュラント）としての利用が思いつく。

　そこで，CAPペプチド処理が，シロイヌナズナに各種ストレスに対する耐性を付与するか調査したところ，低濃度（nMオーダー）のCAPペプチドが，成長促進作用や塩耐性，高温耐性，病原菌耐性を付与した。さらに，実用植物トマト，イネ，小松菜，ダイズ，柿，梅，ジャガイモなどにおいても，CAPペプチドが植物体や果実に成長促進効果を付与することを確認している。

　CAPペプチドは，植物体内およびヒトにも存在する天然由来物質であることから非常に安全性が高く，nMオーダーの極低濃度で十分な効果を発揮する。また，ペプチド成分であるために環境残留性も低く，品質の保持やコントロールが比較的容易であるなどの特徴を持っている。天然由来の虫瘤誘導物質CAPペプチドは，環境負担をかけずに，すべての生物のエネルギーの源である植物の生産を促進し，未来型の農業や社会を助ける力になるだろう。

文　献

1) R. Dawkins: The Extended Phenotype: The Long Reach of the Gene Extended Phenotype, Oxford Landmark Science (2016).
2) P. W. Price, G. W. Fernandes and G. L. Waring: Adaptive Nature of Insect Galls, *Environ. Entomol.*, **16**, 15 (1987).
3) M. M. Espírito-Santo and G. W. Fernandes: How Many Species of Gall-Inducing Insects Are There on Earth, and Where Are They?, *Ann. Entomol. Soc. Am*, **100**, 95 (2007).
4) M. S. Mani: Ecology of Plant Galls, Springer (1964). doi:10.1007/978-94-017-6230-4.
5) E. P. Felt: New Philippine gall midges, with a key to the Itonididae, *Philipp. J. Sci.* **13**, 281 (1918).
6) E. S. Coen and E. M. Meyerowitz: The war of the whorls: genetic interactions controlling flower development, *Nature*, **353**, 31 (1991).
7) S. Takeda, T. Hirano, I. Ohshima and M. H. Sato: Recent Progress Regarding the Molecular Aspects of Insect Gall Formation, *IJMS*, **22**, 9424 (2021).
8) C. Darwin: Insectivorous Plants, John Murray (1875).
9) T. Hirano et al.: Ab-GALFA, A bioassay for insect gall formation using the model plant Arabidopsis thaliana, *Sci. Rep.* **13**, 2554 (2023).
10) T. Hirano et al.: Reprogramming of the Developmental Program of Rhus javanica During Initial Stage of Gall Induction by Schlechtendalia chinensis, *Front. Plant Sci.*, **11**, 471 (2020).
11) H. Yamaguchi et al.: Phytohormones and willow gall induction by a gall-inducing sawfly, *New Phytol.*, **196**, 586 (2012).

第4章

植物 – 微生物間の
情報・相互作用ネットワーク

第4章 植物-微生物間の情報・相互作用ネットワーク

第1節 ダイズイソフラボンの根圏への分泌機構と生物間相互作用における役割

京都大学　杉山　暁史

1. はじめに

　ダイズが生合成するイソフラボンは根から土壌中へと分泌される。土壌中での主要な形態であるダイゼインやゲニステインは，根粒菌の nod 遺伝子の発現を誘導し，根粒共生のシグナル分子であることが古くから知られていた。近年，植物根周辺の根圏領域に形成される根圏微生物叢が植物の健全な生育と関わることが認識されている。イソフラボンはダイズ根圏微生物叢の形成にも関与することが明らかにされた。このように，イソフラボンは根粒形成と根圏微生物叢の形成の両方の役割を担う重要な根圏代謝物であるが，根の細胞内からどのように根圏に分泌されているのかについては十分に理解されていなかった。本節では，筆者らのグループが取り組んできたイソフラボン分泌機構についての研究を紹介するとともに，イソフラボンのダイズ根圏微生物叢の形成における役割についての現状を根圏のダイゼイン代謝の観点から紹介する。

2. 植物の代謝の働き

　植物は発芽した場所から動けないが，変化する環境に適応するためにさまざまな代謝物を生合成する能力を獲得してきた。植物は 100 万種を超える代謝物を生合成する。これらの代謝物は植物体内に蓄積し自身の生育や防御等に働くほか，植物の外部に放出・分泌され外部環境との相互作用に機能するものも多い。地下部では，植物は光合成で獲得した炭素の 10% 以上を根から土壌中に分泌する。多くは糖，アミノ酸，有機酸等の一次代謝産物であり，土壌微生物の栄養源となる。そのため，根の周り根圏土壌では根から離れた土壌（バルク土壌）と比べて多くの微生物が生息する。根から分泌される代謝物の中には生物活性の高い植物特化代謝産物も含まれる。そのため，根圏では微生物の量は増加するものの，特定の微生物の生育が促進または阻害されるため，微生物の多様性は低下する。
　植物根から分泌される多様な植物特化代謝産物のなかで，本節ではダイズの根から分泌されるイソフラボンに着目する[1]。マメ科植物は根粒菌と相互作用し，根粒において窒素

固定を行うという特徴がある。宿主と根粒菌との認識に，イソフラボンが利用される。ダイズの根から分泌されたイソフラボンは，根粒菌の *nod* 遺伝子の発現を誘導し，Nodファクターが合成される[2]。Nodファクターがダイズ根細胞膜上の受容体に認識されることで，根粒形成が開始される。筆者らは，近年，ダイズ根圏において，イソフラボンが根粒形成へのシグナルとしてだけでなく，根圏細菌叢の形成にも関与することを見出した[3]。本節では，ダイズ根圏で多面的な役割を担うイソフラボンが根からどのように分泌され根圏土壌中で機能するのかについて紹介する。

3. ダイズ根圏へのイソフラボンの分泌

ダイズ根におけるイソフラボンの生合成経路は図1の通りである。ダイゼインやゲニステインは，細胞質領域の小胞体表面において，ケイ皮酸/モノリグノール経路由来の *p*-クマロイルCoAと酢酸-マロン酸経路由来のマロニルCoAから，chalcone synthase (CHS), chalcone reductase (CHR), chalcone isomerase (CHI), isoflavone synthase (IFS), 2-hydroxyisoflavanone dehydratase (HIDH) によって生成される。また生合成されたダイゼインやゲニステインは，イソフラボン配糖化酵素 (UDP-glucuronosyltransferase：UGT) やマロニル基転移酵素 (MaT) により，配糖化，マロニル化され，液胞に蓄積する。

根から土壌中への分泌経路は2通り提唱されている。1つ目は輸送体を介してイソフラボンアグリコンが細胞質ゾルから細胞外へと分泌される経路である。この経路に関してはダイズ根細胞膜ベシクルを用いた生化学的な輸送解析によりATP binding cassette (ABC) タイプの輸送体が存在することが示唆された[4]。さらに，ダイゼインの分泌や生合成の日周性トランスクリプトーム解析により，イソフラボン生合成と正に発現量が相関する2種のABCGタイプの輸送体が見出されていた[5]。しかし，その輸送活性の証明には至っていない。他のマメ科植物（ルーピン）ではMATE型輸送体の関与も明らかにされた[6]。

輸送体とともに働くと考えられているもう一方の経路はアポプラストのβ-グルコシダーゼを介した経路である。ダイズ根のアポプラストに局在し，イソフラボン配糖体を特異的に加水分解するβ-グルコシダーゼ (ICHG) が同定された[7]。液胞内に蓄積する配糖体が，アポプラスのICHGによって加水分解され，根圏で機能するという経路であるが，その実態は長く不明であった。筆者らは，*ichg* 遺伝子を欠損したダイズ変異体を用いた解析に取り組んだ。

メタンスルホン酸エチル (EMS) 処理により作製されたダイズ変異体ライブラリーをスクリーニングし，*ICHG* 遺伝子 (*Glyma.12G053800*) のミスセンス変異体 (Glu420Lys) およびナンセンス変異体 (Gln232stop) が得られた。これらの *ichg* 変異体と野生型のエンレイを交雑し F_1 個体を得た後に，自殖して F_2 世代の個体を得た。変異体の根から細胞壁結合性の粗酵素溶液を抽出し，マロニルダイジンを基質としてICHG活性を測定したところ，変異体では活性が完全に失われていた。また，根のアポプラスト画分において，

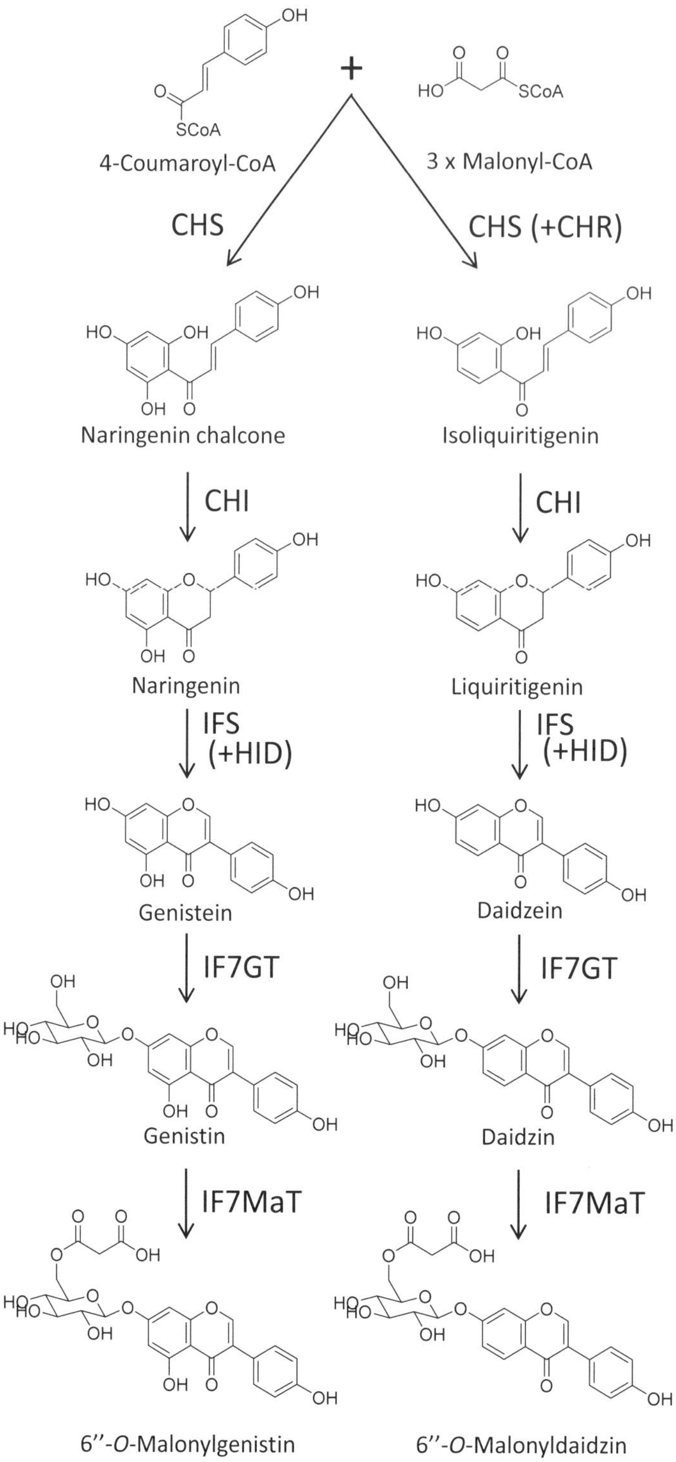

図1 ダイズのイソフラボン生合成経路

chalcone synthase (CHS), chalcone reductase (CHR), chalcone isomerase (CHI), isoflavone synthase (IFS), 2-hydroxyisoflavanone dehydratase (HID), UDP-glucose: isoflavone 7-O-glucosyltransferase (IF7GT), malonyl-CoA: isoflavone 7-O-glucoside 6″-O-malonyltransferase (IF7MaT)

変異体ではアグリコンであるダイゼイン量が有意に減少した。このことから，ICHGはアポプラストにおいて，イソフラボン配糖体を加水分解する機能を有することが明らかになった。

ICHGによるイソフラボン分泌経路が圃場栽培したダイズのイソフラボン量および組成に与える影響を調べるため，野生型とichg変異体を栽培し，葉，根，根圏土壌のイソフラボン定量を行った。根において，ダイゼインとゲニステイン含量が変異体では有意に減少した。一方で，配糖体のダイジン，ゲニスチン，マロニルダイジン，マロニルゲニスチン含量は，変異体と野生型間で有意差は認められなかった。根圏土壌では，ダイゼインとゲニステインの含量が変異体で減少した。根圏土壌におけるイソフラボンの主要な形態はアグリコン（特にダイゼイン）であるため，変異体の根圏土壌ではイソフラボン合計量（ここではダイゼインとゲニステインのアグリコン，配糖体，マロニル配糖体の総量）は，野生型に比べて半分程度に減少した。このことから，ICHGを介した分泌経路は圃場において根圏でのイソフラボンを蓄積するのに寄与することが明らかになった[8]（図2）。

ichgの変異によるイソフラボン含量の減少が，根圏での相互作用に与える影響を解析した。まず，窒素欠乏条件で野生型と変異体を栽培し，根粒菌（*Bradyrhizopbium diazoefficiens* USDA110株）を接種した。温室での栽培4週間後の地上部新鮮重や根乾燥重には顕著な差は認められなかった。また，根粒数は，変異体の片方で野生型よりも多く着生したが，もう一方の変異体では有意差は認められなかった。以上より，ichgの変異は根粒形成には影響がないことが明らかになった。さらに，根圏微生物叢への影響を調べるため，細菌叢の比較を行った。細菌叢のβ多様性の指標としてUnweightedとWeighted UniFrac距離を用いた主座標分析を行ったところ，どちらにおいても，根内，根圏土

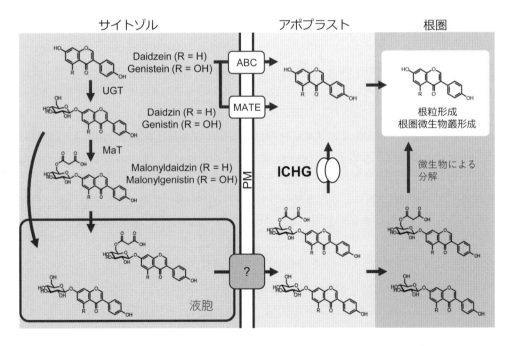

図2　ダイズのイソフラボン分泌における輸送体およびICHGの関与

壌，バルク土壌では異なるコミュニティー形成が示唆されたが，野生型と変異体においてはどの画分においても有意差は見出されなかった。詳細に解析したところ，2組の野生型－変異体の間の比較においてYersiniaceae科が共通して変化することが明らかになった。根内のYersiniaceae科の相対存在量は，根のダイゼイン含量や，根圏土壌のダイゼイン含量とは負に相関した[8]。以上の結果から，ICHGの欠損による根内および根圏細菌叢への影響は大きくないものの，Yersiniaceaeの相対存在量を増加させることが見出された。このファミリーに属する細菌がダイズ根圏でどのような機能を有するのかは不明である。

4. ダイズ根圏でのイソフラボンの動態

根から分泌されたダイゼインが根圏でどのように分解，拡散されるのかを解析するために，根圏でのダイゼインの動態をモデル化することを試みた。土壌物理学分野で水やイオンの動態解析に用いられてきた流体モデルを取り入れた。移流分散方程式を用いたダイゼイン移動の支配方程式に，①ダイズ水耕栽培により得られた各生育段階でのダイゼイン分泌量，②標品のダイゼインおよび配糖体（マロニルダイジン，ダイジン）を用いて求めた分解速度，③ダイゼインの土壌分配実験より求めた分配係数に加え，圃場の土壌物理性解析により得られたパラメーターを導入することにより，根圏におけるダイゼインの移動を生育過程を通してシミュレーションした。その結果，ダイゼインの移動はダイズ生育後期に至るまで根から数ミリの極めて微小な領域にとどまることが示唆された。このシミュレーション結果を検証するため，ダイズを根箱で栽培してダイゼインの移動を解析した結果，ダイゼインの移動は根から2 mm以内の微小な領域のみに認められ，このシミュレーション結果が正しいことが確かめられた[3]。さらに，シミュレーションの精度を高めるため，水耕栽培で求められたダイゼインの分泌量ではなく，圃場で生育するダイズを用いてセルロースアセテートのメンブレンで直接ダイゼインを回収する手法を確立し，圃場環境下でのダイゼイン分泌量を用いてモデル化した。その結果，根圏のダイゼイン濃度もシミュレーションと実測値が近くなり，この手法によって土壌中でのダイゼインの動態をシミュレーションできることが示された[9]（図3）。

さらに，ダイズ根圏でのイソフラボンの可視化を試みた。ウシ血清アルブミン（BSA）とダイゼインが相互作用すると，BSAの蛍光強度が減少することを活用して，ダイズ根から分泌されるイソフラボンを可視化する手法を開発した[10]。BSAは生化学の実験でよく用いられるタンパク質であり，蛍光を発するが，ダイゼイン溶液を添加すると濃度依存的に340 nm付近での蛍光が消光する。この現象を利用して，二次元的にダイゼインの分泌を検出するために，BSAをガラスマイクロファイバーフィルターにシート状に固定化した。このBSA固定化シートを用いて，ダイズの根から分泌されるイソフラボンを二次元的に可視化した。ダイズ根をBSA固定化シートに接触させ，滲出物をBSA固定化シートに転写した後，電子増倍型CCDカメラと紫外光対レンズを用いてBSA固定化シートの蛍光画像を取得し，画像解析を行ったところ，側根の先端部分で特に消光が強く，側根の先端でイソフラボンが多く分泌することが示唆された。

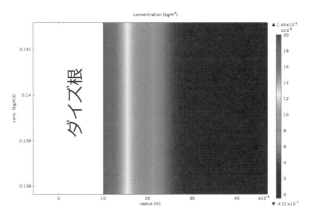

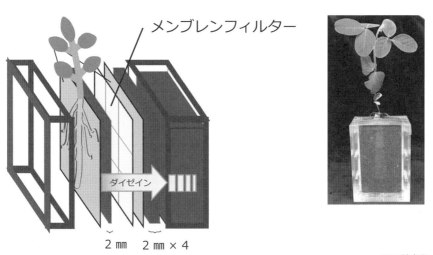

図3 ダイズ根圏でのダイゼイン動態のシミュレーションと根箱での検証
　　(A) ダイゼイン動態のシミュレーション，(B) ダイズの根箱栽培

※口絵参照

5. ダイズ根圏におけるイソフラボンの役割

根圏における二次代謝産物の機能を調べるために，二次代謝産物の生合成が低下した変異体が広く利用されてきた。変異体を用いる研究では植物体根圏での機能を解析することができる反面，変異体で特徴的に増加する別の代謝物の影響なども考慮しなければならない。一方で，代謝物の標品を土壌に添加することにより，直接的にその代謝物が根圏微生物に与える影響を調べるアプローチも用いられている[11]。植物根から分泌される代謝物により形成される根圏環境を化合物標品添加によって人工的に作り出すことができる。筆者らは，試験管内の土壌に根圏で蓄積するのと同程度（10～20 nmol/g soil）となるようにダイゼインを添加したところ，コントロールの土壌と比較してダイゼインを処理した土壌では細菌叢のα多様性が低下した。ダイゼイン処理によりコントロール区と比較して7科が増加，37科が減少し，コミュニティー全体で比較するとダイゼインを処理した土壌の細菌叢はバルク土壌と比べてダイズ根圏に近づくことが明らかになった[3]。特に，ダイズ根圏で増加するコマモナス科細菌の相対存在量はダイゼイン濃度依存的に増加した。以上の結果から，ダイズ根圏においてイソフラボンは根粒形成に加えて根圏微生物叢の形成にも関与することが明らかになった。二次代謝産物の標品を添加して根圏での機能を解析する手法は，筆者らのグループでは，トマトのα-トマチン，ダイズのソヤサポニン，タバコのニコチン等，さまざまな代謝物で用いた。α-トマチンではスフィンゴビウム属の細菌が増加[12]，ソヤサポニンではノボスフィンゴビウム属の細菌が増加[13]，タバコではアルスロバクター属の細菌が増加[14]など，それぞれの植物の根圏で主要な細菌が代謝物の添加によって増加することが示された。二次代謝産物を介して形成される根圏微生物叢は病害抑制や栄養欠乏下での生育改善など植物生育を助ける効果も報告されている[15)16]。しかし，ダイズ根圏に増加するコマモナス科細菌やそれらを含めた微生物叢がダイズ生育とどのように関連するのかについては未解明である。

6. イソフラボンを分解するダイズ根圏細菌

標品添加試験によりイソフラボンがダイズ根圏にコマモナス科の細菌を増加させることが明らかになった。ダイズ根圏でのコマモナス科細菌の機能を調べるため，ダイズ根圏からダイゼインを分解できるコマモナス科の細菌をダイズ根から単離することとした。ダイゼインを含め微生物によるイソフラボンの代謝経路は，腸内細菌で明らかにされており，ダイゼインはジヒドロダイゼイン，テトラヒドロダイゼインを経てエクオールに還元され，腸内に吸収される。好気環境であるダイズ根圏では腸内細菌の有する還元的な代謝経路とは異なる代謝経路が働くことが示唆されているが，その実態は不明であった。ダイズ根圏のコマモナス科細菌は未知の代謝経路を有することが推測された。

ダイズ根から複数のコマモナス科に属するダイゼイン分解菌が得られ，バリオボラックス属やアシドボラックス属の細菌であった。細菌の16S rRNA配列を用いて系統樹を作成すると，同一のクレードに属する細菌であってもダイゼインの分解活性の有無に違いが

あった。これらの細菌のゲノム配列を解析するとともに，ダイゼインの添加・非添加条件でのトランスクリプトーム解析を行った。その結果，ダイゼイン処理によって発現が上昇する一群の遺伝子が見出された。これらはダイゼイン異化遺伝子のクラスターであることが期待された。

これらの候補遺伝子の機能を明らかにするために，それぞれの遺伝子を欠損した遺伝子破壊株を作成して，ダイゼインの分解活性が変化するかを調べた。*ifcA* 遺伝子を欠損させた遺伝子欠損株 Δ *ifcA* をダイゼイン含有培地で生育させてもダイゼインは分解されなかった。このことから，IFCA がダイゼイン分解に関わる初発酵素であることが推測された。IFCA を大腸菌に発現させて酵素活性を解析したところ，IFCA は NADPH 依存的にダイゼインを 8-ヒドロキシダイゼインに変換する活性を有することが明らかになった。また，基質特異性を解析したところ，IFCA はダイゼインの他，ダイズの主要な根圏イソフラボンである，ゲニステイン，グリシテインを基質として認識し，それぞれ A 環の 8 位をヒドロキシ化する活性を有することが見出された。一方で，イソフラボン以外の骨格を有するフラボノイド（たとえばナリンゲニンやアピゲニン）は基質とせず，イソフラボンも配糖体とは反応しないことが明らかになった。

また，*ifcB* 遺伝子破壊株をダイゼイン含有培地で生育させたところ，IFCA の反応産物である 8-ヒドロキシダイゼインが蓄積したことから，IFCB が 2 段階目の反応を担うことが示唆された。さらに，*ifcD1*, *ifcD2* 遺伝子の二重欠損株をダイゼイン含有培地で生育させたところ，新たな代謝物と考えられるピークが見出された。IFCD は D1, D2 のホモログを有するため，片方を欠損させた遺伝子破壊株ではダイゼインが分解される。二重欠損株において蓄積するピークを同定するために，精密質量を分析するとともに，精製した化合物を用いて NMR 解析を行った。その結果，このピークは，2-hydroxy-5-(4-hydroxyphenyl)-4H-pyran-4-one と同定された。この化合物は新規な代謝物であり，バリオボラックス属細菌が新規なイソフラボンの酸化的異化経路を有することが明らかになった（図 4）。

バリオボラックス属の細菌のゲノム配列は公共のデータベースにも登録されている。筆者らが単離したバリオボラックス属細菌のゲノム配列と，公共データベースに登録されている細菌のゲノム配列を比較したところ，ダイゼインの分解に関わる遺伝子（*ifcA* ～ *ifcD*）はイソフラボンを生産するマメ科植物の根や根圏土壌から採取されたバリオボラックス属細菌により多く見出された。このことから，イソフラボン代謝遺伝子クラスターを有することで，バリオボラックス属細菌がイソフラボンの多く存在する環境（たとえばマメ科植物根圏）に適応するのに有利に働くことが示唆された。

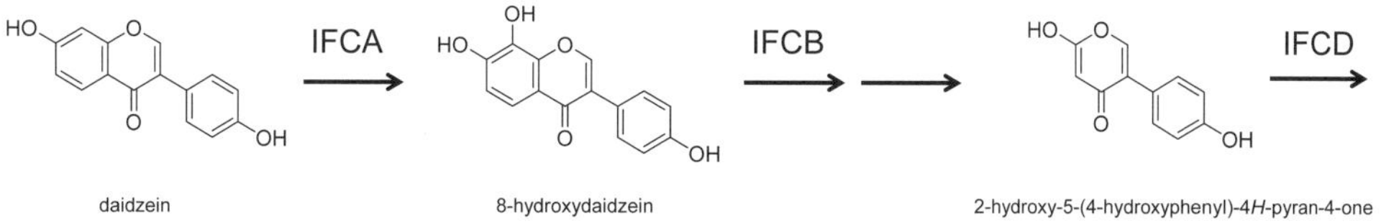

図 4　ダイズ根圏細菌のダイゼイン異化経路

ダイゼイン含有培地での生育を比較したところ，バリオボラックス属細菌のなかでダイゼイン分解株の生育には影響がなかったのに対し，ダイゼイン非分解株ではコントロール培地と比較して生育が低下した。また，ダイゼイン含有培地での *ifcA* 遺伝子破壊株の生育は，ダイゼイン非分解株と同様に低下した。IFC クラスターを有することでイソフラボン存在環境への耐性を獲得したと考えられる。イソフラボンを単一の炭素源とする培地で生育させたところ，V35 株は増殖が認められたのに対し，*ifcA* 破壊株では生育が認められなかった。ダイズ根圏において，IFC クラスターを有することで，イソフラボンを炭素源としても利用できるため，ダイズ根圏細菌を構成する主要な細菌となる可能性が示唆された。

7. おわりに

近年，植物特化代謝産物が根圏微生物叢の形成に関与することが相次いで報告され，イソフラボンもその機能を担うことが明らかとなった。イソフラボンは根粒形成へのシグナルとなることが古くから知られていたが，1 つの分子が根圏で 2 つの機能を担うことは他の植物特化代謝産物でも明らかになっている。たとえば，ストリゴラクトンは菌根共生のシグナル，クマリンは鉄イオンをキレートし鉄吸収を促進する機能とともに，それぞれ根圏微生物叢の形成にも関与する。植物特化代謝産物により根圏に増加する細菌は，その代謝物を利用（資化）する能力を有することは，筆者らのグループ以外からも報告されている[17)18)]。根圏に増加する微生物が植物の生育とどのように関わるのかを明らかにすることが今後の課題であり，根圏微生物の機能を農業へと応用するためにも重要な知見となる。ダイズ根圏に増加するバリオボラックス属細菌は，ダイズの生育や根粒形成への影響が不明である。今後，単独接種だけでなく，実圃場に近い環境での接種試験等を介して，根圏微生物の有する代謝能力と植物生育の関係を解析することが重要である。

謝　辞

本稿で紹介した筆者らの研究は，JST-CREST「環境変動に対する植物の頑健性の解明と応用に向けた基盤技術の創出」（JPMJCR17O2），JST-GteX「GX を駆動する微生物・植物「相互作用育種」の基盤構築」（JPMJGX23B2）の支援を受け実施した。関係各位に深く感謝する。

文　献

1) A. Sugiyama: *Biosci. Biotechnol. Biochem.*, 85(9), 1919 (2021).
2) R. M. Kosslak et al.: *Proc. Nat. Acad. Sci. USA*, 84(21), 7428 (1987).
3) F. Okutani et al.: *Plant Cell Environ.*, 43(4), 1036 (2020).
4) A. Sugiyama, N. Shitan and K. Yazaki: *Plant Physiol.*, 144(4), 2000 (2007).
5) H. Matsuda et al.: *Plant Direct*, 4(11) e00286 (2020).
6) W. Biała-Leonhard et al.: *Front. Plant Sci.*, 12, 758213 (2021).
7) H. Suzuki et al.: *J. Bio. Chem.*, 281(40), 30251 (2006).

8) H. Matsuda et al.: *Plant Cell Physiol.*, **64**, 486 (2023).
9) M. Toyofuku et al.: *Biosci. Biotechnol. Biochem*, **85**(5), 1165 (2021).
10) T. Onodera et al.: *Biosens. Bioelectron.*, **196**, 113705 (2021).
11) A. Sugiyama: *Plant Biotechnol.*, **40**(2), 123 (2023).
12) M. Nakayasu et al.: *Plant Physiol.*, **186**(1), 270 (2023).
13) T. Fujimatsu et al.: *Plant Direct*, **4**(9), 259 (2020).
14) T. Shimasaki et al.: *mBio*, **12**(3), e0084621 (2021).
15) P. Yu et al.: *Nat. Plants*, **7**(4), 481 (2021).
16) Y. Zhong et al.: *Nat. Plants*, **8**, 887 (2022).
17) L. Thoenen et al.: *PNAS*, **120**(44), e2310134120 (2023).
18) L. Thoenen et al.: *Nat. Commun.*, **15**(1), 6535 (2024).

第4章 植物-微生物間の情報・相互作用ネットワーク

第2節　植物-微生物相互作用における揮発性低分子化合物の働き

公益財団法人サントリー生命科学財団　　村田　純

1. はじめに

　植物にとって根圏土壌は，植物自身を保持・固定し，水分や無機栄養を吸収する場であるとともに，植物の生長にさまざまな影響を与えうる土壌微生物と遭遇する場でもある。そのため，根圏土壌の水分やミネラルのみならず，土壌微生物を感知し，適切に応答する分子機構を備えることは植物の生存に必須である。これまで主に，特定の病原菌，および根粒菌やAM糸状菌などの共生菌との相互作用で機能する，植物のシグナル分子や，それらの受容体などを介した分子機構が解明されてきた[1)-3)]。とりわけ詳しく研究された植物-微生物相互作用の例として，マメ科植物と窒素固定菌である根粒菌との共生関係が挙げられる。両者の間では，マメ科植物が光合成を通じて固定した炭素を根粒菌に供給するとともに，根粒菌は大気から固定した窒素をマメ科植物に供給する，という双利関係が成り立っている。マメ科植物と根粒菌との共生関係成立に至る分子機構では，さまざまなシグナル分子が働いている。まず1）マメ科植物の根から分泌されるフラボノイドやベタレインを根粒菌が関知し，2）続いて根粒菌はリポキトオリゴ糖（Nod因子）を分泌する。さらに，3）Nod因子はマメ科植物のLysM受容体様キナーゼによって認識され，感染糸の形成を含む下流のイベントを引き起こす，という一連の応答メカニズムが明らかになっている。一方，AM糸状菌は根粒菌よりも広い植物種を宿主としており，植物組織内部に菌糸を張り巡らすことで，植物から炭素の供給を得るとともに，AM糸状菌は植物にリンを供給する，という双利関係にある。AM糸状菌と植物の共生関係は，1）植物が根から分泌するstrigolactoneをAM糸状菌が関知し，2）続いてAM糸状菌は感染糸を形成して宿主植物に侵入することで成立する。たまたまかも知れないが，これらシグナル分子の多くが，非揮発性の化合物やペプチドであったことは付記しておきたい。
　一方で，植物はさまざまな揮発性有機化合物に晒される環境に適応し，進化してきたといっても過言ではない。地球規模のいわゆる「炭素循環」で，炭素換算でどれほどの量の揮発性有機化合物が環境中に存在するかに関するアメリカエネルギー省の試算では，植物が光合成により大気中から吸収した約120 Gtの二酸化炭素（炭素換算）由来のうちおよ

そ半量の約 60 Gt が植物組織に固定される．残りの 60 Gt の炭素は針葉樹の葉から高温ストレス時に放出されるイソプレン，食植性昆虫による虫害を受けた葉から放出される *cis*-3-hexenol（いわゆる「みどりの香り」）等，さまざまな揮発性有機化合物（Volatile Organic Compounds：VOC）として，あるいは植物の呼吸により二酸化炭素として大気に放出される[4)-6)]．近年の研究により理解が急速に深まっている，VOC を介した地上部の植物間相互作用については，高林，塩尻らの別稿（3 章 3 節「植物株上で繰り広げられる複雑な情報ネットワーク」）を参考されたい．

興味深いことに，植物に固定された 60 Gt の有機炭素（炭素換算）についても，植物に安定的に固定されるわけではない．植物に固定された有機炭素は，植物が枯死した後に大半が土壌微生物による分解を受け，最終的には土壌微生物が放出する揮発性有機化合物（Microbial Volatile Organic Compounds：mVOC）として，土壌から大気中に放出される（図 1）．従って植物は，植物由来の VOC に暴露されるだけでなく，相当量の mVOC に暴露されていると考えられる．昨今の地球規模の気候温暖化に伴って地温が上昇し，土壌に生育する微生物の種類や代謝活性が大きく変動していることが予想される[7)]．そのため，mVOC の質・量的変動と植物生長への作用の解明は，気候変動に適応した農作物の育種やスマート農法の確立に向けて重要な基礎知見となる可能性がある．しかし，揮発性の mVOC の捕集および定量解析がそもそも困難であることなどの技術的障壁も手伝って

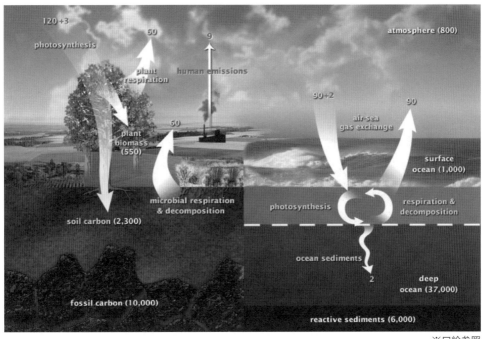

※口絵参照

図 1　陸地，大気，海洋間の炭素循環

黄色の数字は自然界の炭素循環量を，赤色の数字は人間の社会活動による炭素循環量を，白い数字は貯蔵された炭素量を示す．数字の単位は Gt/ 年．（米国エネルギー省（DOE），Biological and Environmental Research Information System より転載）

か，mVOC が植物生長にどのような影響を与えるのかについて，これまでほとんど明らかになっていなかった。この総説では，植物の生長を制御する mVOC の同定と作用メカニズムに関する近年の研究事例を挙げるとともに，mVOC 研究の今後の展望について述べる。

2. mVOC とは

VOC の定義について，あらためて少し触れておきたい。VOC は大きく，生物由来の VOC と人為的に発生した非天然の VOC とに分類される。このとき，生物が大気中に放出する VOC を Biogenic VOC (BVOC) と呼ぶ。実は mVOC のことも BVOC (Bacterial Volatile Organic Compound) と呼ぶ場合があるため，少々ややこしい。実際，報告された論文や総説において mVOC，BVOC どちらの表記も見かけるが，混乱を避けるため，本稿では土壌微生物由来の VOC を mVOC と統一して表記することとする。

土壌微生物から放出される mVOC は，その定義の通り，いずれも小さくて揮発性の化合物である。ところがそれらの化合物が決まったコア骨格を持たず，アルコール，アルデヒド，有機酸，およびそれらのエステル，ケトン，テルペノイドなど，さまざまなクラスの化合物から構成される[8]。したがって，mVOC が示す植物への作用，およびそれを支える分子機構はバラエティに富むことが容易に想像できる。既報のテキストマイニングにより構築された mVOC のデータベース[9]は徐々に充実している。「mVOC 4.0」(https://bioinformatics.charite.de/mvoc/) では，MassBank や KEGG と情報をリンクし，mVOC として報告された化合物を，化合物名，組成式，mVOC を放出する微生物種，マススペクトル，mVOC により影響を受ける植物種などを基に検索可能なほか，反対に，特定の微生物種が放出する"Signature mVOC"を検索し，バクテリアやカビの種同定を支援する機能も実装されている。mVOC から見出された生理機能は多岐にわたるが，研究事例の多くは，他の微生物の生育を抑える静菌作用と[10]，植物の生長を促進する，あるいは耐病性を亢進する作用[8]とに大別される。なかでも植物生長を促進する土壌細菌は Plant Growth-Promoting Rhizobacteria (PGPR) と総称され，環境負荷の低い，新しい農業資材の候補として期待が高まっている[11]。

3. 植物生長を促進する土壌細菌 (PGPR) と真菌

PGPR は，根粒菌が共生しないマメ科以外の植物種や，AM 糸状菌が十分に作用しない植物種の生長を促進する微生物農薬のシーズとして，有望視されている。PGPR は化合物ベースの一般的な農薬とは異なり，比較的安価で容易に培養・生産可能なため，経済的にも魅力がある。さらに，自然界に存在する植物-微生物相互作用メカニズムを拝借する点で，PGPR は「ケミカル」ではなく「オーガニック」な響きもある。基礎研究レベルでは，イネ科，ナス科の草本作物やミントから木本植物のポプラまで，多岐にわたる植物種が PGPR により生長が促進すると報告されている[8,11]。ところが多くの場合，PGPR が放

出したmVOC中に豊富に含まれる化合物のプロファイリング結果の報告にとどまり，植物生長促進に寄与するmVOCを実際に精製・同定した例は少ない。Ryuらによる先駆的な研究では，バチルス属の細菌（*Bacillus subtilis* GB03および*B. amyloliquefaciens* IN937a）から放出されるmVOCがシロイヌナズナ（*Arabidopsis thaliana*）の生長を促進することが示され，その生長促進活性は，植物生長促進活性を持たない細菌株では検出されなかった2,3-ブタンジオールの放出とよく相関することが示された[12]。また別の報告では，*Bacillus* sp. B55はジメチルジスルフィドが*Nicotiana*属植物の生長を促進すると報告された[13]。PGPRとしての活性を持つ微生物の報告例は，一部*Pseudomonas*属を含むものの，圧倒的に*Bacillus*属が多い[8]。だがこの傾向をだけ見て，*Bacillus*属だけがPGPRとして有望と判断するのはまだ早いかもしれない。それは，地球に生息する植物と土壌細菌のさまざまな予想生物種数の平均をまとめた報告によると，植物が4.7×10^5種であるのに対して，土壌細菌は4.3×10^8種で[14]，土壌細菌種数が植物種数のおよそ1,000倍存在すると予想されるためである。今後のPGPRの更なる探索に加えて，個々のPGPRが生長を促進する植物種の範囲，また反対に，個々の植物種の生長を促進するPGPRの種類をより網羅的に調査することで，現段階では見出されていない，PGPRの生物種，植物生長を促進するmVOC化合物の同定，作用を受ける植物種，およびPGPRの作用を受けて駆動する植物のシグナル伝達経路に関する共通性や法則性が明らかになることが期待される。

一方，土壌に生息する真菌類で植物生長を促進すると報告された例は，大半が*Trichoderma*属で，一部*Streptomyces*属が含まれる[8]。これらが放出するmVOCとして4-heptanone, isobutyl alcohol, undecanal, isocaryophylleneなど多様な化合物が見出されている[14)-16)]。真菌類も細菌類と同様，現段階で*Trichoderma*属のみを，植物生長を促進する有望な農業資材候補と捉えることが正しいとは言えない。ただ，土壌の真菌類は5.6×10^6種と見積もられており[17]，土壌細菌と比較して種多様性に乏しく，植物種数の10倍程度でしかない。そのため，培養できるかどうかは別として，これらの予想生物種数が正しければ，植物生長を促進する微生物の探索作業は，細菌類よりも真菌類のほうが網羅できる可能性が高いと思われる。ところで圃場レベルでは，散布したPGPRが元々その圃場環境に存在する土壌微生物との生存競争に勝てず，淘汰されるケースが散見される[18]。したがって，PGPRを野外の圃場で実運用するためには，候補のPGPRが圃場で実際に一定期間生存し続けるかどうか確認する必要がある，という切実な問題がある。そのため，圃場よりも環境要因を制御しやすい，植物工場での作物栽培のほうが，PGPRの適用が成功する可能性は高いと見込まれる[19]。

4. mVOCによる，植物生長にとって不都合な作用

mVOCの中には，植物生長を促進するのではなく，逆に抑制するものも存在する。たとえば*Serratia odorifera*から放出されるアンモニアがシロイヌナズナの生育を阻害するほか[20]，*P. chlororaphis* 449株など4種の細菌から発生するmVOCのうち，ケトン類3

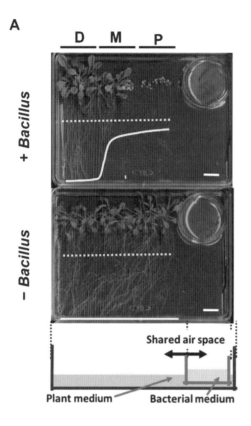

図2 *Bacillus* 属の mVOC によるシロイヌナズナの生長抑制因子をイソ吉草酸と同定した[21]

(A) *Bacillus* 属微生物とシロイヌナズナ幼植物とを非接触的に共培養した結果，両者の距離依存的にシロイヌナズナの生長抑制が観察された。P，M，D は *Bacillus* 属微生物からのシロイヌナズナ幼植物の相対位置で，それぞれ近位，中間，遠位を示す。黄色の点線および実線は，それぞれバイオアッセイの開始日と写真を撮影した 14 日目の根端の位置を表す。Bar = 1 cm。
(B) *Bacillus* 属微生物培養抽出物を ODS により分画し，得られた画分を用いたバイオアッセイおよび GC-MS 分析の結果。赤矢印は，植物の生長抑制活性と呼応するピークを示す。黄色の点線および実線は，それぞれバイオアッセイの開始日と写真を撮影した 3 日目の根先の位置を示す。Bar = 1 cm。(C) 活性と呼応するピークの断片化イオンのパターンは，イソ吉草酸標品の断片化イオンのパターンと一致した。(J. Murata et al.: *Metabolites*, 12, 1043 (2022) より転載)

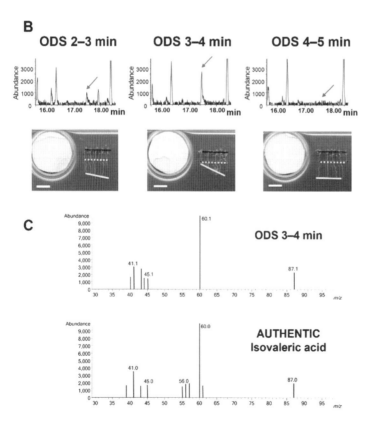

※口絵参照

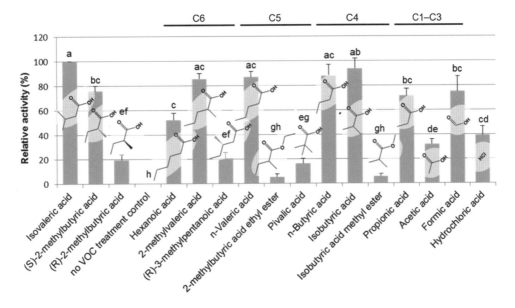

図3 IVA およびその類似体の構造—活性相関[21]

Isovaleric acid のさまざまな構造類似体が，主根の伸長抑制度合いを指標に，植物生長抑制活性を評価した．それぞれの化学物質が示す主根伸長抑制活性は，5日間の共培養後に評価し，isovaleric acid に対する相対値として表した．C1 から C6 は，それぞれの化合物の主鎖長の炭素原子数を表す．それぞれの標準化合物の植物生長抑制活性の平均値を，isovaleric acid に対する相対活性として表した．異なる文字は，Tukey の平均比較検定（$p \leq 0.01$）に従った有意差を示す．エラーバーは SD を表す．（$n=3$）
(J. Murata et al.：*Metabolites*, 12, 1043 (2022) より転載)

種（2-nonanone, 2-heptanone, 2-undecanone）などがシロイヌナズナの生長を阻害すると報告されている[21]．しかし，植物生長を抑制する mVOC は，植物生長を促進する mVOC と比べて農業的あるいは環境保全的に利用価値が低いと判断されることが多く，基礎研究事例も少ない．そのため，どのような mVOC が植物生長を抑制するかについては，植物生長を促進する mVOC と比べ，不明な点が多い．我々は最近，シロイヌナズナ（Col-0）と *B. atrophaeus* Nakamura ATCC9372（旧称 *B. subtilis* ATCC9372）を非接触的に共培養すると，シロイヌナズナの生育が大きく抑制されることを見出した（図2）．このバイオアッセイ系をモデルとして，mVOC を分画しバイオアッセイにて活性を評価するという生物有機化学的アプローチにより，植物生長抑制を誘導する mVOC の同定を試みた．*B. atrophaeus* 菌体を出発材料として，3段階の分画とバイオアッセイによる活性画分の探索を行い，GC-MS により見出した候補化合物の断片化イオンのパターンと保持時間を標品と比較した．その結果，目的の化合物を isovaleric acid と同定した[21]．*B. atrophaeus* 菌体の代わりにろ紙に isovaleric acid 標品を添加したところ，顕著な主根伸長抑制が観察されたため，isovaleric acid は植物生長抑制活性を持つことが確認された[21]．isovaleric acid と類似する構造を持つ化合物標品によりシロイヌナズナを処理した結果，isovaleric acid と同程度の主根伸長抑制活性を示す isobutyric acid と比べて，その methyl ester は主根伸長抑制活性を示さないこと，また，天然に存在する

(S)-2-methylbutyric acid の方が非天然の (R)-2-methylbutyric acid よりも主根伸長抑制活性を示すことが判明した（**図3**）。以上より，シロイヌナズナには，isovaleric acid の構造類似体のなかでもフリーのカルボキシル基があり，かつ天然に存在する化合物を認識する何らかの機構が備わっていると考えられた。B. atrophaeus 菌体がなぜ植物生長を抑制する mVOC を放出するのか，その生物学的意義についてはよくわかっておらず，今後明らかにすべき課題の1つとなっている。それにしても，植物，動物，微生物の3つの生物界全てから見出され，生物に普遍的に存在する isovaleric acid が，生物界をまたいだ植物−微生物相互作用において機能することは単なる偶然だろうか？　今後，isovaleric acid の植物への作用点が明らかになれば，isovaleric acid の生理機能の多面性の解明や，植物の新しい環境応答機構の解明に繋がることが期待される[22]。

5. まとめと今後の mVOC 研究の課題

本稿では，植物の生長を促進あるいは抑制する土壌微生物由来の mVOC について概説した。次第に mVOC の報告例が増えてはいるものの，mVOC 関知と応答に関わる植物の分子機構，mVOC を放出することの土壌微生物にとっての生物学的意義など，植物−微生物相互作用を支える分子基盤の解明が，mVOC 研究分野の重要な課題である。一方で，土壌微生物による植物生長への影響に加えて，最近では大気中のオゾンによる微生物や植物の生育への影響や，植物根から放出されるメチルジャスモン酸が根圏菌叢に与える影響が報告されている[23)24]。植物と，環境を含めた微生物との間で交わされる，あらゆる方向性の相互作用に VOC が大事な役割を果たす可能性が見えてきた今，mVOC の同定，またその標的分子の同定の重要性は，生態学を化学的に理解する上で，ますます高まっていると言える。

謝　辞

ここでご紹介した研究は，渡辺健宏，延原美香，豊永宏美，各氏のほか，多くの当財団研究員の協力の下，実施されました。この場を借りて厚くお礼申し上げます。

文　献

1) E. Guerrieri and S. Rasmann: *Science*, 384, 272 (2024).
2) E. Korenblum et al.: *Plant Cell*, 34, 3168 (2022).
3) A. Kumar and J.P. Verma: *Microbiol. Res.*, 207, 41 (2018).
4) A. Brosset and J.D. Blande: *J. Exp. Bot.*, 73, 511 (2022).
5) J. Takabayashi: *Plant Cell Physiol.*, 63, 1344 (2022).
6) S. Vincenti et al.: *Catalysis*, 9, 873 (2019).
7) D. B. Metcalfe: *Science*, 358, 41 (2017).
8) A. Russo et al.: *J. Plant Interact.*, 17. 840 (2022).
9) M. C. Lemfack et al.: *Nucleic Acids Res.*, 46, D1261 (2017).

10) M. A. Vaselova et al.: *Microbiology*, **88**, 261 (2019).
11) A. Basu et al.: *Sustainability*, **13**, 1140 (2021).
12) C.-M. Ryu et al.: *Proc. Natl. Acad. Sci. USA*, **100**, 4927 (2003).
13) D. G. Meldau et al.: *Plant Cell*, **25**, 2731 (2013).
14) S. Lee et al.: *Arch. Microbiol.*, **197**, 723 (2015).
15) R. Hung et al.: *Fungal Ecol.*, **6**, 19 (2013).
16) M. F. Nieto-Jacobo et al.: *Front. Plant Sci.*, **9**, 102 (2017).
17) M. A. Anthony et al.: *Proc. Natl. Acad. Sci. USA*, **120**, e2304663120 (2023).
18) P. Garbeva et al.: *Front. Microbiol.*, **5**, 289 (2014).
19) R. T. Conant et al.: *J. Hortic.*, **4**, 1000191 (2017).
20) T. Weise et al.: *PLOS One*, **8**, e63538 (2013).
21) J. Murata et al.: *Metabolites*, **12**, 1043 (2022).
22) E. Ono and J. Murata: *Plant Cell Physiol.*, **64**, 1449 (2023).
23) E. Agathokleous et al.: *Science Adv.*, **6**, eabc1176 (2020).
24) O. S. Kulkarni et al.: *Nat. Chem. Biol.*, **20**, 473 (2024).

第 4 章 植物−微生物間の情報・相互作用ネットワーク

第 3 節 地球規模での炭素循環に貢献する葉圏 C1 微生物 − 植物間相互作用

京都大学　由里本　博也　京都大学　阪井　康能

1. はじめに

　メタンやメタノールなどの C1 化合物を炭素源として生育できる C1 微生物は，自然界のさまざまな環境中に棲息しており，二大温室効果ガスである CO_2 とメタン間の地球規模での炭素循環（メタンサイクル）において重要な役割を果たしている．一方，植物からはさまざまな揮発性有機化合物（VOC）が大気中に放出されており，メタンやメタノールもその主要成分である．植物地上部表層（葉圏）にも C1 微生物が棲息し，大気中に放出される前に C1 化合物を消費する．C1 微生物のなかでもメタノール資化性 *Methylobacterium* 属細菌は，葉圏微生物叢の数十パーセントを占める優占種であり，植物が生産するメタノールを主要な炭素源として葉圏で増殖し，植物ホルモン等を生産することで植物の生長を促進する．一方，植物から放出されるメタノールは，植物間のコミュニケーションにおけるシグナル化合物であることが知られているが，植物にとって有益な共生 C1 微生物を誘因する"volatile messenger"としての役割も考えられる．本節では，植物が生産する C1 化合物の消費だけでなく，植物による CO_2 固定にも影響を及ぼす C1 微生物 − 植物間相互作用における，主にメタノール資化性細菌の葉圏での生存に重要な生理機能とその活用に関する研究動向について，筆者らの研究成果を中心に紹介する．

2. メタンサイクルと C1 微生物

　炭素 − 炭素結合を持たない C1 化合物のうち，最も酸化された化合物である CO_2 と最も還元された化合物であるメタンの温室効果への寄与率はそれぞれ約 60 % と約 25 % であり，メタンサイクルと呼ばれる両者の間の地球規模での酸化還元サイクルは地球環境の維持や気候変動に多大な影響を及ぼす．メタンの大気中への放出量は年間約 550 億トンと見積もられ[1]，その大部分は大気中のヒドロキシラジカルによる分解を受けるが，大気寿命は約 12 年と長く，温室効果ガスとしての比活性も CO_2 の約 23 倍であることから，地球環境に与える影響は VOC のなかでも極めて大きい．メタンは天然ガスとして地下に

埋蔵されているものとは別に，嫌気的な環境におけるメタン生成菌によるメタン発酵により生成し，地球上の多様な環境（土壌・水圏）から放出されている。後述するように，好気的な環境でも植物から膨大な量のメタンが放出されることが近年報告され，メタンサイクルへの寄与についても考慮する必要が生じている。

メタンサイクルにおいて，メタンから CO_2 への酸化過程を担うのが，還元型 C1 化合物を炭素源・エネルギー源として利用できる C1 微生物である（図1）。C1 微生物には，メタンを利用するメタン資化性細菌と，メタノールを利用するメタノール資化性細菌およびメタノール資化性酵母が含まれる。メタン資化性細菌はその多くが偏性メタン資化性であり，メタン（あるいはメタノール）のみを炭素源として利用する。一方，メタノール資化性細菌や酵母は，有機酸や糖などメタノール以外の化合物も炭素源として利用できる通性メタノール資化性がほとんどである。

C1 化合物は地球上のあらゆる環境中に存在するが，次項で詳しく述べる通り，メタンとメタノールが植物から直接放出されることが知られるようになり，葉圏が C1 微生物の棲息環境として注目されるようになってきた（図2(a)）。地球上の植物葉の面積は表裏両面で約 10^9 km^2 と見積もられており，地球の表面積の2倍に相当する。葉圏の平均的な微生物数を 10^4 〜 10^7 cells/cm^2 と仮定すると，地球上の葉圏の総菌数は約 10^{26} cells にも達する[2]。それにもかかわらず，葉圏は微生物の棲息環境として永年看過され，植物病原菌以外の葉圏微生物については根圏微生物に比べて研究が進んでいなかった。葉圏で優占化している微生物種の1つがメタノール資化性 *Methylobacterium* 属細菌であり[2][3]，

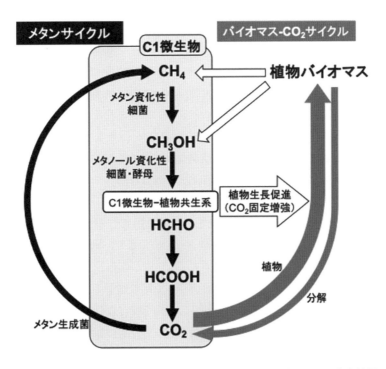

図1　メタンサイクルとバイオマス-CO_2 サイクルが共役する炭素循環

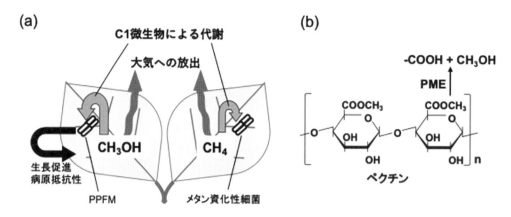

図2　葉圏C1微生物−植物間相互作用（a）とペクチンに由来するメタノール生成（b）

コロニーがピンク色を呈することから PPFM（pink-pigmented facultative methylotroph）とも呼ばれる。PPFM は植物からメタノールをはじめとする栄養源を獲得して増殖し，植物に対して生長促進効果をもたらすことから，両者は相利共生の関係にある。PPFM はメタンサイクルにおいて単に C1 化合物の酸化に関与するだけでなく，植物との相互作用を通じて植物による CO_2 固定や植物からの C1 化合物の放出にも関与していることが明らかになってきた[4]。従来，メタンサイクルと，植物バイオマス–CO_2 サイクルとは個別に議論されてきたが，地球規模での炭素循環を両者が共役するものとして捉える必要がある（図1）。

3. 植物からの C1 化合物放出と葉圏 C1 微生物

メタノールが植物葉から直接放出されていることは1995年に報告された[5]。その放出量はテルペンやイソプレンに次いで多く，年間1億トン以上と見積もられる[6]。植物が生産するメタノールは，植物細胞壁構成成分のペクチンに含まれるメチルエステル基に由来する（図2(b)）。ペクチンは高等植物細胞壁の約30%を占める多糖であり，基本構造はガラクツロン酸が直鎖状に重合したポリガラクツロン酸である。ガラクツロン酸のカルボキシル基がメチルエステル化された状態で細胞壁に運ばれ，ペクチンメチルエステラーゼ（PME）の作用により露出した複数のカルボキシ基と Ca^{2+} が相互作用して架橋構造が形成されることにより細胞壁が硬化する。また，別の PME の作用により脱メチルエステル化することでポリガラクツロン酸主鎖が分解されやすくなり，細胞壁が軟化する[7]。このように PME によってペクチン中のメチルエステル化度が変化して細胞壁の堅さが調節され，その際にメタノールが生じる。また，食害や病原菌の感染により葉が物理的な損傷を受けることによってもメタノールが放出される。損傷を受けた葉から放出されたメタノールがシグナル分子となり，同じ植物体の別の葉や隣り合う別の植物体の葉で病原抵抗性が向上し，関連遺伝子の発現が誘導されることが報告されている[8]。

損傷を受けていない健常な葉からのメタノール放出量は温度や光によって調節される気

孔開閉の影響を受け，メタノール放出量と気孔の開度に強い相関が観察されたことから，メタノールは主に気孔からの蒸散によって放出されると考えられてきた[9]。しかし，葉からのメタノールの放出量は気相中に放出されたものを定量したものであり，実際に葉面でC1微生物が利用可能なメタノールがどの程度の濃度で存在するのかは不明であった。そこで筆者らは，メタノール資化性酵母がもつメタノール誘導性遺伝子プロモーター支配下に蛍光タンパク質を発現させる菌株を「メタノールセンサー酵母細胞」として用いることで，シロイヌナズナ葉面メタノール濃度が明期（昼間）に低く暗期（夜間）に高くなり，約0.01～0.3％の間で昼夜で大きく変動することを見出した[10]。これは発芽後2～3週間の若いシロイヌナズナ葉を用いた場合の結果で，枯れかけた葉ではさらに高濃度（約0.8％程度）のメタノールが昼夜変動なく存在した。これらの結果は，気孔が開口する日中に高くなる気相中のメタノール濃度の定量結果と異なっており，気孔が閉じる夜間には，気孔腔や葉面表層に浸出したメタノールをC1微生物が利用すると考えられる。

一方，植物からは2種類の起源のメタンが放出されている[11]。1つは，土壌深部の嫌気環境下でメタン生成菌によって生産されたメタンであり，植物の維管束系を経て大気中に放出される。もう1つは，植物細胞内の好気条件下での反応で生成したメタンで，植物起源のメタン放出として2006年に初めて報告された[12]。報告当初は最大数億トンと見積もられていた植物からのメタン放出量については，現在では最大7000万トン程度と考えられている[4]。メタン生成のメカニズムに関しては，植物を含むすべての生物の細胞内で，活性酸素種（ROS）に起因するメチルラジカルからメタンが生成することが2022年に報告された[13]。しかしながら，気候変動と地球温暖化の関係がCO_2に偏った議論になっており，2023年のIPCC第6次報告書でも植物起源のメタン放出は考慮されておらず，植物によるC1化合物の生成，植物との相互作用を含めたC1微生物による代謝，大気への放出機構については，未だ不明な点が多い。また，メタンも植物におけるシグナル分子として働き，ストレス応答や抗酸化に関する遺伝子発現を制御することが報告されている[14]。

メタン資化性細菌が葉圏に棲息するかどうかについて，メタゲノム解析で検出されたという報告と検出されなかったという報告が混在していたため，筆者らはさまざまな植物試料から培養を介した手法によりメタン資化性細菌の取得を試みた[15]。メタンを単一炭素源として集積培養を行った結果，約10％の頻度でさまざまな植物試料からメタン資化性細菌を取得することができ，葉圏に広く棲息していることが判明した。単離したメタン資化性細菌のうち *Methylosinus* sp. B4S株で蛍光タンパク質発現株を作成し，これをシロイヌナズナ葉上に接種したところ，10日後でも蛍光細菌細胞が観察されたことから，メタン資化性細菌が実際に葉圏で生存可能なことがわかった[16]。また筆者らは，水生植物がメタン資化性細菌の重要な活動の場となっていることを明らかにした[17]。これは水生植物が，嫌気的な水底でメタン生成菌によって生成されたメタンと，メタン資化性細菌によるメタン酸化に必要な酸素の両者が共存するインターフェースになっていることによると考えられる。琵琶湖で採取したウキクサにも多様なメタン資化性細菌が棲息し，周辺の湖水に比べてはるかに高いメタン消費活性を持つことを見出すとともに，単離した菌株とウキクサの共生系を構築することで，メタン資化性細菌のみの場合よりも高いメタン消費活性を

示すことを明らかにした[18]。大規模メタン発生源の1つである水田において，メタン資化性細菌を共生させたウキクサによってメタン排出を削減することが期待できる。また，植物の葉面だけではなく樹木の樹皮にもメタン資化性細菌が棲息し[19]，森林では樹皮が大気中メタンを吸収し，地球規模でのメタン消費に大きく貢献していることが最近報告されており[20]，植物に棲息するメタン資化性細菌の重要性が注目されている。

4. PPFMの葉圏での分布・生態と生存に必要な生理機能

4.1 PPFMの葉圏での分布と植物共生の種間特異性

葉圏における *Methylobacterium* 属細菌（PPFM）の優占化が報告され，植物との共生関係が注目されるようになってから，さまざまな植物試料から多くの菌株が分離され，植物に対する生育促進効果，葉圏での生育に必要な生理機能に関する研究が進められてきた。しかし，PPFMと植物の間の種レベルでの宿主特異性については不明であり，葉圏におけるPPFMの種類や数は土壌や周辺環境からの水平伝播による地理的要因が大きく影響すると考えられていた[21]。そこで筆者らは，PPFMと植物の種間特異性について調べるため，同一圃場（10 m×10 m）で同時期に栽培中のさまざまな蔬菜葉面からPPFMを分離し，分離菌株の16S rDNA配列による系統解析を行った。その結果，蔬菜種によってPPFMの菌数と分離菌株の最近縁種が異なることがわかった[22]。市販の蔬菜も含めて，葉に棲息するPPFM菌数を比較したところ，アオシソやアカシソで菌数が多く，DAPI染色法により測定した葉上の総菌数の15％程度を占めた。アカシソの種子からPPFMを分離して16S rRNA配列による系統解析を行ったところ，分離株は全て *M. fujisawaense* DSM5686^{T}株が最近縁種であったことから，シソ種子には特定の種のPPFMが優占化していることがわかった[22]。アカシソ種子から単離した株の1つを *Methylobacterium* sp. OR01株と命名したが，日本各地で栽培したアカシソの葉および種子から分離したPPFMのほとんどがOR01株と同一の配列であったことから，植物とPPFMの間には種レベルでの特異性があり，その特異性が地理的要因に左右されないことが明らかとなった[23]。また，薬剤耐性マーカーを保持させたOR01株をアカシソ種子に接種し，これを栽培して得られた葉と種子から同菌株が検出されたことから，PPFMが垂直伝播により植物の生長とともに種子から地上部・葉上へと棲息範囲を広げて行くことがわかった[23]。

さらに詳細なPPFMの植物上での分布動態を調べるため，筆者らは蛍光タンパク質を発現する *Methylobacterium* sp. OR01株を作成し，アカシソ種子に接種後の栽培過程でその分布動態を蛍光顕微鏡観察やフローサイトメトリーにより解析した[24]。その結果，種子に接種したOR01株が植物体全体へと棲息範囲を広げ，数ヵ月後もすべての器官で観察され，葉面ではメタノール放出部位と考えられる気孔周辺および内腔に集合していることを見出した（図3）。このようなOR01株の植物体全体への分布や気孔周辺への集合には，走化性，特にメタノールへの走化性が関与するのではないかと考え，OR01株のべん毛構成タンパク質（FliC）やメタノール走化性センサーとして働くMethyl-accepting

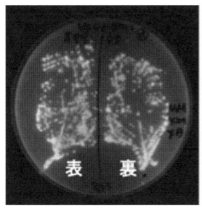
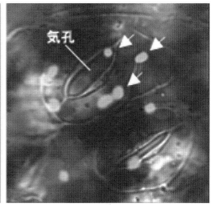

図3 蛍光タンパク質を発現させた *Methylobacterium* sp.OR01 株のアカシソ葉面での分布（左）と気孔周辺に存在する OR01 株蛍光タンパク質発現細胞（右）
※口絵参照

chemotaxis protein（MCP タンパク質）MtpA の遺伝子破壊株を作成し，種子に接種して葉面分布動態への影響を調べた。その結果，両遺伝子破壊株ともに葉面での菌数が野生株よりも顕著に低下しており，OR01 株のべん毛やメタノール走化性に関わる MCP タンパク質が葉圏定着に重要な役割を果たすことを明らかになった。また MtpA 遺伝子破壊株と野生株を葉面に接種し，一定時間後に気孔腔に蛍光細胞が観察される気孔の割合を測定したところ，$mtpA$ 遺伝子破壊ではその割合が減少していた。これらの結果は，植物が生産するメタノールが PPFM を葉面や気孔腔に誘因する "volatile messenger" として働き，植物生長促進効果をもたらすだけでなく，メタノールを酸化して CO_2 を生成する PPFM を気孔腔へと誘導して効率的な CO_2 固定を行うとともに，病原菌の侵入も抑制しているのではないかと考えられる。

4.2 PPFM の葉圏での生存に重要な生理機能

C1 細菌の中でも *Methylobacterium extorquens* AM1 株（現在は *Methylorubrum extorquens* に再分類されている）は，メタノール代謝やメタノールからの有用物質生産に関する研究のモデル菌株として 1960 年代から利用されてきたが，葉圏での生存に重要な生理機能のいくつかも本菌株で明らかにされた。*M. extorquens* AM1 株では，メタノール代謝の初発反応を触媒する Ca^{2+} 依存性メタノール脱水素酵素の大サブユニットをコードする遺伝子（$mxaF$）の破壊株や La^{3+} 依存性メタノール脱水素酵素をコードする遺伝子（$xoxF$）の破壊株の植物定着能が野生株より弱まったことから，メタノールを葉面での主な炭素源の1つとして利用しており，メタノールを利用できることが葉面での生存に有利に働くことが示唆された[25]。また，*M. extorquens* AM1 株が植物表層生育時に特異的に発現するタンパク質のプロテオーム解析と，遺伝子破壊株と野生株との競合試験により，ストレス応答性の転写因子（PhyR）が葉面での生育に関わっていることが報告された[26]。葉圏は，根圏と比較すると，昼夜あるいは日照条件による温度変化，紫外線，

乾燥，浸透圧，活性酸素種，貧栄養あるいは栄養飢餓などさまざまな環境要因の変動に曝されることから，PPFM の葉圏での生存には PhyR に制御される一般ストレス耐性が重要な役割を果たしていると考えられる。

葉圏では光や温度だけでなく，主要な炭素源であるメタノール濃度が日周変動することから，筆者らは *M. extorquens* AM1 株のゲノム配列中に見出したシアノバクテリアの時計遺伝子 *kaiC* のホモログ遺伝子の機能解析を進めた[27]。AM1 株には *kaiC1*, *kaiC2* の 2 つの遺伝子が存在し，これらの単独および二重遺伝子破壊株では，野生株よりもシロイヌナズナへの定着能が低下した。さらに各種ストレス条件下での生存率を調べたところ，野生株では培養温度の上昇に伴って UV 耐性が上昇したが，*kaiC1* 破壊株では UV 耐性が下がり，*kaiC2* 破壊株では逆に上昇した。温度や日照条件が変動する葉面環境に適応するために，KaiC1 と KaiC2 がバランスをとりながら最適な生育のための遺伝子発現制御を行っていると考えられる。

また筆者らは，アカシソから単離した *Methylobacterium* sp. OR01 株を含め，植物試料から単離した PPFM の多くがパントテン酸（ビタミン B_5）要求性を示すことを見出した[28]。OR01 株はパントテン酸合成の前駆体である β-アラニンの生合成ができないが，シロイヌナズナ葉の表層には β-アラニンがパントテン酸の 100 倍量程度存在したことから，OR01 株は葉圏で主に β-アラニンを獲得して生育すると考えられた。また，パントテン酸要求性の OR01 株と，非要求性の AM1 株を混合してシロイヌナズナ種子に接種したところ，栽培後の葉上では OR01 株が優占化していた。PPFM は葉圏で獲得可能な化合物の生合成を行う必要がなく，その合成に必要なエネルギーコストを節約できるため，葉圏環境に適応する過程で多くの PPFM がパントテン酸要求性となったと考えられる。

5. PPFM による植物生長促進効果とバイオスティミュラントとしての機能開発

5.1 PPFM による植物生長促進メカニズム

PPFM による植物生長促進効果については，これまでに複数の要因が明らかにされている（図 4）[29)30)]。根圏では，PPFM のシデロフォア産生による植物の鉄の吸収促進や，難溶性リン酸の可溶化酵素の生産，窒素固定などの機能が知られている。PPFM はサイトカイニンの一種であるゼアチンやオーキシンの一種であるインドール酢酸などの植物ホルモンを生産し，これが葉圏での生長促進の主要な要因として考えられている。また，PPFM がもつ ACC デアミナーゼ活性により，植物細胞内のエチレンの前駆体である 1-アミノシクロプロパン-1-カルボン酸（ACC）を分解することによって，エチレンレベルを低下させ植物の生長を促進していると考えられる。さらに，PPFM が病原菌と栄養源を競合的に奪い合うことで病原菌の増殖を抑えたり，植物の全身誘導抵抗性（Induced Systemic Resistance：ISR）を誘導する化合物を生産したりすることにより，植物病原菌の感染を阻害する役割も知られている。

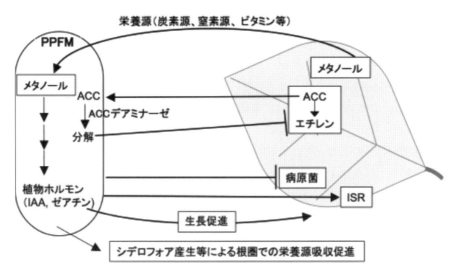

図4　PPFMによる植物生長促進機構

5.2　PPFMの葉面散布バイオスティミュラントとしての機能開発

　微生物を用いた作物生長促進剤（バイオスティミュラント）の多くは，生菌体を土壌に施用するものであるが，多種多様な微生物種との競争に打ち勝ってそれぞれの微生物が根圏に定着して効果を発揮できるかどうかは土壌環境や作物種に依存する。一方，葉圏は根圏に比べて貧栄養環境と想定されるが，メタノールを炭素源として利用できるPPFMにとっては生存に有利な環境である。PPFMの種子や葉面への接種による植物生長促進効果についてはモデル植物や蔬菜類で多くの報告があるが，イネなどの穀類については初期生長を指標にした報告は多いものの，大規模商業圃場での実施例はなかった。筆者らは，白鶴酒造（株）とその契約農家の協力を得て酒造好適米（白鶴錦）を対象とした複数年にわたる商業圃場での試験を行い，PPFM菌株の選抜や接種法の最適化を進めた[31]。その結果，PPFM生菌体だけでなく，死菌体や細胞壁多糖成分の葉面散布でも単位面積当たりの精玄米重量の増加が認められ，死菌体をイネの出穂後に1度だけ葉面スプレー散布することにより，最大7％の登熟歩合の向上と16％の単位収量増加が認められた。この増収効果は，イネ1株当たり約0.6 mgの菌体散布で約5 gの精玄米増収に相当し，バイオスティミュラントとして優れた機能をもつことがわかった。増収効果の要因については未解明であるが，PPFMの細胞壁リポ多糖（LPS）がイネ葉面に付着することが何らかの刺激となり，植物の光合成や免疫系が活性化され，出穂期以降の転流が促進されたのではないかと考えている。

6．おわりに

　メタンサイクルにおけるメタン，メタノールのCO_2への酸化，植物によるCO_2固定

は，それぞれC1微生物と植物が独立して行っているものと考えられてきた。しかし，C1微生物と植物の相利共生や，植物からのメタン，メタノールの放出が明らかにされ，さらにメタン資化性細菌と水生植物の共生系によるメタン消費促進や，PPFMによる植物生長促進効果が見出されたことにより，C1微生物と植物間の相互作用を通してメタンサイクルと植物バイオマス－CO_2間の炭素循環が共役していることが明らかとなった（図1）。本節では，主にC1微生物の葉圏における生理機能を紹介したが，葉圏C1微生物－植物間の相互作用原理については未解明な点が多く残されており，特に植物から大気中へのC1化合物放出に及ぼすC1微生物の影響や，地球規模での炭素循環や気候変動に与える影響も不明である。これらを解明することは，地球規模での炭素循環の収支やメカニズムの解明，温室効果ガス排出削減のための技術開発だけでなく，C1微生物によるバイオマス増産技術の開発にもつながるものと期待される。

文　献

1) M. Saunois et al.: *Earth Syst. Sci. Data*, 8, 697 (2016).
2) J. A. Vorholt: *Nat. Rev. Microbiol.*, 439, 187 (2012).
3) C. Knief et al.: *Appl. Environ. Microbiol.*, 74, 2218 (2008).
4) H. Yurimoto and Y. Sakai: *Biosci. Biotechnol. Biochem.*, 87, 1 (2023).
5) M. Nemecek-Marshall et al.: *Plant Physiol.*, 108, 1359 (1995).
6) I. E. Galbally and W. Kirstine: *J. Atmos. Chem.*, 43, 195 (2002).
7) S. Wolf et al.: *Mol. Plant*, 2, 851 (2009).
8) T. V. Komarova et al.: *Front. Plant Sci.*, 5, 101 (2014).
9) R. MacDonald and R. Fall: *Atmos. Environ.*, 27, 1709 (1993).
10) K. Kawaguchi et al.: *PLoS ONE*, 6, e25257 (2011).
11) D. Baktviken et al.: *Aquat. Bot.*, 184, 103596 (2023).
12) F. Keppler et al.: *Nature*, 439, 187 (2006).
13) L. Ernst et al.: *Nature*, 603, 482 (2022).
14) N. Wang et al.: *Sci. Hortic.*, 272, 109492 (2020).
15) H. Iguchi et al.: *Biosci. Biotechnol. Biochem.*, 76, 1580 (2012).
16) H. Iguchi et al.: *Arch. Microbiol.*, 195, 717 (2013).
17) N. Yoshida et al.: *Front. Microbiol.*, 5, 30 (2014).
18) H. Iguchi et al.: *J. Biosci. Bioeng.*, 128, 450 (2019).
19) L. C. Jeffery et al.: *Nat. Commun.*, 12, 2127 (2021).
20) V. Gauci et al.: *Nature*, 631, 796 (2024).
21) C. Knief et al.: *ISME J.*, 4, 719 (2010).
22) M. Mizuno et al.: *Biosci. Biotechnol. Biochem.*, 76, 578 (2012).
23) M. Mizuno et al.: *Biosci. Biotechnol. Biochem.*, 77, 1533 (2013).
24) S. Katayama et al.: *bioRxiv [Preprint]*, doi: 10.1101/2024.08.24.609498 (2024).
25) A. Sy et al.: *Appl. Environ. Microbiol.*, 71, 7245 (2005).
26) B. Gourion et al.: *Proc. Natl. Acad. Sci. USA*, 103, 13186 (2005).
27) H. Iguchi et al.: *Environ. Microbiol. Rep.*, 10, 634 (2018).
28) Y. Yoshida et al.: *Biosci. Biotechnol. Biochem.*, 83, 569 (2019).
29) M. N. Dourado et al.: *Biomed. Res. Int.*, 2015, 909016 (2015).
30) 由里本博也，阪井康能：光合成研究，25(2), 92 (2015).
31) H. Yurimoto et al.: *Microb. Biotechnol.*, 14, 1385 (2021).

第4章 植物−微生物間の情報・相互作用ネットワーク

第4節 マメ科植物−根粒菌における共生系とその進化

大学共同利用機関法人自然科学研究機構基礎生物学研究所　川口　正代司

1. はじめに

　窒素は核酸やタンパク質等の成分であり，すべての生物に不可欠な元素である。地球の大気中には生物が必要とする窒素分子が多く存在しているものの，それを直接利用できる真核生物は存在せず，窒素固定できる生物はバクテリア（原核生物）のみに限られる。マメ科植物と一部の植物は，進化の過程で窒素固定細菌を細胞に取り込むことで根粒と呼ばれるコブ状の共生器官を進化させ，大気中の窒素を利用することに成功した。この根粒共生は陸上生態系に新たな窒素循環をもたらした。本稿では，シグナル分子を介したマメ科植物と根粒菌の初期応答とアーバスキュラー菌根共生を基に根粒共生が進化した遺伝的背景について概説する。また，近年の系統ゲノム解析により，マメ目，バラ目，ウリ目，ブナ目よりなる窒素固定クレードの祖先植物は，約1億年前に根粒共生能力を有し，その後，この共生は複数回にわたって失われてきたことが見えてきた。本稿の後半では，根粒共生の獲得と喪失の歴史，そしてマメ科植物が根粒菌との共生系を維持するために進化の過程で獲得したと考えられる全身的制御機構について紹介する。

2. シグナル分子を介したコミュニケーション

　マメ科植物と根粒菌の共生は，シグナル分子を介したコミュニケーションによって始まる（**図1**）。植物から根粒菌に作用するシグナル分子の存在は，根粒菌が持つ根粒形成に必要な遺伝子群である *nod* 遺伝子が，宿主植物の根からの滲出液によって誘導されるという現象によって示された。*nod* 遺伝子の発現誘導を指標として誘導因子の精製と同定が進められ，フラボノイドであることが判明した[1]。マメ科植物と根粒菌の間には宿主特異性が見られるが，*nod* 遺伝子を誘導するフラボノイドは宿主/根粒菌の特異性に応じて異なっている。たとえば，アルファルファ根粒菌ではルテオリン[2]，クローバー根粒菌では7,4-ジヒドロキシフラボン[3]が *nod* 遺伝子の発現を強く誘導する[2,3]。また，ミヤコグサ根粒菌 *Mesorhizobium loti* の *nod* 遺伝子の誘導因子は長らく不明であったが，最近，日

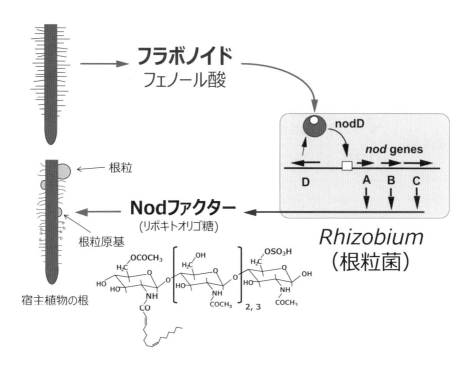

図1 シグナル分子を介したマメ科植物と根粒菌のコミュニケーション

マメ科植物の根から分泌されるフラボノイドやフェノール酸を根粒菌が受容すると，nod 遺伝子が発現し，Nod ファクター（リポキトオリゴ糖）が作られる。Nod ファクターは根毛のカーリングと皮層細胞分裂を誘導し，根粒原基を形成する

本大学の青木らによりフェノール酸が特定されており[4]，タルウマゴヤシ根粒菌では 4,4'-ジヒドロキシ -2'- メトキシカルコンが報告されている[5]。このようにマメ科植物から根粒菌へのシグナル分子は，フラボノイドやフェノール酸等の二次代謝産物産物である。

　一方，根粒菌の nod 遺伝子によって合成され，植物に働きかけるシグナル分子は Nod ファクターと呼ばれる。Nod ファクターは，根の皮層細胞の分裂を誘導し，根粒原基を形成することから，当初，植物ホルモンのサイトカイニンではないかと推測されていた。フランスの Denarié らのグループはアルファルファ根粒菌から Nod ファクターを精製し，その分子構造を解明した。Nod ファクターは，N- アセチルグルコサミンよりなるキチンオリゴマーを基本骨格とし，その非還元末端に長鎖脂肪酸が結合したリポキトオリゴ糖（lipo-chitooligosaccharides：LCOs）という，実にユニークな分子構造をしていた[6]（図1）。なお，この LCOs は，長らく根粒菌のみが産生するシグナル因子と思われていたが，近年，アーバスキュラー菌根菌が Nod ファクターとほぼ同一の分子構造を持つ LCOs を分泌することが発見され[7]，さらには植物や共生と縁のない多くの真菌も合成することがわかってきた[8]。LCOs だけでは根粒共生の開始を説明することができず，共生の初期段階における分子コミュニケーションの再検討が求められている。

3. Nod ファクターにより誘導される 2 つの現象

　根粒菌が分泌する Nod ファクターは，根粒形成の初期過程に見られる「感染」と「発生」の 2 つの現象に必要である（図 2）。感染は，根毛のカーリングと前感染糸と呼ばれる構造の形成，発生は，層および内鞘細胞の分裂による根粒原基の形成である。感染においては，カーリングに先立ち，根毛細胞の膜の脱分極やアクチン繊維の再編成が観察される[9)10)]。カーリングにより根粒菌が閉じ込められると，感染糸形成の起点である感染ポケットが形成される（図 2）。

　興味深いことに，根粒菌を感染させる前の皮層細胞の核は，発達した液胞により核が細胞の周辺部に追いやられているが，感染を受けると核が大型化するとともに中心部に移動することによって，感染糸の通り道を形成する（図 2）。これを前感染糸構造あるいは cytoplasmic bridge という[11)12)]。寿崎らは，感染初期に核内倍化によって核が大型化する現象を見出しており，それにより感染糸は表皮から皮層組織に進むことができるようである[13)]。一方，Nod ファクターは，根の皮層細胞に細胞分裂を誘導し，ドーム型の根粒原基を形成する。根粒原基が成長すると，側根とは異なり原基の周辺部に根粒維管束が分化する（図 3）。

　根粒菌は伸長する感染糸の内で増殖しながら，皮層細胞に到達するとエンドサイトーシスによって細胞内に取り込まれ，「シンビオゾーム」を形成する。宿主細胞の膜に取り囲まれた根粒菌は窒素固定を行うバクテロイドへと分化する。バクテロイドを取り囲む膜はペリバクテロイド膜と呼ばれ，ここに Nodulin26 などの根粒で特異的に誘導されるノジュリンタンパク質が局在する[14)]。

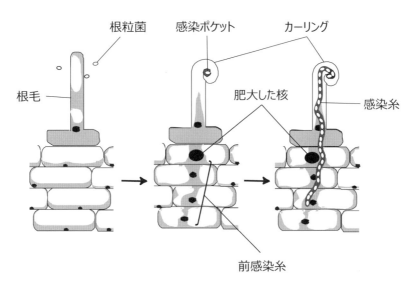

図 2　Nod ファクターにより誘導される初期応答
根粒菌が分泌する Nod ファクターは，根毛のカーリングと感染糸の通り道となる前感染糸の形成を誘導する。また，Nod ファクターは同時に皮層細胞の分裂を誘導する

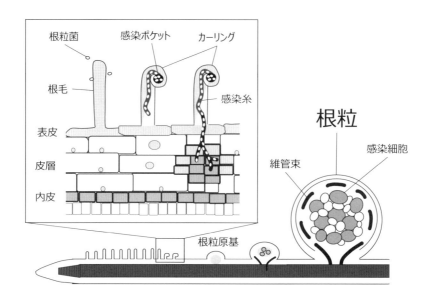

図3 根粒の発生過程

根粒菌は感染糸を通じて分裂中の皮層細胞に到達すると細胞内に取り込まれ，シンビオゾームで満たされた感染細胞が形成される．感染細胞ではレグヘモグロビンが強く発現し，窒素固定が行われる

アルファルファやエンドウなどの無限成長型の根粒では，バクテロイドは宿主の生産するシステインリッチペプチドによって核内倍化を起こし，肥大化することが知られている[15]．

4. 根粒共生の進化的基盤：アーバスキュラー菌根共生

エンドウは遺伝の法則の発見で有名なマメ科植物であるが，このエンドウを用いて，根粒菌を根に感染させても根粒が形成されない変異体が単離されていた．フランスのGianinazzi-Pearsonらは，根粒形成能を欠く変異体にアーバスキュラー菌根菌（AM菌）を感染させたところ，その中にAM菌が感染できない変異体が存在することを発見した[16]．その後，ミヤコグサやタルウマゴヤシの根粒形成能を失った変異体の中から多数のAM菌共生の変異体が単離されている．根粒共生の起源は約1億年前と推測され，AM共生の起源は約4億年前であるので，AM共生を遺伝的基盤として根粒共生が進化してきたことが見えてきた．

ここでAM菌について紹介する．AM菌は根粒菌とは異なる真核性の糸状菌であり，コケ，シダ，裸子・被子植物など約7割の陸上植物と共生することができる．AM菌は内生菌糸を介して根の皮層細胞内に樹枝状体（arbuscule）と呼ばれる深く陥入した分岐構造を形成することが特徴であり（図4），この樹枝状体を介して土壌から吸収したリンや水分を宿主植物に供与する．一方，AM菌は絶対共生菌であり，植物に感染し糖や脂質を吸収することで増殖する[17]．興味深いことに，AM菌は生物間相互作用でしばしば見られ

る宿主特性をほとんど失っている。このため AM 菌は外生菌糸を介して同種・異種植物に感染することが可能であり，野外では植物は AM 菌の菌糸で繋がれた超生命体を形成している。また，AM 菌は菌根を形成することで年間 3.9 Gt の炭素を貯留すると推測されており[18]，宿主へのリンの供与のみならず，炭素循環においても重要な役割を持つ真菌と言うことができる。

5．共生の共通シグナル伝達経路

変異体から根粒共生と AM 共生の両方に必要な複数の宿主因子が存在することが示されると，分子遺伝学的手法によってそれらの原因遺伝子が次々と特定された。分子遺伝学的解析を可能にしたマメ科植物は，日本に自生するミヤコグサ[19]と，地中海沿岸に自生するタルウマゴヤシ[20]である。根粒の形態は，

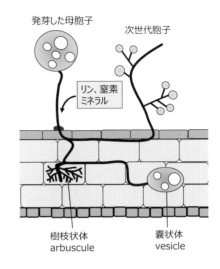

図4　アーバスキュラー菌根菌の感染様式

母胞子の菌糸が根の表皮に到達すると付着器を形成し，菌糸は組織内に伸長する。皮層細胞に到達した内生菌糸は樹枝状体 (arbuscule) を形成し，植物と栄養の交換を行う。AM 菌は糖や脂肪酸を吸収した後，菌糸を根圏に伸ばし，そこに次世代の胞子を形成する

前者が有限成長型で，後者が無限成長型である。根粒が形成されず，かつ AM 菌が感染できないミヤコグサ変異体から，SYMRK, CASTOR, POLLUX, NUP85, NUP133, SEH1, CCaMK, CYCLOPS などの宿主遺伝子が同定された[21)22)]（図 5）。SYMRK は短い LRR モチーフをもつ受容体型キナーゼであり，根粒菌の Nod ファクターと AM 菌の Myc ファクターのシグナルが合流する細胞膜で機能すると予測される。CASTOR と POLLUX は，SYMRK の下流で機能し，小胞体膜あるいは核膜でのカリウムイオンチャンネルとしての働きが示唆されている。NUP85 や NUP133，SEH1 は核孔に局在するタンパク質ヌクレオポリンであるが，核孔を介したシグナル伝達の分子機構はほとんどわかっていない。

Nod ファクターが宿主植物により受容されると根毛細胞の核の周辺部でパルス的なカルシウムイオン濃度の振動が発生する[23]。SYMRK からヌクレオポリンに至る宿主因子はこのカルシウム振動の発生に必須である。一方，その下流に位置するカルシウムカルモジュリンキナーゼ（CCaMK）はカルシウムイオンの振動により活性化され，転写因子 CYCLOPS をリン酸化することで，下流の共生遺伝子の発現を誘導することが示されている。これらの宿主因子からなるシグナル伝達経路は，共生の共通シグナル伝達経路 (Common Symbiosis Signaling Pathway, CSSP または CSP) と呼ばれ，多くの陸上植物に保存されている[21)22)]（図 5）。

根粒菌が分泌する Nod ファクターは前述の LCOs であるが，AM 菌が分泌する Myc ファクターはどのような分子なのだろうか？　Nod ファクターを特定したフランス Denarié ら

のグループは，根粒共生の初期段階で発現するENOD11遺伝子を指標にMycファクターを精製し，その分子実体と思われる因子をNature誌に報告した。驚いたことに，それはNodファクターとほぼ同一の分子構造を持つLCOsであった[7]。この論文は大きな注目を集めたが，植物は根粒菌とAM菌からのシグナル分子をどのように見分けているのかという新たな疑問が浮上した。近年，状況はさらに混沌としている。LCOsは共生菌だけでなく，植物とは縁のない多くの真菌によっても作られていることが報告されたのである[8]。根粒共生の開始は，もはやLCOsのみでは説明できない状況になっている。

ところで，AM菌は根の根粒が形成されている領域には感染しないことから，根において棲み分けが観察される。CSSPによって一度統合されたシグナル情報がどのように分岐し，根粒形成領域と菌根形成領域が空間的にどのように分離されるのかは，CSSPの発見から20年ほどが経過した現在でも不明である[21]。

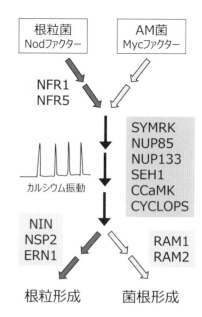

図5　共生の共通シグナル伝達経路

ミヤコグサのNodファクターシグナル伝達経路は，AM共生のMycファクターシグナル伝達経路と合流しており，共通シグナル伝達経路（CSSP）を形成する。CSSPの途中でカルシウムイオンの振動が発生し，CCaMKが活性化される

6. AM共生から根粒共生への進化

CSSPを構成する宿主因子が明らかになると，根粒共生に特有の遺伝子群とその進化が見えてきた。根粒共生の起源は約1億年前に遡るが，AM共生の起源は植物が陸上に進出した4億年以上前であると推定されている[24]。デボン紀初期の陸上植物アグラオフィトンの軸の化石には，AM共生を特徴づける樹枝状体が軸の細胞内に確認されており[25]，また，オルドビス紀の地層からAM菌の化石胞子が発見されている[26]。このようにAM共生の起源は根粒共生の起源よりはるかに古い。これらの化石の記録と分子遺伝学的解析から，AM共生に必要とされるCSSP遺伝子群を基盤として，窒素固定細菌との共生が進化してきたと考えられる。

AM菌との共生が正常な変異体から，根粒形成あるいは窒素固定にのみ機能する宿主遺伝子が特定された。たとえば，nfr1およびnfr5変異体はいずれもAM菌の根へのcolonizationには影響を与えず，根粒形成が全くできない変異体である。NFR1やNFR5はlysin motif（LysM）タイプの受容体様キナーゼをコードしており[27]，LysMドメインはNodファクターの認識に関わっていることが示唆されている[28]。LysMタイプの受容体は，キチンオリゴ糖を介した植物の防御応答の受容体として機能することから，防御応答と共生の分子的な接点が明らかになった。また，CSSPの下流で，根粒菌の感染や根粒形

成のみを誘発する転写因子も特定されており，そのなかで特に重要な転写因子はデンマークの Jens Stougaard 博士らによって同定された NIN（Nodule Inception）である[29]。NIN は RWP-RK ドメインを持つ転写因子であり，感染系形成と皮層細胞の分裂による根粒原基形成に必須である（図5）。感染糸を介して根粒菌を細胞内に取り込む過程では AP2 ファミリーの転写因子である ERN1 や受容体型キナーゼをコードする RINRK1（ALB1）が特定されている。また，FEN1 や SEN1, SST1 は，感染細胞やバクテロイドを包み込むペリバクテロイド膜で機能し，窒素固定酵素ニトロゲナーゼの活性化に関わることが示されている[14]。このような根粒共生に特有の宿主因子は，AM 共生の起源から約1億年前までの間に進化したと考えられる。

7. 窒素固定共生の起源

これまでマメ科植物の根粒共生を中心に紹介してきたが，根粒を形成し窒素固定共生を行う植物はマメ科植物を含むマメ目以外にも存在する。ブナ目のモクマオウやヤシャブシ，バラ目のチョウノスケソウ（*Dryas*），ウリ目のドクウツギなどがそれである。これらの植物も窒素固定バクテリアと共生し根粒を形成するが，共生細菌は，グラム陰性の根粒菌ではなく，グラム陽性のフランキア（*Frankia*）である[30]。

1995 年に植物分子系統学の著名な研究者である Soltis 夫妻は，被子植物全体の分子系統樹を作成した。その結果，興味深いことにマメ目，ブナ目，バラ目，ウリ目は，単一の系統群（クレード）を形成していることを発見し，それを窒素固定クレードと名付けた（図6）。さらに Soltis らは，窒素固定共生の遺伝的基礎となる素因（Predisposition）が約1億年前に確立され，そこから4つの目において窒素固定共生が並行して進化してきたのではないかと提唱した[31]。

Predisposition の実態は長い間不明であったが，近年，次世代シーケンサーを用いたゲノム解読の革新により，マメ科植物と近縁な植物のゲノムが解読できるようになった。系統的な比較ゲノム解析から，窒素固定を行わない植物を含め根粒共生遺伝子が調べられ，驚くべきことに，窒素固定クレードを形成する植物は，根粒形成に必要な遺伝子をほとんど保持していることが明らかとなった[32]。さらに，根粒共生能を持たない植物では，根粒形成のマスターレギュレーターである *NIN* や感染糸形成に関わる *RPG* など，ごく少数の遺伝子に欠損や変異があることが明らかになった。この発見は，バラ目，ウリ目，ブナ目の共通祖先が窒素固定共生していた

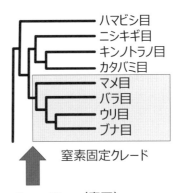

図6 窒素固定クレードと Predisposition

窒素固定クレードは，マメ目，バラ目，ウリ目，ブナ目から構成される。約1億年前に窒素固定細菌との共生の基礎となる Predisposition（遺伝的な素因）が形成され，そこから4つの目で根粒共生が並行的に進化したと考えられてきた。しかし近年の系統ゲノム解析により，この仮説はゆらいでいる

ことを物語っており，この目に属する多くの植物が今日窒素固定細菌との共生を行っていないのは，*NIN* や *RPG* 等のごく少数の遺伝子の欠失または変異によるものであるという進化シナリオが提唱された[31]。一方で，窒素固定クレードの植物のなかでもマメ科植物のみが，多くの種で共生遺伝子を今日まで保持していることも明らかとなり，共生進化の興味深い点として浮上した。

8. パートナーシフトと感染様式の進化

ブナ目，バラ目，ウリ目の窒素固定植物とマメ科植物では共生細菌が異なっており，進化のプロセスでパートナーシフトが起きていることも興味深い点である。バラ目アサ科の *Parasponia* とその近縁種を除き，ブナ目，バラ目，ウリ目の窒素固定植物はグラム陽性菌のフランキアと共生しているのに対し，マメ科植物はグラム陰性菌の根粒菌と共生している。フランキアは，根に"prenodule"と呼ばれるコブ状の構造を誘導し，その内部組織に共生する糸状性の細菌である[33]。フランキアは糸状であるため，皮層細胞内への侵入様式は，シンビオゾームを形成せず，AM 共生の樹枝状体とトポロジー的に類似した細胞内構造を形成する。一方，共生パートナーがグラム陰性の根粒菌に移行すると，根粒菌はエンドサイトーシスによって完全に皮層細胞に完全に取り込まれ，シンビオゾームを形成するようになった。特に，ソラマメ亜科のマメ科植物は根毛内に「感染糸」と呼ばれる管状構造を形成し，根の皮層細胞に到達する感染様式を進化させている[34]。フランキアから根粒菌へのパートナーシフトと感染様式の進化が，マメ科植物の共生維持能力の拡大につながった一因であると考えられる。Nod ファクターを合成する *nod* 遺伝子の進化も，グラム陰性の窒素固定バクテリアにおける共生能力獲得の進化に貢献したと考えられる。東京大学の青木らは，根粒菌の *nod* 遺伝子の系統進化解析を行い，Nod ファクターの分泌に関わる *nodI* や *nod J* 遺伝子が β バクテリアから α バクテリアに水平伝播によって獲得されたことを報告している[35]。

9. cheating 菌に対する制裁

自然突然変異はあらゆる場所で発生し，土壌に生息する根粒菌においても例外ではない。大気中の窒素分子をアンモニアへと還元する酵素ニトロゲナーゼは，根粒菌の *nif* 遺伝子群によってコードされている。ここで，根粒菌ゲノムのトランスポゾンが転移し，*nif* 遺伝子が破壊されると，根粒菌は窒素を固定しない細菌に変化する。しかし，この根粒菌は Nod ファクターを合成する能力を保持しているため，宿主植物の細胞内に侵入し，窒素固定をすることなく植物から光合成産物を受け取ることができる。このような菌は「cheating 菌」あるいは「ぼったくり菌」と呼ばれ，実際フィールドでの存在が確認されている[36]。このような cheating 菌に対してマメ科植物はどのように対処しているのであろうか？ オランダの植物生態学者 Kiers らは，外気中の窒素分子をアルゴンガスで置き換えることで，窒素固定能のある根粒菌を窒素固定できない菌に変換させる装置を考案し

た．彼女らは，根粒内の酸素分圧が低下するとともにバクテロイドの増殖が減少する現象を発見し，これは宿主植物による「制裁（sanction）」によるものだと結論づけた[37]．具体的には，根粒内の感染領域を取り囲む組織の酸素バリアを強化することで，根粒菌の増殖を止めているのではないかと仮説を立てた．Sanction は自然界に存在する cheating 菌から宿主植物の光合成産物の損失を防ぐ重要な防御システムと考えられている．Sanction の分子メカニズムは発見以来 20 年以上解明されていないが，最近 Sanction の原因遺伝子が東北大の嵐田らによって発見されている．今後の研究の進展が期待される．

10. 遠距離シグナル伝達を介した根粒形成の全身制御

根粒菌による窒素固定は低窒素環境におけるマメ科植物の成長と繁殖に非常に有益であるが，窒素固定には光合成産物由来の生体エネルギーが多量に消費されるため，過剰な根粒形成は植物の負荷となる．宿主植物は，根粒菌との共生バランスを維持するための戦略として，根粒菌の感染や土壌の窒素栄養状態に応じて，根粒の数を適切に制御するシステムを進化させてきた．このシステムは根粒形成の自己制御（Autoregulation of Nodulation：AON）と呼ばれ，菌の感染を受けてシュートに伝達される「根由来シグナル」と，シュートから根に送られて根粒形成を抑制する「シュート由来シグナル」の 2 つの遠距離シグナル分子によって構成されている[38]（図 7）．実際，ダイズやミヤコグサなどのマメ科植物が AON を欠陥すると過剰な根粒が形成され成長が著しく阻害される（図 8）．このことは，AON が共生バランスの維持に重要であることを示している[39)40]．

10.1 根由来因子とシュートで機能する受容体

AON の最初のステップは，「根由来シグナル」の生成である CLE ペプチドをコードする遺伝子の発現誘導である．これはミヤコグサで最初に発見され *CLE-RS1*，*CLE-RS2* と命名されている[41]．*CLE-RS1* と *CLE-RS2* 遺伝子は，プロモーター領域に根粒形成の正の制御因子である NIN が結合することによって転写が誘導される[42]．次に，これらの CLE ペプチドはアラビノース修飾によって生理活性を有し[43]，木部を通ってシュートに輸送され，ミヤコグサの HAR1[40)44]，ダイズの

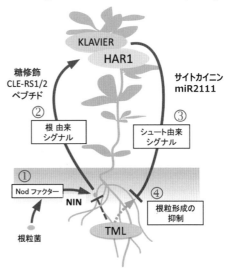

図 7　根粒形成のオートレギュレーション

根粒形成のオートレギュレーション（AON）は，根からシュートへの「根由来シグナル」とシュートから根への「シュート由来シグナル」の 2 つの遠距離シグナル因子によって構成されている

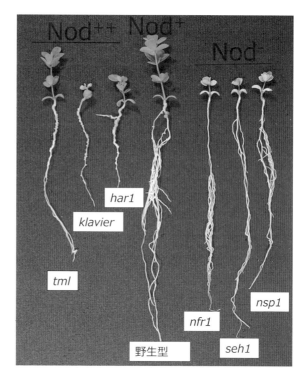

図8 ミヤコグサの根粒過剰着生変異体と根粒非着生変異体

窒素飢餓の条件で育てたミヤコグサ根粒過剰着生変異体（har1, klavier, tml）と根粒非着生変異体（nfr1, seh1, nsp1）。中央は野生型。左の写真は，変異体の元親である宮古島のミヤコグサ

NARK[45]，タルウマゴヤシのSUNN[46]などの細胞外にロイシンリッチリピートモチーフを持つCLV1様レセプターキナーゼによって受容される。これらのAON受容体はシュートの葉で作用し，根の根粒形成を全身的に制御することが，接ぎ木実験によって示されている[47]。CLEペプチドをアラビノース修飾する宿主因子の候補として，タルウマゴヤシのRDN1やミヤコグサのPLENTYが同定されている。CLEペプチドのアラビノース修飾は，HAR1受容体による認識のほか，器官間の遠距離移動に関わると思われる。

10.2 シュート由来因子

シュートで機能するHAR1/SUNN/NARKなどの受容体と根で機能する根粒制御因子TMLをつなぐシュート由来因子は長い間不明であった。ミヤコグサでは，サイトカイニン生合成酵素をコードするIPT3遺伝子の発現が根粒菌感染に応答してHAR1依存的に誘導されることから，サイトカイニンが「シュート由来因子」の1つとして提唱されている[48]。実際，子葉の切断面からサイトカイニンを与えると，根粒数が減少する。しかし，サイトカイニンは，Nodファクターシグナルの下流で根粒形成を正に制御することが知られており[49]-[51]，サイトカイニンの阻害作用の分子メカニズムは不明である。またダイズでは，葉柄を介して高濃度のサイトカイニンを投与すると根粒数が減少するのに対して，低濃度のサイトカイニンを施用すると根粒数が増加する[52]。このことから，生体内の

濃度に応じてサイトカイニンは根粒形成を正あるいは負に制御しているのかもしれない。

　AONの最終段階では,「シュート由来因子」が根で機能するTOO MUCH LOVE（TML）に伝達され根粒形成が抑制される[53]。TMLの原因遺伝子は, kelchリピートを持つF-boxタンパク質をコードしていた[54]。TMLは根粒形成の正の制御因子を分解することで根粒形成を抑制していると考えられる。また, TMLのmRNAを標的とするマイクロRNA miR2111が発見され,それが新たな「シュート由来因子」として注目されている[55,56]。miR2111は根粒菌を接種していない実生のシュート（主に葉）で発現しており, 根粒菌の感染により抑制されることから, 根粒形成を促進する機能を持つと考えられる。実際, miR2111を過剰発現させるとTMLのmRNA量は減少し, 感染糸形成や根粒形成が促進される。このことから, シュートにおけるmiR2111の産生が根粒形成の促進に寄与するというモデルが提唱されている。

11. 最後に

　以上, 根粒共生のトピックスを紹介してきた。根粒菌が特異的に生産すると思われていたNodファクターとほぼ同じ分子構造のLCOsが, AM菌だけでなく多くの共生とは縁のない真菌からも見つかり, また系統ゲノミクス解析によりバラ目, ウリ目, ブナ目, マメ目の共通祖先植物が窒素固定共生能を持っていたこと, そしてその共生能力は進化のプロセスで何度も失われたことが提唱されるなど, 30年にわたりこの分野を研究してきた筆者も驚くべき発見が続いている。窒素固定共生はどのように進化し, どのように失われ, そして維持されるようになったのか。ゲノム, 分子, 生理, 生態, 進化の各領域で目が離せない状況が続いている。今後の研究に期待したい。

文　献

1) C. W. Liu and J. D. Murray: *Plants*, 5, 33 (2016).
2) N. Peters, J. Frost and S. Long: *Science*, 233, 977 (1986).
3) J. Redmond et al.: *Nature*, 323, 632 (1986).
4) M. Shimamura et al.: *Microbes Environ.*, 37, ME21094 (2022).
5) W. Wu et al.: *New Phytol.*, 42, 2195 (2024).
6) P. Lerouge et al.: *Nature*, 344, 781 (1990).
7) F. Maillet et al.: *Nature*, 469, 58 (2011).
8) T. Rush et al.: *Nature, commun.*, 11, 3897 (2020).
9) D. Ehrhardt et al.: *Science*, 256, 998 (1992).
10) S. Niwa et al.: *Mol. Plant Microbe Interact.*, 14, 848 (2001).
11) A. A. van Brussel et al.: *Science*, 257, 70 (1992).
12) W. C. Yang et al.: *Plant Cell*, 6, 1415 (1994).
13) T. Suzaki et al.: *Development*, 141, 2441 (2014).
14) M. Udvardi and P. Poole: *Annu. Rev. Plant Biol.*, 64. 781 (2013).
15) W. Van de Velde et al.: *Science*, 327, 1122 (2010).
16) G. Duc et al.: *Plant Science*, 60, 215 (1989).
17) A. MacLean et al.: *Plant Cell*, 29, 2319 (2017).

18) H. Hawkins et al.: *Curr. Biol.*, **33**, R560 (2023).
19) K. Handberg and J. Stougaard: *Plant J.*, **2**, 487 (1992).
20) D. Barker et al.: *Plant Mol. Biol. Reporter*, **8**, 40 (1990).
21) H. Kouchi et al.: *Plant Cell Physiol.*, **51**, 1381 (2010).
22) G. Oldroyd: *Nat. Rev. Microbiol.*, **11**, 252 (2013).
23) D. W. Ehrhardt et al.: *Cell*, **85**, 673 (1996).
24) C. Kistner and M. Parniske: *Trends Plant Sci.*, **91**, 11841 (1994).
25) W. Remy et al.: *Proc. Natl. Acad. Sci. USA*, **91**, 11841 (1994).
26) D. Redecker, R. Kodner and L. Graham: *Science*, **289**, 1920 (2000).
27) S. Radutoiu et al.: *Nature*, **425**, 585 (2003).
28) S. Radutoiu et al.: *EMBO J.*, **26**, 3923 (2007).
29) L. Schauser et al.: *Nature*, **402**, 191 (1999).
30) D. Benson and W. Silvester: *Microbiol. Rev.*, **57**, 293 (1993).
31) D. Soltis et al.: *Proc. Natl. Acad. Sci. USA*, **92**, 2647 (1995).
32) M. Griesmann et al.: *Science*, **361**, eaat1743 (2018).
33) J. G. Torrey: *BioScience*, **28**, 583 (1978).
34) J. Sprent: *New Phytol.*, **174**, 11 (2007).
35) S. Aoki, M. Ito and W. Iwasaki: *Mol. Biol. Evol.*, **30**, 2494 (2013).
36) J. Sachs, M. Ehinger and E. Simms: *J. Evol. Biol.*, **23**, 1075 (2010).
37) E. Kiers et al.: *Nature*, **425**, 78 (2003).
38) G. Caetano-Anollés and P. M. Gresshoff: *Plant Science*, **71**, 69 (1990).
39) J. Wopereis et al.: *Plant J.*, **23**, 97 (2000).
40) R. Nishimura et al.: *Nature*, **420**, 426 (2002).
41) S. Okamoto et al.: *Plant Cell Physiol.*, **50**, 67 (2009).
42) T. Soyano et al.: *Proc. Natl. Acad. Sci. USA*, **111**, 14607 (2014).
43) S. Okamoto et al.: *Nat. Commun.*, **4**, 2191 (2013).
44) L. Krusell et al.: *Nature*, **420**, 422 (2002).
45) I. R. Searle et al.: *Science*, **299** 109 (2003).
46) E. Schnabel et al.: *Plant Mol. Biol.*, **58**, 809 (2005).
47) A. Delves et al.: *Plant Physiol.*, **82**, 588 (1986).
48) T. Sasaki et al.: *Nat. Commun.*, **5**, 5636 (2014).
49) F. Frugier et al.: *Trends in Plant Sci.*, **13**, 115 (2008).
50) J. D. Murray et al.: *Science*, **315**, 101 (2007).
51) L. Tirichice et al.: *Science*, **315**, 104 (2007).
52) C. Mens et al.: *Front. Plant Sci.*, **9**, 1150 (2018).
53) S. Magori et al.: *Mol. Plant Microbe Interact.*, **22**, 259 (2009).
54) M. Takahara et al.: *Plant Cell Physiol.*, **54**, 433 (2013).
55) D. Tsikou et al.: *Science*. **362**, 233 (2018).
56) N. Okuma et al.: *Nat. Commun.*, **11**, 5192 (2020).

第4章 植物−微生物間の情報・相互作用ネットワーク

第5節 微生物感染情報と栄養環境情報に基づく植物免疫の制御

奈良先端科学技術大学院大学　　John Jewish A. Dominguez
奈良先端科学技術大学院大学　　石原　大雅
奈良先端科学技術大学院大学　　井上　加奈子
奈良先端科学技術大学院大学　　安田　盛貴
奈良先端科学技術大学院大学　　西條　雄介

1. はじめに

　植物は，体表や体内に多様な微生物の集団を宿している。これらの微生物は，宿主植物への影響によって，病原菌（有害），共生菌（有益），または常在菌（有害でも有益でもない）として分類される。しかし，微生物は，宿主内外の環境条件次第で感染様式を流動的に変化させることが多く，同一微生物が病原菌にも共生菌にもなり得る[1]。このような背景から，植物は，共生微生物の感染様式の変化（病原性の発現に伴う自身の細胞状態の変化）を的確に察知し，共生微生物の集団「植物微生物叢」との関係性を健常に保つ仕組みとして植物の免疫システムを進化させてきており，共生微生物と一体となって恒常性を維持している（図1）。植物微生物叢の菌組成を環境変化に応じて改変し，健全に保つことで，病原菌感染などの生物的ストレスや非生物的ストレス（高温・貧栄養等）にも適応している。また，環境変化は微生物の感染様式を大きく変化させ，病原菌の感染・増殖を著しく促進するなど，植物病害の発生とも関係が深い。したがって，植物の環境適応において，環境変化を感知し，免疫システムを調節することで，環境変化に応じた微生物の感染制御を可能にする仕組みの重要性が推察され，その実体が最近になって少しずつ明らかになりつつある。本節では，環境変化に応じた植物の免疫や共生の制御機構に関して議論するとともに，その例として，植物がリン栄養枯渇環境においてリン獲得や共生と免疫のバランスを調節する仕組みについて概説する。

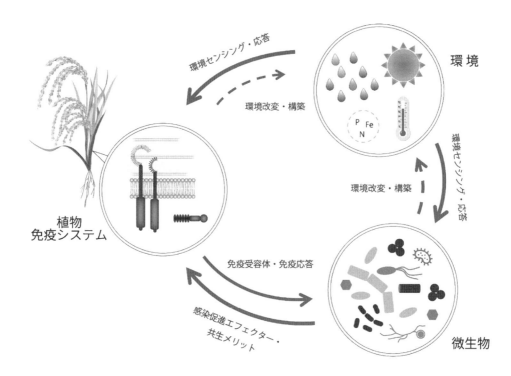

図1 植物と微生物の関係性は環境に大きく左右される

植物と微生物の関係性はそれらを取り巻く環境によって大きく連続的に変化し，同じ菌株が宿主植物に有益にも有害にも働くことがある．植物も環境変化に応じて免疫システムを調節し，微生物の感染制御を適切に進めながら環境適応を図っている

2. 植物微生物叢と植物免疫システムの関係

　植物微生物叢には，細菌，真菌，ウイルス，古細菌，卵菌，藻類等が含まれる[2]．環境変動に応じて植物微生物叢の群集構造（菌組成）が変化することはよく知られているものの，群集構造変化の生理意義や法則性，分子機構はまだ十分に理解されていない．植物微生物叢は，それを構成する微生物同士および微生物と植物の共進化の産物であると考えられている．植物は，免疫受容体のレパートリーを広げることで多様なリガンドすなわち微生物由来の成分をそれぞれ特異的に認識できるように進化してきた．一方で，微生物は植物の免疫受容体による認識を回避するために，特に受容体によって認識される部位の分子構造を改変したり，免疫受容体による防御応答の誘導を抑制したりするように進化してきており，それが新たな免疫受容体や免疫シグナル経路の進化を引き出す原動力となってきた[3)-5)]．こうした共進化の結果，植物の免疫システムや組織環境に適応した微生物のみが植物に感染・共生できるようになり，植物微生物叢を構成していると考えられる．

　微生物の認識や感染制御には多くの受容体が関与しており，一部の受容体の認識を回避しても，他の受容体によって認識されると考えられる[6]．特定の免疫受容体が欠損した植物では，特にその受容体によって感染が制限されていた微生物が増加し（病原性が高い微

生物こそ，特定の免疫受容体・経路によって感染が厳密に制限されていることが推察される），その結果，植物微生物叢が変化すると推察される。したがって，特定の免疫受容体の機能欠損により植物微生物叢が大幅に変化することもある[4)7)-9)]。逆に，無菌環境で育てた植物は微生物感染やさまざまなストレスに弱く[10)]，免疫システムの成熟には微生物（叢）と対峙し，その認識や感染制御応答を介して健全な共生状態を確立することが重要であることが窺われる。後生動物の自然免疫の発達にも同様に微生物叢が寄与している[11)]。したがって，植物の免疫システムも微生物叢も両者の相互作用を経ながら確立されることは明らかであるものの，微生物叢に晒されることで免疫システムが「鍛えられる」仕組みについてはよくわかっていない。

植物微生物叢の形成・制御には，免疫受容体以外にも，病原体抵抗性と共通の免疫制御因子が働いている。アブラナ科植物シロイヌナズナの研究から，病原体に対する免疫応答に重要な植物ホルモンであるサリチル酸（SA），ジャスモン酸（JA），エチレン（ET）が，根と葉における細菌群集の形成・恒常性（ホメオスタシス）に重要であることが報告されている[12)-14)]。免疫受容体が誘導する，NADPHオキシダーゼRBOHDを介した活性酸素種（ROS）の産生も非病原性細菌の感染制御に働いている。たとえば，免疫制御に働く内生のRALFペプチドの受容体FERONIAが誘導するROS産生は，根圏において*Pseudomonas*属常在細菌の感染量を制限する[8)]。一方，ROSが共生細菌*Bacillus velezensis*の成長と定着を促進する例も知られている[15)]。葉においても，*RBOHD*を欠損したシロイヌナズナ変異体では*Xanthomonas*属常在細菌の過増殖が起こり，微生物叢の構成が乱れることから，植物微生物叢の確立・維持にROSが重要であることが示されている[16)-18)]。その際，ROSは*Xanthomonas*属細菌のII型分泌装置（T2SS）による加水分解酵素の分泌を抑制することで，*Xanthomonas*属細菌が病原菌化することを防ぐと報告されている。しかしながら，ROSが，植物微生物叢の中で特定の細菌の感染を抑制する仕組みについてはさらなる解明が必要である。シロイヌナズナを含むアブラナ科植物は，トリプトファン由来の抗菌代謝物を多く産生して微生物の感染制御に役立てており，その生合成変異体においては常在真菌が病原菌化する例もある[19)]。これらの発見から，常在菌の感染制御ひいては植物微生物叢のホメオスタシスの成立に植物免疫システムが寄与していることは明らかである。植物の免疫不全変異体で，常在菌の病原菌化（病原性発現）が往々にして誘発される仕組みは不明な点が多く，その解明は，植物微生物叢の分子制御ロジックの本質の理解に役立つと期待される。

3. 植物免疫システムの仕組み

植物の免疫システムの枠組みは，主にモデル植物における病原菌抵抗性の研究に基づいて理解されている。植物の免疫は，生来備わっている自然免疫のみに依存しており，パターン誘導性免疫（PTI）とエフェクター誘導性免疫（ETI）の2層に大別される[6)20)]。PTIは，細胞膜に局在するパターン認識受容体（PRR）に依存しており，PRRには，細菌の鞭毛タンパク質フラジェリン（flg22エピトープ）や真菌の細胞壁成分であるキチン

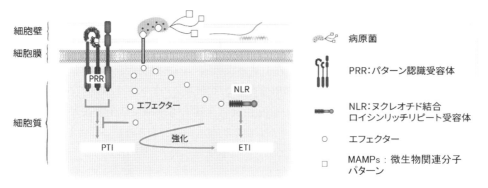

図2　植物の免疫受容体と免疫システム

植物の免疫システムは，細胞膜に局在するパターン認識受容体（PRR）が成立させるパターン誘導性免疫（PTI）と，細胞内のヌクレオチド結合ロイシンリッチリピート受容体（NLR）が成立させるエフェクター誘導性免疫（ETI）の連携によって構築されている。PRR によって微生物（や自己ダメージ）の分子パターンが認識されると PTI が活性化される。これに対して，微生物は多数のエフェクターを駆使して PTI を打破することで感染を促進する。しかし，エフェクターがひとつでも NLR に認識されると，PTI を回復・強化させる形で ETI が活性化され，病原菌の感染が抑制される。同様の原理や仕組みは共生菌の感染制御にも働くと考えられるが，病原菌と比較して不明な点が多い

等に代表される微生物関連分子パターン（MAMPs）や内生の plant elicitor peptide（Pep）など細胞ダメージ関連分子パターン（DAMPs）を検出する受容体が含まれる。PRR の活性化は，下流のシグナル経路を経て一連の防御応答（図2）を誘導して免疫が高まった状態（PTI）をもたらす[4)21)]。これに対して病原菌は，植物組織・細胞内にエフェクターと総称される感染促進因子を分泌し，PTI を抑制するとともに病原菌の増殖に有利な組織環境を作り出す。そのような感染戦略に対して植物は，主としてヌクレオチド結合ロイシンリッチリピート受容体（NLR）と呼ばれる細胞内受容体によりエフェクターの分子構造もしくは宿主への作用を認識し，より強い免疫の活性化状態（ETI）を誘導する[6)]。PTI と ETI は密接に連携しており，最近になって両者が相互に依存していることや連携機構の一端が示されている[3)6)22)23)]。PTI と ETI の活性化に伴う防御応答は，その強度や動態は異なるものの，ROS 産生，細胞質 Ca^{2+} 濃度上昇，分裂促進因子活性化プロテインキナーゼ（MAPK）活性化，防御関連遺伝子の発現，防御関連植物ホルモンの合成など共通のものが多く含まれる[6)22)23)]。したがって，ETI は PTI の強化版と捉えることが可能であり，PTI が ETI の重要な基盤として働く。一方で，PTI が正常に機能すると ETI が抑制されることも示されており[24)]，病原菌エフェクターが PRR シグナル系を妨害すると PTI による ETI 抑制が解除され，ETI が誘導されて PTI を回復・強化させる方向に働くと推察される。そのような仕組みで病原菌の感染やそれに対する抵抗性が成立すると一般的に考えられており，植物微生物叢の感染制御においても概ね共通の免疫制御ロジックが働くと予想されるが，今後の検証が待たれる。

4. 植物免疫システムによる微生物の識別とその回避メカニズム

　植物微生物叢では周囲の微生物叢と比較して微生物多様性がはるかに減少することから，植物が受容する微生物を選別していることが示唆される[4]。常在菌（非病原菌）は，近縁な病原菌と比較してエフェクターの分子種数や発現が低いこと[25)-27)]およびMAMP配列への変異が多いこと[28)-31)]から，その選別過程，すなわちどの微生物を定着させるか排除するかの決定において，PTIが重要であると考えられている[28)32)33)]。上述したように，ROS産生を介したPTIによる常在菌の感染制御が知られる一方でETIの関与については知見が乏しいのが現状である[4]。

　植物は多様なPRRを進化させてきており，それにより病原微生物や共生微生物由来の多様なシグナルを検出していると容易に推察されるが，どのようにして病原菌と共生菌を識別しているのであろうか。自然免疫受容体であるPRRは一定数に限られるため，植物は急速に進化・多様化し得る微生物シグナルを直接認識するのではなく，むしろ自身の恒常性破綻やダメージに伴う自己分子の改変を認識する方向に進化して対応していると考えられる。たとえば，病原菌の感染は植物に細胞ダメージを引き起こし，細胞壁断片のような細胞破砕成分[34]やPepペプチド[35]等のDAMPsが生成される[6]。DAMPsの認識はMAMPs誘導性の防御応答を増強することが知られており[36)37)]，病原菌から共生菌までが共有するMAMPsに加えてDAMPsが検出された場合，それは「病原菌感染」シグナルとして働き，強く免疫活性化が誘導されると考えられる。根は微生物の豊富な土壌に露出されているが，組織損傷が起こるとフラジェリン受容体FLS2の発現が誘導されて微生物・MAMPsに反応できるようになることが示され，逆に組織損傷が無ければ免疫応答が恒常的に活性化されない仕組みになっていると推察されている[38]。RALF受容体FERONIAはPRR複合体の足場としてPRR経路間の連携にも寄与しており，MAMPsと細胞壁破綻をそれぞれ認識する受容体の免疫シグナルの統合や調整に働く[39]。一方で，マメ科植物タルウマゴヤシ（*Medicago truncatula*）において，アーバスキュラー菌根（AM）菌由来のリポキトオリゴ糖（菌根菌のMycファクター）の認識はキチン誘導性の防御応答を低下させて共生を促進する[40]。共生シグナルによる免疫抑制は，キチン受容体OsCERK1を介して真菌抵抗性またはAM共生を調節するイネにおいても報告されている[41)42)]。分子パターンをどこで認識するか，シグナル受容・伝達の空間情報も重要な手がかりであることが示唆される。たとえば，免疫受容体が活性化されるとCa^{2+}の細胞内への流入が誘導されるが，病原菌と共生菌に対してその様式が異なることが報告されている。病原菌を認識すると細胞質Ca^{2+}濃度の上昇が一般的に誘導される一方で，共生菌に対しては核内Ca^{2+}濃度が上下に振動することが知られる[43]。防御応答の時空間的な活性調節メカニズムを解明することが，植物がさまざまなシグナルを統合して病原菌と共生菌を状況に応じて判別する仕組みを理解するには必要である。

　植物微生物叢を構成する常在菌（非病原菌）も，植物の免疫システムを回避または抑制し，植物の組織環境や微生物集団の中にある隙間を利用して植物組織への侵入と定着を可能にしていると考えられる[3)4)32)]。常在菌が免疫システムを打破する仕組みには，病原菌

と共通の分子メカニズムや作用原理が散見される。たとえば，MAMPの多様化や変化[29]，MAMPの分解や隔離[44)-46)]，およびMAMP修飾を介したPRRによる認識の回避[32)47)]が挙げられる。さらに，*Pseudomonas*属常在細菌によるグルコン酸の分泌など，宿主植物の細胞外pHを操作してPRRを不活化する仕組みも知られる[48]。病原体が植物の免疫を抑えるためにエフェクターを多用するのに対して，常在菌の感染には，エフェクター分泌装置が必ずしも必要ではないこと，および菌ゲノムが保有するエフェクター遺伝子（推定）数も少ないことから，エフェクターに依存しない機構の存在が示唆され，今後の解明が待たれる[4)49)]。

5. 植物‐微生物‐環境因子の相互作用

植物‐微生物相互作用の様式や帰結は，環境変動によって大きく影響される。植物の免疫システムを構成するさまざまな受容体やシグナル経路に関して，光，温度，湿度，概日リズム，塩分，栄養等の変動に対する感受性・耐性に違いがあることが徐々に明らかになりつつある[32)50)51)]。植物の免疫システムに対する影響は，主に3つのレベルに分類される[32]。第一に，免疫制御因子に対して直接影響する場合がある。たとえば，高温下では一部のNLRの核局在性が低下し活性が抑制され[52]，主要な免疫関連転写制御因子の発現が低下する[53]。第二に，環境変化に応じた植物ホルモンの変化が免疫応答に作用する場合がある。たとえば，弱光条件下では伸長促進ホルモンであるブラシノステロイドの生合成が誘導され，JA依存的な防御応答を低下させる[54]。第三に，植物免疫制御因子と環境応答制御因子がクロストークすることで相互に他方の応答に影響する場合，たとえばPRRの活性化による塩耐性の誘導[55)56)]やリン枯渇応答（PSR）制御因子による真菌感染の制御[57]などが挙げられる。植物の免疫システムと環境応答は密接に連携しており，さらに研究が進展すれば，免疫制御因子と環境応答制御因子を分類する境界が曖昧になっていく可能性もある。環境依存的な免疫システムの調節が植物微生物叢の変化や制御につながる例も知られている。たとえば，シロイヌナズナのSA生合成に寄与する*PBS3*遺伝子は，幼葉において塩ストレス・アブシジン酸による抑制に対してSA防御応答を保持するのみならず，葉圏の細菌叢の確立にも寄与する[58]。根圏微生物叢に関しても，鉄欠乏条件では，鉄の輸送を促進するクマリンの産生・放出が誘導され，根圏微生物叢の構成を変化させる[59]。リン欠乏条件においてもSAおよびJA応答性遺伝子の発現変化やSA依存性防御応答の抑制がPSR制御因子によって誘導され，根圏微生物叢の構成が変化する[60]。しかしながら，環境に応じた植物微生物叢の構成変化が，環境因子による微生物への直接的な影響なのか，あるいは植物の免疫・生理の変化を介した間接的な影響なのか，さらには構成変化の生理意義や仕組みについてはよくわかっていない[4]。逆に，植物微生物叢は植物の恒常性を支える根幹にあることから，環境変化に応じた植物微生物叢の構成や生理活性の変化を植物の免疫受容体等が認識することで，環境変化の認識やストレス応答の調節を行っている可能性も十分に考えられる[50]。実際，無菌条件においてリガンドを投与してPRRを活性化させた後に塩ストレスに晒すと，植物は高い塩耐性を示す[55]。植物の免疫

システムと環境応答のシグナル統合機構に関して解明が待たれる。

6. リン栄養状態による共生の制御

共生に影響を与える非生物的要因のなかで，リン欠乏は最も研究されている要因のひとつである[4]。リン（P）は多量必須元素として，無機リン酸（Pi）の形で土壌から吸収され，植物の生理プロセスに重要な役割を果たすが，植物はしばしばリン欠乏状態に陥る[61)62]。植物はリン欠乏環境において，PSRと呼ばれる一連の発生学的・生理学的変化を通じて，リン獲得と利用を高める仕組みを進化させてきた[63)64]。PSRは，主にMYB型転写制御因子PHR1とその相同遺伝子であるPHL1による広範な転写リプログラミングによって制御されている[65)66]。

植物がリン欠乏に適応するための主な戦略は，根系の構造変化（側根伸長や根毛形成の促進，および主根の伸長抑制）を介して，リンの含有量が高い土壌表面近傍において効率よくPiを吸収することを促進する戦略や[67]，根からリン酸可溶化酵素や有機酸を根圏に分泌し，土壌中の不溶態リンからPiを生成する戦略[68]などが挙げられる。

植物のリン枯渇環境適応において，リン獲得を補助する共生菌も重要な役割を果たしている[30)69)-71]。AM菌は，陸上植物の約8割の根に定着し，宿主由来の炭素源と引き換えに，植物にリンやミネラルを提供する[72)73]。AM共生は，植物が根から分泌するストリゴラクトンやフラボノイドによりAM菌の胞子形成や菌糸成長が刺激され，続いてAM菌が分泌するリポキトオリゴ糖が植物のLysM型受容体キナーゼによって認識されることで，AM菌受容から共生成立に至るプロセスを引き起こされて成立する[74)-76]。AM共生に関連する遺伝子の多くは，低リン条件においてPHR1を介して誘導される[77)78]。このように，植物の直接的なPi吸収と共生を通じた間接的なPi吸収の両方が，PHR1を中心とした遺伝子発現制御ネットワークに依存している[79]。

AM菌は広範な植物と共生関係を構築するものの，分子遺伝学研究に優れたモデル植物であるシロイヌナズナを宿主としない。根感染性真菌 *Colletotrichum tofieldiae*（*Ct*）は，リン欠乏下でのシロイヌナズナのPi取り込みと成長を促進する[25)57]。*Ct*による植物成長促進（PGP）にもPHR1・PHL1が必要であるが，AM共生とは対照的に，*phr1 phl1*変異体植物における*Ct*のPGP効果の喪失は，*Ct*の過剰増殖と関連している。インドールグルコシノレート（IG）などのトリプトファン由来の抗菌性代謝物を合成できない*cyp79b2 cyp79b3*変異体植物では，*Ct*が過剰に増殖し植物の成長を著しく抑制する[57]。PHR1はリン欠乏下で，おそらくIG代謝関連遺伝子の転写を直接制御することで，IG生産に寄与している[60]。したがって，*Ct*共生の成立には，菌の感染量を適切に制御することが重要である。また，*Ct*の種内変異の研究から，菌の病原性関連代謝物の生合成遺伝子クラスターの発現の有無で病原型（寄生型）と共生型（PGPを示す）とが切り替わることが報告されている[27]。このように，PHR1・PHL1は，*Ct*の病原性を潜在化し，感染を適切なレベルに制限する役割を担うことが明らかになっている。一方，*Ct*による植物へのPi供給においてどのような役割を担っているかについては不明であり，さ

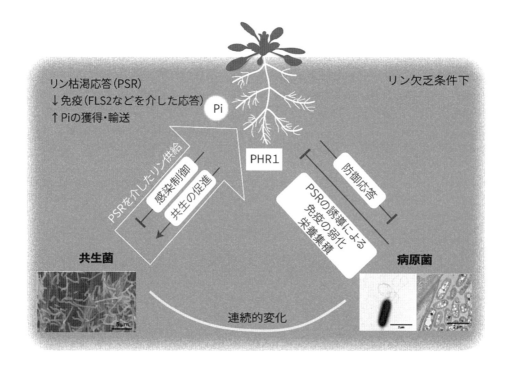

図3 植物のリン枯渇環境適応応答と微生物相互作用の制御

リン欠乏条件では，植物はリン枯渇応答（PSR）を誘導して，無機リン酸（Pi）の輸送等を促進する遺伝子の発現や根の形態・生理変化を通してリンの獲得や利用効率の向上を図る。PSRの主要制御因子PHR1は，植物のリン獲得を促進するのみならず，共生菌や病原菌の感染制御にも働いていることが明らかになりつつある。一方で，植物のPSRを利用して（おそらく栄養獲得や免疫抑制に役立てて）宿主植物への感染を促す病原菌も存在する。したがって，植物の免疫システムと栄養（欠乏）応答システムは密接に連携し合っていることが推察され，その分子基盤の解明が待たれる

らなる解析が必要である。

　PSRは，植物のPi獲得にとどまらずに免疫制御にも働く。リン枯渇時に誘導されるmiR399（マイクロRNA）の過剰発現は，Piの獲得を促進するとともに防御応答を低下させて真菌への感受性を高める[80]。また，いもち病菌や病原真菌 *Colletotrichum higginsianum* が植物のPSR経路を活性化することで防御応答を抑制すること[81]，およびPHR1がリン欠乏条件でFLS2を介した防御応答と細菌抵抗性を減退させることで微生物共生が促進されることが明らかとなっている[82]（図3）。しかしながら，PSRやリン栄養状態が植物免疫にどのように影響を与えるかについては，全ての免疫受容体が一様に活性低下されるのか，あるいは特定の受容体経路を保持することで「共生菌を受容しながら病原菌抵抗性を誘導すること」を可能にしているのか，など基本的な情報が未だに乏しいのが現状である[79]。

7. おわりに

　本節では，植物の免疫システムが病原体の防除のみならず，健全な微生物叢の維持にも重要であることを述べてきた。植物と微生物の相互作用の様式は，それらを取り巻く環境に大きく依存する。PSR の例から明らかなように，植物が環境（栄養）ストレスに適応する際には，根などの形態構造や細胞生理の変化に加えて，免疫システムを調節することで有益な微生物の受け入れや共生を促進する。環境変化に応じて植物が接する微生物の感染様式が共生菌－常在菌－病原菌の間で変化し得るなかで，植物が共生菌の受容と病原菌の防除を両立する仕組みは，病原菌の発生や増殖を植物微生物叢の乱れとして認識・制御する仕組みと相通じるものであると予想される。この仕組みを解明することで，植物の環境適応戦略の根幹に迫ることが可能になるとともに，共生菌を有効に活用する農業技術の開発も推進できると期待される。多様な生物性・非生物性のストレス因子が異なるレベルで混在し，ダイナミックに変化する自然条件において，植物の免疫システムはどのように機能しているのであろうか。植物が微生物の感染を認識して免疫応答を制御する仕組みに関して，モデル植物において一定の理解は得られてきている。今後は，それをベースとして，植物が環境シグナルを統合して免疫や微生物叢を調節する仕組みの解明を進展させていく必要がある。

謝　辞

　本研究室の活動の一部は，科学研究費（24K21870，21H02507 西條；21K14829 安田；24K1788 Dominguez），キヤノン財団研究助成プログラム「理想の追求」（西條），JST A-Step（JPMJTR23UJ 西條），JST ACT-X（JPMJAX22BN 安田），奈良先端大創発的先端人材育成フェローシップ（石原），武蔵精密工業（株）の支援により実施しました。厚く御礼申し上げます。

文　献

1) G. C. Drew, E. J. Stevens and K. C. King: Microbial Evolution and Transitions along the Parasite-Mutualist Continuum, *Nature Reviews Microbiology,* **19**（10），623（2021）．https://doi.org/10.1038/s41579-021-00550-7.
2) F. Mesny, S. Hacquard and B. P. H. J. Thomma: Co-evolution within the Plant Holobiont Drives Host Performance, *EMBO Reports,* **24**（9），e57455（2023）．https://doi.org/10.15252/embr.202357455.
3) L. -J. Shu, P. S. Kahlon and S. Ranf: The Power of Patterns: New Insights into Pattern-Triggered Immunity, *New Phytologist,* **240**（3），960（2023）．https://doi.org/10.1111/nph.19148.
4) D. Russ, C. R. Fitzpatrick, P. J. P. L. Teixeira and J. L. Dangl: Deep Discovery Informs Difficult Deployment in Plant Microbiome Science, *Cell,* **186**（21），4496（2023）．https://doi.org/10.1016/j.cell.2023.08.035.
5) P. Trivedi, J. E. Leach, S. G. Tringe, T. Sa and B. K. Singh: Plant-Microbiome Interactions: From Community Assembly to Plant Health, *Nature Reviews Microbiology,* **18**（11），607（2020）．https://doi.org/10.1038/s41579-020-0412-1.
6) J. -M. Zhou and Y. Zhang: Plant Immunity: Danger Perception and Signaling, *Cell,* **181**（5），978（2020）．https://doi.org/10.1016/j.cell.2020.04.028.

7) T. Chen, K. Nomura, X. Wang, R. Sohrabi, J. Xu, L. Yao, B. C. Paasch et al.: A Plant Genetic Network for Preventing Dysbiosis in the Phyllosphere, *Nature,* 580 (7805), 653 (2020). https://doi.org/10.1038/s41586-020-2185-0.

8) Y. Song, A. J. Wilson, X. -C. Zhang, D. Thoms, R. Sohrabi, S. Song, Q. Geissmann et al.: FERONIA Restricts Pseudomonas in the Rhizosphere Microbiome via Regulation of Reactive Oxygen Species, *Nature Plants,* 7 (5), 644 (2021). https://doi.org/10.1038/s41477-021-00914-0.

9) S. Song, Z. M. Moreira, A. L. Briggs, X. -C. Zhang, A. C. Diener and C. H. Haney: PSKR1 Balances the Plant Growth-Defence Trade-off in the Rhizosphere Microbiome, *Nature Plants,* 9 (12), 2071 (2023). https://doi.org/10.1038/s41477-023-01539-1.

10) B. C. Paasch, R. Sohrabi, J. M. Kremer, K. Nomura, Y. T. Cheng, J. Martz, B. Kvitko, J. M. Tiedje and S. Y. He: A Critical Role of a Eubiotic Microbiota in Gating Proper Immunocompetence in Arabidopsis, *Nature Plants,* 9 (9), 1468 (2023). https://doi.org/10.1038/s41477-023-01501-1.

11) L. V. Hooper, D. R. Littman, and A. J. Macpherson: Interactions between the microbiota and the immune system, *Science,* 336 (6086), 1268 (2012). https://doi.org/10.1126/science.1223490.

12) L. C. Carvalhais, P. G. Dennis, D. V. Badri, B. N. Kidd, J. M. Vivanco and P. M. Schenk: Linking Jasmonic Acid Signaling, Root Exudates, and Rhizosphere Microbiomes, *Molecular Plant-Microbe Interactions,* 28 (9), 1049 (2015). https://doi.org/10.1094/MPMI-01-15-0016-R.

13) R. F. Doornbos, B. P. J. Geraats, E. E. Kuramae, L. C. Van Loon and P. A. H. M. Bakker: Effects of Jasmonic Acid, Ethylene, and Salicylic Acid Signaling on the Rhizosphere Bacterial Community of Arabidopsis Thaliana, *Molecular Plant-Microbe Interactions,* 24 (4), 395 (2011). https://doi.org/10.1094/MPMI-05-10-0115.

14) S. L. Lebeis, S. H. Paredes, D. S. Lundberg, N. Breakfield, J. Gehring, M. McDonald, S. Malfatti et al.: Salicylic Acid Modulates Colonization of the Root Microbiome by Specific Bacterial Taxa, *Science,* 349 (6250), 860 (2015). https://doi.org/10.1126/science.aaa8764.

15) E. Tzipilevich, D. Russ, J. L. Dangl and P. N. Benfey: Plant Immune System Activation Is Necessary for Efficient Root Colonization by Auxin-Secreting Beneficial Bacteria, *Cell Host & Microbe,* 29 (10), 1507 (2021). https://doi.org/10.1016/j.chom.2021.09.005.

16) S. Pfeilmeier, G. C. Petti, M. Bortfeld-Miller, B. Daniel, C. M. Field, S. Sunagawa and J. A. Vorholt: The Plant NADPH Oxidase RBOHD Is Required for Microbiota Homeostasis in Leaves, *Nature Microbiology,* 6 (7), 852 (2021). https://doi.org/10.1038/s41564-021-00929-5.

17) S. Pfeilmeier, A. Werz, M. Ote, M. Bortfeld-Miller, P. Kirner, A. Keppler, L. Hemmerle et al.: Leaf Microbiome Dysbiosis Triggered by T2SS-Dependent Enzyme Secretion from Opportunistic Xanthomonas Pathogens, *Nature Microbiology,* 9 (1), 136 (2024). https://doi.org/10.1038/s41564-023-01555-z.

18) F. Entila, X. Han, A. Mine, P. Schulze-Lefert and K. Tsuda: Commensal Lifestyle Regulated by a Negative Feedback Loop between Arabidopsis ROS and the Bacterial T2SS, *Nature Communications,* 15 (1), 456 (2024). https://doi.org/10.1038/s41467-024-44724-2.

19) K. W. Wolinska, N. Vannier, T. Thiergart, B. Pickel, S. Gremmen, A. Piasecka, M. Piślewska-Bednarek et al.: Tryptophan Metabolism and Bacterial Commensals Prevent Fungal Dysbiosis in Arabidopsis Roots, *Proceedings of the National Academy of Sciences,* 118 (49), e2111521118 (2021). https://doi.org/10.1073/pnas.2111521118.

20) J. D. G. Jones, and J. L. Dangl: The Plant Immune System, *Nature,* 444 (7117), 323 (2006). https://doi.org/10.1038/nature05286.

21) T. A. DeFalco and C. Zipfel: Molecular Mechanisms of Early Plant Pattern-Triggered Immune Signaling, *Molecular Cell,* 81 (17), 3449 (2021). https://doi.org/10.1016/j.molcel.2021.07.029.

22) B. P. M. Ngou, H. -K. Ahn, P. Ding and J. D. G. Jones: Mutual Potentiation of Plant Immunity by Cell-Surface and Intracellular Receptors, *Nature,* 592 (7852), 110 (2021). https://doi.

org/10.1038/s41586-021-03315-7.

23) M. Yuan, Z. Jiang, G. Bi, K. Nomura, M. Liu, Y. Wang, B. Cai et al.: Pattern-recognition receptors are required for NLR-mediated plant immunity, *Nature*, 592(7852), 105(2021). https://doi.org/10.1038/s41586-021-03316-6.

24) D. Wang, L. Wei, T. Liu, J. Ma, K. Huang, H. Guo, Y. Huang et al.: Suppression of ETI by PTI Priming to Balance Plant Growth and Defense through an MPK3/MPK6-WRKYs-PP2Cs Module, *Molecular Plant,* 16 (5), 903(2023). https://doi.org/10.1016/j.molp.2023.04.004.

25) S. Hacquard, B. Kracher, K. Hiruma, P. C. Münch, R. Garrido-Oter, M. R. Thon, A. Weimann et al: Survival Trade-Offs in Plant Roots during Colonization by Closely Related Beneficial and Pathogenic Fungi, *Nature Communications,* 7, 11362(2016). https://doi.org/10.1038/ncomms11362.

26) X. -F. Xin, B. Kvitko and S. Y. He: Pseudomonas Syringae: What It Takes to Be a Pathogen, *Nature Reviews Microbiology,* 16 (5), 316(2018). https://doi.org/10.1038/nrmicro.2018.17.

27) K. Hiruma, S. Aoki, J. Takino, T. Higa, Y. D. Utami, A. Shiina, M. Okamoto et al.: A Fungal Sesquiterpene Biosynthesis Gene Cluster Critical for Mutualist-Pathogen Transition in Colletotrichum Tofieldiae, *Nature Communications,* 14(1), 5288(2023). https://doi.org/10.1038/s41467-023-40867-w.

28) S. Hacquard, S. Spaepen, R. Garrido-Oter and P. Schulze-Lefert: Interplay Between Innate Immunity and the Plant Microbiota, *Annual Review of Phytopathology,* 55, 565(2017). https://doi.org/10.1146/annurev-phyto-080516-035623.

29) N. R. Colaianni, K. Parys, H. -S. Lee, J. M. Conway, N. H. Kim, N. Edelbacher, T. S. Mucyn et al.: A Complex Immune Response to Flagellin Epitope Variation in Commensal Communities, *Cell Host & Microbe,* 29 (4), 635(2021). https://doi.org/10.1016/j.chom.2021.02.006.

30) C. Chan, Y. -Y. Liao and T. -J. Chiou: The Impact of Phosphorus on Plant Immunity, *Plant and Cell Physiology,* 62 (4), 582(2021). https://doi.org/10.1093/pcp/pcaa168.

31) P. Buscaill and R. A. L. van der Hoorn: Defeated by the Nines: Nine Extracellular Strategies to Avoid Microbe-Associated Molecular Patterns Recognition in Plants, *The Plant Cell,* 33 (7), 2116(2021). https://doi.org/10.1093/plcell/koab109.

32) P. J. P. L. Teixeira, N. R. Colaianni, C. R. Fitzpatrick and J. L. Dangl: Beyond Pathogens: Microbiota Interactions with the Plant Immune System, Current Opinion in Microbiology, *Environmental Microbiology*, 49, 7(2019). https://doi.org/10.1016/j.mib.2019.08.003.

33) R. T. Nakano and T. Shimasaki: Long-Term Consequences of PTI Activation and Its Manipulation by Root-Associated Microbiota, *Plant and Cell Physiology,* 65 (5), 681(2024). https://doi.org/10.1093/pcp/pcae033.

34) L. Bacete, H. Mélida, E. Miedes and A. Molina: Plant Cell Wall-Mediated Immunity: Cell Wall Changes Trigger Disease Resistance Responses, *The Plant Journal,* 93 (4), 614(2018). https://doi.org/10.1111/tpj.13807.

35) A. Ross, K. Yamada, K. Hiruma, M. Yamashita-Yamada, X. Lu, Y. Takano, K. Tsuda and Y. Saijo: The Arabidopsis PEPR Pathway Couples Local and Systemic Plant Immunity, *The EMBO Journal,* 33 (1), 62(2014). https://doi.org/10.1002/embj.201284303.

36) Y. Ma, R. K. Walker, Y. Zhao and G. A. Berkowitz: Linking Ligand Perception by PEPR Pattern Recognition Receptors to Cytosolic Ca^{2+} Elevation and Downstream Immune Signaling in Plants, *Proceedings of the National Academy of Sciences,* 109 (48), 19852(2012). https://doi.org/10.1073/pnas.1205448109.

37) N. Tintor, A. Ross, K. Kanehara, K. Yamada, L. Fan, B. Kemmerling, T. Nürnberger, K. Tsuda and Y. Saijo: Layered Pattern Receptor Signaling via Ethylene and Endogenous Elicitor Peptides during Arabidopsis Immunity to Bacterial Infection, *Proceedings of the National Academy of Sciences,* 110 (15), 6211(2013). https://doi.org/10.1073/pnas.1216780110.

38) F. Zhou, A. Emonet, V. D. Tendon, P. Marhavy, D. Wu, T. Lahaye and N. Geldner: Co-Incidence of Damage and Microbial Patterns Controls Localized Immune Responses in Roots, *Cell,* 180 (3), 440(2020). https://doi.org/10.1016/j.cell.2020.01.013.

39) X. Zhang, Z. Yang, D. Wu, F. Yu: RALF-FERONIA Signaling: Linking Plant Immune Response with Cell Growth, *Plant Communications,* 1(4), 100084(2020). https://doi.org/10.1016/j.xplc.2020.100084

40) F. Feng, J. Sun, G. V. Radhakrishnan, T. Lee, Z. Bozsóki, S. Fort, A. Gavrin et al.: A Combination of Chitooligosaccharide and Lipochitooligosaccharide Recognition Promotes Arbuscular Mycorrhizal Associations in Medicago Truncatula, *Nature Communications,* 10 (1), 5047 (2019). https://doi.org/10.1038/s41467-019-12999-5.

41) K. Miyata, T. Kozaki, Y. Kouzai, K. Ozawa, K. Ishii, E. Asamizu, Y. Okabe et al.: The Bifunctional Plant Receptor, OsCERK1, Regulates Both Chitin-Triggered Immunity and Arbuscular Mycorrhizal Symbiosis in Rice, *Plant and Cell Physiology,* 55 (11), 1864(2014). https://doi.org/10.1093/pcp/pcu129.

42) G. Carotenuto, M. Chabaud, K. Miyata, M. Capozzi, N. Takeda, H. Kaku, N. Shibuya, T. Nakagawa, D. G. Barker and A. Genre: The Rice LysM Receptor-like Kinase OsCERK1 Is Required for the Perception of Short-Chain Chitin Oligomers in Arbuscular Mycorrhizal Signaling, *New Phytologist,* 214 (4), 1440(2017). https://doi.org/10.1111/nph.14539.

43) A. H. C. Lam, A. Cooke, H. Wright, D. M. Lawson and M. Charpentier: Evolution of Endosymbiosis-Mediated Nuclear Calcium Signaling in Land Plants, *Current Biology,* 34 (10), 2212 (2024). https://doi.org/10.1016/j.cub.2024.03.063.

44) Y. Deng, H. Chen, C. Li, J. Xu, Q. Qi, Y. Xu, Y. Zhu et al: Endophyte Bacillus Subtilis Evade Plant Defense by Producing Lantibiotic Subtilomycin to Mask Self-Produced Flagellin, *Communications Biology,* 2 (1), 1(2019). https://doi.org/10.1038/s42003-019-0614-0.

45) M. J. C. Pel, A. J. H. van Dijken, B. W. Bardoel, M. F. Seidl, S. van der Ent, J. A. G. van Strijp and C. M. J. Pieterse: Pseudomonas Syringae Evades Host Immunity by Degrading Flagellin Monomers with Alkaline Protease AprA, *Molecular Plant-Microbe Interactions,* 27 (7), 603 (2014). https://doi.org/10.1094/MPMI-02-14-0032-R.

46) Y. J. Romero-Contreras, C. A. Ramírez-Valdespino, P. Guzmán-Guzmán, J. I. Macías-Segoviano, J. C. Villagómez-Castro and V. Olmedo-Monfil: Tal6 From Trichoderma Atroviride Is a LysM Effector Involved in Mycoparasitism and Plant Association, *Frontiers in Microbiology,* 10, 2231(2019). https://doi.org/10.3389/fmicb.2019.02231.

47) A. Sánchez-Vallet, J. R. Mesters and B. P. H. J. Thomma: The Battle for Chitin Recognition in Plant-Microbe Interactions, *FEMS Microbiology Reviews,* 39 (2), 171(2015). https://doi.org/10.1093/femsre/fuu003.

48) K. Yu, Y. Liu, R. Tichelaar, N. Savant, E. Lagendijk, S. J. L. van Kuijk, I. A. Stringlis et al.: Rhizosphere-Associated Pseudomonas Suppress Local Root Immune Responses by Gluconic Acid-Mediated Lowering of Environmental pH, *Current Biology,* 29 (22), 3913(2019). https://doi.org/10.1016/j.cub.2019.09.015.

49) K. Wippel: Plant and Microbial Features Governing an Endophytic Lifestyle, *Current Opinion in Plant Biology,* 76, 102483(2023). https://doi.org/10.1016/j.pbi.2023.102483.

50) Y. Saijo and E. Po-iian Loo: Plant Immunity in Signal Integration between Biotic and Abiotic Stress Responses, *New Phytologist,* 225 (1), 87(2020). https://doi.org/10.1111/nph.15989.

51) P. Trivedi, B. D. Batista, K. E. Bazany and B. K. Singh: Plant-Microbiome Interactions under a Changing World: Responses, Consequences and Perspectives, *New Phytologist,* 234 (6), 1951 (2022). https://doi.org/10.1111/nph.18016.

52) Y. Zhu, W. Qian and J. Hua: Temperature Modulates Plant Defense Responses through NB-LRR Proteins, *PLoS Pathogens,* 6 (4), e1000844(2010). https://doi.org/10.1371/journal.ppat.1000844.

53) J. H. Kim, C. D. M. Castroverde, S. Huang, C. Li, R. Hilleary, A. Seroka, R. Sohrabi et al.: Increasing the Resilience of Plant Immunity to a Warming Climate, *Nature,* 607 (7918), 339 (2022). https://doi.org/10.1038/s41586-022-04902-y.

54) R. Lozano-Durán and C. Zipfel: Trade-off between Growth and Immunity: Role of Brassinosteroids, *Trends in Plant Science,* 20 (1), 12(2015). https://doi.org/10.1016/j.

tplants.2014.09.003.

55) E. P. -L. Loo, Y. Tajima, K. Yamada, S. Kido, T. Hirase, H. Ariga, T. Fujiwara et al.: Recognition of Microbe- and Damage-Associated Molecular Patterns by Leucine-Rich Repeat Pattern Recognition Receptor Kinases Confers Salt Tolerance in Plants, *Molecular Plant-Microbe Interactions*, 35 (7), 554 (2022). https://doi.org/10.1094/MPMI-07-21-0185-FI.

56) C. Espinoza, Y. Liang and G. Stacey: Chitin Receptor CERK1 Links Salt Stress and Chitin-Triggered Innate Immunity in Arabidopsis, *The Plant Journal*, 89 (5), 984 (2017). https://doi.org/10.1111/tpj.13437.

57) K. Hiruma, N. Gerlach, S. Sacristán, R. T. Nakano, S. Hacquard, B. Kracher, U. Neumann et al.: Root Endophyte Colletotrichum Tofieldiae Confers Plant Fitness Benefits That Are Phosphate Status Dependent, *Cell*, 165 (2), 464 (2016). https://doi.org/10.1016/j.cell.2016.02.028.

58) M. L. Berens, K. W. Wolinska, S. Spaepen, J. Ziegler, T. Nobori, A. Nair, V. Krüler et al.: Balancing Trade-Offs between Biotic and Abiotic Stress Responses through Leaf Age-Dependent Variation in Stress Hormone Cross-Talk, *Proceedings of the National Academy of Sciences*, 116 (6), 2364 (2019). https://doi.org/10.1073/pnas.1817233116.

59) I. A. Stringlis, K. Yu, K. Feussner, R. de Jonge, S. Van Bentum, M. C. Van Verk, R. L. Berendsen, P. A. H. M. Bakker, I. Feussner and C. M. J. Pieterse: MYB72-Dependent Coumarin Exudation Shapes Root Microbiome Assembly to Promote Plant Health, *Proceedings of the National Academy of Sciences*, 115 (22), E5213 (2018). https://doi.org/10.1073/pnas.1722335115.

60) G. Castrillo, P. J. P. L. Teixeira, S. H. Paredes, T. F. Law, L. de Lorenzo, M. E. Feltcher, O. M. Finkel et al.: Root Microbiota Drive Direct Integration of Phosphate Stress and Immunity, *Nature*, 543 (7646), 513 (2017). https://doi.org/10.1038/nature21417.

61) K. G. Raghothama: Phosphate Acquisition, *Annual Review of Plant Physiology and Plant Molecular Biology*, 50, 665 (1999). https://doi.org/10.1146/annurev.arplant.50.1.665.

62) D. L. López-Arredondo, M. A. Leyva-González, S. I. González-Morales, J. López-Bucio and L. Herrera-Estrella: Phosphate Nutrition: Improving Low-Phosphate Tolerance in Crops, *Annual Review of Plant Biology*, 65, (1), 95 (2014). https://doi.org/10.1146/annurev-arplant-050213-035949.

63) J. Paz-Ares, M. I. Puga, M. Rojas-Triana, I. Martinez-Hevia, S. Diaz, C. Poza-Carrión, M. Miñambres and A. Leyva: Plant Adaptation to Low Phosphorus Availability: Core Signaling, Crosstalks, and Applied Implications, *Molecular Plant*, 15 (1), 104 (2022). https://doi.org/10.1016/j.molp.2021.12.005.

64) S. -Y. Yang, W. -Y. Lin, Y. -M. Hsiao and T. -J. Chiou: Milestones in Understanding Transport, Sensing, and Signaling of the Plant Nutrient Phosphorus, *The Plant Cell*, 36 (5), 1504 (2024). https://doi.org/10.1093/plcell/koad326.

65) R. Bustos, G. Castrillo, F. Linhares, M. I. Puga, V. Rubio, J. Pérez-Pérez, R. Solano, A. Leyva and J. Paz-Ares: A Central Regulatory System Largely Controls Transcriptional Activation and Repression Responses to Phosphate Starvation in Arabidopsis, *PLoS Genetics*, 6 (9), e1001102 (2010). https://doi.org/10.1371/journal.pgen.1001102.

66) V. Rubio, F. Linhares, R. Solano, A. C. Martín, A. Iglesias, A. Leyva and J. Paz-Ares: A Conserved MYB Transcription Factor Involved in Phosphate Starvation Signaling Both in Vascular Plants and in Unicellular Algae, *Genes & Development*, 15 (16), 2122 (2001). https://doi.org/10.1101/gad.204401.

67) B. Péret, M. Clément, L. Nussaume and T. Desnos: Root Developmental Adaptation to Phosphate Starvation: Better Safe than Sorry, *Trends in Plant Science*, 16 (8), 442 (2011). https://doi.org/10.1016/j.tplants.2011.05.006.

68) L. V. Kochian, M. A. Piñeros, J. Liu and J. V. Magalhaes: Plant Adaptation to Acid Soils: The Molecular Basis for Crop Aluminum Resistance, *Annual Review of Plant Biology*, 66, 571 (2015). https://doi.org/10.1146/annurev-arplant-043014-114822.

69) M. C. Isidra-Arellano, P. -M. Delaux and O. Valdés-López: The Phosphate Starvation Response System: Its Role in the Regulation of Plant-Microbe Interactions, *Plant & Cell Physiology*, 62

(3), 392(2021). https://doi.org/10.1093/pcp/pcab016.

70) M. Paries and C. Gutjahr: The Good, the Bad, and the Phosphate: Regulation of Beneficial and Detrimental Plant-Microbe Interactions by the Plant Phosphate Status, *New Phytologist,* **239** (1), 29(2023). https://doi.org/10.1111/nph.18933.

71) B. Zhao, X. Jia, N. Yu, J. D. Murray, K. Yi and E. Wang: Microbe-Dependent and Independent Nitrogen and Phosphate Acquisition and Regulation in Plants, *New Phytologist,* **242** (4), 1507 (2024). https://doi.org/10.1111/nph.19263.

72) P. Bonfante and A. Genre: Mechanisms Underlying Beneficial Plant-Fungus Interactions in Mycorrhizal Symbiosis, *Nature Communications,* **1**, 48(2010). https://doi.org/10.1038/ncomms1046.

73) S. E. Smith, I. Jakobsen, M. Grønlund and F. A. Smith: Roles of Arbuscular Mycorrhizas in Plant Phosphorus Nutrition: Interactions between Pathways of Phosphorus Uptake in Arbuscular Mycorrhizal Roots Have Important Implications for Understanding and Manipulating Plant Phosphorus Acquisition, *Plant Physiology,* **156** (3), 1050(2011). https://doi.org/10.1104/pp.111.174581.

74) K. Akiyama, H. Matsuoka and H. Hayashi: Isolation and Identification of a Phosphate Deficiency-Induced C-Glycosylflavonoid That Stimulates Arbuscular Mycorrhiza Formation in Melon Roots, *Molecular Plant-Microbe Interactions*, **15** (4), 334(2002). https://doi.org/10.1094/MPMI.2002.15.4.334.

75) A. Besserer, G. Bécard, A. Jauneau, C. Roux and N. Séjalon-Delmas: GR24, a Synthetic Analog of Strigolactones, Stimulates the Mitosis and Growth of the Arbuscular Mycorrhizal Fungus Gigaspora Rosea by Boosting Its Energy Metabolism, *Plant Physiology,* **148** (1), 402(2008). https://doi.org/10.1104/pp.108.121400.

76) L. Lanfranco V. Fiorilli, F. Venice and P. Bonfante: Strigolactones cross the kingdoms: plants, fungi, and bacteria in the arbuscular mycorrhizal symbiosis, *Journal of Experimental Botany*, **69**(1), 2175(2018). https://doi.org/10.1093/jxb/erx432.

77) D. Das, M. Paries, K. Hobecker, M. Gigl, C. Dawid, H. -M. Lam, J. Zhang, M. Chen and C. Gutjahr: PHOSPHATE STARVATION RESPONSE Transcription Factors Enable Arbuscular Mycorrhiza Symbiosis, *Nature Communications,* **13** (1), 477(2022). https://doi.org/10.1038/s41467-022-27976-8.

78) J. Shi, B. Zhao, S. Zheng, X. Zhang, X. Wang, W. Dong, Q. Xie et al.: A Phosphate Starvation Response-Centered Network Regulates Mycorrhizal Symbiosis, *Cell,* **184** (22), 5527(2021). https://doi.org/10.1016/j.cell.2021.09.030.

79) K. Inoue, N. Tsuchida and Y. Saijo: Modulation of Plant Immunity and Biotic Interactions under Phosphate Deficiency, *Journal of Plant Research*, **137** (3), 343(2024). https://doi.org/10.1007/s10265-024-01546-z.

80) L. Campos-Soriano, M. Bundó, M. Bach-Pages, S. -F. Chiang, T. -J. Chiou and B. S. Segundo: Phosphate Excess Increases Susceptibility to Pathogen Infection in Rice, *Molecular Plant Pathology,* **21** (4), 555(2020). https://doi.org/10.1111/mpp.12916.

81) C. L. McCombe, A. Wegner, C. S. Zamora, F. Casanova, S. Aditya, J. R. Greenwood, L. Wirtz et al.: Plant Pathogenic Fungi Hijack Phosphate Starvation Signaling with Conserved Enzymatic Effectors, *bioRxiv* (2023). https://doi.org/10.1101/2023.11.14.566975.

82) J. Tang, D. Wu, X. Li, L. Wang, L. Xu, Y. Zhang, F. Xu et al.: Plant Immunity Suppression via PHR1-RALF-FERONIA Shapes the Root Microbiome to Alleviate Phosphate Starvation, *The EMBO Journal,* **41** (6), e109102(2022). https://doi.org/10.15252/embj.2021109102.

第 5 章

植物の多次元コミュニケーション力を
支える分子メカニズム

第5章 植物の多次元コミュニケーション力を支える分子メカニズム

第1節 植物が食害誘導的に揮発性物質を生産するメカニズム

東京理科大学　有村　源一郎　　京都大学　小澤　理香

1. はじめに

　害虫（植食者）に食害された植物の葉ではどのように揮発性物質（匂い）が生産・放出されるのであろう。シソ科のような香草や一部の広葉樹のように常に匂いを生産する植物を除いては，葉などが食害刺激を受けることでテルペノイド，みどりの香り，芳香族化合物（図1）といった匂い成分の放出が誘導される。

2. 害虫食害で誘導される匂いの生産制御

　植物から放出される匂いは植物種によって異なることは誰もが知ることであろう。しかし，同じ植物個体でも，加害される害虫種によって放出される匂い成分が異なることはあまり知られていない。たとえば，吸汁性害虫であるナミハダニ（*Tetranychus urticae*），広食咀嚼性害虫であるシロイチモジヨトウ（*Spodoptera exigua*），イネ科害虫であるアワヨトウ（*Mythimna separata*）の幼虫に食害されたリママメの葉から放出される匂い成分の組成は異なり[1]，そのため各々の害虫に特異的な天敵が誘引されることになる[2]。また，モンシロチョウ（*Pieris rapae*）やコナガ（*Plutella xylostella*）の幼虫に食害されたキャベツの葉からは異なる匂いブレンドが放出され，それぞれの寄生蜂であるアオムシサムライコマユバチ（*Cotesia glomerata*）とコナガサムライコマユバチ（*Cotesia vestalis*）が誘引される[3][4]。これらの天敵を特異的に惹きつける匂いの組成は，植物個体の潜在的な匂いの生産能力に加え[5]，植物が曝される気温などの環境的条件[6]，加害する害虫種によって多様に変化する。次項では，こういった植物の匂いの生産と放出の分子基盤およびそれらの匂いが担う植物のコミュニケーションについて紹介する。

2.1　エリシターとエフェクター

　害虫から分泌され，匂い生産を誘導する，さまざまな化合物種のエリシターが報告されている[7][8]（表1）。水酸化リノレン酸にグルタミンが結合したボリシチンは，トウモロコ

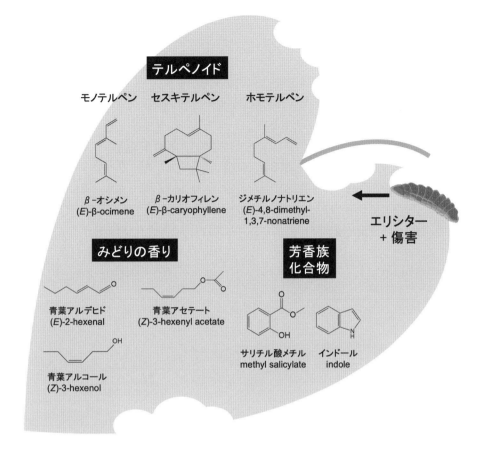

図1 害虫に食害された植物の葉で誘導される匂い成分

害虫に食害された植物葉では，害虫による傷害と害虫が分泌するエリシターが植物に認識されることで，テルペノイド（モノテルペン，セスキテルペン，ホモテルペン）や芳香族化合物であるサリチル酸メチルやインドールの合成遺伝子の発現が誘導される。テルペノイドや芳香族化合物は食害数時間後に放出され，傷害でも誘導されるみどりの香りは食害によって数秒から1分程度で放出される

シの葉から匂い放出を誘導する物質として，シロイチモジヨトウ幼虫の吐き戻し液から最初に発見された。ボリシチンが処理されたトウモロコシの苗からは，ジメチルノナトリエン（(E)-4,8-dimethyl-1,3,7-nonatriene)，インドール（indole)，(E)-β-ファルネセン（(E)-β-farnesene)といった，シロイチモジヨトウ幼虫の吐き戻し液が処理された場合と同じ匂い成分が放出され，寄生蜂（Microplitis croceipes）が誘引される[9]。つまり，ボリシチンはトウモロコシの食害誘導性の匂いの放出の誘導を担う主要なエリシターと言える。ボリシチンのような脂肪酸とアミノ酸の複合体（FAC）は，チョウ目幼虫のほかに，バッタ目やハエ目幼虫からも同定されている[10]。一方，インセプチンは，ジスルフィド結合を持つペプチドであり，ツマジロクサヨトウ（Spodoptera frugiperda）の吐き戻し液から，ササゲに匂い放出を誘導するエリシターである[11]。インセプチンはササゲの細胞膜にある受容体様キナーゼ（INR）に認識されることで，寄主特異的な防御応答を誘導することができる[12]。さらにこうした咀嚼性の害虫に加えて，吸汁性のナミハダニに

加害されたインゲンマメ葉では，唾液腺由来のタンパク質型エリシターであるテトラニンが寄主植物に分泌されることで，ハダニの天敵である捕食性チリカブリダニ（*Phytoseiulus persimilis*）が誘引される[13]。

　害虫の産卵時に分泌されるエリシターも存在する（表1）。たとえば，マツハバチ（*Diprion pini*）のメス成虫の産卵管分泌物は，ヨーロッパアカマツに，(E)-β-ファルネセンの放出を誘導する。このハバチの産卵により誘導される匂いには，ハバチの卵寄生蜂（*Closterocerus ruforum*）が誘引され，ハバチの卵に産卵寄生する。その際，産卵管分泌物中のエリシターであるannexin様タンパク質（diprioni）がマツの葉の匂いの生合成を活性化し，さらなる卵寄生蜂の来訪につながる[14]。寄生されたマツハバチの卵は死んでしまうため，植物はマツハバチの食害から守られることになる。

　一方，植物の防衛反応を誘導するエリシターとは対称的に，植物の匂いの放出を抑制するエフェクターもある。たとえば，カイコ（*Bombyx mori*）では，吐糸口から分泌される酵素が植物のみどりの香りの生産を抑制し，寄生バエによる産卵が抑制される[15]。ま

表1　植物の匂いの放出を制御するエリシターとエフェクター

	名　称	化合物の総称
摂食エリシター	β-グルコシダーゼ	タンパク質（酵素）
	ボリシチン，FAC (fatty acid amino acid conjugate)	脂肪酸-アミノ酸複合体
	インセプチン	ペプチド
	Caeliferin	硫酸化された水酸化脂肪酸
	テトラニン	タンパク質
オス成虫由来エリシター	*E, S*-conophthrin	
産卵エリシター	Benzyl cyanide	芳香族化合物
	インドール	含窒素芳香族化合物
	Diprionin	annexin様タンパク質
摂食エフェクター	FHD (fatty acid hydroperoxide dehydratase)	タンパク質（酵素）
	HALT (hexenal trapping effector)	熱安定性の低分子
	GOX (glucose oxydase)	タンパク質（酵素）
	ヘキセナールイソメラーゼ	タンパク質（酵素）

た，タバコスズメガ（*Manduca sexta*）の幼虫の唾液に含まれるヘキセナールイソメラーゼは，タバコなどから放出されるみどりの香りの組成を変える活性をもち，害虫のパフォーマンスを高めることができる[16]。

これらのエリシターやエフェクターは，寄主植物によって感受性が異なる。たとえば，ササゲはインセプチンに特異的に応答し，ダイズ，ナス，トウモロコシはFACに特異的に応答し，トウモロコシはアメリカイナゴ（*Shistocera american*）の硫酸化された水酸化脂肪酸（caeliferin）に特異的に応答することでそれぞれの害虫特異的に誘導される匂いが放出される[17]。ササゲのインセプチン受容体であるINRのように，エリシターやエフェクターに特異的に応答するセンサー分子が植物の特異的な防御応答を担うものと考えられる。

2.2 物理的な傷害

エリシターと同様に，食害時の物理的な傷害は植物の匂い生産において重要なはたらき

植食者	植物	文献
オオモンシロチョウ	メキャベツ	33)
シロイチモジヨトウ 等のチョウ目幼虫 タイワンエンマコオロギ ショウジョウバエ	ダイズ，ナス，トウモロコシ	17), 34), 35)
ツマジロクサヨトウ	ササゲ	11)
アメリカイナゴ	トウモロコシ	36)
ナミハダニ	インゲンマメ	13)
タマバエの一種 *Eurosta soidaginis*	セイタカアワダチソウ	37)
オオモンシロチョウ	メキャベツ，シロイヌナズナ	38), 39)
モンシロチョウ	メキャベツ	40)
マツハバチ	ヨーロッパアカマツ	41)
カイコ	クワ	15)
シロイチモジヨトウ ツマジロクサヨトウ タバコスズメガ イラクサギンウワバ	トウモロコシ	42)
タバコガ類， シロイチモジヨトウ	トマト	43)
タバコスズメガ	タバコ	16)

を担う。古くから，みどりの香り成分は植物が傷害を受けたときに短時間で放出される代表的な匂いとして知られている[18]。しかし，多くの植物ではテルペノイドや芳香族化合物はハサミ傷などの傷害では誘導されにくいことから，単発の傷害だけではそれらの匂いの生合成には至らないものと考えられてきた。たとえば，リママメの葉にハサミによる単発の傷害が施された場合，害虫による食害で誘導されるβ-オシメン（β-ocimene）の放出およびその生合成遺伝子である*PlOS*遺伝子の発現はあまり誘導されない。しかし，連続的な傷害を与えることができるメックワーム（MecWorm：図2）を用いて継続的に数時間リママメ葉を傷つけた場合，*PlOS*遺伝子の発現およびβ-オシメンの放出は顕著にかつ長期に誘導される[19]。また，エジプトヨトウ（*Spodoptera littoralis*）に食害されたときに放出される青葉アセテート（(Z)-3-hexenyl acetate），リナロール（linalool），ジメチルノナトリエン，トリメチルトリデカテトラエン（(E,E)-4,8,12-trimethyl-1,3,7,11-tridecatetraene）等の放出もメックワームによって誘導される[20]ことから，食害時の継続的な傷害は食害された植物から放出される匂い組成を構築する重要な刺激であることが考えられる。また，その鍵となるのが傷害ホルモンとして知られているジャスモン酸である。ジャスモン酸は傷つけられた植物で生産され，防御応答を担う遺伝子の発現や代謝物

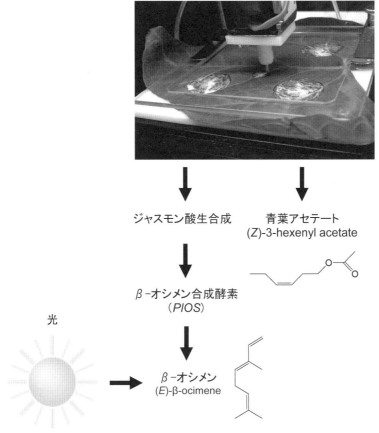

※口絵参照

図2　リママメ葉において継続的な傷害によって誘導される匂いの生合成機構

の生合成を誘導することができる。ジャスモン酸は植物の傷害時に一過的に生産されるが，継続的な傷害に曝されることによって継続的に生産されるようになる。この継続的なジャスモン酸のはたらきがテルペノイド等の生合成には有効であろう。一方，吸汁性害虫であるナミハダニに食害されたリママメの葉では，ジャスモン酸に加えて，エチレンおよびサリチル酸シグナル伝達系が匂いの生合成において協調的にはたらく[1)21)]。

2.3 環境因子

$β$-オシメン等のモノテルペノイドは，光合成産物であるピルビン酸から2-C-メチルエリトリトール-4-リン酸（MEP）経路を介して作られるゲラニル二リン酸が基質となって生合成される。そのため，食害された植物から放出されるテルペノイドは日周性を示す[22)23)]。一方，みどりの香り成分である青葉アセテートは葉緑体のチラコイド膜等から光に依存せずに作られるため，夜間の食害時にも放出される。

では，これらの昼夜における匂いの組成の違いは植物のコミュニケーションにいかに影響するのであろうか。夜間にオオタバコガ（*Heliothis virescens*）に食害されたタバコの葉では，青葉アセテート等のみどりの香りやその関連化合物が多く放出され，これらの匂いはオオタバコガ雌成虫の産卵を忌避させる[24)]。また，トウモロコシ葉上のアワヨトウ幼虫は，植物が暗期に放出する匂いに曝されると，実際の光の状態に関係なく，あたかも暗闇にいるかのように陰から出てくる[25)]。対照的に，アワヨトウ幼虫は植物が明期に放出する匂いに曝されると，明るい場所にいるかのように陰に隠れる。これは，アワヨトウ幼虫が植物の匂いを手がかりに環境を感知し，一日の活動パターンを調節していることを意味する。つまり，害虫の食害によって誘導される植物の匂いの組成は明暗環境に影響され，そのことで植物―昆虫間コミュニケーションに日周性がもたらされる。

また光以外にも，気候変動による温暖化，干ばつ，土地利用の変化，高CO_2，オゾン，紫外線が匂いの生合成に及ぼすこともわかっている[26)]。

3. 食害部位だけでなく全身から放出される匂い

食害された植物では，食害部位以外の未食害部位からも匂いが放出されることがある。この現象はシステミック応答と呼ばれる。たとえば，*Malacosoma disstria*の幼虫に食害されたポプラ（*Populus trichocarpa x deltoides*）の苗木では，食害された葉部位と同様に未食害葉部位でもセスキテルペンであるゲルマクレンD（germacrene D）合成酵素遺伝子（*PtdTPS1*）が発現し，地上部全身からゲルマクレンDが放出される[22)]。このシステミック応答は，ポプラ苗木の下部葉が食害されたときは上部未食害葉でも生じるが，上部葉が食害されたときには下部未食害葉では起こりにくい。また苗木が成長し，葉が茂ったポプラ苗木の下部葉が食害されたときは上部未食害葉でのシステミック応答も弱まることから，システミック応答における情報の伝達は植物の特定の場所や成長に限定されるものと考えられる。

4. 匂いの輸送

　細胞内で生合成された匂いはどのように運搬され大気中に放出されるのであろう。ペチュニア花弁では開花時特異的に発現が誘導されるABCトランスポーターおよび脂質輸送タンパク質（nsLTP）が，花の香り（ベンジルアルコール（benzyl alcohol），安息香酸メチル（methylbenzoate）等）の細胞膜から細胞壁の外までの輸送を担う[27)28)]。これらの分子ファミリーに属するいくつかの遺伝子は多様な植物種に保存されているため，さまざまな植物種における特殊な状況（たとえば，食害されたとき）ではたらくことが考えられる[29)]。細胞壁外に輸送された匂いは細胞間隙を通り，葉の表面の気孔を介して体外に放出される。

5. 匂いを蓄える特殊な器官

　植物体表面にはトリコームと呼ばれる毛がある。腺毛（トリコーム）は匂い成分を含む化合物を蓄積させることができる。香草であるシソ（*Perilla frutescens* var. crispa）やペパーミント（*Mentha x piperita*）の葉の表面を擦ると芳しい匂いが漂うが，それはこの腺毛に蓄えられたテルペノイド等が空気中に放出されるためである。これらの腺毛には，害虫に対する物理的かつ化学的な防御の役割が備わっている[30)]。

　一方，針葉樹にはテルペノイドなどの樹脂を分泌するオレオレジンがある[31)]。松脂はその1つである。オレオレジンには，樹木内部へ侵入してきた食害虫や病原菌を外部へ追い出し，傷口をオレオレジンでガードすることで病原菌の感染を防ぐといった物理的防御と，食害虫や病原菌が嫌がる成分や産卵を妨げる成分が含まれる匂いを分泌することで食害虫や病原菌から身を守る化学的防御の役割が備わる[32)]。

6. 総　括

　食害された植物から放出される匂いは害虫天敵の誘引や植物間コミュニケーションを担う重要な情報化学因子である（1章参照）。匂いの生合成と放出の制御機構は解かれつつあるものの，害虫特異的に生産される植物の匂い組成産生の機序は未だ不明な点が多い。その鍵となるエリシターや受容体が同定されはじめ，匂いの輸送や放出の機序も徐々に解かれつつあることから，当該分子基盤の理解は今後加速的に進むことであろう。

文　献

1) R. Ozawa et al.: *Plant Cell Physiol.*, 41, 391（2000）.
2) T. Shimoda et al.: *Appl. Entomol. Zool.*, 37, 535（2002）.
3) K. Shiojiri et al.: *Ecol. Lett.*, 5, 1（2002）.
4) K. Shiojiri et al.: *Popul. Ecol.*, 43, 23（2001）.
5) G. Vivaldo et al.: >*Sci. Rep.*, 7, 11050（2017）.

6) R. Ozawa et al.: *Mol. Ecol.*, **21**, 5624(2012).
7) A. C. Jones et al.: *Plant Mol. Biol.* **109**, 427(2022).
8) G. Arimura: *Trends Plant Sci.*, **26**, 945(2021).
9) T. C. J. Turlings et al.: *J. Chem. Ecol.*, **26**, 189(2000).
10) G. Bonaventure et al.: *Trends Plant Sci.*, **16**, 294(2011).
11) E. A. Schmelz et al.: *Plant Physiol.*, **144**, 793(2007).
12) A. D. Steinbrenner et al.: *Proc. Natl. Acad. Sci. USA*, **117**, 31510(2020).
13) J. Iida, et al.: *New Phytol.*, **224**, 875(2019).
14) V. Lortzing et al.: *Sci. Rep.*, **14**, 1076(2024).
15) H. Takai et al.: *Sci. Rep.*, **8**,11942(2018).
16) Y. H. Lin et al.: *Nat. Commun.*, **14**, 3666(2023).
17) E. A. Schmelz et al.: *Proc. Natl. Acad. Sci. USA*, **92**, 2036(2009).
18) K. Matsui: *Curr. Opin. Plant Biol.*, **9**, 274(2006).
19) G. Arimura et al.: *Plant Physiol.*, **146**, 965(2008).
20) A. Mithöfer et al.: *Plant Physiol.*, **137**, 1160(2005).
21) G. Arimura et al. : *Plant J.*, **29**, 87(2002).
22) G. Arimura et al.: >*Plant J.*, **37**, 603(2004).
23) J. H. Loughrin et al.: *Proc. Natl.Acad. Sci. USA*, **91**, 11836(1994).
24) C. M. De Moraes et al.: *Nature*, **410**, 577(2001).
25) K. Shiojiri et al.: *PLoS Biol.*, **4**, e164(2006).
26) J. Peñuelas and M.Staudt: *Trends Plant Sci.*, **15**, 133(2010).
27) F. Adebesin et al.: *Science*, **356**, 1386(2017).
28) P. Liao et al.: *Nat. Commun.*, **14**, 330(2023).
29) G. Arimura and T. Uemura: *Trends Plant Sci.*, in press.
30) R. Schuurink and A. Tissier: *New Phytol.*, **225**, 2251(2020).
31) C. I. Keeling and J. Bohlmann: *New Phytol.*, **170**, 657(2006).
32) 有村源一郎ほか：植物アロマサイエンスの最前線，フレグランスジャーナル社（2014）.
33) L. Mattiacci et al.: *Proc. Natl. Acad. Sci. USA*, **92**, 2036(1995).
34) H. T. Alborn et al.: *Science*, **276**, 945(1997).
35) N. Yoshinaga et al.: *J. Chem. Ecol.*, **33**, 1376(2007).
36) H. T. Alborn et al.: *Proc. Natl. Acad. Sci. USA*, **104**, 12976(2007).
37) A. M. Helms et al.: *Nat. Commun.*, **8**, 337(2017).
38) N. E. Fatouros et al.: *Proc. Natl. Acad. Sci. USA*, **105**, 10033(2008).
39) B. Blenn et al.: *J. Chem. Ecol.*, **38**, 882(2012).
40) N. E. Fatouros et al.: *J. Chem. Ecol.*, **35**, 1373(2009).
41) J. Hundacker et al.: *Plant Cell Environ.*, **45**, 1033(2022).
42) A. C. Jones et al.: *Environ. Entomol.* **48**, 419(2019).
43) Y. H. Lin et al.: *New Phytol.*, **230**, 793(2021).

第5章 植物の多次元コミュニケーション力を支える分子メカニズム

第2節 植物は大気中の揮発性物質を配糖化する

静岡大学　大西　利幸　　筑波大学　杉本　貢一

1. 揮発性化合物の配糖化を介した植物の防御活性化

　植物は動物とは異なり，自身の生育場所を移動して変えることができないため，植物を食べる動物からの攻撃に対して逃げるという選択肢が存在しない。そのため，植物は食べられるがままにされていると一般的には考えられることが多い。しかし，実際にはそうではなく，植物は動物が嫌がる化合物を蓄積させることや，食べにくい構造を作るなどして自身を守っている。苦味やトゲは，植物の防御のわかりやすい例であり，これらの化合物や構造を常に生成しているだけでなく，これらの防御応答を恒常的に維持するコストを抑えるために，食害の刺激を受けることで急速に発現させることも行っている。刺激によって誘導される防御応答には，植物の防御ホルモンであるジャスモン酸シグナル伝達が関与することが知られている。

　では，誘導的な防御応答は食害を実際に受けるまで発現しないのであろうか。その答えは「No」であり，植物にも個体間での情報伝達が存在する。たとえば，ダメージを受けたハンノキの周囲に生育する未被害のハンノキでは，はじめにダメージを受けた植物に近いほどハンノキハムシの食害が低くなることが示されており，初めのダメージが周囲の植物にあらかじめ防御応答を誘導することが確認されている[1]（図1）。また，独立のポット栽培されたヤナギのひと株にダメージを与えた場合，同じ栽培室で生育している他のポットの個体にフェノール化合物の蓄積を誘導させることから，植物間の情報は空気を介して伝達されることが示されている[2]。近年の研究により，食害を受けた植物から放散される揮発性化合物が未被害植物に遺伝子発現誘導をもたらすこと[3]，遺伝子発現誘導に先立って急速な膜電位の変化やカルシウムイオンの流入などが起こること[4,5]が明らかになっている。これらの進展により，植物がどのようにして揮発性化合物を認識しているのかに興味が持たれている。

　植物の代謝変動からのアプローチでは，揮発性化合物レセプターや遺伝子発現を介した防衛応答とは異なるメカニズムによる防衛誘導応答が存在することが示されている[6]。ハスモンヨトウ食害を受けたトマトから放散される揮発性化合物が未被害のトマトにハスモ

図1 食害誘導性揮発性化合物を介した植物間情報伝達

食害を受けた植物（左・黄緑）からは食害に応じた揮発性化合物が放散される。周囲の植物は被害植物から近い（中央）ほどより多く・長く揮発性化合物に曝露し，遠い（右）ほど少なくなる。その後の食害の程度を観察すると，揮発性化合物曝露が多い植物ほど植害虫の被害が少ないことが明らかになっている

ンヨトウ抵抗性を付与する現象が観察されており，その分子メカニズムを明らかにするためにメタボローム解析を実施した結果，配糖体が高蓄積していることが確認され，その配糖体の化学構造はアグリコン（非糖部）として食害を受けたトマトから放散される揮発性化合物の1つである (Z)-3-ヘキセノール（(Z)-3-hexen-1-ol）を有し，グリコン（糖部）として β-ビシアノシド（β-vicianoside; 6-O-α-L-arabinopyranosyl-(1,6)-β-D-glucopyranoside）を持つ (Z)-3-ヘキセニル β-ビシアノシド（(Z)-3-hexenyl β-vicianoside：HexVic）であった（**図2**）。このことから揮発性化合物のなかでも (Z)-3-ヘキセノールは情報伝達に強く関与していることが示唆され，重水素標識した (Z)-3-ヘキセノールを化学合成し，未被害トマトに曝露したところ，標識された HexVic のみが蓄積した。この結果が示すことは，曝露されたトマトが (Z)-3-ヘキセノールを認識して，植物体内で新たに HexVic を作り出すのではなく，大気中の (Z)-3-ヘキセノールを取り込んで HexVic を生合成するという事実である。一方で，蓄積した HexVic をハスモンヨトウの餌に混ぜて飼育すると，ハスモンヨトウの生育や生存が抑えられることから，HexVic そのものが防御物質であることが示された。これらの事実は，いわゆるレセプターを介した認識や細胞内シグナル伝達を介した防御誘導とは異なるメカニズムで働く防御応答であることを示している。実際に，植物の防御ホルモンであるジャスモン酸シグナル伝達が働かないトマトの変異体においても，(Z)-3-ヘキセノール曝露によって HexVic の蓄積が可能であることが確認されている。

　それでは，この現象はトマトが持つ特殊な防御応答であるのだろうか。イネ科植物やマメ科植物など，トマトが属するナス科植物とは明確に異なるさまざまな植物に (Z)-3-ヘキセノールを曝露すると，どの植物でも HexVic，(Z)-3-ヘキセニル β-プリメベロシド（(Z)-3-hexenyl β-primeveroside; (Z)-3-hexenyl 6-O-β-D-xylopyranosyl-(1,6)-β-D-glucopyranoside; HexPri）または (Z)-3-ヘキセニル β-D-グルコピラノシド（(Z)-3-hexenyl β-D-glucopyranoside; HexGlc）を蓄積したことから，配糖化による

防御応答は植物が古くから持っている能力であると考えられる（図2）。また，トマトが放散する (Z)-3-ヘキセノールとは異なる別の揮発性アルコール化合物を配糖化できるかを調べたところ，テルペンアルコールや芳香族アルコールなど，多様な揮発性化合物を配糖化した[7]。末端炭素に水酸基が付いた (Z)-3-ヘキセノールを含む1級アルコールだけではなく，2級アルコールや3級アルコールも配糖化できることから，植物はさまざまな揮発性アルコールの配糖化能力を持つと考えられる。加えて，水酸基ではなくそのエステル体やアルデヒド基を持つ揮発性化合物も，植物体内に取り込まれた後，植物が元来持つ代謝経路によってアルコールへと変換され，配糖体として蓄積する[8]。これらの事実は，植物による揮発性化合物の配糖化がかなり普遍的な能力であることを示している。一方で，配糖体蓄積量の観点から配糖化能力を比較すると，トマトと近縁のナス科野生種植物においても，その能力には大きな差が存在することが確認されている[9]。

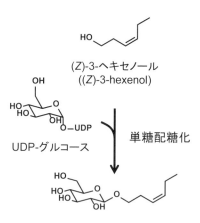

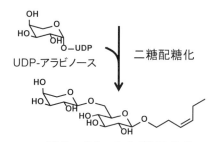

図2　(Z)-3-ヘキセニル β-ビシアノシド
　　 ((Z)-3-hexenyl β-vicianoside;
　　 HexVic) の生合成経路

2. トマト品種間における配糖体蓄積量の違い

　トマトと近縁のナス科野生種植物（トマト野生種）を配糖体蓄積量の観点で比較すると，その能力には大きな差が見られる。トマトにおいては耐病性，果実の品質，収量など，さまざまな形質の向上を目指した育種が行われており，現在では10,000品種以上のトマト品種が存在する[10]。トマトの育種においては，栽培種だけでなくトマト野生種を用いることで，多様な形態学的・遺伝的多様性を有するトマト品種が生み出されている。トマト野生種には，栽培種に欠けている形質を示す種があり，これらの野生種と栽培種を交配させることで新たな有用な形質を作出できる可能性がある[11]。トマト品種は多様な形態学的・遺伝的特徴を持つため，(Z)-3-ヘキセノールを取り込んでHexVicを蓄積し，防御力を強化する仕組みがトマト全体に共通する形質なのか，一部のトマト品種に特有の形質なのか興味がもたれた。トマト野生種17種および栽培種トマト1種 (Solanum lycopersicum; リコペルシカム種) に (Z)-3-ヘキセノールを曝露し，各トマトにおけるHexVic蓄積量を比較したところ，(Z)-3-ヘキセノールを曝露したほぼすべてのトマト種に

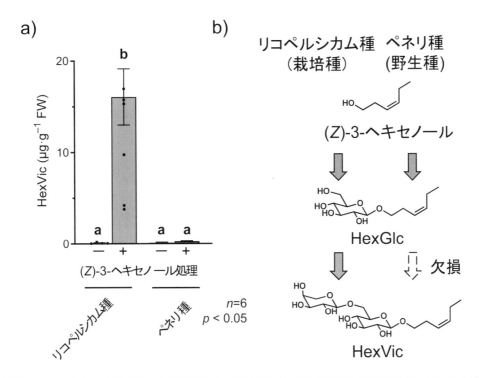

図3 リコペルシカム種（トマト栽培種）とペネリ種（トマト野生種）におけるHexVic生合成
(a) (Z)-3-ヘキセノールを曝露したリコペルシカム種（トマト栽培種）とペネリ種（トマト野生種）におけるHexVic蓄積量，(b) ペネリ種（トマト野生種）では，二糖配糖化活性が欠損している。

おいて，種間で差はあるもののHexVic蓄積量は増加した。しかし，トマト野生種（*Solanum pennellii*; ペネリ種）におけるHexVic蓄積量は著しく低かった（図3(a)）。また(Z)-3-ヘキセノールからHexVicへの生合成中間体であるHexGlc蓄積量は，リコペルシカム種とペネリ種で有意差がなかったことから，両者は共にHexGlcを生成するが，ペネリ種ではHexGlcからHexVicを生成できない，つまりHexVic生成酵素遺伝子に何かしら不具合があると考えられた（図3(b)）[9]。

3. トマト栽培種の化学防御能を向上させる配糖化酵素 UGT91R1

(Z)-3-ヘキセノールの配糖化を介したトマトの防御力の強化メカニズムを明らかにするためには，HexVicを生成する配糖化酵素遺伝子を見つけ出し，酵素学的特性を明らかにすることが必要である。染色体断片置換系統（Introgression lines：ILs）は，戻し交配により有用品種の染色体断片を別の品種の染色体領域と置換した系である。HexVicを生成するトマト栽培種リコペルシカム種とHexVicを生成しないトマト野生種ペネリ種の染色体領域の一部を置換した染色体断片置換系統を用いることで，HexVicを生成する配糖化酵素遺伝子がどの染色体領域に位置しているかを推定できる。そこで(Z)-3-ヘキセノールを曝露したリコペルシカム種とペネリ種の染色体断片置換系統34系統のHexVic

蓄積量を定量解析したところ，第11染色体の部分断片が置換された2系統（IL11-1とIL11-2）のHexVic蓄積量が著しく低かった（図4）[9]。このことは，IL11-1とIL11-2における置換領域の重複部分にHexVic生成酵素遺伝子が座上していることを示している。実際，重複領域には配糖化酵素の1つであるuridine diphosphate dependent glycosyltransferases（UGTs）をコードする*UGT91A6*（*Solyc11g010740*），*UGT91A7*（*Solyc11g010760*），*UGT91R1*（*Solyc11g010780*），*UGT91R2*（*Solyc11g010790*），*UGT91R3*（*Solyc11g010810*）の5つの遺伝子が局所的にクラスターを形成していた（図5(a)）。5遺伝子のうち，トマト葉における遺伝子発現は，*UGT91A7*，*UGT91R1*，*UGT91R3*が高く，*UGT91R1*は葉の組織でのみ観測されたが，*UGT91A7*と*UGT91R3*は葉と未熟果実の両方で発現していた。(Z)-3-ヘキセノール曝露後のHexVic蓄積量は葉で顕著に高いことからUGT91R1がHexVicを生成する配糖化酵素であることが示唆され，UGT91R1組換え酵素を用いた酵素学的解析の結果，UGT91R1は糖受容体にHexGlc，糖供与体にUDP-アラビノースとして糖転移反応を触媒する配糖化酵素であった（図5(b)）[9]。

　(Z)-3-ヘキセノールの配糖化を介してトマトの防御力に対するUGT91R1の寄与を明らかにするため，リコペルシカム種においてUGT91R1が防御力の強化にどの程度関与しているかを調査した。具体的には，UGT91R1欠損株およびUGT91R1過剰発現株におけるHexVicの蓄積量が比較され，UGT91R1欠損株ではHexVicの蓄積量が75%以上減少し，UGT91R1過剰発現株では蓄積量が2倍以上に増加した。さらに，UGT91R1が

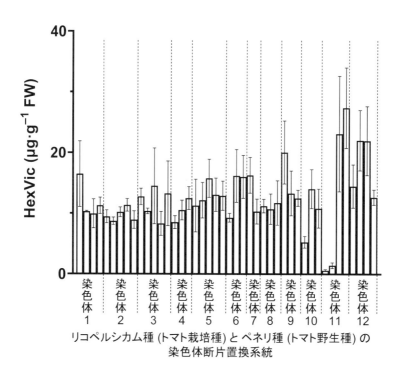

図4　(Z)-3-ヘキセノールを曝露したリコペルシカム種（トマト栽培種）とペネリ種（トマト野生種）との染色体断片置換系統におけるHexVic蓄積量

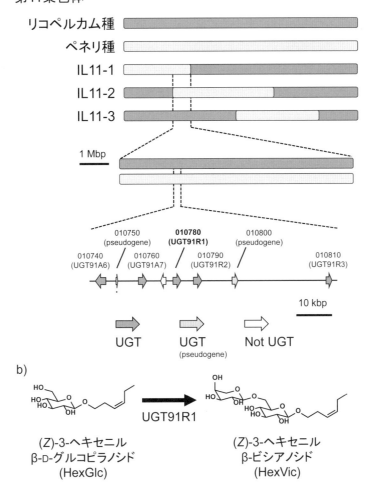

図5 HexVic 生合成に関与する遺伝子座周辺のトマト11番染色体の模式図
(a) 染色体断片置換系統 IL11-1, IL11-2, IL11-3 はペネリ種の染色体の異なる部分を保有している。IL11-1 と IL11-2 の間のペネリ種染色体上の重複領域には、リコペルシカム種とペネリ種の両方で推定される糖転移酵素をコードする遺伝子クラスターが存在する。(b) UGT91R1 は HexGlc の配糖化(アラビノシル)を触媒して HexVic を生成する

欠損している染色体断片置換系統 IL11-1 株を食べたハスモンヨトウは、リコペルシカム種を食べた個体よりも成長が促進された(図6)。この現象は、IL11-1 株において HexVic の蓄積量が減少したためと考えられる。以上より、トマト栽培種リコペルシカム種は、UGT91R1 の配糖化能力を活用し、大気中から取り込んだ (Z)-3-ヘキセノールを HexVic に変換することで、ハスモンヨトウに対する防御力を強化している[9]。

4. 揮発性化合物を有する配糖体の生理学的意義

揮発性化合物を含む配糖体の化学構造は，主に単糖配糖体と二糖配糖体に分類される。植物は糖部分と非糖部分の組み合わせによって，化学的に多様な配糖体を生成している。二糖配糖体は，β-D-グルコースなどの一糖目に，α-L-ラムノースやβ-D-キシロースなどが二糖目として結合した構造が知られている[12)-16)]。これまでに解析された配糖体は，揮発性化合物の安定的な貯蔵に寄与することが示唆されてい

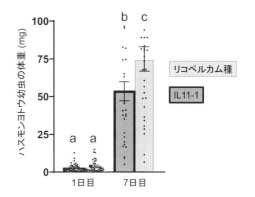

図6　ハスモンヨトウ幼虫の体重

リコペルシカム種とIL11-1（太枠）で7日間生育させた体重変動

る。たとえば，緑茶や烏龍茶の原料である茶（*Camellia sinensis*）では，β-primeveroside（β-プリメベロシド）やβ-ビシアノシド（β-vicianoside）などの二糖配糖体が同定されている[13)14)]。

植物が揮発性化合物を配糖化する利点として，安定的な貯蔵と無毒化が挙げられる。配糖化により化合物の水溶性が向上し，細胞毒性を軽減することが可能である。具体的には，トマトが放散する（*Z*)-3-ヘキセノール，その単糖配糖体であるHexGlc，そして二糖配糖体であるHexVicの*c*logP値はそれぞれ1.40, 0.22, -1.53であり，この値は配糖化によって親水性が顕著に増加することを示している。また，高濃度の揮発性化合物が蓄積すると，DNA損傷などの細胞毒性を引き起こすことが知られている[17)]。たとえば，ペチュニアでは，フェニルプロパノイド生合成経路によって生成される揮発性化合物をABCトランスポーターを介して大気中に放出しており，ABCトランスポーターがノックアウトされると，揮発性化合物が細胞内に高濃度で蓄積することが観察されている。この結果，DNA損傷が発生し，細胞死に至ることが確認された[18)]。したがって，植物は揮発性化合物の蓄積量を制御し，安定的に貯蔵することが防御戦略において重要である。この点で，配糖化は揮発性化合物の蓄積量を制御しつつ，安定的に貯蔵する適切な形態であると考えられる[19)]。このように，配糖体は「貯蔵」と「低毒化」という2つの役割を果たしていると考えられてきたが，特に二糖配糖体HexVicは，食害昆虫に対する「毒」として機能し，さらに大気中の揮発性化合物を介して，植物の先制的な防御戦略を開始させる化学防御物質でもある[9)]。

以上のように，配糖化酵素UGT91R1はトマト栽培種リコペルシカム種において大気中の（*Z*)-3-ヘキセノールを利用してHexVic生成に重要な役割を担っている。トマトが「警戒情報」として大気中の揮発性化合物を取り込み，食害昆虫に対する「毒」となる配糖体に代謝することにより，防御力を強化する新たな分子メカニズムが明らかになった（図7）。

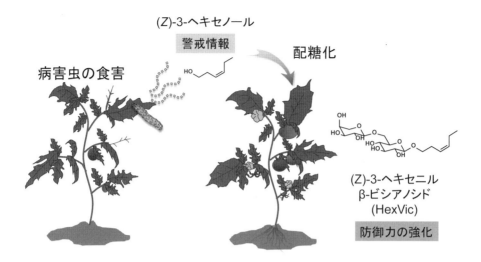

図7 トマトは揮発性化合物を配糖化することで,「構造」と「役割」を変化させて,防御能力を向上させる

文　献

1) R. Dolch and T. Tscharntke: *Oecologia*, 125, 504 (2000).
2) I. T. Baldwin and J.C. Schultz: *Science*, 221, 277 (1983).
3) G. Arimura, R. Ozawa, T. Shimoda et al.: *Nature*, 406, 512 (2000).
4) S. A. Zebelo, K. Matsui, R. Ozawa et al.: *Plant Sci.*, 196, 93 (2012).
5) Y. Aratani, T. Uemura, T. Hagihara et al.: *Nat. Commun.*, 14, 6236 (2023).
6) K. Sugimoto, K. Matsui, Y. Iijima et al. *Proc. Natl. Acad. Sci. USA*, 111, 7144 (2014).
7) K. Sugimoto, K. Matsui and J. Takabayashi: *Commun. Integr. Biol.*, 8, e992731 (2015).
8) K. Sugimoto, Y. Iijima, J. Takabayashi et al.: *Front Plant Sci.*, 12, 721572 (2021).
9) K. Sugimoto, E. Ono, T. Inaba et al.: *Nat. Commun.*, 14, 677 (2023).
10) K. Bhattarai, S. Sharma and D.R. Panthee: *Int. J. Agron.*, 2018, 4170432 (2018).
11) M. Víquez-Zamora, B. Vosman, H. van de Geest et al.: *BMC Genomics*, 14, 54 (2013).
12) Y. Z. Günata, C.L. Bayonove, R.L. Baumes et al.: *J. Chromatogr. A*, 331, 83 (1985).
13) W. Guo, K. Sakata, N. Watanabe et al.: *Phytochemistry*, 33, 1373 (1993).
14) W. Guo, R. Hosoi, K. Sakata et al.: *Biosci. Biotechnol. Biochem.*, 58, 1532 (1994).
15) R. Roscher, M. Herderich, J.P. Steffen et al.: *Phytochemistry*, 43, 155 (1996).
16) D. Wang, T. Yoshimura, K. Kubota et al.: *J. Agric. Food Chem.*, 48, 5411 (2000).
17) S. Izumi, O. Takashima and T. Hirata: *Biochem. Biophys. Res. Commun.*, 259, 519 (1999).
18) F. Adebesin, J.R. Widhalm, B. Boachon et al.: *Science*, 356, 1386 (2017).
19) S. Ohgami, E. Ono, M. Horikawa et al.: *Plant Physiol.*, 168, 464 (2015).

第5章 植物の多次元コミュニケーション力を支える分子メカニズム

第3節　植物の揮発性化合物の受容と応答
　　　　── カリオフィレンを例に

東京科学大学　　永嶌　鮎美

1. はじめに

　動物にとって，匂い物質や揮発性有機化合物は，餌，捕食者，種などの生物学的・生態学的に重要な情報を有している。これらの物質を感知した動物は，誘引や回避といった適切な行動をとり，生存を維持する。

　植物もまた，外部環境から情報を得て，生存のための適切な応答をすることが必要である。植物から傷害誘導的に放散された揮発性有機化合物に他の無傷な植物が暴露されると，防御応答に関わる遺伝子の発現が誘導されることが知られている。また，揮発性化合物は寄生植物が宿主を選択する際の手がかりとしても利用されており，宿主植物由来の化合物は寄生植物に対して誘引性を示す[1]。以上のような知見の蓄積によって，植物が揮発性化合物を受容し，受容シグナルが特定の応答を引き起こすことが強く示唆されるようになった。

　動物において，匂い物質はGタンパク質共役型受容体（G protein-coupled receptor：GPCR）ファミリーに属する7回膜貫通型タンパク質である嗅覚受容体によって認識される。一方，植物細胞による揮発性有機化合物受容の分子メカニズムはほとんど明らかにされていなかった。

2. 植物における揮発性化合物受容因子の探索

2.1　BY-2細胞における揮発性化合物による遺伝子発現誘導

　分子生物学的手法の進展に伴い，動物の嗅覚受容体を培養細胞に発現させ，リガンド候補物質をその培地に添加して受容体が応答する物質をスクリーニングするといった解析が広く行われるようになった。植物においても，タバコ由来の培養細胞であるBY-2細胞[2]を用いて，植物が傷害を受けた際に放散することが知られている揮発性化合物への応答が解析された[3]。

揮発性化合物をそれぞれ BY-2 細胞の培地に添加し，細胞を回収して遺伝子の発現量を定量すると，セスキテルペンの一種である (E)-β-カリオフィレン（(E)-β-caryophyllene）とその構造類似体が，抵抗性遺伝子の1つである *NtOsmotin* 遺伝子の発現を3〜6時間で特異的に誘導した。カリオフィレン構造類似体に対する反応は用量依存性があり，閾値濃度は数 100 µM であった。これは揮発性化合物による遺伝子誘導に高い特異性と選択性があることを示しており，揮発性化合物に対する特異的な受容体が BY-2 細胞に存在し，それが遺伝子の個別の制御に関係していることを示唆する。

2.2 カリオフィレン構造類似体に対するタバコ植物体の応答

カリオフィレンオキシド（Caryophyllene oxide），(E)-β-カリオフィレン，α-カリオフィレン（α-caryophyllene）はタバコが昆虫に食べられると生成・放出される揮発性化合物である[4]。(E)-β-カリオフィレンは，トウモロコシの根が幼虫によって傷つけられると根から放出され，草食動物の幼虫に感染する線虫を誘引することも知られている[5,6]。

先述したような動物の嗅覚受容体を培養細胞に発現させる解析方法では，匂い溶液で受容体を刺激するという手法が取られてきた。一方，実際の動物の嗅覚系では空気中に漂う匂い物質を瞬時に認識している。実際，培養細胞系と生体での匂い応答性の違いが，いくつかの嗅覚受容体で報告されている。では，カリオフィレン構造類似物質に対する BY-2 細胞の応答はタバコ植物体の応答を反映しているのだろうか。

栽培ポット内で生育させたタバコ植物体にカリオフィレン構造類似体を暴露し，葉を回収して遺伝子の発現量を定量すると，(E)-β-カリオフィレンが最も *NtOsmotin* の発現を誘導した。応答性は BY-2 細胞の場合と完全に同一ではなく，BY-2 細胞ではカリオフィレンオキシド＞α-カリオフィレン＞(E)-β-カリオフィレンの順に *NtOsmotin* の発現を強く誘導したが，植物体では (E)-β-カリオフィレン＞α-カリオフィレン＞カリオフィレンオキシドの順であった。また，α-カリオフィレンと (E)-β-カリオフィレンはジャスモン酸関連遺伝子である *NtODC* とサリチル酸関連遺伝子である *NtACIII* を，植物体では有意に誘導したが，BY-2 では誘導しないという違いもあった。

BY-2 細胞が液体培地から取り込んだカリオフィレン構造類似体の量をガスクロマトグラフ-質量分析計（Gas Chromatograph-Mass Spectrometer：GC-MS）により定量すると，カリオフィレンオキシドは，(E)-β-カリオフィレンおよび α-カリオフィレンよりも BY-2 細胞に多く取り込まれていることが明らかになった。一方，密閉した栽培ポットのヘッドスペースに含まれるカリオフィレンの量は，カリオフィレンオキシドの量よりもはるかに多い。したがって，BY-2 細胞とタバコ植物体の反応特異性の違いは，各物質の揮発性と細胞内取り込み量の違いによると考えられる。実際，タバコの葉を溶液に浸すと，(E)-β-カリオフィレン，α-カリオフィレンおよびカリオフィレンオキシドはすべて *NtOsmotin* の発現を誘導した。葉，茎，根のなかで，*NtOsmotin* の誘導が最も高いのは葉であり，(E)-β-カリオフィレンは光条件に関係なく *NtOsmotin* の発現を誘導した。

2.3 カリオフィレン構造類似体に結合するタンパク質

BY-2細胞とタバコ植物体の応答性から，カリオフィレン構造類似体の分子構造を認識し，遺伝子発現誘導につながるシグナルを核に送る受容体様分子が存在すると推察された。一般に，結合タンパク質を同定する方法の1つがプルダウンアッセイである。しかし，カリオフィレンには反応性の高い官能基がないため，アッセイ用のビーズへの固定は困難である。そのため，反応性の高い官能基を導入したカリオフィレン誘導体を2種類合成することで，このアッセイが実現された。

アッセイによりタバコの葉の抽出物から約120 kDaのタンパク質が特異的にプルダウンされ，質量分析からこのタンパク質がトマト（*Solanum lycopersicum*）のTOPLESS (TPL) 様タンパク質3 (SlTPL3) に類似していることが示唆された。また，*Nicotiana tabacum*からは6つのTPL様遺伝子がクローニングされ，その全てがカリオフィレン誘導体固定化ビーズに結合した。

2.4 TOPLESS様タンパク質がBY-2細胞およびタバコ植物のカリオフィレンオキシドに対する応答に及ぼす影響

TPLおよびTPL関連（TPR）タンパク質は転写共抑制因子であることが示されている[7)8)]。したがって，NtTPLタンパク質はカリオフィレンと結合する受容体として機能するだけでなく，転写制御因子として*NtOsmotin*遺伝子の発現誘導に関与している可能性がある。これを検証するために，BY-2細胞にNtTPLタンパク質を過剰発現させる実験が行われた。カリオフィレンオキシドにより発現が誘導された*NtOsmotin*の発現量は，NtTPL3過剰発現BY-2細胞の方が野生型BY-2細胞よりも低かった。この結果は，NtTPL3とカリオフィレンオキシドの相互作用が*NtOsmotin*の発現制御に関与していることを示唆している。また，GFP融合NtTPL3タンパク質はすべての細胞株で核に局在しており，NtTPLの転写制御因子としての役割と一致した。さらに，GFP融合NtTPL3を発現するタバコ植物体においても，融合タンパク質はタバコの核にも局在した。6つのトランスジェニック系統のうち3つの系統における*NtOsmotin*の発現は，WT植物よりも低かった。他のトランスジェニック系統では，カリオフィレン誘導性の*NtOsmotin*発現が減少する傾向が見られたが，これは内在性のNtTPLによるものと考えられる。

これらの結果は，NtTPLとカリオフィレン構造類似体との相互作用により，*NtOsmotin*発現が制御されることを示している。1つのモデルは，カリオフィレンがタバコ植物細胞に入り，転写因子と結合したNtTPLと結合し，*NtOsmotin*遺伝子の転写を抑制するNtTPLを放出するというものである（図1）。

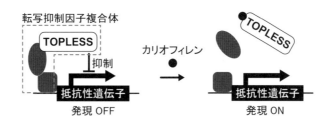

図 1　植物の揮発性化合物受容メカニズムの例
カリオフィレンが植物の細胞に入り，何らかの転写因子と複合体を形成している TOPLESS と結合することで転写抑制因子複合体の形成を阻害し，抵抗性遺伝子の転写抑制を解除する

3. 今後の展望

3.1 受容体

　植物の揮発性化合物の受容に関するこれまでの研究では，主に受容後の遺伝子発現変動や生態学的意義に焦点が当てられてきた。一方，揮発性化合物認識の分子基盤については研究が進んでいなかった。細胞膜に到達した揮発性化合物は，①細胞膜上で感知される，②細胞内に取り込まれて感知される，そして③代謝処理を受けるといった可能性があり，情報伝達カスケードの上流に，受容体や輸送体などの膜タンパク質および細胞内の結合タンパク質や酵素などの存在が推察される。

　非揮発性の物質に対しては，微生物や草食性動物，損傷に関連する分子パターン（microbe-associated molecular pattern：MAMPs, herbivore-associated molecular pattern：HAMPs and damage-associated molecular patterns：DAMPs）に対するパターン認識受容体の研究が進展している[9]。たとえば細菌由来の中鎖脂肪酸は，植物細胞表面の特異的受容体様キナーゼによって感知される[10]。また，昆虫の卵由来のホスファチジルコリンは LecRK-I.8 といった受容体様キナーゼによって感知される[11]。植物が傷害を受けた際に放散する揮発性化合物には，「みどりの香り（green leaf volatiles：GLV）」と称される炭素数6のアルデヒド，アルコールおよびエステルなどの脂肪酸誘導体も含まれる[12]。それらは，上記の分子と構造や性質を一部ではあるが共有しているものの，細胞膜に局在する受容体によって認識されるかは未だ不明である。

　揮発性化合物が細胞内に取り込まれ，細胞内タンパク質により認識される可能性もある。これには 2. の TPL が1つの例として挙げられる。しかし，TPL は通常，転写抑制因子複合体を構成する1つの要素であり，カリオフィレンの情報伝達カスケードの受容体が TPL 単体だけでは十分でないことが示唆される。実際，F-box タンパク質である CORONATINE INSENSITIVE 1（COI1）は，転写抑制因子 JAZ タンパク質と複合体を形成し，個々のタンパク質ではなく COI1-JAZ 複合体がジャスモン酸の受容体として働く[13]。

また，TPL以外にも揮発性化合物に結合するタンパク質がある可能性がある。動物においても，匂い物質結合タンパク質（odorant binding protein：OBP）が嗅粘液中に存在することが知られており，昆虫の触角においてはOBPが匂い物質に結合して嗅覚受容体まで輸送する役割を持つ。植物においては，分子ドッキングシミュレーションによっていくつかの植物タンパク質の構造的特徴が揮発性化合物との結合を可能にする可能性が示された[14]。植物におけるOBPの特異性や植物細胞における活性の解明が期待される。

3.2 輸送体

植物が外部環境から取り込んだ揮発性化合物を配糖体化して，それによって自身の抵抗性を高めることも報告されている[15]。この現象や先に述べた細胞内タンパク質との結合に先立ち，揮発性化合物は植物の細胞膜を通過する必要がある。このプロセスは気孔からの流入，もしくは単純拡散による細胞膜の透過によるものだと考えられてきた。

気孔に関しては，細胞内からの揮発性化合物の放出を制御することが示されている。たとえば，トウモロコシでは，気孔の閉鎖によってエリシター誘導性のセスキテルペンの放出が抑制される[16]。同様に，トマトとダイズの葉において，アメリカタバコガの唾液タンパク質であるグルコースオキシダーゼによって気孔が閉じられると，エリシター誘導性の揮発性物質の放出が減少する[17]。したがって，逆に外部の揮発性化合物が気孔から隣接する植物の葉に取り込まれる可能性もある。ただし，気孔が揮発性化合物の主要な取り込み経路であるならば，植物は夜間に気孔を閉じるため，植物は夜間に揮発物質を感知できないことになる。実際，タバコにおいて，葉，茎，根の中で揮発性化合物誘導性の遺伝子発現が最も高いのは確かに葉であるが，暗条件下でも葉における揮発性化合物誘導性の遺伝子発現上昇が生じている[3]。

植物の細胞内から細胞外への揮発性化合物の放散モデルによれば，拡散により細胞膜を透過する可能性は低いと推察される[18]。外部の気相に移行するまでには，細胞膜，細胞壁および場合によってはクチクラ層を透過する必要がある。しかし，揮発性化合物は疎水性であるため，細胞膜に拡散しやすいものの，アポプラストには拡散しにくいと考えられる。実際，ペチュニアでは細胞外への揮発性化合物の放散をATP-Binding Cassette（ABC）トランスポーターに依存している[19]。また，動物のステロイドホルモンは疎水性であるため，単純拡散によって細胞内に取り込まれて細胞内の核内受容体に到達すると考えられていたが，ショウジョウバエにおいてはステロイドホルモンの細胞内取り込みに関与する輸送体が同定されている[20]。同様に，細胞外から細胞内への揮発性化合物の輸送体が存在する可能性がある。

輸送体やチャネルは物質の透過だけでなく，外部環境の認識といった機能も有する。たとえば，シロイヌナズナのアニオンチャネルSLAC1は，孔辺細胞においてCO_2/HCO_3^-センサーとして重要な役割を果たしている[21]。

3.3 実効濃度

植物は揮発性化合物の濃度勾配からも情報を得ていると考えられている[22,23]。しかし，

実験室における研究では遺伝子発現誘導に必要な濃度は野外よりも高く，実際の有効濃度を特定することはできない[24]。さらに，植物群落における揮発性テルペンの濃度と空間分布は，揮発性や大気中での希釈，分解などにより，大きく変化する可能性がある[25)26]。

大気中に放散される揮発性化合物の濃度に対し，実験室内で植物に抵抗性を誘導する際には高濃度の揮発性化合物を必要とする。このような実効濃度の問題は，植物の揮発性化合物受容に関してこれまでも議論されてきた。陸上動物においても，空気中のpptレベルの匂いを認識できることと，嗅覚受容体自体の応答閾値がμMオーダーであることの説明は付いていない。いずれも受容体周辺で局所的に匂い物質や揮発性化合物を濃縮するようなメカニズムがあると推察される。

また，植物において揮発性化合物による遺伝子発現誘導には時間を必要とし，陸上動物の匂いに対する非常に早い応答とは大きく異なる。これも先に述べた濃度の問題と関連しており，植物の細胞の中で，揮発性化合物が実効濃度まで蓄積する必要があるのかもしれない。実際，細胞内で生じた揮発性化合物はクチクラに蓄えられることが知られている[27]。

3.4 (E)-β-カリオフィレンとTPL

(E)-β-カリオフィレンはジャスモン酸シグナルを介して抵抗性を誘導するが，サリチル酸シグナルとは独立して作用することから，(E)-β-カリオフィレンの情報はジャスモン酸依存的なシグナル伝達カスケードで処理されると考えられている[24]。この結果は，(E)-β-カリオフィレンがジャスモン酸を介したシグナル伝達の転写制御因子であるTPL様タンパク質に結合することと一致する[3]。

TPL/TPRタンパク質は，植物ホルモンやストレスに対する応答としての遺伝子発現に関与することが知られている。たとえば，TPL/TPRは，JAZ5-JAZ8やNINJAのようなアダプタータンパク質と複合体を形成し，そこに転写因子が結合することで，ジャスモン酸を介したシグナル伝達の制御因子として働く[28]。また，ポプラのTPR4は病原性真菌のエフェクタータンパク質と相互作用する[29]。これは，TPL/TPRタンパク質の一部が，外部環境の情報を受容する受容体様因子としても機能することを示唆している。TPL/TPRタンパク質が進化的に保存されていることを考えると[30)31]，揮発性化合物の受容体様因子としての機能も保存されているかといった点や，もしそうであればTPL/TPRタンパク質がそれぞれの標的分子に応じて，特定の遺伝子発現をどのように調節するのかといった点も興味深いが未解明である。

転写共抑制因子が揮発性化合物結合タンパク質として機能するという現象は，オーキシンやジャスモン酸などの植物ホルモン，あるいは哺乳類のステロイドホルモンが遺伝子発現を調節することと類似している。動物では，転写因子である核内受容体[32]が遺伝子発現を制御しており，そのなかでもSmall heterodimer partner (SHP; NR0B2) は推定上のリガンド結合ドメインを含む一方で，DNA結合ドメインを欠いており[32)33]，転写共抑制因子として遺伝子発現を制御している[34]。

(E)-β-カリオフィレンとTPLのケースを植物の揮発性化合物受容機構すべてに一般化することはできないが，植物においては，動物の嗅覚受容体のような膜タンパク質では

なく，細胞内のタンパク質によって揮発性化合物が受容されることは興味深い．今後，種々の揮発性化合物受容に関し，正確なメカニズムと経路が解明されれば，植物間コミュニケーションの生態学的理解や農業への応用に有用である．

文 献

1) J. B. Runyon et al.: *Science*, 313(5795), 1964 (2006).
2) T. Nagata: *J. Plant Res.*, 136(6), 781 (2023).
3) A. Nagashima et al.: *J. Biol. Chem.*, 294(7), 2256 (2019).
4) C. M. Delphia et al.: *J. Chem. Ecol.*, 33(5), 997 (2007).
5) S. Rasmann et al.: *Nature*, 434(7034), 732 (2005).
6) J. Degenhardt et al.: *Proc. Natl. Acad. Sci. USA*, 106(32), 13213 (2009).
7) L. Pauwels et al.: *Nature*, 464(7289), 788 (2010).
8) H. Szemenyei et al.: *Science*, 319(5868), 1384 (2008).
9) I. Albert et al.: *Plant Physiol.*, 182(4), 1582 (2020).
10) A. Kutschera et al.: *Science*, 364(6436), 178 (2019).
11) E. Stahl et al.: *eLife*, 9, e60293 (2020).
12) M. Amey et al.: *New Phytol.*, 220(3), 666 (2018).
13) L. B. Sheard et al.: *Nature*, 468(7322), 400 (2010).
14) D. Giordano et al.: *eLife*, 10, e72449 (2021).
15) K. Sugimoto et al.: *Proc. Natl. Acad. Sci. USA*, 111(19), 7144 (2014).
16) I. Seidl-Adams et al.: *Plant Cell Environ.*, 38(1), 23 (2015).
17) P. A. Lin et al.: *New Phytol.*, 230(2), 793 (2021).
18) J. R. Widhalm et al.: *Trends Plant Sci.*, 20(9), 545 (2015).
19) F. Adebesin et al.: *Science*, 356(6345), 1386 (2017).
20) N. Okamoto et al.: *Dev. Cell*, 47(3), 294 (2018).
21) J. Zhang et al.: *Proc. Natl. Acad. Sci. USA*, 115(44), 11129 (2018).
22) I. T. Baldwin et al.: *Science*, 311(5762), 812 (2006).
23) M. Riedlmeier et al.: *Plant Cell*, 29(6), 1440 (2017).
24) L. Frank et al.: *Plant Cell Environ.*, 44(4), 1151 (2021).
25) J. K. Holopainen and J.D. Blande: *Front Plant Sci.*, 4, 185 (2013).
26) D. M. Pinto et al.: *J. Chem. Ecol.*, 36(1), 22 (2010).
27) P. Liao et al.: *Nat. Chem. Biol.*, 17(2), 138 (2021).
28) A. C. Perez and A. Goossens: *Plant Cell Environ.*, 36(12), 2071 (2013).
29) B. Petre et al.: *Mol. Plant Microbe Interact.*, 28(6), 689 (2015).
30) B. Causier et al.: *Plant Physiol.*, 158(1), 423 (2012).
31) B. Causier et al.: *Plant Signal Behav.*, 7(3), 325 (2012).
32) H. Gronemeyer et al.: *Nat. Rev. Drug Discov.*, 3(11), 950 (2004).
33) W. Seol et al.: *Science*, 272(5266), 1336 (1996).
34) A. Zou et al.: *Nucl. Receptor Res.*, 2, 101162 (2015).

第5章 植物の多次元コミュニケーション力を支える分子メカニズム

第4節 揮発性物質を介した植物間コミュニケーションの可視化

埼玉大学／公益財団法人サントリー生命科学財団／華中農業大学　豊田　正嗣

1. はじめに

　私たちが誰かとコミュニケーションを図る時は，聴覚や視覚などのさまざまな感覚機能を使う。たとえば，声を発したり，音を聞いたり，相手の動きや表情を見たりすることで，お互いの状態や情報を共有することができる。

　それでは，このような動物に特有な感覚器官をもたない植物は，どのような手段を用いて個体間で情報を伝えたり，受け取ったりしているのだろうか。1983年に2つの研究グループが，ヤナギやカエデなどを用いて，植物間コミュニケーションに関する論文を発表した[1)2)]。この研究では，植物が昆虫などによって傷つけられると，その周辺の傷つけられていない植物においても防御反応が起こることが実験的に示された。植物同士は隔離されていて，物理的に接していないので，空気によって運ばれる植物由来の揮発性物質を介して情報が伝わっているのではないかと考えられた。その後，さまざまな研究グループの研究によって，タバコやトマト，シロイヌナズナなどを含む数多くの植物で揮発性物質を使った植物間コミュニケーションが存在することが明らかになってきた[3)-5)]。植物間コミュニケーションに関する研究は，実験の複雑さや難易度の高さ，再現性の問題のため，他の研究分野に比べて歴史はやや浅いが，テクノロジーの発展とともに，新しい発見や報告が増えてきている。

2. 植物のCa^{2+}シグナル

　骨や歯の成分として知られているカルシウム（Ca）は，生命維持に必須のミネラルであり，その一部は細胞の中で電気を帯びたカルシウムイオン（Ca^{2+}）として遊離している。細胞質（内）のCa^{2+}濃度（$[Ca^{2+}]_{cyt}$）は，Ca^{2+}を排出したり，取り込んだりするポンプなどのタンパク質の働きによって，細胞外に比べて10,000倍くらい低く保たれている。つまり，細胞膜上のCa^{2+}を透過するようなイオンチャネルが活性化し開口すると，電気化学ポテンシャルに従って細胞外から細胞内にCa^{2+}が流入し，$[Ca^{2+}]_{cyt}$が急激に上

昇する。この $[Ca^{2+}]_{cyt}$ の変化が，さまざまな生理学的な反応の引き金になっている。たとえば，活動電位によって神経細胞の $[Ca^{2+}]_{cyt}$ が上昇することでアセチルコリンなどの神経伝達物質の放出が起こったり，筋細胞の $[Ca^{2+}]_{cyt}$ が上昇することで筋収縮が起こったりする。このように Ca^{2+} は，動植物を含む地球上のほぼすべての生物で情報伝達を担うセカンドメッセンジャーとして働いており，$[Ca^{2+}]_{cyt}$ の変化は Ca^{2+} シグナルと呼ばれている。

植物においても Ca^{2+} シグナルは重要な役割を果たしており，虫害や病害，塩害，接触，低温，強光，乾燥などのさまざまな環境ストレスの感知から情報伝達に関与している[6]。たとえば，植物が昆虫に捕食された時や物理的に傷つけられた時，即座に傷ついた細胞や組織でグルタミン酸およびグルタミン酸受容体を介した Ca^{2+} シグナルが発生し，維管束を通じて全身に伝播する[7]。この Ca^{2+} シグナルが伝播した遠方の器官では，直接傷つけられていないにもかかわらず，将来の攻撃に備えて全身性の防御反応を引き起こす。また，食虫植物であるハエトリソウや動く植物として有名なオジギソウが，接触刺激を感知して葉を高速に閉合させる時にも Ca^{2+} シグナルが使われている[8)9]。植物には動物に特有な神経系は存在しないが，局所的な刺激情報を Ca^{2+} シグナルを介して遠くの組織や器官に伝え，さまざまな反応を引き起こしている[10]。このように Ca^{2+} シグナルは多種多様な生理学的反応に関与しているので，揮発性物質を介した植物間コミュニケーションに関しても調べられてきた。

3. 揮発性物質応答性 Ca^{2+} シグナルの研究

植物が昆虫に捕食されたり，物理的に傷つけられたりすると，さまざまな揮発性物質が空気中に放出される。草を刈った時に空気中に漂う，いかにも葉っぱと感じられるような青臭い匂いの主成分は，緑の香りと呼ばれ，炭素数が6の青葉アルデヒドや青葉アルコールなどが含まれる。それ以外にも，新緑の森の爽やかな香りとして有名なテルペン類や，ジャスミンの香りの主成分であるジャスモン酸類なども放出される。

植物がこれらの揮発性物質を感知した時に，Ca^{2+} シグナルが発生するか否かを Ca^{2+} 感受性発光タンパク質（エクオリン）や蛍光色素（Calcium Orange）などを用いて調べられた。発光測定装置（ルミノメーター）のチャンバー内に，エクオリンを発現させたシロイヌナズナの葉を数枚静置し，植物由来の揮発性物質を嗅がせながら Ca^{2+} 依存的な発光を測定した[11]。シロイヌナズナは，緑の香りを含むさまざまな揮発性物質に応答して，一過性の $[Ca^{2+}]_{cyt}$ 上昇を引き起こすことが示された。Calcium Orangeおよび電気生理学的手法を用いて，トマトにおける揮発性物質応答性のシグナル伝達も調べられた[12]。トマトの葉は，食害を受けた葉から放出される揮発性物質（緑の香り）に応答して $[Ca^{2+}]_{cyt}$ 上昇および細胞の膜電位の変化（脱分極）を引き起こすことが示された。これらの結果は，Ca^{2+} シグナルが揮発性物質を介した植物間コミュニケーションにおいてセカンドメッセンジャーとして働いていることを示唆している。しかし，エクオリンの発光は，フォトンカウンティングレベルの極めて微弱な信号であり，映像化するのが困難であることや，

蛍光色素である Calcium Orange は細胞外から植物に投与されているため，深部組織を含むすべての細胞に均一に吸収されているか不明であることなどの問題が残されていた。すなわち，従来の技術では，植物が揮発性物質を感知する瞬間を高い時空間分解能かつリアルタイムで映像化することは困難であった。そこで，我々は蛍光タンパク質型バイオセンサーおよび広視野・高感度蛍光イメージング技術を駆使して，揮発性物質を介した植物間コミュニケーションの可視化に挑んだ。

4. 広視野・高感度 Ca^{2+} イメージング

GCaMP は，Ca^{2+} を可視化するための蛍光タンパク質型バイオセンサーであり，円順列変異を施された緑色蛍光タンパク質（cpEGFP）に，Ca^{2+} を結合するカルモジュリンおよびカルモジュリンと相互作用するペプチドを連結させた構造をもつ[13]。Ca^{2+} が GCaMP に結合すると cpEGFP の構造が変化し，これに伴って cpEGFP の蛍光強度が上昇する。つまり，遺伝子組換え技術を用いて GCaMP を植物の細胞質に発現させると，$[Ca^{2+}]_{cyt}$ の変化を cpEGFP の蛍光強度の変化として可視化することができる。

GCaMP の最大のメリットは，明るくて（高輝度），Ca^{2+} に対する感度が高いこと（高感度）であり，細胞から個体レベルでのリアルタイムイメージングが可能となる。さらに，分子生物学・遺伝学的技術と組み合わせることで，GCaMP を発現させる場所を細胞や組織レベルで制御することができ，標的とした細胞・組織特異的イメージングも可能となる。デメリットは，蛍光タンパク質を励起するために特定の波長の光を照射する必要があり，この光による副反応を考慮する必要があることや，励起光が届きづらい細胞や組織のイメージングが難しいことが挙げられる。

我々は，これらの GCaMP のメリットを最大限活かすために，大きな試料（植物）を，広い視野で丸ごと全体を高感度かつ高速に可視化するための蛍光顕微鏡・イメージングカメラシステムを開発してきた[14]。たとえば，初代の広視野・高感度イメージングシステムは，電動ズーム式実体蛍光顕微鏡に開口数の大きい低倍率の対物レンズおよびセンサーのサイズが大きい科学計測用 CMOS カメラを搭載することで，約 4 cm×4 cm の広い視野と 30 フレーム/秒という高速蛍光観察が可能になった。

5. 揮発性物質を介した植物間コミュニケーションの可視化

シロイヌナズナが昆虫に捕食された植物から放出される揮発性物質を感じる瞬間の可視化をするために，広視野・高感度イメージングシステムに，植物由来の揮発性物質を効率良く吹きかける装置を組み合わせた。ポンプが接続されたボトルの中に，ハスモンヨトウ（蛾）の幼虫およびシロイヌナズナ（アブラナ科）またはトマト（ナス科）の葉を入れた（図1(A)）。このボトルは，チューブを介して蛍光顕微鏡の対物レンズの直下に静置してあるシロイヌナズナが入ったディッシュに繋がっている（図1(B)）。ポンプの空気の流れによって，食害を受けた葉から放出される揮発性物質がディッシュ内に運ばれると，シロ

イヌナズナはハスモンヨトウに直接攻撃されていないにもかかわらず，次々と$[Ca^{2+}]_{cyt}$上昇を引き起こすことが明らかになった（https://park.saitama-u.ac.jp/~toyotalab/gallery.html）[15]。すなわち，シロイヌナズナが遠く離れた別の植物から放出される揮発性物質を感じて，細胞内シグナルに変換する瞬間をリアルタイムで捉えることに成功した。非常に興味深いことに，シロイヌナズナは，同じアブラナ科のシロイヌナズナが捕食された時だけではなく，ナス科の植物であるトマトが捕食された時に放出された揮発性物質にも応答してCa^{2+}シグナルを発生させていた[15]。つまり，Ca^{2+}シグナルは種を越えた揮発性物質を介した植物間コミュニケーションにおいてもセカンドメッセンジャーとして働いていることが示唆された。

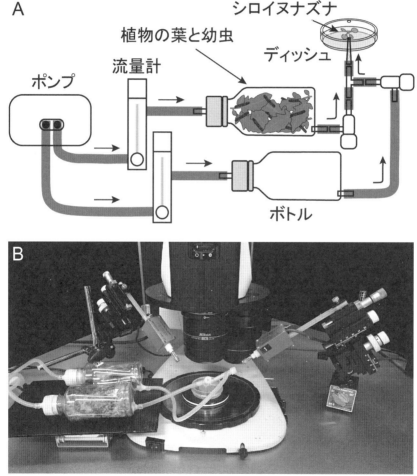

※口絵参照

図1 植物間コミュニケーションを可視化するための広視野・高感度イメージングシステムおよび電気生理学的装置

食害を受けた植物から放出される揮発性物質をシロイヌナズナに吹きかける装置の模式図（A）と実験装置の外観（B）

6. Ca^{2+} シグナルを発生させる揮発性物質の特定

シロイヌナズナの Ca^{2+} シグナルを発生させる揮発性物質を特定するために，食害を受けた植物から放出される可能性がある緑の香りやテルペン類，ジャスモン酸類の影響を調べた。シロイヌナズナから約 5 mm 離れた場所に小さな容器を置き，その中にこれらの揮発性物質の溶液を一つ一つ入れて Ca^{2+} イメージングを行った。9 種類の植物由来の揮発性物質を調べた結果，テルペン類およびジャスモン酸類では，$[Ca^{2+}]_{cyt}$ の変化は起こらなかったが，緑の香りに属する青葉アルデヒドである (Z)-3- ヘキセナールと (E)-2- ヘキセナールが Ca^{2+} シグナルを発生させることがわかった[15]。特に (Z)-3- ヘキセナールによって起こる Ca^{2+} シグナルは応答性が高く，揮発性物質が拡散し始めて 1 分以内に，溶液に最も近い葉で $[Ca^{2+}]_{cyt}$ 上昇が起こった(図2，矢尻)。さらに，この Ca^{2+} シグナルが発生した葉ではストレス応答性の遺伝子が発現していることや，これらの遺伝子発現が Ca^{2+} チャネルブロッカーなどの阻害剤で抑制されることがわかり，シロイヌナズナは (Z)-3- ヘキセナールを感知し，Ca^{2+} 依存的な防御反応を引き起こしていることが示唆された[15]。

質量分析法を用いて，傷つけられたシロイヌナズナおよびトマトから放出される揮発性物質を解析した結果，両者共に (Z)-3- ヘキセナールと (E)-2- ヘキセナールが含まれていることがわかった[15]。植物の種が異なっても，緑の香りのように共通した揮発性物質が放出されれば，別の個体から情報を受け取ることができ，将来の危険に対して防御反応を引き起こせると考えられる。

これまでの研究で，トマトが緑の香りを感知して膜電位の変化（電気シグナル）を発生させていることが示されていた[12]。初代の広視野・高感度蛍光イメージングシステムには，電気シグナルを検出するための電気生理学的装置が組み込まれており（図1(B)），Ca^{2+} および電気シグナルの時空間的関係性を調べた。蛍光による Ca^{2+} シグナル測定と電極による電気シグナル（表面電位）測定を行ったところ，シロイヌナズナは緑の香りを感じて，ほぼ同じタイミングで Ca^{2+} および電気シグナルを発生させていることがわかっ

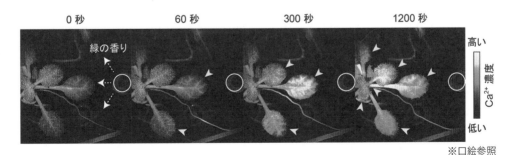

※口絵参照

図 2　(Z)-3- ヘキセナールによって起こる Ca^{2+} シグナル

緑色に見えるのが GCaMP の蛍光で，$[Ca^{2+}]_{cyt}$ が上昇すると明るく蛍光を発する。(Z)-3- ヘキセナール溶液を，シロイヌナズナから少し離れた容器（白丸）に滴下すると（0 秒），$[Ca^{2+}]_{cyt}$ が次々と上昇する（矢尻，60，300，1200 秒）

た[15]。揮発性物質を感知して，Ca^{2+}/電気シグナルを発生させるのは，種を越えた多くの植物で保存された仕組みなのかもしれない。

7. 植物が揮発性物質を取り込む経路の解析

動物の鼻のような特殊な感覚器官をもたない植物が，どのような経路を用いて緑の香りを取り込み，感知しているのかを明らかにするために，細胞レベルでのCa^{2+}イメージングを行った。共焦点レーザー顕微鏡を用いて，Ca^{2+}シグナルが発生している細胞を可視化したところ，(Z)-3-ヘキセナールが空気中に拡散し始めて約1分で孔辺細胞の$[Ca^{2+}]_{cyt}$が上昇し，次に葉の内部に位置する葉肉細胞や維管束細胞の$[Ca^{2+}]_{cyt}$が上昇し，そして最後に約5分経過してから表皮細胞の$[Ca^{2+}]_{cyt}$が上昇した[15]。孔辺細胞で構成される気孔は，葉の表面で水の蒸散や二酸化炭素や酸素などのガス交換の役割がある。シロイヌナズナは，ガスの出入り口である気孔を介して(Z)-3-ヘキセナールを取り込み，葉の内部の葉肉細胞や維管束細胞などで感知しているのかもしれない。一方で，器官の最外層に位置する表皮細胞は，ワックスなどで構成されるクチクラと呼ばれる膜層構造および厚い細胞壁で覆われているため，(Z)-3-ヘキセナールは細胞層まで透過しにくいのかもしれない。

このモデルを検証するために，変異体を用いた薬理学的解析を行った。植物ホルモンの1つであるアブシジン酸は気孔を閉鎖させる作用がある。アブシジン酸を処理した野生型のシロイヌナズナの気孔は数時間で閉鎖するが，*slow anion channel-associated 1* (*slac1*) および *open stomata 1* (*ost1*) 変異体は，アブシジン酸を処理しても恒常的に気孔が開いたままの表現型を示す。これらの植物体を用いて，気孔の開閉状態とCa^{2+}シグナルの関係を調べた。アブシジン酸によって気孔が閉鎖した野生型の葉に(Z)-3-ヘキセナールを嗅がせたところ，未処理の状態と比較してCa^{2+}シグナルが発生するタイミングが著しく遅れることがわかった[15]。一方で，気孔が開いたままの*slac1*および*ost1*変異体においては，アブシジン酸を処理した場合も，しなかった場合も，Ca^{2+}シグナルは未処理の野生型と差が無かった[15]。これらの結果は，気孔が閉じた状態では，Ca^{2+}シグナルが発生しにくくなることを示しており，気孔が(Z)-3-ヘキセナールを取り込み，Ca^{2+}シグナルを引き起こすための主要な経路であるというモデルを支持している。

以上の結果から，植物の緑の香り感知・情報伝達モデルを提唱した[15]。昆虫に捕食された時や物理的に傷つけられた時に植物から放出される(Z)-3-ヘキセナールのような緑の香りは，近くの植物の気孔から葉の内部に取り込まれ，葉肉細胞や維管束細胞などでCa^{2+}シグナルを発生させることで，将来の更なるストレスに対する防御反応を引き起こしていると考えられる（図3）。

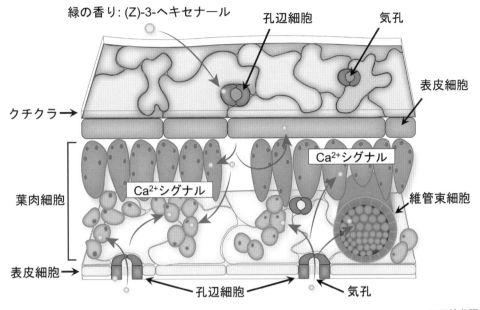

図3 シロイヌナズナの緑の香り感知・情報伝達モデル

8. おわりに

　概して，植物は動かないし，モノも言わないし，何も感じていないと思われがちである。しかし，蛍光を通して，その世界を覗いてみると，植物がいかに鋭敏に周囲の環境を感じ，情報伝達をしているのかがわかる。植物は，動物とは全く異なる仕組みを使ってお互いにコミュニケーションを図っているのである。

　これまで植物学や生態学，農学などを中心に進められてきた植物間コミュニケーションの研究は，生物物理学などの分野融合とともに新たな展開を迎えている。植物に，いわゆる動物の五感と呼ばれるような感覚は無いが，緑の香りを感知するタンパク質，すなわち嗅覚受容体のようなものが存在するかもしれない。

　ごく最近，傷害や乾燥ストレスを受けたトマトやタバコが，50〜60 kHz の非常に短いクリック音のような超音波を発していることが報告された[16]。このような周波数帯の超音波を我々が直接耳で聞くことはできないが，樹木を除くコムギやトウモロコシ，サボテンなどの植物においても検出されており，多くの植物に共通する現象のようである。この超音波の生理学的役割は明らかになっていないが，植物は揮発性物質以外にも，我々の気がつかない信号を使って互いに情報をやりとりしている可能性がある。植物の会話を聞き取れる日もそう遠くはないかもしれない。

謝　辞

本研究は，JSPS 科研費（JP21H04978, JP24H00565），JST ERATO（JPMJER2403），サントリー SunRiSE 生命科学研究者支援プログラムの助成を受けたものである。

文　献

1) D. F. Rhoades: Plant Resistance to Insects, American Chemical Society, 55-68 (1983).
2) I. T. Baldwin and J. C. Schultz: *Science*, **221**, 277 (1983).
3) J. Takabayashi: *Plant Cell Physiol.*, **63**, 1344 (2022).
4) K. Matsui and J. Engelberth: *Plant Cell Physiol.*, **63**, 1378 (2022).
5) G. I. Arimura and T. Uemura: *Trends Plant Sci.*, (2024). doi: 10.1016/j.tplants.2024.09.005.
6) M. Toyota and S. Betsuyaku: *Plant Cell Physiol.*, **63**, 1391 (2022).
7) M. Toyota et al.: *Science*, **361**, 1112 (2018).
8) T. Hagihara et al.: *Nat. Commun.*, **13**, 6412 (2022).
9) H. Suda et al.: *Nat. Plants*, **6**, 1219 (2020).
10) H. Suda and M. Toyota: *Curr. Opin. Plant Biol.*, **69**, 102270 (2022).
11) N. Asai et al.: *Plant Signal. Behav.*, **4**, 294 (2009).
12) S. A. Zebelo et al.: *Plant Sci.*, **196**, 93 (2012).
13) J. Nakai et al.: *Nat. Biotechnol.*, **19**, 137 (2001).
14) T. Uemura et al.: *J. Vis. Exp.*, **172**, e62114 (2021).
15) Y. Aratani et al.: *Nat. Commun.*, **14**, 6236 (2023).
16) I. Khait et al.: *Cell*, **186**, 1328 (2023).

第6章

植物の多次元コミュニケーション力の
農業への応用

第6章 植物の多次元コミュニケーション力の農業への応用

第1節 植物のコミュニケーション力を活かした揮発性バイオスティミュラントの開発

神戸大学 山内 靖雄

1. はじめに

　植物は一度生育を始めるとその場で一生を過ごすことから，周囲の環境条件に適応する必要がある。そのための，一見，静的な生き方をしている植物に，常時変化する周囲の環境に迅速に対応する能動的かつ敏感な応答機構が備わっていることが明らかになってきている。

　ここでは，環境ストレスを感知するオルガネラとしての葉緑体，そしてそれを起点として引き起こされる環境応答情報伝達系の一端を，揮発性シグナル化合物を中心にその学術的基盤と農業現場でバイオスティミュラントとして応用されている例を紹介する。

2. 環境変化感知器官としての葉緑体

　葉緑体は，植物を独立栄養生物たらしめている，内包する光合成機能によりエネルギー生産や有機物供給を担っているオルガネラである。光合成には光・励起・電気エネルギーのような生き物にとって取扱いが難しいエネルギー形態が関わっており，精密で繊細なエネルギー代謝経路がその反応を担っている。そのため，その活性制御機構やメンテナンス機構も巧妙で，何重もの保護機能が光合成機能の安定性を支えていることが明らかになっている。

　その研究成果は，ストレス感知オルガネラとしての葉緑体の姿も明らかにしつつある。すなわち，光化学系を光環境のモニタリング装置，炭酸同化系を温度環境や水分環境条件（気孔の開閉状態）のモニタリング装置と捉え，そのモニタリング装置間のエネルギー需給バランスが崩れることで，植物がストレス状況を感知する，という考え方である。実際，多くのストレスでその二者間の需給バランスが崩れることが知られており，代表的な例として，

① 強光ストレス…光化学系の活性が過剰になることに起因
② 乾燥・塩ストレス…気孔閉鎖による CO_2 供給減少に起因
③ 高温・低温ストレス…炭酸同化系酵素の生化学的な至適条件から外れることによる活性減少に起因

が挙げられる（図1）。

いずれの場合も共通して活性酸素（Reactive oxygen species：ROS）が生成することがストレスの原因になっている。ROS への対応策として植物は強力な活性酸素消去系を備えており、通常は ROS の害は顕在化しないが、それを超えて生成する ROS に由来するストレスは「酸化ストレス」と呼ばれており、さまざまな環境ストレス条件でその状況に陥っていることが明らかになっている。

以上のことから葉緑体は、1) 光、水分や温度の変化を葉緑体内の酸化還元状態の変化としてモニターしている、2) 活性酸素消去系のキャパシティー（植物の健康状態の指標）を超えて ROS が生成すると酸化ストレスを生じる、という役割を持っていると考えられる。さらに後述するように、3) ROS の攻撃を受けやすい脂肪酸の大きなプールになっている、ことも葉緑体が環境変化感知器官としての役割を考えるうえで重要である。

ROS は当初、そのマイナス面が注目されていたが、ストレス研究が進むにつれてスト

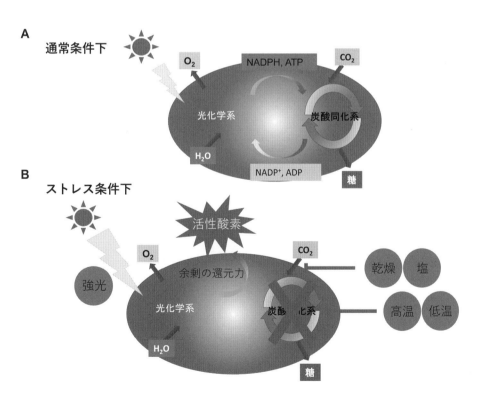

図1 葉緑体においてさまざまな要因により ROS が生成するメカニズム

通常条件下（A）では光化学系と炭酸同化系のエネルギー需給バランスがとられているが、ストレス条件下（B）では両者のバランスが崩れ、ROS が生成する

レスシグナルとしての役割も併せ持っている可能性が示されてきた。しかしROSそのものは化学的反応性が非常に高いため短寿命であり，生成部位の極近辺で反応するため，細胞間や組織間を移動する長距離シグナルとしては考えにくく，何らかの別の形に変換される機構の存在の可能性も同時に指摘されてきた[1]。化学的な酸化ストレスシグナルとして生体内で機能するためには，化学反応性がほどほどに高く，生体内寿命もほどほどに長いものが適当であり，さらに移動性も有している方がよい。また通常条件ではほとんど存在せず，ストレスを受けた際に一過的に増加している化合物がより蓋然性がある。これらの条件を満たす化合物群の1つが脂肪酸由来の化合物である。

3. 活性カルボニルが生成するメカニズム

生体内でROSの攻撃対象となる主要な化合物として多価脂肪酸（Polyunsaturated fatty acids：PUFAs）が挙げられる。植物はPUFAsが高含量であり，特に葉緑体中のチラコイド膜を構成する脂肪酸の80～90％はPUFAsで占められている[2]。先述のストレス時のROSの主要な発生部位がチラコイド膜状の光化学系であることと局在部位が一致しているため，酸化ストレス状態の葉緑体内ではPUFAsの酸化分解が昂進している。そしてPUFAsは化学的にその二重結合が酸化を受けやすいため，多種多様な脂肪酸酸化誘導体の生成源となっている（図2）。

チラコイド膜中に多く含まれる二重結合を3つ持つリノレン酸からは，非酵素的な

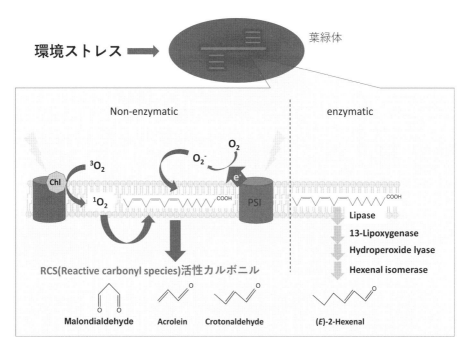

図2　ストレスにより葉緑体脂肪酸由来で活性カルボニルが生成するスキーム
非酵素的には活性酸素による化学的酸化が主要な合成経路である

ROSによる酸化分解以外にも酵素的な酸化分解が行われ，よく知られているものに，ジャスモン酸合成経路や緑葉揮発性化合物（Green leaf volatiles：GLVs）合成経路がある[3]。ジャスモン酸は植物ホルモンであり，GLVs もさまざまな生理機能を持つことが明らかになってきていることから，これらを含む Oxylipin と総称される脂肪酸の酸化分解物は，ストレスなどの刺激を受けた葉緑体で生成するシグナル化合物の本質を担っていると考えられる。

我々はその Oxylipin のなかでも，活性カルボニルと呼ばれる[1]，化学的反応性の高い化合物，特に α,β-不飽和カルボニル化合物に着目して研究を進めている。α,β-不飽和カルボニル化合物には直鎖の 2-Alkenal 類と環状の 2-Cycloalkenone 類があり，植物中では RSLV（Reactive short-chain leaf volatile）と呼ばれる直鎖状の C4～C9 の 2-Alkenal と，ジャスモン酸生合成系の中間代謝物である環状の OPDA（12-Oxophytodienoic acid）がよく知られている。RSLV，OPDA とも高等植物には酸化ストレス応答を誘導する作用が知られていることから，これらの化合物が ROS と比べると長寿命で，その代謝系が存在するため存在が一過性であるということも合わせて，これらが細胞内の酸化ストレス応答シグナルとして機能していることが強く示唆されている。

4. RSLV とは

RSLV は PUFAs から非酵素的，酵素的酸化分解の両方の機構で生成し，非酵素的にはクロトンアルデヒド（C4），酵素的には（E）-2-ヘキセナール（C6）が主要なものである（図3）。

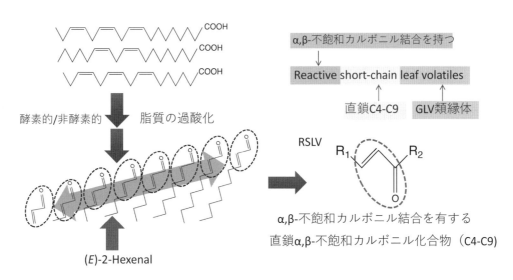

図3　RSLV の化学構造

C4～C9 の直鎖 α,β-カルボニル化合物は，いずれも高温・酸化ストレス応答を遺伝子レベルで誘導する生理機能を有する

RSLVは植物の高温ストレスおよび酸化ストレス応答遺伝子を強力かつ迅速に誘導する化合物群であり，i）化学的反応性を有すること，ii）ストレスを受けた際に一過性に誘導されること，iii）葉緑体由来であること，iv）揮発性であり細胞間（さらに個体間）移動が容易，という条件を満たすことから，植物の酸化ストレス応答の主要なシグナルの1つではないかと考えている[4]。

5. 揮発性情報伝達物質としてのGLVs

先に葉緑体は環境変化感知器官であると説明したが，非接触の環境ストレス要因のみならず接触する物理的なストレス応答にも関係しており，その代表的な例としては，傷害ストレス（≒葉緑体が破壊された場合）がある。図4に示す生合成系を通じて（E）-2-ヘキセナールを含むGLVsは傷害をきっかけにして葉緑体のPUFAs由来で迅速に酵素合成される[5]。

GLVsが傷害を受けた際に迅速かつ大量に生合成されることが古くから知られており，それ自身の抗菌性を通じて生物ストレスに関与していると考えられている。さらに最近では，主要なGLVs（3-Hexenal, 2-Hexenal, 3-Hexenol, 3-Hexenyl acetate）をシロイヌナズナに曝露すると，それぞれが特徴的な遺伝子発現を誘導することから[6]，GLVsは情報伝達物質として機能していることも明らかになっている。このようにGLVsは自身

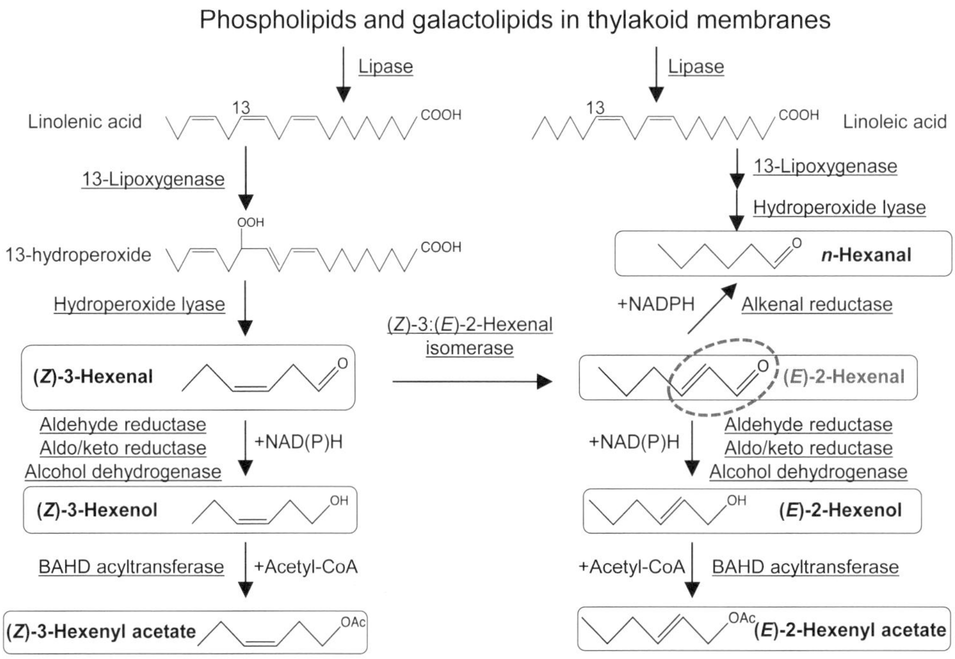

図4 GLVsの生合成系

葉緑体膜中の多価不飽和脂肪酸を出発物質に酵素的に合成される。主要なGLVを四角枠で示している。（E）-2-ヘキセナールはα,β-不飽和カルボニル結合を持つ，唯一のGLVである

の防御反応に重要であるが,その揮発性という特徴的な性質から,他者に対する情報伝達物質になっていることも明らかになってきており,今後も植物間コミュニケーションを担う揮発性化合物としての事例が増えてくるものと考えられる。

ではどのように揮発性化合物である RSLV は植物に受容されているのであろうか。一過的な細胞内カルシウム濃度上昇を捉えることができるイクオリン高発現植物を用いた研究により,GLVs 受容にカルシウム情報伝達系の関与が示されている[7]。また,Ca^{2+} 依存性の GFP である GCaMP3 を高発現しているシロイヌナズナを用いて時空間的な RSLV シグナル伝達系の可視化が行われ,シロイヌナズナの 2-ヘキセナール受容にカルシウム情報伝達系が関わっていること,さらに 2-ヘキセナールを高生産する植物を破砕して,その揮発性分を処理しても隣接するシロイヌナズナの蛍光を観察できたことから,植物間コミュニケーションを媒介する 2-ヘキセナールの姿が可視化されている[8]。

6. 植物の匂い受容タンパク質候補の種類と分類

植物が揮発性化合物を受容し,それをきっかけとしてストレス応答に寄与している現象は以前より示されている。最初の例は,虫害を被ったヤナギの周辺に存在する植物が,生物ストレス耐性を高めていることが報告されたことである[9]。その後も,植物間で揮発性化合物を通じてコミュニケーションをとっている可能性を示す報告は蓄積しており[10],一部はその分子メカニズムが明らかにされている。1 つは傷害を受けたトマトから放出された 3-Hexenol が他の未傷害のトマト植物に吸収された後,配糖化された化合物が害虫の被害の低下をもたらすというものである[11]。また広く植物が放出する香り物質であるカリオフィレンが直接,転写因子に結合し,ストレス応答反応を示すことも報告されてい

昆虫型嗅覚受容体（OR83b）

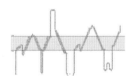

シロイヌナズナHHP1

マウスGPCR受容体(GPR175)

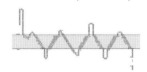

シロイヌナズナCAND8

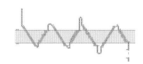

図5 昆虫や脊椎動物の受容体とトポロジカルに類似する植物タンパク質の例（MemBrain による予測）
シロイヌナズナには昆虫型,哺乳動物型両方に類似するホモログタンパク質が存在している

る[12]。また揮発性ホルモンとして知られているジャスモン酸メチルやサリチル酸メチルも，植物に吸収された後に生化学的な変換を受け，それらが可溶性タンパク質に受容することが知られている。これらの受容モデルは，香り物質に対する受容メカニズムが動物のそれとは大きく異なっていることを示している。

一方で植物にも，昆虫の嗅覚受容体や動物のGPCRとトポロジカルに類似性のあるタンパク質が存在している（図5）。さらに細胞内情報伝達タンパク質として知られているGタンパク質も存在しており，植物にも動物の匂い物質（揮発性化合物）受容機構と類似したものが存在するかもしれない。

7. 2-ヘキセナールのバイオスティミュラントへの応用

従来，農業の安定的な生産性を担保するために，化学肥料，農薬が広く用いられてきた。これらは食糧増産に大きく貢献しているが，最近は気象条件の不安定化による減収が大きな問題となっている。第3の農業資材としてのバイオスティミュラントが注目されている。バイオスティミュラントとは植物の生理機能を人為的に刺激して植物の潜在能力を発揮させる資材であり，さまざまなストレスによる阻害要因を低減して作物の収量増大を期待するものである（図6）[13]。

2-ヘキセナールは高温・酸化ストレス応答遺伝子を誘導し，さらに2-ヘキセナールであらかじめ処理されたシロイヌナズナやトマトでは高温耐性が高まることが明らかとなったことから[4)15)]，2-ヘキセナールをバイオスティミュラントとして応用することを試みた。トマトは高温障害を受けやすい作物で，特にその花芽が高温に弱く，高温障害を受けたトマトは花が咲いても果実形成に至らず落花してしまう「花落ち」と呼ばれる現象を示

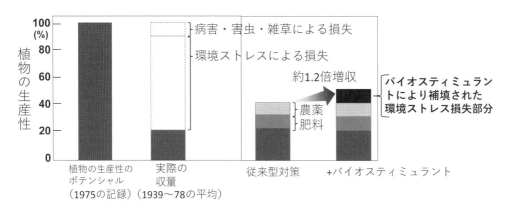

図6　バイオスティミュラントによる作物の生産性増大の概念[13]

アメリカの統計をもとにした試算によると，作物の潜在的な生産性の70%が環境ストレスにより阻害されている（グラフ左部分）[14]。従来型対策では，肥料や農薬の利用により作物の増産がはかられてきた（グラフ右部分）。バイオスティミュラントは肥料や農薬とは異なる原理（環境ストレスの緩和）で作物の生産性を増加させる。この例では環境ストレスの影響を10%緩和することにより，収量が1.2倍になることを示す

A   B

無処理区   無処理区

花落ち率: 43.0%

すずみどり区   すずみどり区

花落ち率: 15.9%

※口絵参照

図7　2-ヘキセナール（商品名：すずみどり）の農業現場での使用例

(A)「すずみどり」使用によりミニトマトの高温障害が軽減され花落ち率が減少する。(B) 無処理区のズッキーニは高温下でしおれて地面に触れた葉を取り除いているため，ほとんどの植物体で葉の数が少ない。すずみどり区では取り除かれた葉が少なく健全な植物体となっている。写真はいずれも2017年の茨城県の農場において撮影されたもの

す。近年，花落ち現象は日本中の産地で問題となっており，花落ちにより収穫量が激減した農家も多数存在する。2-ヘキセナール（商品名：すずみどり，薬効期間1ヶ月）の効果の1つはこの花落ちを減らすことで（図7(A)），結果的に結実するトマト果実の増加をもたらし，これまでの実績では平均して20％ほどの増収を実現している。またウリ科のズッキーニでも良好な結果を示している（図7(B)）。

　また，例年より厳しい高温が記録された2023年の山形県農業総合研究センターで大玉トマトを対象に行なわれたすずみどりXL（薬効期間が3ヵ月に延長された改良版すずみどり）の試験では，すずみどりXL処理区において，葉焼けの割合，気孔開度指数とも良好な値を示し，またトマトの収量，品質ともに向上していたことから，トマトの高温障害を緩和していることが明らかにされた（図8）。この結果は環境ストレスの影響を抑えることにより収量・品質を向上させるバイオスティミュラントの効果を示す好例である。

8. おわりに

　植物が放出する多種多様の魅力的な香り物質については古くから注目され研究も進められているが，意外にも植物自身に対する生理機能やその分子メカニズムは明らかになっていない部分が多い。しかし本稿で紹介したように，植物化学のみならず，植物生理学，細

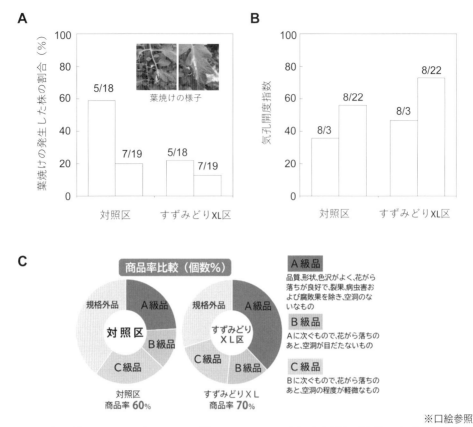

図8 すずみどりXLによる大玉トマト「りんか409」の高温障害緩和（実施：山形県農業総合研究センター）

ハウス内気温35℃に遭遇した1〜2日後の葉焼け株の割合（A）。割合が小さいほど歯のダメージが少ないと判断される。浸潤法により算出した気孔開度指数（B）。数字が大きいほど機構が開いていると判断される。収穫されたトマトの品質および収量（C）

胞組織学，生態学，さらには農学的にも魅力的な知見を得られる未踏分野である。今後も進展が期待される研究分野として，注目していただきたい。

文献

1) J. Mano: Reactive carbonyl species: Their production from lipid peroxides, action in environmental stress, and the detoxification mechanism, *Plant Physiol. Biochem.*, **59**, 90 (2012).
2) R. Douce, R.B. Holtz and A.A. Benson: Isolation and properties of the envelop of spinach chloroplasts, *J. Biol. Chem.*, **248**, 7215 (1973).
3) K. Matsui: Green leaf volatiles: hydroperoxide lyase pathway of oxylipin metabolism, *Curr. Opin. Plant Biol.*, **9**, 274 (2006).
4) Y. Yamauchi, M. Kunishima, M. Mizutani and Y. Sugimoto: Reactive short-chain leaf volatiles act as powerful inducers of abiotic stress-related gene expression, *Sci. Rep.*, **5**, 8030 (2015).
5) M. Kunishima, Y. Yamauchi, M. Mizutani, M. Kuse, H. Takikawa and Y. Sugimoto: Identification of (*Z*)-3: (*E*)-2-hexenal isomerases essential to the production of the Leaf Aldehyde in

plants, *J. Biol. Chem.*, **291**, 14023 (2016).

6) Y. Yamauchi, Y. A. Matsuda, N. Matsuura, M. Mizutani and Y. Sugimoto: Transcriptome analysis of *Arabidopsis thaliana* treated with green leaf volatiles: possible role of green leaf volatiles as self-made damage-associated molecular patterns, *J. Pest. Sci.*, **43**, 207 (2018).

7) N. Asai, T. Nishioka, J. Takabayashi and T. Furuichi: Plant volatiles regulate the activities of Ca^{2+}-permeable channels and promote cytoplasmic calcium transients in Arabidopsis leaf cells, *Plant Signal. Behav.* **4**, 294 (2009).

8) Y. Aratani, T. Uemura, T. Hagiwara, K. Matsui and M. Toyota: Green leaf volatile sensory calcium transduction in *Arabidopsis*, *Nat. Commun.*, **6234**, 14 (2023).

9) D. F. Rhoades: Responses of alder and willow to attack by tent caterpillars and webworms: evidence for pheromonal sensitivity of willows. In Plant Resistance to Insects, P.A. Hedin (ed.), American Chemical Society, 55-68 (1983).

10) M. Heil and R. Karban: Explaining evolution of plant communication by airborne signals, *Trends in Ecol Evol.*, **25**, 137 (2009).

11) K. Sugimoto, K. Matsui, Y. Iijima, Y. Akakabe, S. Muramoto, R. Ozawa, M. Uefune, R. Sasaki, K. M. Alamgir, S. Akitake, T. Nobuke, I. Galis, K. Aoki, D. Shibata and J. Takabayashi: Intake and transformation to a glycoside of (Z)-3-hexenol from infested neighbors reveals a mode of plant odor reception and defense, *PNAS*, **111**, 7144 (2014).

12) A. Nagashima, T. Higaki, T. Koeduka, K. Ishigami, S. Hosokawa, H. Watanabe, K. Matsui, S. Hasegawa and K. Touhara: Transcriptional regulators involved in responses to volatile organic compounds in plants, *J. Biol. Chem.*, **294**, 2256 (2019).

13) Y. Yamauchi: Integrated chemical control of abiotic stress tolerance using biostimutants. In "Plant, Abiotic Stress and Responses to Climate Change", V. Andjelkovic (ed), InTechOpen, 135-144 (2018).

14) T. S. Boyer: Plant Productivity and Environment, *Science*, **218**, 443 (1982).

15) N. Terada, A. Sanada, H. Gemma and K. Koshio: Effect of *trans*-2-hexenal vapor pretreatment on alleviation of heat shock in tomato seedlings (MicroTom), *J. ISSAAS*, **23**, 1 (2017).

第6章 植物の多次元コミュニケーション力の農業への応用

第2節 植物が放出する天敵誘引物質による害虫管理の可能性

名城大学　上船　雅義

1. はじめに

　植物は，植食者に食害を受けると特異的なかおり (herbivory-induced plant volatiles (食害誘導性植物揮発性物質)，以下 HIPVs) を放出し，植食者の天敵（捕食者や捕食寄生者）を誘引することで，植食者から身を守っている。農業生態系においても同様に，害虫に食害された作物は，放出した HIPVs より天敵を誘引し，身を守っている。したがって，作物は，天敵を利用した防衛で害虫被害を軽減できると考えられる。しかし，害虫管理において重要なのは，植物が許容できる食害レベルではなく，農業生産者が許容できる食害レベルである。もし，作物が HIPVs を放出し，天敵が誘引された時点で，作物が受けた食害レベルが農業生産者にとって経済的被害を及ぼすものであれば，害虫管理は失敗である（図1（左））。この問題は，害虫管理において「天敵の来遅れ」といわれている。天敵の来遅れを解決する方法の1つとして，HIPVs 内に含まれる天敵誘引物質を圃場に設置し，圃場周辺から常に天敵を誘引することが考えられている（図1（右））。これまでの研究により，害虫の発生抑制に貢献している天敵において HIPVs 内の天敵誘引物質の探索が行われ，HIPVs に含まれる物質を用いて作製された天敵誘引剤により害虫の発生を抑制できることが実証されてきた。

2. 天敵誘引物質の同定について

　室内実験により HIPVs 内の天敵誘引物質の同定は，害虫管理に使用されている天敵においても研究が進んでおり，HIVPs 内の天敵誘引物質が明らかになってきている[1]。ハダニ類の天敵であるカブリダニ類においては，チリカブリダニ (*Phytoseiulus persimilis*) の天敵誘引物質として linalool, (*E*)-β-ocimene, (3*E*)-4,8-dimethyl-1,3,7-nonatriene (DMNT), methyl salicylate, (3*S*)-(*E*)-nerolidol が同定され[2,3]，ミヤコカブリダニ (*Neoseiulus californicus*) の天敵誘引物質として linalool, 2,2,4-trimethylpen-

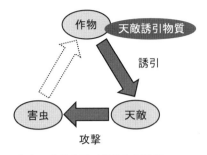

図1　植物の自己防衛システムと天敵誘引物質を用いた防衛システム

tane, undecylcyclohexane, (+)-dibenzoyl-L-tartaric anhydride が同定されている[4]。アブラムシ類の天敵であるテントウムシ類においては，ナミテントウ（*Harmonia axyridis*）の天敵誘引物質として limonene と β-caryophyllene が同定されている[5]。コナジラミ類やアザミウマ類の天敵である捕食性カメムシ類においては，タバコカスミカメ（*Nesidiocoris tenuis*）の天敵誘引物質として α-pinene，α-phellandrene，3-carene，β-phellandrene，β-ocimene が同定されている[6]。これらの研究のように害虫被害を抑える天敵昆虫を誘引する物質を明らかにしていくことは害虫管理において重要であり，天敵誘引物質を用いた害虫管理技術を発展させるために，今後も室内研究において天敵誘引物質を同定する研究を進めていく必要がある。

野外実験においては，HIPVs 内の物質を野外に設置し，天敵の発生数の向上を確認することで，天敵に対する誘引性が評価されてきた。ナミテントウとヒメカメノコテントウ（*Propylaea japonica*），クサカゲロウの1種 *Chrysopa* spp. に対する誘引性が indole に確認されている[7]。また，ヒメカメノコテントウに対しては linalool にも誘引性が確認されている[7]。α-pinene にはクサカゲロウの *Chrysoperla sinica* とヒメハナカメムシの1種 *Orius* spp. に対する誘引性が確認され[7]，β-pinene には *C. sinica* に対する誘引性が確認された[7]。*Orius* spp. に対する誘引性は，methyl jasmonate でも確認されている[7]。(Z)-3-hexenyl acetate には，捕食性カスミカメの *Deraeocoris brevis* とヒメハナカメムシの *Orius tristicolor*，捕食性テントウムシの *Parastethorus nigripes* に対する誘引性が確認されている[8,9]。*P. nigripes* に対しては methyl salicylate にも誘引性が確認されており[9]，その他にも methyl salicylate にはクサカゲロウの *Micromus tasmaniae* とオオメカメムシの *Geocoris pallens*，ヒラタアブ類に対する誘引性も確認されている[8,9]。野外試験ではターゲットとする天敵を決定せずに化学物質の天敵誘引性を評価することで，上

記のように1つの化学物質で複数種の天敵を誘引できる可能性が示されている。したがって，このような野外試験のアプローチは，天敵誘引物質を探索していく方法として有効な手段の1つと考えられる。

3. 天敵誘引剤の開発について

　植物は食害する植食者種ごとに特異的なHIPVsを放出するため，植物は食害している植食者の天敵を誘引することができる。そこで，害虫管理で使用したい天敵の誘引を目指す場合，ターゲットとした天敵の餌（捕食寄生者の場合は寄主）となる植食者種に食害された植物が放出するHIPVsを人工合成できれば，ターゲットとした天敵を誘引できる可能性がある。しかしながら，ターゲットとなる天敵を人工合成したHIPVs（合成HIPVs）を用いて誘引し，害虫の発生を抑制することを実証した研究は少ない。ターゲットとなる天敵を誘引するための合成HIPVsを天敵誘引剤として作成し，圃場に設置することで害虫の発生を抑制した事例としては，生物系特定産業技術研究支援センター（BRAIN）の生物系産業創出のための異分野融合研究支援事業の研究プロジェクトの「天敵の行動制御による中山間地（京都府美山町）における減農薬害虫防除技術の開発」と「天敵誘引剤・活性化剤を用いた害虫管理」で得られた研究成果がある。これらの研究プロジェクトでは，アブラナ科野菜の重要害虫であるコナガ（*Plutella xylostella*）の幼虫に寄生するコナガサムライコマユバチ（*Cotesia vestalis*；以下，コナガコマユバチ）を誘引する天敵誘引剤を用いてコナガを防除することを目指した。これから，この研究成果を中心に天敵誘引剤について説明していく。

3.1　天敵誘引剤に用いる天敵誘引物質をどのように探すべきか

3.1.1　HIPVs内の天敵誘引物質の探索

　害虫管理のために合成HIPVsを作成するとき，必ずしも対象作物のHIPVsから天敵誘引物質を探索する必要はない。ミズナ栽培におけるコナガ防除を目指しコナガコマユバチの合成HIPVsを作成するときは，コナガ幼虫に食害を受けたキャベツから天敵誘引物質を探索した。コナガコマユバチ雌成虫は，HIPVs未経験であってもコナガ幼虫食害キャベツのHIPVsを選好し，羽化後にHIPVsを経験することでこの選好性が強化される[10]。一方，コナガ幼虫食害コマツナのHIPVsに対して，HIPVs未経験のコナガコマユバチ雌成虫は反応せず，羽化後にコナガ幼虫食害コマツナのHIPVsを経験することでこのHIPVsを選好するようになった[10]。このように，天敵には未経験では反応しないHIPVsがある。もし対象作物が天敵誘引力の低いHIPVsを放出していた場合，このHIPVsをまねて作成した合成HIPVsでは誘引できる天敵が対象作物のHIPVsを経験した個体のみなどと限定的になるリスクがある。したがって，野外において誘引できる天敵の個体数を増やすには，未経験個体でも反応するHIPVsを放出する作物種や品種から天敵誘引物質を探索し，合成HIPVsを作製した方がよいと考える。

3.1.2 植食者の食害により誘導されるHIPVs以外の植物が放出する天敵誘引物質の探索

ヒメハナカメムシ類などの捕食性カメムシ類は水分補給や栄養摂取のために植物を吸汁するため，捕食性カメムシ類に吸汁された植物は特異的な揮発性物質を放出することが期待される。害虫管理に利用されている捕食性カメムシのタバコカスミカメから吸汁を受けた植物は，特異的な揮発性物質を放出する[11]。タバコカスミカメの雄成虫は，同種の雌成虫に吸汁された植物が放出した揮発性物質に誘引され，同種の雄成虫に吸汁された植物が放出する揮発性物質には誘引されなかった[11]。一方，タバコカスミカメの雌成虫は，同種の雌成虫に吸汁された植物だけでなく同種の雄成虫に吸汁された植物が放出した揮発性物質に誘引された[11]。これらの結果は，捕食性カメムシ類においては，餌となる害虫の食害により誘導されるHIPVsだけでなく，誘引対象としている捕食性カメムシに吸汁された植物が放出する揮発性物質から天敵誘引物質を発見できる可能性を示している。天敵誘引物質として利用する際に気を付けることは，雌成虫のみ，または，雄成虫のみといった特定の性しか誘引しない可能性があることである。

植物が放出する天敵誘引物質は，植食者の食害や捕食性カメムシの吸汁以外でも誘導されている。植物は，植食者から産卵を受けると特異的なかおり（oviposition-induced plant volatiles（産卵誘導性植物揮発性物質），OIPVs）を放出し，卵に寄生するハチ（卵寄生蜂）を誘引している[12)-14)]。多くの卵寄生蜂は，OIPVs未経験な個体であっても，OIPVsに誘引される[14]。したがって，卵寄生蜂を誘引して害虫を防除したい場合は，害虫が餌とする植物のHIPVsからではなくOIPVsから天敵誘引物質を探索するべきだろう。

3.2 天敵誘引剤に用いる天敵誘引物質は何種類にするべきか

ターゲットとなる天敵を合成HIPVsを用いて誘引するには，天敵がどのようにHIPVs内の物質に反応し，利用しているかを理解する必要がある。モンシロチョウ幼虫の寄生蜂であるアオムシサムライコマユバチ（*Cotesia glomerata*）は，HIPVs内の1つの物質に誘引される[15]。このため，1つの物質によりターゲットとしている天敵を圃場に誘引できる可能性がある。アワヨトウ幼虫の寄生蜂であるカリヤサムライコマユバチ（*Cotesia kariyai*）は，HIPVs内の1つの物質に誘引されることだけでなく，複数の物質のブレンドでも誘引されることが報告されている[16]。1つの物質からなる天敵誘引剤の場合，使用された物質がHIPVs内で一般的によく見られる物質であれば，この天敵誘引剤は不特定の天敵を誘引する可能性が高い。複数の物質をブレンドした天敵誘引剤のかおりは，1つの物質からなる天敵誘引剤のかおりより特異性が高くなるため，ターゲットとしている天敵を特異的に誘引したい場合は，複数の物質をブレンドした天敵誘引剤を使用した方がよいだろう。

コナガ幼虫の寄生蜂であるコナガコマユバチは，コナガ幼虫が食害したキャベツのHIPVsに含まれるsabinene, *n*-heptanal, α-pinene, (*Z*)-3-hexenyl acetateのそれぞれには誘引されないが，これら4つの物質のブレンドに誘引されることが明らかになっている[17]。コナガコマユバチに対する誘引性は，2つの物質によるブレンドにも，3つの物質のブレンドにも確認されず，コナガコマユバチに対する誘引性を得るためには，

HIPVs の物質構成により近づいた 4 つの物質のブレンドであることが重要であった。

　天敵誘引剤を用いてより安定的に天敵を誘引したいために，誘引性がより高い天敵誘引剤を作製することを目指すことがある。誘引性を高める手段としては，天敵誘引剤の物質構成を HIPVs の構成にさらに近づけることが考えられる。合成 HIPVs を用いた実験において，コナガコマユバチに 4 成分からなる合成 HIPVs と myrcene または camphor を加え HIPVs の物質構成により近づけた 5 成分からなる合成 HIPVs を選択させた場合，未経験の雌成虫は有意な選好性を示さなかった[17]。このことは，天敵誘引剤を HIPVs の物質構成に近づけることが，必ずしも天敵の誘引性を向上させることになるとは限らないことを示している。天敵誘引剤を HIPVs の物質構成に近づけ誘引性を向上させる研究は，非常に根気が必要であり，どこで開発を終わりにするかが難しい。天敵誘引剤を開発した経験から考えると，野外においてターゲットとしている天敵の誘引が確認できるレベルが目標とする誘引性の基準になるだろう。

3.3　天敵誘引剤のブレンドはどのような比率にすべきか

　複数の物質をブレンドして天敵誘引剤を作製する場合，ブレンドの比率（ブレンド比）をどのようにするかという問題が出てくる。ブレンド比を決定する 1 つの方法としては，植物が放出する HIPVs のブレンド比にすることが考えられるが，どこまで厳密にその比率を再現する必要があるだろうか。コナガコマユバチは，コナガ幼虫が食害したキャベツの HIPVs に含まれる sabinene, n-heptanal, α-pinene, (Z)-3-hexenyl acetate の 4 つの物質をコナガ幼虫に食害されたキャベツが放出する比率（1.8：1.3：2.0：3.0）にブレンドした合成 HIPV に誘引される[17]。また，コナガコマユバチに 1.8：1.3：2.0：3.0 にブレンドした合成 HIPVs と 1：1：1：1 の単純な比率でブレンドした合成 HIPVs を選択させた場合，未経験の雌成虫は有意な選好性を示さなかった[18]。ブレンド比の違いがコナガコマユバチの誘引性に有意に影響しないことから，天敵誘引剤を作製する際は，植物が放出する HIPVs 内のブレンド比を忠実に再現する必要性が必ずあるわけでないと考えられる。

　コナガコマユバチが 1：1：1：1 の単純な比率のブレンドでも誘引された理由は，コナガコマユバチがブレンド比の違いを認識できなかったからではない。コナガコマユバチは，寄主への未遭遇と空腹と一緒に経験した人工合成 HIPVs のブレンド比を学習し，避けることが明らかになっており，ブレンド比の違いを認識できることが証明されている[18]。このため，天敵誘引にブレンド比が全く影響しないとは言い切れないため，天敵誘引剤を作製する場合は，植物が放出する HIPVs のブレンド比をある程度は再現する方がよいと考える。

3.4　天敵誘引剤の濃度はどうすべきか

　コナガコマユバチの誘引性に合成 HIPVs の濃度が影響することが明らかになっている[17]。コナガコマユバチは，0.0001％の濃度の合成 HIPVs に誘引され，かなり低濃度の合成 HIPVs に反応できるが，0.000001％以下の濃度では誘引は確認できず，天敵誘引

剤を作製する場合は濃度が薄すぎてはいけない。一方，0.1％濃度以上でもコナガコマユバチの誘引は確認できず，天敵誘引剤を作製する場合は濃度が濃すぎてもいけない。したがって，天敵誘引剤の濃度設定は，誘引性が確認できた最も高い濃度にすることが基本と考える。

3.5　さまざまな空間スケールによる天敵誘引剤の評価

コナガに食害されたキャベツのHIPVs内の4つの物質をブレンドすることでコナガコマユバチに対する誘引性が確認されたが[17]，この誘引性評価はアクリル箱（25×30 cm，高さ35 cm）内で行われた。その後，このブレンド（合成HIPVs）を天敵誘引剤として利用できるか評価するために，コナガ防除実証試験前に実験空間を広げながら人工気象室，ガラス温室，野外レベルでコナガコマユバチに対する合成HIPVsの誘引性が確認された[19)20)]。その後，コナガ防除実証試験に向けて，剤型も検討されながらコナガコマユバチを誘引するための天敵誘引剤が開発された（図2）。

3.6　害虫管理のために必要な天敵の誘引数

天敵を誘引して害虫管理を行うために，常に大量の天敵を誘引する必要はない。害虫の発生数が少ない場合，その個体群を抑制するのに大量の天敵は必要ないからである。害虫個体群を抑制するのに必要な天敵数の算出方法は報告されており，捕食者[21]と捕食寄生者[22)23)]ではその理論は異なる。寄生蜂であるコナガコマユバチにおいては捕食寄生者の理論により必要な誘引数が検討され，150 m^{2}のハウス内の9000株のミズナ上にコナガ幼虫が450頭（株当たり0.05頭）発生した条件下で，ハウス内にコナガコマユバチ成虫の餌が存在する場合，7頭のコナガコマユバチ雌成虫を誘引できればコナガを抑制できると考えられた[22]。コナガコマユバチの少数放飼によるコナガ防除が可能であるかどうかも評価されており，ミズナを栽培したハウス（120 m^2）内にコナガコマユバチ成虫の餌を設置し，2215株のミズナに111頭のコナガ2齢幼虫（株当たり0.05頭）が発生している条件下に5頭のコナガコマユバチ雌成虫の放飼することで，放飼後のコナガの発生を抑制できることが実証されている[23]。

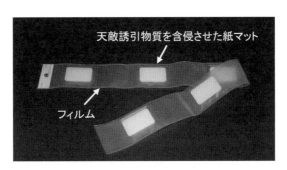

紙マットに天敵誘引物質を含侵させ、フィルムで封入することで取り扱いを簡単にした剤型

図2　天敵誘引剤

4. 天敵誘引剤を用いた害虫管理における給餌の重要性

天敵誘引物質を用いた害虫管理に，HIPVs 内の物質による天敵誘引技術と蜜源植物（nectar plants）による天敵給餌技術を組み合わせた誘引と報酬法（attract and reward）がある[24]。この方法は，圃場に早期から天敵を誘引し，餌を与えることで誘引した天敵の分散を防ぎ圃場に定着させるため，天敵誘引による害虫防除の効果を安定させるものと考えられる。花蜜などの蜜は，害虫防除に利用されているほとんどの天敵の餌になるだろう。テントウムシ類やヒメハナカメムシ類，カスミカメムシ類などは，成虫と幼虫の両方とも害虫を餌とする天敵のため，蜜は餌となる害虫が少ないときの補足的な餌になると考えられる。しかし，寄生蜂やヒラタアブといった天敵は成虫と幼虫の餌が異なり，幼虫は害虫を餌とするが，成虫は害虫を餌とせず蜜が生きるために重要な餌となる。

寄生蜂であるコナガコマユバチは，糖を摂取しなければ 2 日ほどで死亡するため[25]，長生きするためには蜜源の存在が重要である。しかし，農業生産において，生産者は除草を行うため，作物に花がつかなければ圃場内に蜜源が存在しないことになる。ミズナ栽培条件下でコナガコマユバチを誘引してコナガ防除を目指した場合，ミズナは蕾ができる前に収穫するため，ミズナ栽培において雑草がない状況では圃場に蜜源が存在しない。このため，誘引したコナガコマユバチをミズナ栽培ハウス内で定着させ，長く生かすためには，蜜の給餌が必要である。そこで，コナガコマユバチにおいては，黄色を空腹のコナガコマユバチに対する誘引源とした天敵給餌容器が開発されている[26]（図 3）。

天敵の餌を入れる容器（左）を設置器具（中）に入れ，作物を栽培しているハウスに設置

※口絵参照
図 3　天敵給餌容器

5. 天敵誘引剤と天敵給餌容器を用いたコナガ防除実証試験

コナガ防除のための天敵誘引剤の開発を通して，天敵誘引剤（合成 HIPVs）を用いて常に少数のコナガコマユバチを誘引し，天敵給餌容器を用いてミズナ栽培ハウスに維持することでコナガの発生を抑制する害虫管理のコンセプトがつくられた（図 4）。ミズナ栽培条件下でコナガ防除実証試験を行った結果，2006 年と 2008 年において天敵誘引剤と天敵給餌容器をミズナ栽培ハウス内に設置することで（図 5），コナガが発生したハウスの割合を減少させた（図 6）[27]。また，コナガコマユバチが発生したハウスの割合は，両

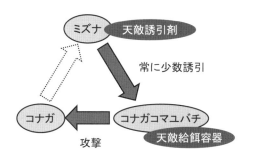

コナガの食害を受ける前から設置した天敵誘引剤によってコナガコマユバチをミズナ栽培ハウス内に常に少数誘引し、天敵給餌容器でハウスに維持する。コナガが発生したらすぐにコナガコマユバチに攻撃してもらい、農業生産者は経済的な被害を受けない

図4 コナガ防除のために目指した防衛システム

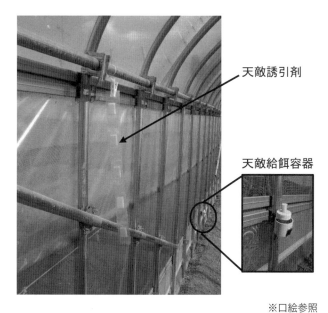

※口絵参照

図5 天敵誘引剤と天敵給餌容器の設置風景

年とも，天敵誘引剤と天敵給餌容器が未設置のミズナ栽培ハウスではコナガが発生したハウスの割合と有意差がなかったが，天敵誘引剤と天敵給餌容器を設置したミズナ栽培ハウスではコナガが発生したハウスの割合より有意に高かった（図6）[27]。これらの結果により，天敵誘引剤と天敵給餌容器を設置することで，コナガコマユバチの発生は，コナガの発生に同調せずに起こり，コナガの発生が確認できないときもコナガコマユバチの発生が確認されたことが示された。

キャベツの露地栽培圃場においては，国立研究開発法人科学技術振興機構（JST）の若手研究者ベンチャー創出推進事業における「天敵誘引剤・天敵活性化剤を用いた新しい害虫防除技術の事業化」という研究プロジェクトによりコナガ防除実証試験が行われてい

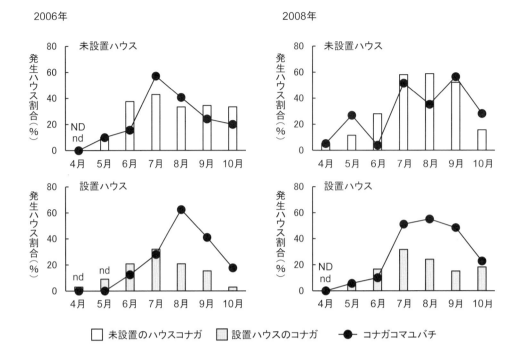

図6 コナガが発生したハウス割合とコナガコマユバチが発生したハウス割合の比較[27]
ND：コナガが未確認、nd：コナガコマユバチが未確認

る。2011年の実証試験ではコナガの発生が低いため防除効果が確認できなかったが，2010年の実証試験では露地栽培条件下でもコナガの発生を抑制する効果が認められた[28]。また，コナガの発生数の増加に伴うコナガコマユバチの寄生数の増加は，両年とも剤を設置した方が有意に高くなった[28]。以上のように，天敵誘引物質を用いて天敵を誘引し，害虫防除できる可能性は，施設栽培条件だけでなく露地栽培条件においても示されている。

6. 今後の展望と課題

6.1 他の害虫種への技術拡大

害虫の天敵の多くは，HIPVsを利用して餌または寄主を探索していると考えられる。このため，天敵誘引物質を用いた害虫防除は，アザミウマ類やアブラムシ類，コナジラミ類などさまざまな害虫にも利用できる可能性がある。これらの害虫の防除に天敵誘引物質を利用するためには，害虫種ごとに圃場周辺に生息する有望な天敵を調査し，HIPVs内からターゲットとした有望な天敵を誘引する効果をもつ天敵誘引物質を同定していく必要がある。

6.2 天敵誘引剤の天敵誘引以外の効果

6.2.1 天敵へ与える効果

天敵は植物上に降り立った後も HIPVs の暴露が続いていると考えられ，植物上の餌や寄主の探索に HIPVs が影響する可能性がある。植物上のコナガコマユバチの探索時間は，コナガ食害キャベツの合成 HIPVs である天敵誘引剤を株元に置くことでより長くなり，寄生数が増加した[29]。このことから，天敵誘引剤には天敵を誘引するだけでなく，植物上における餌や寄主を探索する時間を延長させる効果があることが明らかとなっている。したがって，施設栽培条件下で天敵を放飼して利用する場合，天敵誘引剤を施設内に設置することで，天敵に作物上の害虫をより長く探索してもらい，害虫の抑制効果の向上が得られる可能性がある。

6.2.2 害虫へ与える効果

天敵誘引剤を開発する際は天敵へ効果を評価するだけでなく，害虫への効果も調べる価値がある。コナガ食害キャベツの合成 HIPVs である天敵誘引剤は，コナガの産卵行動にも影響を与えており，天敵誘引剤があると葉表に産卵する割合が高くなることが明らかにされている[30]。害虫の産卵行動の変化によって害虫の死亡率が向上する場合は，天敵誘引剤にさらなる害虫防除効果が期待できる。

コナガ食害キャベツの合成 HIPVs である天敵誘引剤は，ナモグリバエ（*Chromatomyia horticola*）の発生を抑制する効果も確認されている。極端な事例として，天敵誘引剤が設置されていないハウス内ではチンゲンサイにナモグリバエの発生が確認されたが，天敵誘引剤が設置されたハウス内ではチンゲンサイにナモグリバエの発生が確認されなかった。この結果の原因として，ナモグリバエが天敵誘引剤を忌避したことが考えられた。天敵誘引剤の設置によりナモグリバエの発生が抑えられた結果は他の実験でも得られており，これらの結果から天敵誘引剤を害虫忌避剤としても利用できる可能性が示された。

6.3 防除効果の安定化

6.3.1 選択性殺虫剤入り餌の利用

天敵誘引物質を用いて圃場周辺に生息する天敵を誘引する場合，施設内に天敵が発生せずに害虫のみが発生する場合がある。天敵不在において，施設内に設置した天敵給餌容器が害虫にも利用される場合は，害虫の個体数がより増加するリスクが存在する。このリスクを回避する方法として，天敵給餌容器を天敵は利用できるが，害虫が利用できないようにすることが考えられる。害虫だけ利用できなくするには，ネットによる物理的な方法もあるが，この方法は天敵が害虫より体サイズが小さいときに限られる。化学的な方法としては，天敵は殺さず害虫のみを殺す選択性殺虫剤の利用が考えられており，選択性殺虫剤を混ぜた餌を与えてもコナガコマユバチ雌成虫は生存に悪影響を受けないが，コナガ雌成虫は生存に悪影響を受け，より早く死亡することが明らかとなっている[31,32]。さらには，選択性殺虫剤を混ぜた餌を与えることで，水を与えた場合よりコナガ雌成虫の増殖を若干

低下させる効果も認められている[32]。天敵誘引剤と一緒に選択性殺虫剤入りの餌を用いた天敵給餌容器を用いることで、天敵が誘引されなかった場合の害虫被害拡大を防ぎ、より安定した害虫防除効果が期待できる。

6.3.2 天敵の保護法の導入

天敵を圃場周辺から持続的に誘引するためには、圃場周辺に天敵個体群が維持される環境が重要である。天敵の保護法（conservation biological control）において天敵個体群を維持する技術は開発されており、バンカー植物（banker plant）やインセクタリープラント（insectary plant）といった天敵を維持・強化する植物（天敵温存植物）を作物と一緒に圃場で栽培管理する方法が存在する。そこで、天敵誘引剤を用いた害虫管理において安定的な害虫防除効果を得るためには、この天敵維持・強化技術を導入し、農業生産者ごとの圃場周辺に天敵温存植物を栽培するといったような、天敵を常に圃場に誘引するための栽培地域の環境管理が必要であると考える。また、天敵誘引剤を利用して害虫防除効果が得られるかどうかを判断するために、圃場周辺に天敵がいるかどうかを確認するためのモニタリング技術も重要になってくると考える。

6.4 天敵誘引剤の商品化と技術普及

天敵誘引剤を農業生産者が利用するためには、商品化が必要である。農業における技術普及は時間がかかるため、商品化に向けた活動を行うには大きな資金が必要となる。また、商品を販売するには市場を拡大する必要もあり、商品化が必要ない天敵誘引植物を用いた天敵誘引技術も開発し、天敵誘引剤に先立って技術普及を進めることも大切である。キャンディミントとスペアミントには、チリカブリダニに対する誘引性があることが確認されており[33]、天敵誘引植物としてハーブの利用が考えられる。また、天敵誘引植物は作製可能であり、プロヒドロジャスモン水溶液をスプレー処理すれば食害を受けなくても植物は天敵を誘引するようになる[34]。このため、天敵誘引植物が発見できない場合には、農業生産者がプロヒドロジャスモン処理により天敵誘引作物を作成し、天敵を誘引することで害虫防除を実施できる可能性がある。

7. おわりに

天敵誘引剤を用いた防除は、殺虫剤のような非常に高い防除効果を期待できないかもしれない。このため、天敵誘引剤と殺虫剤を併用し害虫管理していく必要があると考える。天敵誘引剤を用いることで害虫の発生を半分に抑えられれば、殺虫剤の使用回数は半分となり、減農薬に貢献できる。現在のように化学農薬の使用回数の削減が求められている状況において、天敵誘引剤は害虫管理にとって重要な技術になると期待される。

文　献

1) I. Kaplan: *Biol. Control*, 60, 77 (2012).
2) M. Dicke et al.: *J. Chem. Ecol.*, 16, 381 (1990).
3) I. F. Kappers et al.: *Science*, 309, 2070 (2005).
4) C. Song et al.: *J. Econ. Entomol.*, 117, 435 (2024).
5) A. Alhmedi et al.: *Eur. J. Entomol.*, 107, 541 (2010).
6) P. M. Ayelo et al.: *Pest Manag. Sci.*, 77, 5255 (2021).
7) H. Yu et al.: *Environ. Entomol.*, 47, 114 (2018).
8) D. G. James: *Environ. Entomol.*, 32, 977 (2003).
9) M. M. Stevens et al.: *Phytoparasitica*, 45, 639 (2017).
10) K. Yoneya et al.: *Anim. Cogn.*, 21, 79 (2018).
11) H. Rim et al.: *Arthropod-Plant Inte.*, 12, 495 (2018).
12) T. Meiners and M. Hilker: *J. Chem. Ecol.*, 26, 221 (2000).
13) N. E. Fatouros et al.: *Behav. Ecol.*, 19, 677 (2008).
14) M. Hilker and N.E. Fatouros: *Annu. Rev. Entomol.*, 60, 493 (2015).
15) K. Shiojiri et al.: *J. Chem. Ecol.*, 32, 969 (2006).
16) R. Ozawa et al.: *Entomol. Exp. Appl.*, 129, 189 (2008).
17) K. Shiojiri et al.: *PLoS ONE*, 5, e12161 (2010).
18) M. Uefune et al.: *F1000Research*, 2, 57 (2013).
19) M. Uefune et al.: *J. Appl. Entomol.*, 136, 561 (2012).
20) Y. Ohara et al.: *J. Appl. Entomol.*, 141, 231 (2017).
21) 浦野知ほか：植物防疫, 57, 500 (2003).
22) S. Urano et al.: *J. Plant Interact.*, 6, 151 (2011).
23) 安部順一朗ほか：近中四農研報, 6, 125 (2007).
24) M. Simpson et al.: *J. Appl. Ecol.*, 48, 580 (2011).
25) T. Mitsunaga et al.: *Appl. Entomol. Zool.*, 39, 691 (2004).
26) T. Shimoda et al.: *BioControl*, 59, 681 (2014).
27) M. Uefune et al.: *Roy. Soc. Open Sci.*, 7, 201592 (2020).
28) M. Uefune et al.: *Front. Ecol. Evol.*, 9, 702314 (2021).
29) M. Uefune et al.: *J. Appl. Entomol.*, 136, 133 (2012).
30) M. Uefune et al.: *Arthropod-Plant Inte.*, 11, 235 (2017).
31) M. Uefune et al.: *J. Appl. Entomol.*, 140, 796 (2016).
32) R. Ozawa et al.: *J. Appl. Entomol.*, 148, 86 (2024).
33) K. Togashi et al.: *Sci. rep.*, 9, 1704 (2019).
34) N. S. Mandour et al.: *J. Appl. Entomol.*, 137, 104 (2013).

第6章 植物の多次元コミュニケーション力の農業への応用

第3節 草刈りのかおりで作物の生産性の向上

新潟大学　石崎　智美　　新潟大学　櫻井　裕介

1. 植物間コミュニケーションによる作物の食害抵抗性の強化

　植食性動物による被害への反応として，植物は，揮発性物質（植食者誘導性植物揮発性物質（HIPVs））を放出する[1-3]。このHIPVsは，植食者の天敵である寄生性昆虫や捕食性昆虫を引き付けることが知られているが，それに加えて，周囲の他の植物に植食者の存在を知らせるシグナルとしてはたらくことがある。たとえば，HIPVsにさらされた個体では，植食者に対する抵抗性が高まり，食害が減る。このような現象は，揮発性物質を介した「植物間コミュニケーション」と呼ばれる[4]。また，植物間コミュニケーションは，植食者による被害だけでなく，機械的な損傷を受けた場合でも起こりうる[5)6]。C6 アルデヒド，アルコール，酢酸からなる緑葉揮発性物質（GLVs）は，HIPVsと機械的な損傷で放出される揮発性物質の両方に含まれており，一部のGLVsは，リママメ[7]，シロイヌナズナ（Kishimoto et al., 2005[8]; Kishimoto et al., 2006[9]など），トウモロコシ（Engelberth et al., 2004[10]; Ruther and Kleier, 2005[11]など）など，いくつかの植物種で植物間コミュニケーションを媒介している。また，機械的な損傷を受けたセージブラシから放出される1,8-シネオールやβ-カリオフィレンなどのテルペンは，近隣の無傷の同種他個体の葉の防御を誘導する[12]。

　さらに，植物間コミュニケーションは，同種間だけでなく，異種間でも起こりうる。たとえば，セージブラシの揮発性物質にさらされた野生タバコでは，被食が減少することが示されている[13]。

　植物間コミュニケーションは，比較的近年になって発見された植物の防御戦略であるが，環境に優しい作物生産に応用できる可能性がある。たとえば，被害が発生する前に，揮発性物質に暴露することで作物の抵抗性を誘導できれば，農薬の使用を減らすことが可能になる。また，作物生産の場では，田畑の周囲の雑草を定期的に刈り取る作業を行っている。そこで，それらの雑草を揮発性物質の発生源として利用することができれば，刈り取り作業に新たな意義を加えることができ，作業のモチベーションにもなる。実際に，Shiojiri et al. (2017)[14]やShiojiri et al. (2020b)[15]では，ダイズを，機械的な損傷を受

けたセイタカアワダチソウの揮発性物質に3週間さらして，被害葉数や被害種子数が減少すること，また，種子中のイソフラボンとサポニン含有量が増加することを報告している．さらに，彼らは，イネの苗に，刈り取った雑草の揮発性物質を3週間さらし，その後田んぼで育て，被害葉数の減少や，株あたりの籾数が増加したことを報告している[16]．この研究では，畦に生えていた雑草を刈り取って利用しており，それらの雑草にはヨモギ，シロツメクサ，スギナなどが含まれていた．

植物間コミュニケーションに関するこれまでの研究では，植食者に対する抵抗性が主に着目されてきた．しかしながら，HIPVsや機械的損傷による揮発性物質は，抵抗性の誘導だけでなく，さまざまな植物の反応を引き起こす．たとえば，セージブラシでは，隣接個体の揮発性物質にさらされた個体では枝数や花序数が増加する[17]．また，クロガラシでは，植食者に産卵された個体は揮発性物質を放出し，その揮発性物質にさらされた隣接個体では，栄養成長から生殖成長への切り替えが起こり，開花が早まる[18]．そのため，植物間コミュニケーションを利用することで，抵抗性の誘導だけでなく，品質向上や収量増加を目指すことも可能になる．実際に，イネやダイズでも品質向上や収量増加の効果が示されている．

2. トウモロコシ栽培への適用

2.1 圃場実験

雑草の揮発性物質の利用は農業への応用が期待できるが，実証例は少なく，他の作物でも利用できるかは明らかになっていなかった．そこで，我々は，世界で最も多く栽培されている作物の1つであるトウモロコシに焦点を当てた．トウモロコシは，HIPVsを介して同種個体間で植物間コミュニケーションを行うことが知られており，トウモロコシはHIPVsに暴露すると植食者に対する抵抗性が強くなることが示されていた[10)11]．我々は，刈り取った雑草の揮発性物質がトウモロコシ生産に与える影響を評価するために，圃場実験を行った．その内容を紹介する[19]．この実験では，2種類の雑草（ヨモギとセイタカアワダチソウ）を使用し，それぞれの雑草の揮発性物質を単独または混合してトウモロコシに暴露し，植食者に対する抵抗性，成長，穂の生産，種子の品質がどのような影響を受けるのかを調べた．

この実験では，トウモロコシ（*Zea mays* var. *saccharata*）を128穴トレイに播種し，25℃の室内環境で発芽させ，その後圃場に設置したビニールトンネル内にて育苗した．発芽7日後から，刈り取った雑草をネットに入れてビニールトンネルの内部に吊るし，雑草から放出される揮発性物質に7日間暴露した（図1）．雑草には，国内で広く生育するヨモギ（*Artemisia indica* var. *maximowiczii*）とセイタカアワダチソウ（*Solidago altissima*）を選んだ．両種はともに，揮発性物質を介して同種個体間・異種間で植物間コミュニケーションを行うことが明らかになっていた[16)20]．さらに，セイタカアワダチソウは，日本国内で侵略的外来種として分布を拡大しており，刈り取って利用することで分

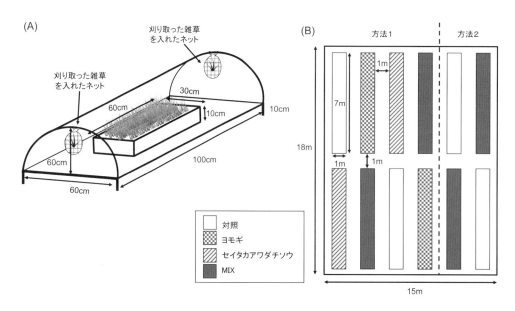

図1 （A）揮発性物質暴露に使用したビニールトンネルの様子。中央にトウモロコシの苗を置き、トンネルの上部から雑草を入れたネットを吊るした。（B）圃場における畝の配置の様子

布拡大の抑制につながることを期待した。雑草の匂いは、それぞれの種を単独、または、その両方を混ぜたもの（MIX）をネットに入れ、対照処理には、雑草を入れないネットのみをビニールトンネル内に吊るした。7日間の暴露後、実験圃場に黒マルチで覆った畝を12畝作り、畝ごとにそれぞれの処理をした苗を定植した。この実験では、通常の栽培より、畝や苗の間隔を広くとった（畝間は1 m、株間・条間は50 cm間隔）。追肥は定植24日後、48日後に行った。

その後、トウモロコシは2つの方法で栽培した。1つは、農薬を使用せずそのまま栽培する方法で（方法1）、食害や繁殖への影響を評価した。もう1つの方法では、標準的なトウモロコシ栽培方法に基づいて栽培し、農薬を使用して、また摘果を行い小さな雌穂を摘み取った（方法2）。これによって、揮発性物質への暴露がトウモロコシの品質に対して新たな価値を付けられるかを評価した。方法2では、サンプル数が足りなかったため、MIXの揮発性物質にさらした処理と対照処理の2処理のみとした。また、定植から46日後にBT剤（1000倍希釈、1 L）を散布し、52日後にBT剤とカルタップ粒剤（1列あたり40 g）の両方を使用した。さらに、最上部の雌穂を除き、成熟期間を通じて毎日雌穂（いわゆる、ヤングコーン）を数え、摘み取った。

2.2 抵抗性・品質への影響

農薬不使用（方法1）で栽培した場合、定植から19日後に、葉は数匹のヤガの幼虫による被害を受けた。実験中、葉には数匹のコガネムシも観察された。穂はアワノメイガ、トウモロコシアブラムシ、およびムギクビレアブラムシによる被害を受けた。対照処理と比較して、セイタカアワダチソウまたはMIXの揮発性物質に暴露したトウモロコシで

は，分げつ（対照：1.7本，ヨモギ：1.8本，セイタカアワダチソウ：2.4本，MIX：2.6本）と葉の総数（対照：9.4枚，ヨモギ：9.8枚，セイタカアワダチソウ：11.9枚，MIX：13.0枚）がそれぞれ約1.5倍と約1.3倍に増加し，成長が盛んになることが示された（図2(A)(B)）。さらに，3種類の揮発性物質のいずれかに曝露したトウモロコシでは，対照処理と比較して，被害を受けた葉の割合（対照：0.28，ヨモギ：0.17，セイタカアワダチソウ：0.20，MIX：0.20）が60～70％に減少し，食害に対する抵抗性が高まっていた（図2(C)）。また，繁殖に関しては，対照処理と比較して，MIX処理をしたトウモロコシで雌穂の数（対照：2.8本，ヨモギ：2.9本，セイタカアワダチソウ：2.8本，MIX：3.3本）が有意に増加した（図2(D)）。雌穂に侵入したアワノメイガの幼虫の数を数えたところ，セイタカアワダチソウの揮発性物質に暴露したトウモロコシで，対照処理よりも幼虫数（対照：3.1匹，ヨモギ：2.3匹，セイタカアワダチソウ：1.7匹，MIX：2.2匹）が有意に少なくなっていたが，完全な防除はできなかった（図2(E)）。方法2においても，方法1と同様に，MIX処理されたトウモロコシで，分げつ数（対照：2.6本，MIX：3.0本），葉数（対照：12.0枚，MIX：14.3枚），穂の数（対照：3.4本，MIX：4.1本）が増加し，被害を受けた葉の割合（対照：0.23，MIX：0.17）は減少した（図3(A)～(D)）。

　さらに，品質については，方法1で栽培した場合，3種類の揮発性物質のいずれかに曝露したトウモロコシでは，上部の雌穂の種子（いわゆる，トウモロコシの粒）の糖度（対照：12.5°Bx，ヨモギ：13.4°Bx，セイタカアワダチソウ：13.4°Bx，MIX：13.8°Bx）が，対照処理と比較して約10％増加した（図2(F)）。種子の糖度は，方法2で栽培した場合もMIX処理で約12％増加（対照：13.0°Bx，MIX：14.6°Bx）し（図3(E)），食味試験をした結果，21人中16人がMIX処理のトウモロコシが対照処理のトウモロコシよりも甘いと答えた。人が食べてわかるレベルで糖度が増加しているため，処理によって種

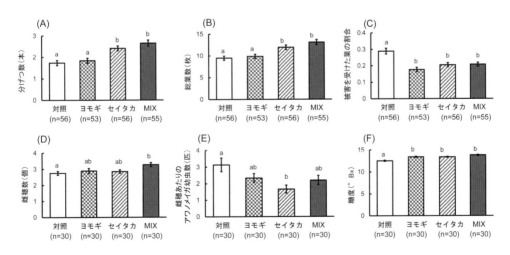

図2　農薬不使用（方法1）で栽培したトウモロコシの被害・成長・繁殖の様子。トウモロコシの苗は，雑草なし（対照），ヨモギ，セイタカアワダチソウ（セイタカ），両者の混合（MIX）のいずれかの揮発性物質に暴露した

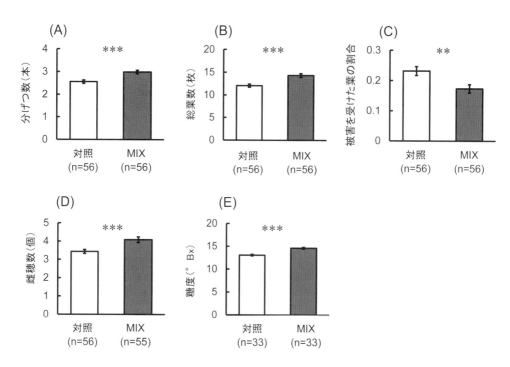

図3 農薬を使用し，余分な雌穂を取り除く方法（方法2）で栽培したトウモロコシの被害・成長・繁殖の様子。トウモロコシの苗は，雑草なし（対照），または，ヨモギとセイタカアワダチソウの混合（MIX）の揮発性物質に暴露した

子に糖が多く蓄えられたと言えるだろう。

3. 雑草の揮発性成分

雑草の揮発性物質は，トウモロコシにさまざまな効果をもたらした。そこで，雑草の揮発性物質を調べたところ，セイタカアワダチソウでは，主にα-ピネン，β-ピネン，カリオフィレン，(E)-β-ファルネセンが含まれ，ヨモギではβ-ピネン，β-ミルセン，(Z)-3-ヘキセニルアセテート，カリオフィレン，(E)-β-ファルネセンが含まれていた。このうち，β-カリオフィレンは，セージブラシで植物間コミュニケーションを引き起こす成分として報告されている[12]どの成分が重要かはわかっておらず，今後詳細に調べる必要がある。

4. 農業への有用性

このように，トウモロコシ栽培では，ヨモギとセイタカアワダチソウの揮発性物質を利用することは，食害の低下だけでなく，糖度の上昇といった品質向上の効果があった。生産者にとって農薬は高価であるため，また，消費者にとって農薬の使用量が少ないほうが安全安心であるため，作物生産の場では農薬の使用量は少なく済むほうが良い。その点，

雑草の揮発性物質を利用する方法では，初期の被害が抑えられることで，農薬の使用量を軽減することができる。また，分けつが増加することで倒伏防止の効果も期待できる。

トウモロコシでは，MIXの揮発性物質に暴露することで，初期の食害が抑えられ，また，分げつ数が増えることで葉数が増加し，結果として，光合成を盛んに行うことができ種子の糖度が上昇したと考えられる。多くの草本植物では，生育初期は成長を優先させるため，通常，抵抗性は低いが，一度被害を受けると強い抵抗性が誘導される[21]。植物間コミュニケーションでも同様に，生育初期に揮発性物質に暴露すると，その後の抵抗性が強く誘導されることがセージブラシなどで知られている[22]。イネでも，育苗の段階で雑草の揮発性物質に暴露するだけで，収穫までの被害軽減や収量増加に効果が見られた[16]。トウモロコシでは，定植前の暴露によって，生育期間中に分げつ数が増加するという効果が現れた。これによって，収穫時の品質向上につながったのだろう。また，苗の段階では，植物体の大きさも小さく，この段階での暴露は狭い空間でも大量の苗に処理をすることが可能である。生産者にとっても，効率の良い暴露方法になるだろう。

日本のトウモロコシ栽培では，一株から１本もしくは２本の雌穂を収穫することで，甘くて大きな粒ができるように生産する。雑草の揮発性物質を暴露することで，粒（種子）一つひとつの糖度が通常の栽培方法よりも上がり，付加価値をつけることができる。一方，海外での大規模農業においては，品質よりも収量が重視される。初期の苗への雑草の匂い暴露によって，雌穂の数が増えて収量が増加することは，海外での生産においても重要な点となる。

我々の実験では，刈り取った雑草をそのまま利用したため，トウモロコシに効果のない成分が含まれている可能性があった。ヨモギとセイタカアワダチソウの揮発性成分にはさまざまなテルペン類が含まれていたが，今後は，効果のある成分を明らかにすることで，より抵抗性を誘導し，糖度を増加させる資材として利用することも考えたい。一方，雑草や作物の種類によっては，作物に負の影響を与える可能性もある。たとえば，ブタクサの揮発性物質は小麦やダイズの地上部の成長を抑制するが，トウモロコシの地上部の成長は抑制しない[23]。今後は，効果的な雑草と作物の組み合わせを探すことも必要である。

今回のような栽培方法以外にも，植物の持っているポテンシャルを活かした栽培方法があるはずである。植物間コミュニケーションの研究は，栽培種やモデル植物に限らず，野生種を対象とした研究も盛んに行われている。分野横断的な知見を応用することで，より生産性の高い農業が可能になるだろう。

文　献

1) M. Dicke et al.: *J. Chem. Ecol.*, 16, 3091 (1990).
2) J. Takabayashi and K Shiojiri: *Curr. Opin. Insect Sci.*, 32, 110 (2019).
3) J. Takabayashi: *Plant Cell Physiol.*, 63, 1344 (2022).
4) R. Karban et al.: *Ecol. Lett.*, 17, 44 (2014).
5) R. Dolch and T. Tscharntke: *Oecologia*, 125, 504 (2000).
6) R. Karban et al.: *Ecology*, 87, 922 (2006).

7) G. Arimura et al.: *Biochem. Syst. Ecol.*, **29**, 1049 (2001).
8) K. Kishimoto et al.: *Plant Cell Physiol.*, **46**, 1093 (2005).
9) K. Kishimoto et al.: *Plant Sci.*, **170**, 715 (2006).
10) J. Engelberth et al.: *Proc. Natl. Acad. Sci. USA*, **101**, 1781 (2004).
11) J. Ruther and S. Kleier: *J. Chem. Ecol.*, **31**, 2217 (2005).
12) K. Shiojiri et al.: *Plant Signal. Behav.*, **10**, e1095416 (2015).
13) R. Karban et al.: *Oecologia*, **125**, 66 (2000).
14) K. Shiojiri et al.: *Sci. Rep.*, **7**, 41508 (2017).
15) K. Shiojiri et al.: *Phytochem. Lett.*, **36**, 7 (2020b).
16) K. Shiojiri et al.: *Front. Plant Sci.*, **12**, 692924 (2020a).
17) R. Karban et al.: *J. Ecol.*, **100**, 932 (2012).
18) F. G. Pashalidou et al.: *Ecol. Lett.*, **13**, 1097 (2020).
19) Y. Sakurai et al.: *Front. Plant Sci.*, **14**, 1141338 (2023).
20) A. Kalske et al.: *Curr. Biol.*, **29**, 3128 (2019).
21) K. E. Barton and J. Koricheva: *Am. Nat.*, **175**, 481 (2010).
22) K. Shiojiri et al.: *Arthropod-Plant Inte.*, **3**, 99 (2009).
23) R. M. Hall et al.: *Plants*, **12**, 3298 (2023).

第6章 植物の多次元コミュニケーション力の農業への応用

第4節 天敵類の保護・強化等に有効な補助植物の活用

国立研究開発法人農業・食品産業技術総合研究機構　　安部　順一朗

1. 総合的病害虫・雑草管理技術（IPM）と生物的防除

　農業害虫管理の分野では，20世紀半ば以降，有機合成殺虫剤が世界的に利用されるようになったが，過度な化学農薬散布による生態系への影響や害虫の抵抗性発達，人畜への悪影響などが大きな問題となった。このような問題を受け，FAO（国連食糧農業機構：Food and Agriculture Organization）やIOBC（International Organization for Biological Control of Noxious Animals and Plants）により総合的病害虫・雑草管理技術（Integrated Pest Management：IPM）（以下，IPMと略）の概念が検討され，1966年にはFAOからIPMの定義が提示されるに至った。その後，今日まで，かつての化学農薬へ依存した害虫防除から脱却するための研究開発が進められている。1966年当時の定義では，IPMは「あらゆる適切な技術を相互に矛盾しない形で使用し，経済的被害を生じるレベル以下に害虫個体群を減少させ，かつ低いレベルに維持するための害虫個体群管理システム」とされている[1]。害虫管理技術は大きく化学的防除（chemical control），物理的防除（physical control），耕種的防除（cultural control），生物的防除（biological control）に分類され，IPMはこれらを適切に組み合わせた体系的な技術になる。その後，IPMの定義は1992年に修正され，「利用可能なすべての害虫管理技術を慎重に検討し，害虫の増殖抑制に適した方法を総合的に組み合わせる技術であり，生物的防除，化学的防除，物理的防除，耕種的防除を組み合わせて健康な農作物を育てるとともに，持続可能な害虫管理のために，化学農薬の使用を最小限にして人間や環境に与える化学農薬のリスクを軽減あるいは最小限にする」とされている。そのため，近年では病害虫や雑草の管理だけでなく，生態系や環境への影響を積極的に考慮した技術開発が求められており，そのようななかで注目されているのが生物的防除である。生物的防除は，「生物を使って特定の有害生物あるいはその有害生物による被害を減少させる技術」と定義されてきたが[2]，近年では人為操作の伴わない有害生物制御も注目されるようになり，「人間にとって有害な生物（あるいはウイルス）を，それらによる負の影響を減少させる要因となる生物（あるいはウイルス）によって減少させ，結果的に人間に良い効果をもたらすもの」と

定義づけられている[3]。わが国では1966年には天敵「チリカブリダニ」の研究が，1970年には天敵「オンシツツヤコバチ」の研究が始まったが，IPMの概念が広く意識され始めたのは，1995年にこれらの天敵種が国内初の天敵製剤（生物農薬）として登録・発売されて以降である。

　生物的防除は，人為的操作を伴わない自然の生物的防除（natural biological control），人為的操作を伴う伝統的生物的防除（classical biological control），放飼増強的生物的防除（augmentative biological control），保全的生物的防除（conservation biological control）に分けられる。自然の生物的防除とは，前述の通り人為的操作を伴わない生物的防除であり，自然界における土着天敵による害虫（植食者）抑制現象を示す。自然の生物的防除は最近になって注目され始めた考え方であり，その経済効果は生物的防除の他のどの手法よりも大きいとされている。

　伝統的生物的防除とは，一般的に海外からの侵入害虫に対し，その害虫の原産地の天敵を輸入して放飼し，長期的・永続的な定着と害虫抑制を目的とするものである。生物的防除のなかでも最も古くから実践されている手法であるため，「伝統的（classical）」とされているが，近年では実質的な手法に基づき「導入天敵による生物的防除（importation biological control）」とされることもある[3]。放飼増強的生物的防除とは，人為的に大量増殖された天敵を放飼する手法であり，伝統的生物的防除のような長期的な害虫抑制効果ではなく比較的短期間での効果を期待するものである。わが国では主に施設栽培を対象とした天敵製剤あるいは特定防除資材としての天敵の利用技術がこれにあたり，「農薬的利用」あるいは「生物農薬的利用」と呼ばれることもある。放飼増強的生物的防除は，さらに大量放飼（inundative release）と接種的放飼（inoculative release）に分けられる。大量放飼とは，放飼した天敵そのものの（放飼世代）捕食あるいは寄生による直接的な害虫抑制効果を狙った手法であり，一般に害虫に対し高密度で天敵を放飼する。これに対し接種的放飼は，放飼した世代だけでなく，後に続く世代（放飼次世代）以降の定着・増殖によって害虫抑制を狙う手法である。保全的生物的防除とは，環境や慣行的な方法を改善することで，特定の天敵や他の生物を保護・強化し，害虫による農作物への被害の軽減する手法である[2]。ここで言う「天敵の保護」とは，選択性殺虫剤の利用や殺虫剤の選択的利用，天敵への避難場所（refuge）の提供などにより天敵にとって有害な状況を軽減する技術である。また，「天敵の強化」とは，天敵への補助食の供給や隠れ場所（shelter）の提供などを通し，天敵の生存，産卵，寿命，行動の改善により害虫抑制効果の向上を目指す技術である。とくに天敵の強化では，天敵の補助食となる花蜜や花粉等を供給する植物や，天敵の隠れ家や産卵場所となる植物を人為的に供給する生息場所管理（habitat management あるいは habitat manipulation）が基幹技術となる。保全的生物的防除は主に露地栽培を対象とした技術の概念であるが，その手法は施設栽培でも利用できる。

2. 天敵の餌資源としての植物

　捕食性天敵，捕食寄生性天敵ともに主要な餌資源は捕食対象（あるいは寄生対象）とな

る餌生物であるが，多くの天敵はその生活史のどこかで，餌生物だけでなく植物質の餌資源（plant-provided foods）を必要としている。植物質の餌資源に対する依存度は天敵種によってさまざまだが，大きく2つに分けることができる。全発育ステージを通して植物質の餌を摂取する天敵は，植物質の餌資源に対する条件的（facultative）な消費者であり，補助食として植物を利用している。条件的な消費者にはダニ類やクモ類，カメムシ類，コウチュウ類，クサカゲロウ類，ハチ類，アリ類などの昆虫が含まれる。これに対し，特定の発育ステージ（一般的に成虫ステージ）の間，植物質の餌資源を必要とする天敵は植物質の餌資源に対する絶対的（obligatory）な消費者であり，その発育ステージ中の生存率や代謝維持が植物質の餌資源の有無に強く依存する。絶対的な消費者にはヒラタアブ類やクサカゲロウ類，多くの寄生蜂類などが含まれる。

植物質の餌資源は，天敵の生活史パラメーターに強く影響し，例えば条件的な消費者の場合，餌生物が低密度で十分に利用できないときに代替的な栄養源として花蜜や花粉，甘露などを摂食する。また，餌生物が十分に存在する場合は，補助食として植物質の餌を摂食し，餌生物のみを捕食した場合より適応度を高めることができる。絶対的な消費者では，特定の発育ステージにおいて植物質の餌資源が不可欠であり，植物質の餌が不足すると寿命や産卵数が著しく低下する。また，適切な植物質の餌の有無が，天敵の行動そのものに影響を及ぼすこともある。

天敵にとって植物質の餌資源が重要な役割を果たすことは古くから認識されていたが，生物的防除の分野で植物質の餌資源の重要性が認識されたのは20世紀半ば以降である[4]。露地栽培，施設栽培に限らず，農作物を栽培する圃場は多くの場合，モノカルチャー（単一栽培）である。モノカルチャーとは，圃場で1種類の農作物を栽培し，化学合成農薬や化学肥料を多投入する栽培形態である。農作物生産の効率性や安定性を向上させるうえでモノカルチャーは切っても切り離せない栽培形態であるが，その一方で，病害虫の多発や農薬に対する抵抗性発達の原因にもなり得る。その一因が単一の農作物のみを広大な面積に植栽することによる生物多様性の低下であり，モノカルチャーとポリカルチャー（複合栽培）を比較した場合，植物の多様性が高いポリカルチャーのほうが害虫密度が減少することも明らかになっている[5]。植物の多様性が増すと害虫密度が減少する理由としては，資源集中仮説（resource concentration hypothesis）と天敵仮説（enemies hypothesis）が挙げられる。資源集中仮説とは，資源（この場合，自身の好む植物種）が密に存在するほど植食者がその資源を見つけやすくなり，そこに留まりやすくなるため高密度になるという仮説である。逆に植物の多様性が増せば，植食者は特定の資源を見つけにくくなる。天敵仮説とは文字通り，土着天敵の働きによって植食者の密度が減少するという仮説である。この2つの仮説は必ずしも対立するものではなく，自然界では両仮説の原理が相互に働いていると考えられる。農業生産において植物の多様性を人為的に向上させる方策としては，天敵に有効な植物種を間作ないしは混作する植生管理による生息場所管理が重要になる。

3. 天敵の強化に有効な補助植物

多くの天敵にとって，花粉や花蜜などの植物質の餌は重要な餌資源であるが，天敵種ごと，あるいは発育ステージによって適切な資源は異なっている。たとえば，アブラムシ類の天敵であるヒラタアブ類の成虫は餌資源として花蜜や花粉を利用するが，花を選択する際には，花の色や形，匂い，大きさ，花の量等，さまざまな要因が影響する[6]。また，花粉や花蜜の場合，空間的にも時間的にもその利用が限定される。たとえば，アザミウマ類等の微小害虫の天敵であるタイリヒメハナカメムシの場合，春から秋にかけて利用する想定で13草種の有効性が比較され，ソバが最も有効であることが示されている[7]。また，パフォーマンスの向上にはソバの花が重要な役割を果たしていることも明らかになっている[8]。

このように，天敵に餌資源を供給する植物が存在する一方で，植物種によっては天敵の産卵基質や隠れ家として働くこともある。さらに，害虫を忌避させる効果を持つ植物も知られている。こういった植物はひとまとめにして共栄植物（コンパニオンプランツ，companion plants）と呼ばれることがあるが，科学的な根拠が曖昧な場合もあり，その定義も漠然としていることが多い。一方で，保全的生物的防除の研究の進展により植物が天敵や害虫，農作物に与えるさまざまな影響が明らかになり，害虫管理に有用な植物は総称して補助植物（secondary plants）と呼ばれている。補助植物は，植物あるいは病害虫，天敵に及ぼす機能によって**表1**のように分けられている[9]。これらのなかでも天敵に直接作用するのがインセクタリープランツ（給餌植物，insectary plants）とバンカープ

表1 保全的生物的防除に有効な植物のタイプとその機能

対象： 機能：	植物 栄養増強 化学防衛	病害虫				天敵		
		忌避	妨害	早期発見	害虫誘引	誘引	給餌	個体群維持
協栄植物 Companion plants	◎	○	○			○		
忌避植物 Repellent plants		◎						
障壁植物 Barrier plants			◎					
指標植物 Indicator plants			○	◎				
トラップ植物 Trap plants			○	○	◎	○		
インセクタリープランツ Insectary plants						○	◎	
バンカー植物 Banker plants						○	○	◎

◎ 主要な機能　　○ その他の機能

ランツ（バンカー植物，banker plants）である。インセクタリープランツは，天敵を誘引し，花蜜や花粉等の餌資源を供給する植物である。バンカープランツは，天敵の個体群を維持する植物であるが，狭義には，バンカー法（banker plant system）に使われる植物を指す。バンカー法とは，施設内の一角で農作物以外の植物種（バンカー植物）を栽培し，その植物上で，害虫にはならないが天敵の餌となる生物（代替餌あるいは代替寄主）を人為的に定着・増殖させたうえで，天敵を放飼する技術である。これにより，バンカー（バンカー植物＋代替餌あるいは代替寄主）上で天敵が維持されるため，長期にわたって害虫の侵入に対応できる[10]。一方で，人為的な接種を伴わずとも代替餌あるいは代替寄主が増殖し，天敵が維持される場合もある。たとえば，わが国では温暖な地域の露地ナス栽培等で，圃場周辺をソルゴーで囲う「ソルゴー囲い込み栽培（あるいはソルゴー障壁栽培）」が普及している。この技術では，ソルゴー上でヒエノアブラムシが自然発生・増殖し，それを餌あるいは寄主としてさまざまな土着天敵が維持される[11]。このような場合，ソルゴーはバンカープランツとして働いている。ただし，表1からもわかる通り，インセクタリープランツとバンカープランツは必ずしも機能が明確に分かれているわけではなく重複する場合がある。1つの植物種が特定の天敵昆虫のインセクタリープランツとバンカープランツ両方の役割を担うこともあるため，その時々の機能によって呼び方を変えるのが一般的であるが，生産現場で混乱の原因となりうるため，わが国では，インセクタリープランツとバンカープランツを総称して天敵温存植物と呼んでいる。

4. 日本における天敵温存植物の利用事例と今後

わが国ではこの20年間で，天敵と植物質の餌の関係に関する研究が大きく進展している。土着天敵の保護・強化を目的にさまざまな植物種が評価され，天敵温存植物として有効な植物種が明らかになっている[7)12)-16]。こうした知見をもとに，露地野菜栽培では天敵温存植物を使って土着天敵を保護・強化するための研究開発が進み，たとえば，鹿児島県のオクラ産地では，ソルゴーやソバ，ハゼリソウといった植物種を天敵温存植物として利用する保全的生物的防除技術が普及している[17]（図1）。また，関東以南の温暖な地域の露地ナス栽培では先述の「ソルゴー囲い込み栽培（あるいはソルゴー障壁栽培）」が普及している。保全的生物的防除は本来，露地栽培での土着天敵の保護・強化を目的とした技術であるが，施設栽培でも同様の概念を適用可能である。たとえば，ナスの促成栽培を対象に，スワルスキーカブリダニの天敵温存植物として5草種が評価され，スイートアリッサムとスカエボラが有効であることが明らかになってい

※口絵参照
図1 オクラとともに植栽されたソルゴー，ハゼリソウ

※口絵参照

図2 タバコカスミカメの保護・強化を目的に露地（左）あるいはハウス内（右）に植栽されたクレオメ

る[18]。また，近年は，アザミウマ類やコナジラミ類の天敵としてタバコカスミカメが注目されている。タバコカスミカメはカメムシ目カスミカメムシ科に属する天敵昆虫であり，動植物食性（zoophytophagous）と呼ばれる食性を持っている。動植物食性とは，動物食（zoophagy）と植物食（phytophagy）の両方を兼ね備えた性質であり，花粉や花蜜といった植物の二次的な産物ではなく，植物体そのものから栄養を摂取できることが特徴である。そのため，タバコカスミカメは微小害虫などを捕食するほか，植物を直接吸汁することで繁殖できる。この特性に注目してタバコカスミカメに有効な天敵温存植物が評価され，クレオメやゴマ，バーベナが有効であることが明らかになっている[15)16)]。タバコカスミカメは，2021年に天敵製剤として登録され，同年に発売されて以降，これらの天敵温存植物を利用したバンカー法とともに全国へ普及しつつある（図2）。

現在，保全的生物的防除の概念は世界中で広く認識されるようになり，各国で技術開発と普及が進んでいる。現状の技術では，特定の天敵種に対して特定の植物種を利用する1：1の関係の天敵の強化が主流だが，今後，研究が進展すれば，複数の天敵種を強化可能な天敵温存植物セットの開発も可能であると考えられる。また，天敵温存植物には海外産の園芸植物が利用されているが，近年，在来植物の評価も始まっており，将来的には在来草種や雑草による天敵の保護・強化が可能になると考えられる。

文　献

1) R. F. Smith and H. T. Reynolds: Principles, Definitions and Scope of Integrated Pest Management, *Proc. FAO Symp. IntegrbPest. Contr.,* 1, 11 (1966).
2) J. Eilenberg et al.: Suggestions for unifying the terminology in biological control, *Biocontrol,* 46, 387 (2001).
3) G. E. Heimpel and N. J. Mills: Biological Control: Ecology and Applications, Cambridge Univ. Press (2017).
4) F. Wäckers et al.: Plant-provided food for carnivorous insects: a protective mutualism and its application, Cambridge University Press (2005).
5) G. M. Gurr, S. D. Wratten and P. Barbosa: Success in conservation biological control of arthro-

pods. In G. Gurr and S. D. Wratten (eds.), Biological Control: Measures of Success, Kluwer Academic Publishers, 105–132(2000).
6) M. D. Ambrosino, J. M. Luna, P. C. Jepson and S. D. Wratten: Relative frequencies of visits to selected insectary plants by predatory hoverflies (Diptera: Syrphidae), other beneficial insects, and herbivores, *Environ. Entomol.*, 35, 394 (2006).
7) 柿元一樹ほか：春から秋期にタイリクヒメハナカメムシおよびタバコカスミカメの温存に有効な植物ならびにその決定要因について，関西病虫研報, 62, 121(2020).
8) 太田泉, 武田光能：異なる植物上でのタイリクヒメハナカメムシの生存とソバの花での発育, 産卵, 関西病虫研報, 56, 1(2014).
9) P. Parolin et al.: Secondary plants used in biological control: A review, *Int. J. Pest Manag.*, 58, 91 (2012).
10) 長坂幸吉ほか：日本の促成栽培施設におけるアブラムシ対策としてのバンカー法の実用化，中央農業総合研究センター研究報告, 16, 1(2010).
11) 市川大輔ほか：天敵温存植物としての障壁作物ソルゴーの役割：ソルゴーおよび露地ナスにおけるアブラムシ類捕食者の発生推移，九病虫研会報, 62, 120(2016).
12) K. Ohno and H. Takemoto: Species composition and seasonal occurrence of *Orius* spp. (Heteroptera: Anthocoridae), predacious natural enemies of *Thrips palmi* (Thysanoptera: Thripidae), in eggplant fields and surrounding habitats, *Appl. Entomol. Zool.,* 32, 27 (1997).
13) 永井一哉, 飛川光治：天敵の温存場所や害虫の誘引植物として利用可能な景観植物の選定，日本応用動物昆虫学会中国史部会報, 49, 31(2007).
14) 長森茂之ほか：景観植物に発生する節足動物の種類と発生時期，岡山県農試研報, 25, 17(2007).
15) J. Abe et al.: Development of a banker plant method for *Nesidiocoris tenuis* to suppress whiteflies in tomato greenhouses, *IOBC/WPRS Bulletin,* 147, 89 (2019).
16) R. Nakano et al.: Cleome hassleriana plants fully support the development and reproduction of *Nesidiocoris tenuis*, *Biocontrol*, 66, 407 (2021).
17) 柿元一樹ほか：オクラのワタアブラムシに対する土着天敵の保護・強化法の有効性—現地圃場での予備的検証—，植物防疫, 70, 286(2016).
18) 西優輔ほか：促成栽培ナスにおける座るスキーカブリダニに適した天敵温存植物の探索．関西病害虫研報, 64, 81(2022).

第6章 植物の多次元コミュニケーション力の農業への応用

第5節 植物ホルモン処理による植物と昆虫のコミュニケーションの強化

京都大学　小澤　理香

1. はじめに

　植物は食害を受けると，食害特異的な匂いを放出し，この匂いブレンドに植食者の天敵が誘引される（第3章参照）。このとき，植物から放出される特異的な匂いの生産に，ジャスモン酸やサリチル酸などの植物ホルモンによるシグナル伝達系が関わっていることが知られている。本節では，植物と天敵のコミュニケーションにおいて重要な役割を果たす匂い生成の誘導に関わる植物ホルモンについて，①防御応答における働き，②植物への処理の効果，③害虫管理への応用を解説する。

2. 防御応答における植物ホルモンの働き

　植物は自身を脅かす食害や病害に対する防衛手段を持っている。その防衛に関わる主要なホルモンが，ジャスモン酸（JA），サリチル酸（SA），エチレンである[1]。これらのホルモンは，互いに影響しながら防御応答を発動している。たとえば，病害応答において，宿主細胞を殺傷して栄養を得る，植物の物理的なダメージの大きいネクロトロフィックな病原菌の感染に対しては，ジャスモン酸とエチレンが協調的に働くのに対して，宿主のプログラム細胞死を伴い，生きた細胞から栄養を得るバイオトロフィックな病原菌の感染に対しては，サリチル酸依存的なシグナル伝達によって，防御応答が促される[2]。また，ジャスモン酸とサリチル酸は，拮抗的に作用することも知られている[3]。これらのホルモンは，植食者や病原菌に対する直接的な防御応答に関与するほか，植物が植食者の天敵を誘引することで，植食者に対しての防衛となる間接防衛にも関わっている。防御応答に関わる主な植物ホルモンとその関連化合物を図1に示す。

　ジャスモン酸は主に傷害応答に関わるホルモンとして知られている。多くの植物で植食者に食害されると，被害葉でジャスモン酸の量が増え，防御応答関連の遺伝子の発現量が上がり，プロテアーゼインヒビターのような昆虫に対する防御物質が生産される。ジャスモン酸の生合成やシグナル伝達の変異体では，植食者に対する抵抗性が低下することから

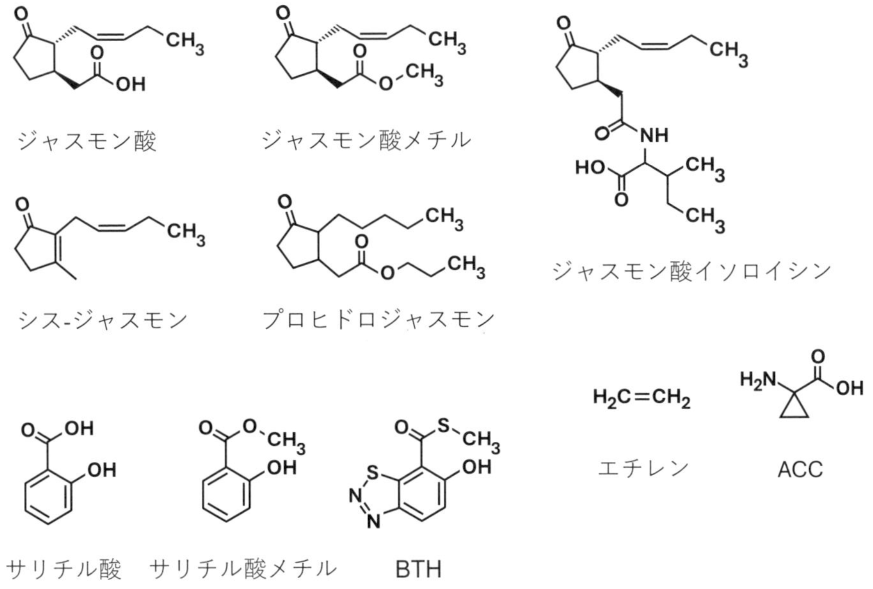

図1 植物ホルモンとその関連化合物

ACC：1-aminocyclopropane-1-carboxylic acid, BTH：benzo-(1,2,3)-thiadiazole-7-carbothioic acid S-methyl ester

も食害応答におけるジャスモン酸の関与が示されている[4]。関連化合物もまた防御応答に関わっている。ジャスモン酸にアミノ酸のイソロイシンが結合したJA-Ileは，ジャスモン酸による生理活性の本体とされている。また，ジャスモン酸がメチル化されたジャスモン酸メチル（MeJA）は揮発性であり，ジャスモン酸の生理活性を同一個体内や他個体に空気中から伝える[5]。

サリチル酸は，主に病害応答に関わるホルモンとして知られているが，食害を受けた植物もまた，サリチル酸が駆動する防御応答システムを用いている。たとえば，ワタアブラムシ（*Aphis gossypii*）がズッキーニ（*Cucurbita pepo*）の株を吸汁すると，サリチル酸シグナル伝達系が働く。また，サリチル酸のメチル化物であるサリチル酸メチル（MeSA）の原液を揮発させることで植物に処理すると，ワタアブラムシの個体数が減少する[6]。コナジラミの吸汁の場合も，サリチル酸シグナル伝達系が働いて，ジャスモン酸シグナル伝達系が抑制される[7]。さらに，シルバーリーフコナジラミ（*Bemisia tabaci*）に吸汁されたシロイヌナズナでは，サリチル酸量が増えることで，テルペン合成酵素が活性化され，テルペン化合物であるβ-ミルセン（β-myrcene）が放出されて，コナジラミに対する寄生蜂（*Encarsia formosa*）が誘引される間接防衛も起こる[8]。アブラムシやコナジラミといった篩管液を吸う吸汁性の植食者の食害では，一般的に植物の物理的ダメージが小さい。このため，傷害応答性のジャスモン酸シグナル伝達系よりも，サリチル酸シグナル伝達系が働くと考えられている[1)3)9)]。

エチレンも防御応答に関わることが知られている。食害によって葉からエチレンが放出

されることは，1980年代ごろから報告されている。食害で誘導されたエチレンは，他のホルモンと相互作用し，防御タンパク質や匂い成分の生産など，さまざまな防御応答を促す。特に，ジャスモン酸との協働効果はよく知られている[10)11)]。

以上のような植物ホルモンの関連する防御応答は，ホルモン類の処理によっても再現できる。間接防衛に関わるものを次に見ていく。

3. 植物ホルモンの処理による植物と天敵間のコミュニケーションの強化

植物ホルモンやその関連化合物を健全な植物に処理することにより，被害がなくても，匂いの生産が促されて，その匂いブレンドに捕食者や捕食寄生者が誘引される。また，ホルモンの組み合わせによって，異なる応答を植物に誘導することも知られている。以下に各ホルモン処理の具体例を紹介する。

3.1　ジャスモン酸とその関連化合物

ジャスモン酸やMeJAの処理は，トマト（*Solanum lycopersicum*）などの作物や野生タバコ（*Nicotiana attenuata*），イチョウ（*Ginkgo biloba*），またチューリップ（*Tulipa gesneriana*）などの花卉類など幅広い植物種に捕食者や捕食寄生者の誘引を促す[12)]。たとえば，トウモロコシ（*Zea mays*）の植物体にジャスモン酸溶液をスプレー処理すると，青葉アセテート（(Z)-3-hexenyl acetate）の放出が誘導され，アワヨトウ（*Mythimna separata*）に対する寄生蜂であるカリヤサムライコマユバチ（*Cotesia kariyai*）が誘引される。さらに，処理株と未処理株をそれぞれ食害させて寄生蜂に選択させても，寄生蜂は処理株を選ぶことから，さらなる食害は，ジャスモン酸処理の効果を強化すると考えられる[13)14)]。

ジャスモン酸関連化合物であるシス-ジャスモン（*cis*-jasmone）の処理は，ソラマメ（*Vicia faba*）に食害応答で誘導されるβ-オシメン（(E)-β-ocimene）などの放出を引き起こし，シロイヌナズナ（*Arabidopsis thaliana*）にはエルビアブラバチ（*Aphidius ervi*；アブラムシに対する寄生蜂）の誘引を引き起こす[15)16)]。また，興味深いことに，シロイヌナズナではモモアカアブラムシ（*Myzus persicae*）が処理株を忌避することも報告されているが，この選好性に関わる匂い物質は明らかにされていない[16)]。このように，植物と天敵とのコミュニケーションの強化については，ジャスモン酸とその関連化合物の処理で多くの知見が蓄積されている。

3.2　サリチル酸とその関連化合物

サリチル酸による間接防衛の強化については，その機能的アナログであるbenzo-(1,2,3)-thiadiazole-7-carbothioic acid *S*-methyl ester（BTH；図1）を用いて調べられている。BTHは，サリチル酸誘導性の病害応答遺伝子の発現を誘導し，多くの作物種の病害抵抗性を上げる[17)18)]。植食者に対しては，BTHをリママメ（*Phaseolus lunatus*）に処理すると，それを摂食したナミハダニ（*Tetranychus urticae*）の産卵数が抑制され

る[19]。一方，間接防衛としては，トウモロコシにBTHを処理すると，食害誘導性の匂い成分であるインドール（indole）やカリオフィレン（β-caryophyllene）の生産は抑えられるものの，ヤガ科の幼虫に対する寄生蜂（Cotesia marginiventris）の誘引性が高まる[20]。

木本では，ヨーロッパシラカンバ（Betula pendula）の実生にMeSA溶液をスプレー処理すると，芳香族化合物やモノテルペン類の放出が誘導されることが報告されている[21]。植物に取り込まれたMeSAは，植物体内でサリチル酸に変換されることがタバコ（Nicotiana tabacum）で報告されていることから，ヨーロッパシラカンバに受容されたMeSAも植物体内でサリチル酸に変換されて作用したとも考えられる。

3.3　エチレンとその関連化合物

エチレン自身も揮発性であるが，食害誘導性の匂い物質の生産にも関わっている。防御応答において，エチレンとジャスモン酸の相乗効果が知られており，匂いの放出においても，これらの相乗効果が認められている。エチレンの前駆体である1-アミノシクロプロパン-1-カルボン酸（ACC）をリママメに処理すると，ジャスモン酸誘導性の匂い物質が放出され，ハダニに対する捕食者が誘引される[22]。また，イネのACC合成酵素遺伝子（OsACS2）をアンチセンス方向に導入して，エチレンの生産を抑えた遺伝子組換え株では，食害する植食者種によって，匂い放出の誘導性が異なることが報告されている。ニカメイガ（Chilo suppressalis）幼虫食害では，食害誘導性の匂いの放出が抑制される一方，トビイロウンカ（Nilaparvata lugens）が吸汁すると，トビイロウンカが忌避する匂い{2-ヘプタノン（2-heptanone）と2-ヘプタノール（2-heptanol）}が放出される[23]。このように，エチレンは植食者種に依存した匂い生産応答を誘導し，異なる植物-昆虫間のコミュニケーションを引き起こすと考えられる。

3.4　植物ホルモンの組み合わせ効果

食害応答において，植物ホルモン同士は相互作用しながら，応答を誘導している[1)3)10]。植物にホルモンを処理する場合も，組み合わせによって，多様な効果が生み出される。たとえば，リママメ葉にジャスモン酸とMeSAを処理すると，ナミハダニ被害葉と同様の匂い成分が放出されるが，ジャスモン酸のみの処理では，シロイチモジヨトウ（Spodoptera exigua）被害葉と同様の匂い成分が放出される。リママメ葉はナミハダニに食害されると，葉の中のジャスモン酸やサリチル酸の量が増える。これと同時に，葉から，みどりの香りやβ-オシメン，DMNT（(E)-4,8-dimethyl-1,3,7-nonatriene）といった匂い物質を放出する。これらの匂い物質のブレンドは，食害した植食者種に特異的であり，ナミハダニに対する天敵が誘引される。リママメにジャスモン酸とMeSAを処理した場合，ナミハダニ被害と類似した成分比の匂いブレンドが放出され，ナミハダニの天敵である捕食性のアザミウマ（Scolothrips takahashii）とハネカクシ（Oligota kashmirica benefica）が誘引される[24)25]。これに対して，リママメがシロイチモジヨトウ（Spodoptera exigua）に食害されると，ナミハダニ被害とは異なるブレンドの匂いが放

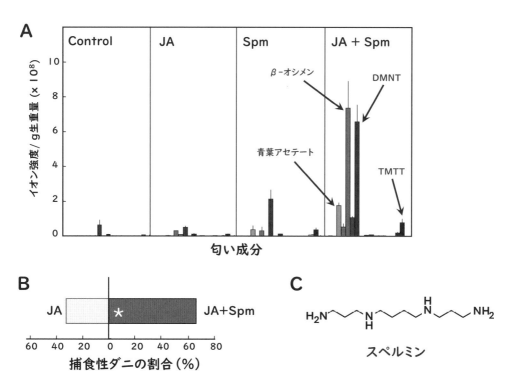

図2　ジャスモン酸とスペルミンの相乗効果[26]

(A) リママメ葉にジャスモン酸とポリアミンを処理したときに放出する匂い成分。ジャスモン酸とスペルミンを共処理すると，単独処理に比べてより多量の匂い成分が放出され，相乗効果が示された。ジャスモン酸（JA）0.1 mM，スペルミン（SPM）1 mM 処理。DMNT：(E)-4,8-ジメチル-1,3,7-ノナトリエン，TMTT：(E,E)-4,8,12-トリメチル-1,3,7,11-トリデカテトラエン

(B) Y字管オルファクトメーターによる捕食性ダニ（チリカブリダニ）の反応。ジャスモン酸を処理したリママメ葉の匂いよりも，ジャスモン酸とスペルミンを処理したリママメ葉の匂いを，より多くのチリカブリダニが選好した。ジャスモン酸（JA）0.1 mM，スペルミン（SPM）1 mM 処理

出され，これは，ジャスモン酸の処理で高い再現性が得られる。一般に，防御応答において，ジャスモン酸とサリチル酸は拮抗的に働くことが知られているが，このナミハダニ－リママメの例では，ジャスモン酸とサリチル酸はともに食害応答で働くと考えられる。また，ジャスモン酸は匂い生産の誘導において，ポリアミンの1つであるスペルミンとの相乗効果を示す。スペルミンは，ウイルス病に対する抵抗性や塩ストレス耐性に関わる化合物である（図2）。ジャスモン酸とスペルミンをリママメに共処理すると，植物に青葉アセテートやβ-オシメンなどの植食者誘導性の匂い物質をより多く放出させ，ハダニの天敵であるチリカブリダニを誘引する（図2）[26]。

以上のように，植物ホルモン処理に対する植物の多様な応答が明らかになりつつある。次項では，これらの知見を活かした害虫管理への実践例を紹介する。

4. 応用に向けて

ここでは，害虫管理において応用研究の進んでいる2化合物について取り上げる。1つは，ジャスモン酸の類縁体であるプロヒドロジャスモン（*n*-propyl dihydrojasmonate: PDJ, 図1），もう1つはサリチル酸のメチル化物で，揮発性物質でもあるサリチル酸メチル（MeSA）である。

4.1 プロヒドロジャスモン（PDJ）

PDJ は，ジャスモン酸の類縁体であり，元々果実の着色剤として登録された化合物である。植物と天敵のコミュニケーション強化については，ジャスモン酸と同様に，リママメやトウモロコシに PDJ を処理することで，食害誘導性の匂いが放出され，捕食性のダニや寄生蜂が誘引されることが室内実験で確認されている[27)28)]。野外でのジャスモン酸処理については，1999年に Thaler がトマトにジャスモン酸を処理したときの被害度を報告している[29)]。結果として，植食者による食害が減少し，害虫管理への応用を予言している。PDJ については，野外の実験圃場に植えたダイコン（*Raphanus sativus*）に定期的に処理すると，アブラムシ，ハモグリ，植食性のゾウムシ，アザミウマといった植食者の数が減少する。さらに，テルペン類や MeSA の放出量が増え，アブラムシに対する寄生率が上がるといった研究も進められている[30)]。

またアザミウマの忌避についても，PDJ の利用研究がなされている。アザミウマは微小で，餌とする植物種が多いこと，また，ウイルス病を媒介することなどから，防除が難しい厄介な害虫とされている。シロイヌナズナのジャスモン酸に対する応答性を失った変異株（*coi1-1*）では，野生株と比較してミカンキイロアザミウマ（*Frankliniella occidentalis*）の被害が増大し，ジャスモン酸の処理で被害が抑制されるというように，アザミウマの食害応答にはジャスモン酸が関わっている[31)]。このアザミウマは，トマト黄化えそウイルス（TSWV）を伝搬するが，TSWV 感染株と非感染株を選択させると，感染株を選択する[32)]。ウイルス感染株ではサリチル酸関連の防御が働いて，ジャスモン酸関連の防御は抑制されている。つまり，アザミウマはジャスモン酸による防御が働いている株を避けていると考えられる。この結果を空間スケールを上げて PDJ に適用した研究では，実験温室のトマトや半商業的圃場のキク（*Chrysanthemum morifolium*）への PDJ の処理でアザミウマの忌避効果が認められ，キクではウイルス感染の減少効果も見られている[33)34)]。このように，PDJ の作物への応用は，天敵の誘引や植食性害虫の忌避に対して顕著な効果を示す。加えて，PDJ はトマトにおけるアザミウマの忌避剤として既に認可を受けており，その社会実装が着実に進展している。

4.2 サリチル酸メチル（MeSA）

MeSA は，植物ホルモンであるサリチル酸のメチル化物であると同時に，ハダニやアブラムシなどの食害で誘導的に生産され，天敵誘引の機能も持つ揮発性の化合物である。MeSA の野外での処理については2000年代前半から報告がある。ホップ畑やブドウ畑で

MeSAを放出させると，粘着トラップや水盤トラップにヒメハナカメムシ類，クサカゲロウの一種（*Chrysopa nigriconis*）などの捕食者や寄生蜂が10種以上捕獲される[35)-37)]。ほかにもダイズやクランベリー，イチゴなどの圃場でMeSAを放出させると，テントウムシ科やヒラタアブ科などの捕食者が誘引される[38)]。このように，野外のさまざまな圃場で天敵誘引効果が示されている。また，植食者への効果については，ホップ畑で，MeSAの処理により，ナミハダニやホップイボアブラムシ（*Phorodon humuli*）の数が減少するという報告がある[39)]。加えて，植食者の忌避に対する協力効果も報告されている。たとえば，リンゴ園でキクイムシの忌避化合物であるベルベノン（Verbenone）と共にMeSA放出させると，ハンノキキクイムシ（*Xylosandrus germanu*）の被害がより軽減される[40)]。

このようにMeSAの処理は，さまざまな昆虫の行動に影響を及ぼす。MeSAは揮発性であるため，植物がこれを受容して応答するだけでなく，昆虫が直接受容し，忌避や誘引といった反応を示すことが考えられる。その結果，より複合的な効果が生じる可能性がある。いずれにしても，MeSAは野外において広く利用が試みられており，今後の実用化が期待される。

5. おわりに

植物ホルモン類の処理で，植食者の忌避や天敵の誘引が報告される一方で，シロイヌナズナに，シス-ジャスモンを処理したときに，植食者であるニセダイコンアブラムシ（*Lipaphis erysimi*）の誘引がみられるという例もある[16)]。また植物ホルモン類には，シス-ジャスモンやMeSAのように，間接防御応答を誘導する機能とともに天敵誘引機能も持ちあわせる化合物も存在する。植物ホルモンの利用には，こうしたホルモンの多機能性や複数のホルモンの影響を総合的に理解することが重要になってくる。植物ホルモンを利用した植物コミュニケーションの多様性を害虫管理にどのように生かしていくのか，今後さらなる研究が必要である。

文　献

1) M. Erb et al.: *Tre. Plant Sci.*, **17**, 250 (2012).
2) J. Glazebrook: *Annu. Rev. Phytopathol.*, **43**, 205 (2005).
3) J. L. Smith et al.: *Pest Manag. Sci.*, **65**, 497 (2009).
4) G. A. Howe and G. Jander: *Annu. Rev. Plant Biol.*, **59**, 41 (2008).
5) E. E. Farmer and C.A. Ryan: *Proc. Natl. Acad. Sci. USA*, **87**, 7713 (1990).
6) M. Coppola et al.: *Entomol. Exp. Appl.*, **166**, 386 (2018).
7) X-. W. Wang et al.: *Curr. Opin. Insect Sci.*, **19**, 70 (2017).
8) P-. J. Zhang et al.: *Funct. Ecol.*, **27**, 1304 (2013).
9) L. L. Walling: *Plant Physiol.*, **146**, 859 (2008).
10) C. Broekgaarden et al.: *Plant Physiol.*, **169**, 2371 (2015).
11) C. C. von Dahl and I.T. Baldwin: *J. Plant Growth Regul.*, **26**, 201 (2007).

12) C. L. Rohwer and J.E. Erwin: *J. Hortic. Sci. Biotech.*, **83**, 283 (2008).
13) R. Ozawa et al.: *J. Chem. Ecol.*, **30**, 1797 (2004).
14) R. Ozawa et al.: *Entomol. Exp. Appl.*, **129**, 189 (2008).
15) M. A. Birkett et al.: *Proc. Natl. Acad. Sci. USA*, **97**, 9329 (2000).
16) T. J. A. Bruce et al.: *Proc. Natl. Acad. Sci. USA*, **105**, 4553 (2008).
17) L. Friedrich et al.: *Plant J.*, **10**, 61 (1996).
18) M. Inbar et al.: *J. Chem. Ecol.*, **24**, 135 (1998).
19) Y. Choh et al.: *Appl. Entomol. Zool.*, **39**, 311 (2004).
20) I. S. Sobhy et al.: *J. Chem. Ecol.*, **38**, 348 (2012).
21) B. Liu et al.: *Tree Physiol.*, **38**, 1513 (2018).
22) J. Horiuchi et al.: *FEBS Lett.*, **509**, 332 (2001).
23) J. Lu et al.: *Mol. Plant*, **7**, 1670 (2014).
24) R. Ozawa et al.: *Plant Cell Physiol.*, **41**, 391 (2000).
25) T. Shimoda et al.: *Appl. Entomol., Zool.*, **37**, 535 (2002).
26) R. Ozawa et al.: *Plant Cell Physiol.* **50**, 2183 (2009).
27) N. S. Mandour et al.: *J. Appl. Entomol.*, **137**, 104 (2013).
28) M. Uefune et al.: *J. Plant Interact.*, **9**, 69 (2014).
29) J. Thaler: *Environ. Entomol.*, **28**, 30 (1999).
30) K. Yoshida et al.: *Front. Plant Sci.*, **12**, 695701 (2021).
31) H. Abe et al.: *BMC Plant Biol.*, **9**, 97 (2009).
32) Y. Tomitaka et al.: *J. Appl. Entomol.*, **139**, 250 (2015).
33) S. Matsuura et al.: *Int. J. Pest Manag.*, **68**, 199 (2020).
34) S. Matsuura et al.: *Phytoparasitica*, **51**, 829 (2023).
35) D. G. James: *J. Chem. Ecol.*, **29**, 1601 (2003a).
36) D. G. James: *Environ. Entomol.*, **32**, 977 (2003b)
37) D. G. James and T.S. Price: *J. Chem. Ecol.*, **30**, 1613 (2004).
38) C. Rodriguez-Saona et al.: *Biol. Control*, **59**, 294 (2011).
39) J. L. Woods et al.: *Exp. Appl. Acarol.*, **55**, 401 (2011).
40) A. M. Agnello et al.: *J. Econ. Entomol.*, **114**, 2162 (2021).

第6章 植物の多次元コミュニケーション力の農業への応用

第6節 花の香りでハナバチの受粉効率をアップする

国立研究開発法人農業・食品産業技術総合研究機構　前田　太郎
アリスタライフサイエンス株式会社　光畑　雅宏

1. はじめに

　世界の人口は今後30年で20億人増加すると推定されており[1]，送粉者に依存する作物の生産量はここ50年で300％も増加している[2]。増え続ける世界の人口を支えるために食糧生産の拡大が喫緊の課題となっている。その一方，農作物の生産に不可欠な野生の送粉昆虫は世界的に減少し続けている。食糧生産を拡大していくためにも，野生送粉者の減少を食い止め，健全な生態系から得られる送粉サービスを維持する努力を続けていかなければならない。同時に，受粉を確実かつ安定的にするため，送粉者の採餌行動と受粉のメカニズムを理解し，受粉効率を高める技術の開発が急務となっている。本節では，花の香りにフォーカスをあて，農作物の受粉のために人が飼育管理し利用している管理送粉昆虫（飼養送粉昆虫ともいう）を中心に，その受粉能力を高める技術について解説する。

2. 農業と送粉サービス

2.1　受粉を必要とする作物

　農業において，雄しべから雌しべあるいは花から花へ花粉を運び，受粉を助けてくれる送粉者（花粉媒介者・ポリネーター）はなくてはならない存在である。世界の主要農作物115作物の75％は，送粉者による受粉が必要である[3]。主食となる米，小麦，トウモロコシなどの風媒花はもちろん，豆類も自家受粉で結実するものが多いため送粉者を必要としない。一方，リンゴ，ナシ，カキ，キウイフルーツ，マンゴーなどの果実類や，スイカやカボチャなどの果菜類，コーヒー，カカオなどの嗜好料作物，ナタネ，ゴマ，ヒマワリなどの油糧作物は受粉が必要である。また，一見受粉が不要なネギ，小松菜，白菜などの葉物野菜も種子生産のために送粉者による受粉が必要である。さらに，アルファルファなどの牧草や，レンゲなどの緑肥植物も送粉者を必要とする。これら多くの農作物の受粉に貢献する送粉者の経済的価値は全世界で年間約1530億ユーロと見積もられており，これ

は世界の農業生産額の 9.5 % に相当する[4]。日本における送粉サービスの経済的価値は約 6686 億円と試算されている[5]。これは同年の農業産出額約 5 兆 7000 億円の 11.7 % に相当し，世界全体の推定値 9.5 % より少し大きい値となっている。農作物の生産量で見ると，送粉者による受粉を必要とする農作物の生産量は農作物全体の約 35 % である[4]。つまり我々の食卓の 1/3 は送粉者の貢献によって成り立っていると言える。2013 年にイギリスのスーパーマーケットが送粉者が貢献している商品を店頭から取り除いてみると，わずか 48 % の商品が陳列棚に残っただけだったという動画を配信し，大きな話題となった[6]。これら数々の試算から，いかに送粉者が我々の食料を支えているかがわかる。

2.2　受粉を担う送粉昆虫

花粉を運んで受粉を助ける送粉者は 20 万種にもなり，猿やコウモリなど哺乳類，鳥類などさまざまな分類群があげられるが，そのほとんどが昆虫である[7]。昆虫はさまざまな理由で花を訪れる。交尾相手を見つけるため，花の上で太陽光を浴びて体温を上げるため，少し涼しい花の中で暑さをしのぐため，産卵するため，あるいは花に来る虫を捕食する狩り場として利用する昆虫もいる。これらは花を「場所」として利用しているが，多くの昆虫が花を「資源」として利用している。花そのものを食べてしまうウリハムシやチョウ目幼虫のような昆虫もいるが，植物が花粉を運んでもらうために提供する花蜜や花粉を利用する昆虫が圧倒的に多く，チョウやカリバチは主に花蜜を利用するが，コウチュウ類やアザミウマ類，ハエ類，ハナアブ類は花粉と花蜜を餌とする。分類群としては，ハチ目，ハエ目，チョウ目，コウチュウ目の 4 目で 9 割以上を占め，そのなかで最も多いのがハチ目だ。ハチ目のうちハナバチ類は子どもを花粉や花蜜で育てるため，花への依存度が高く，受粉への貢献度が大きい。また，単独性のハナバチにくらべ，社会性をもつマルハナバチやミツバチは大量の資源を必要とし，より多くの花に効率よく訪れるよう学習能力や情報伝達能力を進化させてきた優秀な送粉者として知られる。

2.2.1　野生送粉昆虫

野生送粉昆虫の貢献度を正確に推定することは難しいが，日本での送粉者の経済価値試算[5]における露地栽培作物に注目すると，受粉用のミツバチの貢献額が 298 億円，それ以外の貢献額が 3466 億円となっている。この 3466 億円には野生送粉者以外に，人工授粉，趣味養蜂，採蜜用ミツバチ，その他不明部分が含まれているが，野生送粉者の貢献はかなり大きいと考えられる。

セイヨウミツバチなど管理送粉者が導入されている場合，野生送粉者の重要性が見過ごされがちだが，作物ごとに野生送粉者の貢献度の解明が進みつつある。41 の作物で野生送粉者と導入セイヨウミツバチの貢献度を検討した調査によると，セイヨウミツバチの導入の有無にかかわらず，野生送粉者の訪花が増えると着果率が高まることから，野生送粉者は作物の受粉に大きな貢献をしていると考えられる[8]。野生送粉者を活かして作物の収穫量を増加させる方法の模索が始まっている[9]。

2.2.2 管理送粉昆虫

受粉効率の高いセイヨウミツバチやマルハナバチは人による飼育方法が確立され，世界中で利用されている。このような種は管理送粉昆虫あるいは飼養送粉昆虫と呼ばれ，農業生産向上に大きく貢献している。

セイヨウミツバチは世界で9400万群[10]が飼育される農業上最も利用されている管理送粉昆虫である。セイヨウミツバチが最も利用されている理由の1つは，ラングストロス巣枠と遠心機の発明によって近代的な飼育方法が確立されたことが大きい。人がミツバチの生殖を管理し，給餌によって個体数を維持し，長距離移動が可能になったことから，必要な数のミツバチを目的とする畑や果樹園に導入することができる。もう1つの理由は，セイヨウミツバチが季節を問わず多くの植物に訪花するジェネラリストであり，さまざまな農作物の受粉に利用でき，同じ花に集中して訪花する傾向が強く受粉効率が高いことなどが挙げられる。

マルハナバチもミツバチ科に分類される真社会性昆虫であり，セイヨウミツバチについで利用される送粉者である。振動受粉を行うことからナス科の作物の重要な送粉者として世界中で利用されている。マルハナバチが管理送粉者として利用されるようになった歴史は，ミツバチに比べて浅い。1987年にベルギーの研究者，ローランド・デ・ジョン博士が，マルハナバチの室内での完全累代飼育に成功したことから，マルハナバチの管理送粉者としての利用の歴史が始まる。ベルギー，オランダのトマト栽培施設では，4年後の1991年にマルハナバチの利用率が100％に達した。同じ年には，マルハナバチを利用した施設トマトでの受粉技術が日本にも紹介され，翌年には日本国内での商業的な利用が始まった。大量増殖技術が確立した種が欧州原産のセイヨウオオマルハナバチであったことから，当初は世界の多くの国で同種が利用されていたが，カナリア諸島やアメリカ合衆国をはじめ，当初から在来種のマルハナバチを実用化し，利用している地域もある。日本でも在来種クロマルハナバチを，実用化した商品群が1999年から利用されている。本種の利用は分布域外の北海道を除き，セイヨウオオマルハナバチからの転換が進められている。現在，マルハナバチの商業的利用群数は全世界で年間200万群と推定されている。

海外ではこの他にハリナシバチ，アルファルファハキリバチ，アルカリアオスジコハナバチが利用されている。日本ではマメコバチや近縁のツツハナバチ，ヒロズキンバエなどが管理送粉昆虫として利用されているが，セイヨウミツバチやマルハナバチに比較すると，使用される作物や使用数は少ない。セイヨウミツバチはイチゴ，メロンなど施設栽培作物をはじめ，ウメやリンゴなど露地作物でも広く利用される。マルハナバチは，ナス，トマトなど施設栽培作物に加え，収穫量の安定化を目的にイチゴでミツバチと併用される機会も増加している。また，ニホンナシ，ブルーベリーのように多目的防災網で覆うことが可能な露地作物でも利用が進んでいる。マメコバチはリンゴ，オウトウでの利用がメインで，ヒロズキンバエはマンゴーなどの熱帯果樹をはじめ，近年ではマルハナバチ同様にミツバチの活動不足を補完する目的でイチゴにも利用されている（表1）。

表1 日本において管理送粉昆虫が利用される作物

作物	セイヨウミツバチ	マルハナバチ	マメコバチ	ヒロズキンバエ
イチゴ	○	○		○
メロン	○	○		
スイカ	○	○		
カボチャ	○			
ズッキーニ	○	○		
キュウリ	○	○		
トウガン	○			
ニガウリ	○			
食用ヘチマ		○		
トマト		○		
ナス	○	○		
ピーマン	○	○		
シシトウ	○	○		
パプリカ		○		
ウメ	○			
オウトウ	○	○	○	
リンゴ	○		○	
ニホンナシ	○	○		
モモ		○		
アンズ	○			
カキ	○			
ビワ	○			
ブルーベリー	○	○		
パッションフルーツ		○		
マンゴー	○			○
キウイフルーツ	○	○		
ソバ	○			
切り花ホウズキ		○		

ポリネーター利用実態等調査事業報告書（2014）[11]などを参考に作成

3. 花探索メカニズム

送粉者は視覚的な情報と嗅覚情報を用いて花を探索し[12]，花の多様な色と香りの進化に影響を与えてきた[13]。ミツバチをはじめとするハナバチ類は花を探索する際に，視覚情報と嗅覚情報をどのように利用しているのだろうか。

3.1 視覚情報

花探索において，視覚と嗅覚のどちらがどれぐらい重要かはまだ十分わかっているとは言えない[14]。一般化することはできないが，花一つひとつの大きさや群落の程度，背景とのコントラスト，香りの強さなどの花側の環境と，送粉者の種類や個体の経験などの状況によって，視覚と嗅覚のどちらを使うか変わってくるようである。

ミツバチの複眼は我々人間よりも100倍解像度は低く，1m離れた場所から色を認識して識別するためには花が26 cm以上ある必要があり，緑色のコントラストを使用する

図1 クリンソウ （左）可視光，（右）紫外線透過フィルター

※口絵参照

と感度は上がるが，直径1 cmの花を検出するには花から11.5 cm以内に近づかなければならない[15]。花が大きな群落になっている場合には遠くから視覚で識別することは可能だが，草むらに花が点在しているような場合は遠くから視覚的なシグナルだけをたよりに花を見つけることは難しいと考えられる。一方でハナバチ類が，人間では視認することのできない紫外線を感知できることは有名である。植物種ごとに異なるものの，ハナバチ媒介の花の一般的な紫外線の利用方法は，花弁が紫外線を反射し明るく，一方でハナバチにとっては餌資源である蜜や花粉のある雌しべや雄しべが紫外線を吸収しBee purpleと呼ばれる紫色に見えるように視覚的なシグナルを送っていることが知られている（図1（右））。マルハナバチでは345 nm付近の波長に対して視覚細胞の感度が高いことがわかっている[16]。

3.2 嗅覚情報

嗅覚情報は比較的遠距離からでも花探索の手掛かりとして用いることが可能で，また近距離からの花の識別にも用いられている[14]。花の香りは複数の揮発性成分の混合物になっており，触覚にある複数の匂い受容体で受容して認識している。たとえばミツバチの場合170もの嗅覚受容体があると考えられている[17]。ミツバチの色覚受容体が3種類であるのに比較すると匂い受容体は非常に多い。香り成分に対する反応は送粉昆虫の種によって触覚レベルで異なる。たとえば，セイヨウミツバチとトウヨウミツバチはどちらもチュウゴクナシとセイヨウナシの香りを区別するが，セイヨウミツバチはそれぞれのナシ特異的な香り成分のうち5成分に触覚電位反応があったのに対し，トウヨウミツバチは10成分に触覚応答を示した[18]。触角応答した成分が香りの識別に必ずしも用いられるとは限らないが，少なくともそれぞれのミツバチ種で異なる成分を用いて香りを識別する基盤は存在していると考えられる。

3.3 経験と学習

未経験のハナバチは，生得的な色や香りの好みにもとづいて花を選択するが，採餌経験を積むと視覚情報や嗅覚情報を学習することで花への選択性が強化される[19]。香りを花蜜

と関連付けて連合学習する能力は，視覚的な情報を学習する能力よりも早く起こり信頼性が高いと考えられている[20]。

社会性のミツバチ，マルハナバチ，ハリナシバチは，外勤の際に花の香りを学習するだけでなく，巣の中でも花の香りを学習することで花の探索効率を高めている[14)21)22]。ミツバチは8の字ダンスで餌資源の情報を仲間に伝えるが[23)24]，外勤蜂が持ち帰った花蜜に香りがあると8の字ダンスの長さは長くなり，それを追従するミツバチは餌源の方向と距離を認識するとともに，花の香りを学習する。ミツバチを採餌に向かわせるきっかけは，巣内に持ち込まれる香りで起こるのではなく，フェロモンによって誘発されるが，このフェロモンは花の香りにもよく含まれるいくつかの成分であり（1,8-cineole, (E,E)-farnesol, (Z)-β-ocimene），なかでも1,8-cineoleが最も重要だと考えられている[25]。また，持ち帰った花蜜の香りが強いと巣内のミツバチへの口移しの頻度も高くなる[26]。その結果，採餌に出かける蜂は多くなり，巣の採餌活性は高くなると考えられる[14]。さらに花の香りは，セイヨウミツバチが以前採餌した場所への記憶を呼び起こす効果もあり，巣箱に香りを吹き込むだけで再びそこに採餌に行かせることができる[27)28]。このようなミツバチの採餌へ向かわせる一連のメカニズムを利用することで，農作物への訪花を強め，受粉効率を高めることができるかもしれない。

4. ミツバチを香りで作物へ誘導する

4.1 訪花頻度を高める試み

作物の花へセイヨウミツバチ（図2）を誘導する試みは古くから行われており，糖分，フェロモン，花の香りなどを果樹園に散布して，その効果がテストされてきた。砂糖水を果樹園に散布する試みは，ミツバチが糖分に集中してしまい果樹への訪花が減少するなどの逆効果がみられ，あまり実用には至っていないが[29]，粗製糖やハチミツを水で薄めた溶液を散布してセイヨウミツバチの訪花頻度が高まった例も報告されている[30]。一方ミツバチの女王フェロモンや集合フェロモンを用いた誘引剤は数多く市販されており[31]，その一部は作物への訪花頻度を高める効果が報告されている。

葉面散布において花の香りを用いた例としては，キウイフルーツ園において，糖液にラベンダーの香りをつけることでセイヨウミツバチの訪花頻度を高めることができた例や[32]，オレンジの果樹園で，糖液にオイゲノール，ゲラニオール，シトラール，レモングラス抽出物などを添加することで訪花に関してプラスの効果が見られたという報告がある[33]。トウヨウミツバチ（インド亜種）でもシトラールやゲラニオールなどを用いるとゴマへの訪花が高まったことが報告されている[34]。果樹園や畑の作物にこのような葉面散布を行う場合，作物の花蜜あるいは散布される糖液と香りを連合学習する効果よりも，香りそのものへの生得的な誘引性が重要であると考えられている。

※口絵参照

図2　セイヨウミツバチ（ブルーベリー訪花）

4.2　巣箱内への香りづけ

　果樹園や畑で葉面散布するのではなく，巣箱内に香りを処理して訪花を高める方法が最近多くの作物で実証されてきている。たとえば施設栽培ナスにおいて，ナスの花香成分であるゲラニルアセトンを添加した砂糖水をセイヨウミツバチの巣箱内に給餌することで，ナスへの訪花が改善されることが報告されている[35]。この技術は，3.3で述べた巣箱内での香りの学習と，香りによる活性化に関する基礎研究[36]が基礎になっている。これまで，ヒマワリ[37]，リンゴ，ナシ[38]，アーモンド[39]，キウイフルーツ[40]などで，基礎的実験から生産現場での応用に向けて多くの研究が行われてきた。この一連の研究の方法は以下のような流れで進められた。

1. まずターゲットとする農作物の花の香り分析を行う。
2. 花の香りは多くの香り成分のブレンドであるため，入手可能な化学物質を中心に，花の香りに近い人工合成ブレンドの香りを作成する。
3. 合成した香りと本物の花の香りに対するミツバチの反応を確認する。
4. 本物の花の香りにもっとも近い合成ブレンドを糖液に付加してミツバチの巣箱に与え，ターゲットとする農作物の花への訪花頻度や収量などを調査する。

その結果，多くの作物で訪花頻度や収量の増加が確認されている。このような反応は，花蜜を生産しないキウイフルーツでも確認されており，ミツバチが花粉を中心に採餌する際に，巣箱内に持ち込まれた糖液と香り成分がどのように作用しているのかを解き明かすヒントとなり興味深い。合成された香りブレンドは特許を取得し，実用化に向けて進められている。

4.3 花そのもので誘導する

　作物への訪花性を高める方法として，別の植物の花を畑の中や果樹園の周囲に植える方法がヨーロッパを中心に実用化され，その効果が検証されてきた[41]。日本においては実用化の例はないが，ウメ園に菜の花を植えることで，セイヨウミツバチのウメへの訪花頻度が高まることが実験的に確認された[42]。ある花への訪花が他の花の存在によって強まる場合，そのメカニズムについていくつかの仮説が提唱されている。たとえば，色の似た他の植物を植えることで，作物への訪花が高まると言われる[43]。しかしウメと菜の花の組み合わせでは，菜の花の色は黄色で，ウメの花は白く，色の近似性では菜の花によるウメの訪花頻度上昇を説明できない。別の仮説として，菜の花の香りが巣箱に持ち込まれることでウメへの訪花が高まる可能性がある。特にウメと菜の花で共通の香り成分がトリガーとなって，ミツバチの採餌を活性化することが可能ではないかと考え，現在ウメと菜の花の香り成分の解析を進めている。

5. マルハナバチを香りで作物へ誘導する

5.1 訪花頻度を高める必要性の背景

　日本国内でのマルハナバチ（図3）の利用は，トマト，ミニトマトが多くの割合を占める。栽培品種のトマトは流蜜しないことに加え，国内で栽培されている多くの品種で花粉の生産量が少ない。それは，マルハナバチによる受粉が普及する以前に，植物調整剤（ホルモン剤）による結果作業が一般的であったため，果実の結実にもともと花粉の有無が無関係であったことに起因する。送粉昆虫を利用した受粉（受精）を前提としない場合，栽培者の意識が，葯の中にある花粉の発芽率など花の状態に向けられる栽培管理が行われることはなかった。たとえば，桃太郎などのトマト品種では最低夜温が10℃を超えないと花粉の発芽率が30％以上にならないことが報告されているが，促成栽培の厳寒期における夜温は8℃程度で管理されることが多かった。このような栽培条件のなかで，マルハナバチを正常に活動させることは非常に困難であったことから，管理条件の改変はもちろん，栽培施設内でマルハナバチの訪花頻度を高め，結実率を安定化させるための試みを行う必要があった。

5.2 栽培する作物以外の花による訪花活性の向上や誘因

　マルハナバチを導入するトマト施設において，流蜜する植物あるいは少ない餌資源を補完するための植物を混植する事例はよく見られる。たとえば，栽培者が自家消費用に植えるキュウリなどのウリ科植物は，その意図がなくても結果的にマルハナバチの初期の訪花活動を支援することも少なくない。また，菜の花などのアブラナ科の植物を，切り花として水をはったバケツに入れることで，マルハナバチの初期の訪花活動性を誘因する方法も，栽培圃場では行われている。その応用的な例として，夏秋栽培産地などで多く見られ

※口絵参照

図3 トマトの花で採粉するクロマルハナバチ

る500 m²程度の単棟施設を，渡り廊下のように通路やトンネルで連結した施設がある。それは，1群の働きバチに数棟の施設を往来させ，効率よく，かつ低コストで複数の単棟施設を受粉させる工夫である。この渡り廊下やトンネルの開口部は横穴のように栽培施設の側面に設置される。活動するマルハナバチは，この横穴に気づかないことも多く，横穴の入口あるいは出口にアブラナ科など切り花を置いておくことで，巣箱が置かれていない隣の施設に誘導することが可能である[44]。

5.3 嗅覚情報（香り）を利用する

4.1のゲラニオール，シトラール，レモングラス抽出物などが含まれる送粉者を誘引する資材は，セイヨウミツバチ同様にマルハナバチの訪花活性を高めるために利用されている。また，単純な花の香りとは異なるが，マルハナバチが訪花した際に花に残される足跡フェロモンが，他のマルハナバチの訪花を促す可能性をもつことが考えられる。本来，足跡フェロモンは，他のハナバチ，他個体が訪花した直後に花上に残されることで，蜜や花粉が減少あるいは無くなっていることを示し，足跡フェロモンを感知した別の個体は，同じ花の訪花を回避し，効率的な採餌活動につなげていることは多くの研究で示されている[45]。一方で，マルハナバチを含め他ハナバチの研究において，他個体が訪花した後でも報酬が残る花の場合，むしろそれが資源のありかを示すサインとなりうることを報告しているものもある[46]。特に，マルハナバチのように閉鎖的な増殖工場内で生産され，導入さ

れた作物栽培圃場で初めて開放空間を飛翔し，花の探索を行うような場合には，足跡フェロモンによる誘引とその連合学習が，初期の訪花活動効率を高める可能性は十分に考えられる。また，近年では太陽光利用型の栽培施設ではなく，人工光を利用した閉鎖型の施設でイチゴなどを栽培する研究あるいはパイロットプラントが増え始めている。閉鎖的かつ小規模であるため，これらの施設ではミツバチが利用されることはなく，マルハナバチが導入される。また，これらの光源は消費電力のコストを考え，LED 照明が使用されることが多い。LED は蛍光灯と異なり，初期投資はかかるもののランニングコストを低く抑えられるメリットがある。一方で単波長であるため，蛍光灯のように紫外線など作物の成長に必要な波長以外は照射されない。このことは 3.1 のように紫外線を利用した視覚情報に頼ることができない条件を生み出すことになる。このような条件の場合には，より嗅覚情報による餌資源の探索を促す方法が必要になってくるかもしれない。

6. おわりに

ハナバチを含む送粉者が被子植物の繁殖に欠かせない受粉の担い手であり，こと我々人間にとってその活動が食料生産の多くを支えてくれていることは本節の冒頭でも述べた通りである。また，ハナバチと植物（花）の共進化は，前者は「採餌」，後者は「受粉」の目的をより効率よく果たすために，その行動や構造を進化させることで双方の多様性を育むに至った。このハナバチと植物の相互関係は，我々には解明できていなことも多い。たとえば近年，その報告数が増えている研究の 1 つに，ハナバチが訪花する花を選択する際に，花粉に含まれるタンパク質や脂質の含有量を認識して判断材料にしているというものがある[47]。しかし，その判断材料が視覚情報なのか，嗅覚情報なのかまでは明らかになっていない。特に嗅覚情報においては，花のなかでもそれぞれの構造物から放出される匂いが異なることも知られ，ハナバチがどこまでを認識してできているのかも，今後の研究課題の 1 つとなるであろう。いずれにしても，我々人間がハナバチと花の相互関係で知り得た部分はまだまだほんの一部，氷山の一角に過ぎないが，その断片を我々は食料生産の技術として生かしている。今後増加することが予測される人口の食料を賄うためには，ハナバチによる効率的な作物受粉は欠かすことができない。そのためにも，今後もこの研究分野がより活発に行われていくことが期待される。

文　献

1) United Nations：世界人口推計 2019 年版：要旨（2019）.
2) IPBES: The Methodological Assessment Report on Scenarios and Models of Biodiversity and Ecosystem Services（2016）.
3) A. M. Klein, B. E. Vaissière, J. H. Cane, I. Steffan-Dewenter, S. A. Cunningham, C. Kremen and T. Tscharntke: Importance of Pollinators in Changing Landscapes for World Crops, *Proc. Royal Soc. B,* **274** (1608), 303(2007).
4) N. Gallai, J. -M. Salles, J. Settele and B. E. Vaissière: Economic Valuation of the Vulnerability

of World Agriculture Confronted with Pollinator Decline, *Ecological Economics: Ecol. Econ.,* **68** (3), 810 (2009).

5) 大久保悟：セイヨウミツバチを水田における夏季の環境ストレスから守る，*NARO Technical Report,* **12**, 22 (2022).

6) Whole Foods Market: This Is What Your Grocery Store Looks like without Honeybees (2013), https://www.youtube.com/watch?v=aio9iKtkUxw（2024.12.05 参照）．

7) D. P. Abrol: Pollination Biology: Biodiversity Conservation and Agricultural Production. 2012th ed., Springer (2011).

8) L. A. Garibaldi, I. Steffan-Dewenter, R. Winfree, M. A. Aizen, R. Bommarco, S. A. Cunningham, C. Kremen et al.: Wild Pollinators Enhance Fruit Set of Crops Regardless of Honey Bee Abundance, *Science,* **339** (6127), 1608 (2013).

9) L. A. Garibaldi, L. G. Carvalheiro, S. D. Leonhardt, M. A. Aizen, B. R. Blaauw, R. Isaacs, M. Kuhlmann et al.: From Research to Action: Enhancing Crop Yield through Wild Pollinators, *Front. Ecol. Environ.,* **12** (8), 439 (2014).

10) FAO: Crops and livestock products, Food and Agriculture Organization of the United Nations (2022), https://www.fao.org/faostat/en/#data/QCL（2024.11.15 参照）．

11) 日本養蜂協会：ポリネーター利用実態等調査事業報告書（2014），https://www.beekeeping.or.jp/wordpress/wp-content/uploads/2013/10/H25-pollinator-report.pdf（2024.12.05 参照）．

12) M. Rachersberger, G. D. Cordeiro, I. Schäffler and S. Dötterl: Honeybee Pollinators Use Visual and Floral Scent Cues to Find Apple (*Malus Domestica*) Flowers, *J. Agric. Food Chem.,* **67** (48), 13221 (2019).

13) F. P. Schiestl and S. D. Johnson: Pollinator-Mediated Evolution of Floral Signals, *Trends Ecol. Evol.,* **28** (5), 307 (2013).

14) S. Dötterl and N. J. Vereecken: The Chemical Ecology and Evolution of Bee-Flower Interactions: A Review and Perspectives The Present Review Is One in the Special Series of Reviews on Animal-Plant Interactions, *Can. J. Zool.,* **88** (7), 668 (2010).

15) L. Chittka and N. E. Raine: Recognition of Flowers by Pollinators, *Curr. Opin. Plant Biol.,* **9** (4), 428 (2006).

16) P. Skorupski and L. Chittka: Photoreceptor Spectral Sensitivity in the Bumblebee, *Bombus impatiens* (Hymenoptera: Apidae), *PLOS ONE,* **5** (8), e12049 (2010).

17) H. M. Robertson and K. W. Wanner: The Chemoreceptor Superfamily in the Honey Bee, *Apis mellifera*: Expansion of the Odorant, but Not Gustatory, Receptor Family, *Genome Res.,* **16** (11), 1395 (2006).

18) W. Su, W. Ma, Q. Zhang, X. Hu, G. Ding, Y. Jiang and J. Huang: Honey Bee Foraging Decisions Influenced by Pear Volatiles, *Agriculture,* **12** (8), 1074 (2022).

19) P. Milet-Pinheiro, M. Ayasse, C. Schlindwein, H. E. M. Dobson and S. Dötterl: Host Location by Visual and Olfactory Floral Cues in an Oligolectic Bee—Innate and Learned Behavior, *Behav. Ecol.,* **23** (3), 531 (2012).

20) G. A. Wright and F. P. Schiestl: The Evolution of Floral Scent: The Influence of Olfactory Learning by Insect Pollinators on the Honest Signalling of Floral Rewards, *Funct. Ecol.,* **23** (5), 841 (2009).

21) M. Molet, L. Chittka and N. E. Raine: How Floral Odours Are Learned inside the Bumblebee (Bombus Terrestris) Nest, *Sci. Nat.,* **96** (2), 213 (2009).

22) W. M. Farina, C. Grüter, L. Acosta and S. Mc Cabe: Honeybees Learn Floral Odors While Receiving Nectar from Foragers within the Hive, *Sci. Nat.,* **94** (1), 55 (2007).

23) 岡田龍一：ミツバチの尻振りダンスと採餌行動における効果，比較生理生化学，**29** (3), 121 (2012).

24) K. von Frisch: The Dance Language and Orientation of Bees, London University Press (1967).

25) A. M. Granero, J. M. G. Sanz, F. J. E. Gonzalez, J. L. M. Vidal, A. Dornhaus, J. Ghani, A. R. Serrano and L. Chittka: Chemical Compounds of the Foraging Recruitment Pheromone in

Bumblebees, *Sci. Nat.,* **92** (8), 371(2005).

26) P. C. Díaz, C. Grüter and W. M. Farina: Floral Scents Affect the Distribution of Hive Bees around Dancers, *Behav. Ecol. Sociobiol.,* **61** (10), 1589(2007).
27) J. Reinhard, M. V. Srinivasan and S. Zhang: Olfaction: Scent-Triggered Navigation in Honeybees: Olfaction, *Nature,* **427** (6973), 411(2004).
28) J. Reinhard, M. V. Srinivasan, D. Guez and S. W. Zhang: Floral Scents Induce Recall of Navigational and Visual Memories in Honeybees, *J. Exp. Biol.,* **207,** (Pt 25), 4371(2004).
29) J. B Free: Attempts to Increase Pollination by Spraying Crops with Sugar Syrup, *J. Apic. Res.,* **4** (1), 61(1965).
30) L. Jailyang, N. C. Sharma, J. S. Chandel, V. S. Rana, K. Rana and P. Chauhan: Influence of Bee Scent and Other Indigenous Bee Attractants on Bee Activity and Fruiting Behaviour of Kiwifruit (*Actinidia deliciosa* A. Chev.), *Sci. Hortic.,* **295**, 110869(2022).
31) 前田太郎：ポリネーターを保全・活用するための行動制御, 蚕糸・昆虫バイオテック, **91**(3), 177 (2022).
32) F. R. M. Arcerito, L. L. De Feudis, L. D. Amarilla, L. Galetto, G. Mitton, N. Fernández, N. Szawarski et al.: Fragrance Addition Improves Visitation by Honeybees and Fruit Quality in Kiwifruit (*Actinidia Deliciosa*), *J. Sci. Food Agric.,* **101** (12), 5082(2021).
33) D. T. Malerbo-Souza, R. H. Nogueira-Couto and L. A. Couto: Honey Bee Attractants and Pollination in Sweet Orange, *Citrus sinensis* (L.) Osbeck, Var. Pera-Rio, *The Journal of Venomous Animals and Toxins Including Tropical Diseases,* **10** (2), 144(2004).
34) V. V. Pashte, A. N. Shylesha and N. S. Bhat: Effectiveness of Attractants and Scents in Enticement of *Apis cerana* on Sesamum Crop, *Environment and Ecology,* **33**, 1504(2015).
35) 宮本雅章ほか：ミツバチを利用した半促成ナスの着果促進技術体系の開発 III. ナス花香成分と餌の報酬による条件付けが訪花に及ぼす影響, 日本応用動物昆虫, **53**, 21(2009).
36) H. Ai and W. M. Farina: In Search of Behavioral and Brain Processes Involved in Honey Bee Dance Communication, *Front. Behav. Neurosci.,* **17**, 1140657(2023).
37) W. M. Farina, A. Arenas, P. C. Díaz, C. S. Martin and M. C. E. Barcala: Learning of a Mimic Odor within Beehives Improves Pollination Service Efficiency in a Commercial Crop, *Curr. Biol.,* **30** (21), 4284(2020).
38) W. M. Farina, A. Arenas, P. C. Díaz, C. S. Martin and M. J. Corriale: In-Hive Learning of Specific Mimic Odours as a Tool to Enhance Honey Bee Foraging and Pollination Activities in Pear and Apple Crops, *Sci. Rep.,* **12** (1), 20510(2022).
39) W. M. Farina F. Palottini, M. C. Estravis-Barcala, A. Arenas, M. S. Balbuena and A. González: Conditioning Honeybees to a Specific Mimic Odor Increases Foraging Activity on a Self-Compatible Almond Variety, *Apidologie,* **54** (4), 40(2023).
40) M. C. Estravis-Barcala, F. Palottini, F. Verellen, A. González and W. M. Farina: Sugar-Conditioned Honey Bees Can Be Biased towards a Nectarless Dioecious Crop, *Sci. Rep.,* **14** (1), 18263(2024).
41) M. Albrecht, D. Kleijn, N. M. Williams, M. Tschumi, B. R. Blaauw, R. Bommarco, A. J. Campbell et al.: The Effectiveness of Flower Strips and Hedgerows on Pest Control, Pollination Services and Crop Yield: A Quantitative Synthesis, *Ecol. Lett.,* **23** (10), 1488(2020).
42) T. Maeda, M. K. Hiraiwa, M. Ebata, Y. Shimomura and T. Oe: Brassica Plants Promote *Apis mellifera* Visitation to Japanese Apricot in Cold Conditions, *Scientia Horticulturae,* **312**, 111844(2023).
43) S. D. Johnson, C. I. Peter, L. A. Nilsson and J. Ågren: Pollination Success in a Deceptive Orchid Is Enhanced by Co-Occurring Rewarding Magnet Plants, *Ecology,* **84** (11), 2919(2003).
44) 光畑雅宏：マルハナバチを使いこなす－より長く元気に働いてもらうコツ－, 農文協 (2018).
45) D. Goulson, S. A. Hawson and J. C. Stout: Foraging bumblebees avoid flowers already visited by conspecifics or by other bumblebee species, *Anim. Behav.,* **55**, 199(1998).
46) V. M. Schmidt, R. Zucchi and F. G. Barth: Scent marks left by Nannotrigona testaceicornis at the feeding site: cues rather than signals, *Apidologie,* **36**, 285 (2005).

47) S. Mori, M. Mitsuhata and T. Yokoi: Protein/Lipid ratio of pollen biases the visitation of bumblebees (Bombus ignitus Smith) to male-fertile cultivars of the Japanese pear (*Pyrus pyrifolia* Nakai), *PLoS ONE,* 19(2), e0297298(2024).

索引

英数・記号

(*E*)-2-ヘキセナール［(*E*)-2-hexenal］ ………………………… 6, 285
(*E*)-4,8-ジメチル-1,3,7-ノナトリエン［(*E*)-4,8-dimethyl-1,3,7-nonatriene］ ………………… 6, 181
(*E*)-linalool oxide furanoid ……… 185
(*E*)-β-オシメン［(*E*)-β-ocimene］
　………………………………… 6, 186
(*E*)-β-ファーネセン［(*E*)-β-farnesene］
　……………………………………… 8
(*E*,*E*)-4,8,12-トリメチル-1,3,7,11-トリデカテトラエン［(*E*,*E*)-4,8,12-trimethyl-1,3,7,11-tridecatetraene］ ……………………………… 6
(*R*)-(-)-linalool ……………………… 186
(*Z*)-3-ヘキセナール ………………… 285
(*Z*)-3-ヘキセニル β-ビシアノシド
　…………………………………… 267
(*Z*)-3-ヘキセニルアセテート［(*Z*)-3-hexenyl acetate］ … 6, 12, 35, 38
　＝青葉アセテート
(*Z*)-3-ヘキセノール［(*Z*)-3-hexenol］
　………… 6, 12, 38, 57, 139, 267, 282
　＝青葉アルコール
(*Z*)-linalool oxide furanoid ……… 185
1-アミノシクロプロパン-1-カルボン酸（ACC） ………………………… 329
1-オクテン-3-オール ………………… 157
2-*C*-メチルエリトリトール-4-リン酸（MEP）経路 ………………… 263
2-ヘキセナール ……………………… 296
3-オクタノン ………………………… 157
4-methylanisole ……………………… 185

8の字ダンス ………………………… 339
9-ヒドロキシデカン酸 ……………… 152
AFLPフラグメント解析 …………… 53
AM（arbuscular mycorrhiza） …… 92, 247
　＝アーバスキュラー菌根
Arabidopsis based-gall formation assay（Ab-GALFA） ……………… 194
Aspergillus nidulans ……………… 110
ATP-Binding Cassette（ABC）トランスポーター ………………… 264, 278
attract and reward ………………… 306
Autoregulation of Nodulation …… 239
Baccharis salicifolia ………………… 9
banker plant ………………… 310, 322
　＝バンカー植物（バンカープラント）
benzo-(1,2,3)-thiadiazole-7-carbothioic acid *S*-methyl ester（BTH）
　…………………………………… 328
Benzyl alcohol（ベンジルアルコール）
　…………………………… 139, 185
BY-2細胞 …………………………… 274
Ca^{2+}シグナル …………………… 282
CEP1ペプチド ……………………… 79
CEPR受容体 ………………………… 80
conservation biological control
　…………………………………… 310
Cysteine-rich secretory proteins, Antigen5, and pathogenesis-related 1 proteins（CAP） ……………… 196
damage-associated molecular patterns（DAMPs） ………… 246, 277
　＝細胞ダメージ関連分子パターン
ET ……………………… 7, 245, 263, 326
　＝エチレン
ETI …………………………………… 245
　＝エフェクター誘導性免疫
etr1 …………………………………… 7
Eugenol ……………………………… 187
filamental …………………………… 181
filamentol …………………………… 181
filamentolide ………………………… 181
filamentone ………………………… 181

food body（フードボディー） 121
Gall 190
GCaMP 283
glucosinolates 118
G protein-coupled receptor（GPCR, Gタンパク質共役型受容体）...... 274
green leaf volatiles（GLVs）...... 5, 12, 57, 258, 277, 282, 293
　＝緑葉揮発性物質，緑のかおり（みどりの香り，緑の香り）
guttation 122
herbivore-associated molecular pattern（HAMPs）...... 277
HIPVs（herbivory-induced plant volatiles）...... 2, 117, 124, 134, 141, 300, 312
　＝食害誘導性揮発性物質（植食者誘導性植物揮発性物質）
IG 249
　＝インドールグルコシノレート
insectary plant 310, 322
　＝インセクタリープラント
IPM（総合的病害虫・雑草管理技術）...... 319
isothiocyanates 118
ITS領域 94
JA 7, 42, 104, 244, 262, 326
　＝ジャスモン酸
JA-Ile 327
jar1 7
linalool（リナロール）...... 6, 139, 185
MacArthur-Horn非類似度指数 98
MAMPs（microbe-associated molecular pattern）...... 246, 277
　＝微生物関連分子パターン
MAPK 246
MCPタンパク質 227
MeJA 25, 327
　＝ジャスモン酸メチル
Methyl anthranilate 186
Methylobacterium 222
Microbial Volatile Organic Compounds（mVOC）...... 215

Mycファクター 247
Neurospora crassa 105
NLR 246
　＝ヌクレオチド結合ロイシンリッチリピート受容体
Nodファクター 232
NRT2.1 80
odorant binding protein（OBP）...... 278
OIPVs 119, 303
Ophrys属 151
Oryza longistaminata 74
ostiole 182
OTU 97
oviposition-induced plant volatiles 119, 303
Oxylipin 293
parasitoid 116
pearl body 121
PGP 249
　＝植物成長促進
Phenylacetaldehyde 186
Pholiota brunnescens 107
PHR1 249
PPFM 224
predator 116
PRR 245
　＝パターン認識受容体
PSR 248
　＝リン枯渇応答
PTI 245
　＝パターン誘導性免疫
RbohD 244
rhizome 74
RNA sequencing（RNA-seq.）...... 192
ROS（Reactive oxygen species）...... 245, 291
　＝活性酸素（種）
RSLV（Reactive short-chain leaf volatile）...... 293
(S)-(+)-linalool 185, 186
SA 42, 245, 263, 326
　＝サリチル酸

sanction	239
SAR	36
SIR	36
SPME	47
Systemic acquired resistance	36
Systemic induced resistance	36
Trirhabda virgata	54
uridine diphosphate dependent glycosyltransferases (UGTs)	270
Uroleucon macolai	9
VOCs	34
VOCsの有効距離	37
Y字型オルファクトメーター	142
Y字管実験	181
II型分泌装置（T2SS）	245
$\alpha , \beta -$不飽和カルボニル化合物	293
α-copaene	185
α-トマチン	210
α-ピネン	316
β-カリオフィレン	316
β-グルコシダーゼ	205
β-ピネン	316

あ行

アーバスキュラー菌根 (arbuscular mycorrhiza) …… 92, 247
　＝ AM
アーバスキュラー菌根菌（AMF） …… 85, 110, 232
青葉アセテート …… 6, 12, 35, 38
　＝(Z)-3-ヘキセニルアセテート [(Z)-3-hexenyl acetate]
青葉アルコール …… 6, 12, 38, 57, 139, 267, 282
　＝(Z)-3-ヘキセノール [(Z)-3-hexenol]
青葉アルデヒド …… 282
アオムシサムライコマユバチ (Cotesia glomerata) …… 5, 142
アカソ …… 226
アカマツ …… 97
アクチン繊維 …… 106
足跡フェロモン …… 342
アブシジン酸 …… 248, 286
アブラナ科 …… 118
アブラナ科スペシャリスト …… 8
アポプラスト …… 207
アルケン類 …… 152
アレロパシー …… 52
アワノメイガ …… 314
アワヨトウ …… 117, 135
安定同位体標識 …… 79
アンモニウムイオン輸送体 …… 80
異化遺伝子 …… 211
維管束 …… 192
維管束細胞 …… 286
育苗 …… 317
異種間花粉移動 …… 164
異種植物間 …… 9
イソチオシアン酸エステル …… 87
イソフラボン …… 204
溢液 …… 122
一般化線形モデルの線形対比 …… 95
遺伝子型 …… 50
遺伝的近縁度 …… 49
遺伝的要因 …… 49
移動分散 …… 144
イネ …… 313
インセクタリープラント …… 310, 322
　＝ insectary plant
インセプチン …… 259
インドールグルコシノレート …… 249
　＝ IG
ウキクサ …… 225
ウシ血清アルブミン …… 208
ウマノスズクサ科 …… 155
鋭敏化 …… 134
栄養成長 …… 28
栄養繁殖 …… 74
エキソサイトーシス …… 106
餌資源 …… 131, 142
餌探索 …… 120
エチレン …… 7, 245, 263, 326
　＝ ET
エノールエーテル結合 …… 85

エフェクター ……………… 246, 260
エフェクター誘導性免疫 ……… 245
　＝ ETI
エリシター ………… 119, 258, 278
エルビアブラバチ ……………… 137
遠距離シグナル伝達 …………… 239
延長された表現型 ……………… 191
エンドウヒゲナガアブラムシ … 137
オーキシン ……………………… 194
オーキシンシグナル ……………… 8
オオカミ少年シグナル（Cry Wolf Signal） …………………………… 146
オオキツネタケ（*Laccaria bicolor*）
　………………………………… 108
オオタバコガコマユバチ ……… 138
オジギソウ ……………………… 105
オルファクトメーター …… 126, 135
オレオレジン …………………… 264
温暖化 ……………………………… 34

か行

外生菌根（ectomycorrhiza） …… 92
害虫 ……………………………… 141
害虫管理 ………………………… 331
害虫忌避剤 ……………………… 309
害虫防除 ………………………… 132
カイロモン ……………………… 135
花外蜜腺（EFN） ……… 3, 32, 121
化学擬態 ………………………… 151
花器官形成 ABCE モデル ……… 192
学習 ……………………………… 338
化合物標品添加 ………………… 210
加水分解 ………………………… 86
ガスクロマトグラフ質量分析計
　………………………………… 143
下層植生 ………………………… 42
可塑性 …………………………… 55
活性カルボニル ………………… 293
活性酸素（種） …………… 245, 291
　＝ ROS（Reactive oxygen species）
カップリング …………………… 144
花嚢 ……………………………… 182

花粉 ……………………………… 335
花粉媒介者 ……………………… 334
花粉ポケット …………………… 183
花蜜 ……………………………… 335
カメノコテントウ（*Aiolocaria hexaspilota*） ……………………………… 142
カラシ油成分 …………………… 118
カラシ油配糖体 ………………… 118
ガラス補集管 …………………… 38
ガラスマイクロファイバーフィルター
　………………………………… 208
カリウムイオン ………………… 105
カリウムイオンチャネル ……… 104
カリヤコマユバチ ……………… 135
カリヤサムライコマユバチ …… 117
カルシウム（Ca） ……………… 281
カルシウムイオン（Ca^{2+}） … 281
カルシウムイオンチャネル …… 104
カルス ……………………… 192, 194
環境センシング力 ………………… 6
環境要因 ………………………… 49
幹細胞 …………………………… 192
幹細胞維持 ……………………… 197
間接防衛 …………………… 131, 326
乾燥化 …………………………… 34
乾燥ストレス …………………… 44
幹母 ……………………………… 191
管理送粉昆虫 …………………… 336
機械的隔離 ……………………… 165
気孔 ……………………………… 286
擬交尾送粉系 …………………… 185
気候変動 ………………………… 34
疑似反復 ………………………… 23
寄主探索 ………………………… 120
寄生性天敵 ……………………… 116
寄生蜂 ……………………………… 5
寄生率 …………………………… 147
擬態モデル ……………………… 157
機能的雌雄異株 ………………… 183
キノコショウジョウバエ類（*Mycodrosophila*） …………………………… 157
キノコバエ ………………… 152, 170
揮発性アルコール化合物 ……… 268
揮発性化合物 …………………… 266

揮発性物質 …………………………… 141
揮発性有機化合物 ……… 34, 215, 274
忌避効果 ……………………… 42, 331
嗅覚 …………………………………… 129
嗅覚情報 ……………………………… 338
共生 …………………………………… 243
共生菌 …………………………… 92, 243
菌 ……………………………………… 247
近縁者 ………………………………… 47
菌根共生 ……………………………… 234
菌根菌 …………………………… 101, 247
菌根タイプ（mycorrhizal type）…… 92
菌根タイプ合致効果 ………………… 95
菌根タイプ特異的なフィードバック
　……………………………………… 97
菌根ネットワーク …………………… 97
菌糸（hyphae） ……………… 101, 249
菌糸束 ………………………………… 102
菌糸体（mycelium）………………… 101
菌糸分岐誘導物質 …………………… 85
菌糸マット …………………………… 107
菌従属栄養性 ………………………… 151
空間学習 ……………………………… 163
クオラムセンシング ………………… 105
クマリン ……………………………… 248
クラウンゴール ……………………… 192
クラスター …………………………… 211
グルタミン …………………………… 76
グルタミン合成酵素 ………………… 77
グルタミン酸 ………………………… 104
グレートベイスン地域 ……………… 25
クローン ……………………………… 55
クローン植物群落 …………………… 82
蛍光バイオマーカー（GCaMP3）
　……………………………………… 104
血縁者 ………………………………… 9
血縁認識 ……………………………… 47
ゲニステイン ………………………… 205
ゲラニオール ………………………… 139
高温障害 ……………………………… 296
光学異性体 …………………………… 7
抗菌代謝物 …………………………… 245
恒常防衛 ……………………………… 54
高親和性硝酸輸送体 ………………… 80
コウズケカブリダニ ………………… 122
合成 HIPVs …………………………… 302
合成成分 ……………………………… 132
構造多様性 …………………………… 90
行動的隔離 …………………………… 164
孔辺細胞 ……………………………… 286
枯草菌（*Bacillus subtilis*）………… 105
個体群動態 …………………………… 34
コナガ（*Plutella zylostella*）……… 118, 142
コナガサムライコマユバチ（*Cotesia vestalis*）……………………… 118, 142
コナガ幼虫（*Plutella xylostella*）…… 8
コナラ ………………………………… 95
五倍子（ごばいし）………………… 191
コマツナ ……………………………… 118
コマモナス科 ………………………… 210
根圏 …………………………………… 204
根圏土壌 ……………………………… 214
根圏微生物群集 ……………………… 94
混植 …………………………………… 88
根粒共生 ……………………………… 231
根粒菌 …………………………… 207, 230

さ行

採餌 …………………………………… 343
採餌戦略 ……………………………… 124
サイトカイニン ………………… 76, 194
細胞ダメージ関連分子パターン
　………………………………… 246, 277
　＝ damage-associated molecular patterns（DAMPs）
細胞壁多糖 …………………………… 229
雑草 …………………………………… 312
サトイモ科 …………………………… 150
左右対称性 …………………………… 166
サリチル酸 ………… 42, 245, 263, 326
　＝ SA
サリチル酸メチル（MeSA）……… 132, 139, 327
三栄養段階相互作用系 ……………… 142

酸化ストレス	291
三者系	124, 142
産卵行動	309
産卵選好性	24
産卵場所擬態（oviposition-site mimicry）	153
産卵誘導性植物揮発性物質	303
シーケンサー	94
ジェネラリスト	35, 160
視覚	129
視覚情報	337
識別	131
シグナル伝達	35
シグナル分子	84
時系列因果推論	107
資源競争空間	147
資源集中仮説	321
脂質輸送タンパク質（nsLTP）	264
シス-ジャスモン（cis-jasmone）	328
システミック応答	263
自然選択	161
自然の生物的防除	320
自然免疫	245
実験生態学的	91
実生	91
シミュレーション	208
ジメチルジスルフィド	155
ジメチルトリスルフィド	155
社会性	335
ジャスモン酸	7, 42, 104, 245, 262, 326
＝ JA	
ジャスモン酸メチル	25, 327
＝ MeJA	
ジャスモン酸類	282
ジャヤナギ（Salix eriocarpa）	142
ジャヤナギ株（Salix eriocarpa）	4
シュート	75
集合	144
従属栄養生物	101
雌雄同株	183
獣糞擬態	155
周辺植生	125
収斂進化	153, 164
宿主植物	84
宿主植物ヌルデ	191
種子	69
種子繁殖	74
受動的送粉	183
種特異性	180
種特異的フィードバック	95
樹木における植物間コミュニケーション	35
樹木の分布様式	93
受容体様キナーゼ	259
条件刺激	134
常在菌	243
飼養送粉昆虫	336
情報・相互作用ネットワーク	144
情報伝達物質	104
情報ネットワーク	9
食害	266
食害誘導性揮発性物質（植食者誘導性植物揮発性物質）＝ HIPVs (Herbivory-Induced Plant Volatiles)	2, 117, 124, 134, 141, 300, 312
食害率	94
植食者	91, 124
植食性昆虫	35
植食性節足動物	2, 141
植物-微生物相互作用	247
植物間コミュニケーション	3, 312
植物成長促進	249
＝ PGP	
植物調整剤	341
植物土壌フィードバック理論	91
植物特化代謝産物	212
植物の機械傷の匂い	141
植物の無傷の匂い	141
植物病原菌	102
植物ホルモン	7, 76, 86, 194, 245, 326
植物ホルモン様物質	25
植物免疫	244

ジョチュウギク（Chrysanthemum cinerariaefolium） …… 4, 8
触覚 …… 129
シリンジ …… 51
シロイヌナズナ …… 6, 281
シンク器官 …… 77
神経細胞（ニューロン） …… 104
人工虫瘤 …… 197
真珠体 …… 121
新生動物 …… 244
振動受粉 …… 336
シンドローム …… 164
侵略的外来種 …… 53
水生植物 …… 225
スクロース …… 75
スズメバチ …… 174
ストリゴラクトン …… 79, 84, 249
ストレス …… 225
スペシャリスト …… 35, 161
スペルミン …… 330
セージブラシ …… 24, 47, 312
生活史 …… 157
性擬態（sexual mimicry） …… 151
正弦波振動 …… 105
生殖的自家不和合性 …… 50
生存戦略 …… 34
生体電位 …… 104
セイタカアワダチソウ …… 32, 52, 313
性的二型 …… 187
生物的防除 …… 140, 319
セイヨウミツバチ …… 336
セスキテルペン …… 32, 44, 275
セスキテルペンラクトン …… 87
接触化学刺激 …… 135
節足動物群集 …… 5
絶対共生菌 …… 85
絶対送粉共生系 …… 180
遷移後期種 …… 34
先住効果 …… 60
染色体断片置換系統 …… 269
全身獲得抵抗性 …… 36
全身シグナル伝達分子 …… 80
全身誘導抵抗性 …… 36, 228
選択性殺虫剤 …… 309

選択的中絶機構 …… 181
選択箱実験 …… 145
セントラルドグマ …… 191
腺毛（トリコーム） …… 264
ソース器官 …… 77
走化性 …… 225
相乗効果 …… 329
送粉効率 …… 163
送粉サービス …… 334
送粉者 …… 150, 169, 179, 334
送粉シンドローム …… 167, 169
ソヤサポニン …… 210

た行

大規模操作実験 …… 35
ダイズ …… 204, 312
ダイゼイン …… 205
多価脂肪酸（Polyunsaturated fatty acids：PUFAs） …… 292
脱分極 …… 105
タバコスズメガ（Manduca sexta） …… 6
卵-幼虫寄生蜂 …… 135
多様化速度 …… 157
多様性 …… 58
多様性の維持・促進機構 …… 91
短期記憶 …… 165
探索時間 …… 309
単植 …… 89
地下茎 …… 50, 74
地下部 …… 89
地上部枝分かれ …… 86
窒素欠乏 …… 79
窒素固定 …… 231
地表開花性（geoflory） …… 153
チャールズ・ダーウィン …… 194
チャカワタケ（Phanerochaete velutina） …… 102
チャルメルソウ属 …… 158
虫癭（ちゅうえい） …… 190
長期記憶 …… 165
チョウチンゴケ類 …… 191
チョウ目 …… 152

チョコレート	138
チリカブリダニ（*Phytoseiulus persimilis*）	3, 121
ツバキ	95
出会いと薄めの効果	146
定花性	164
抵抗性	312
定着性	125
デザートセージ（*Artemisia tridentata*）	4
テトラニン	260
テルペノイド	258
テルペン類	57, 155, 282
電位振動	107
電気刺激	110
電気的なシグナル伝達	104
天敵温存植物	310, 323
天敵仮説	321
天敵給餌技術	306
天敵給餌容器	306
天敵昆虫	125
天敵低密度空間	146
天敵の来遅れ	300
天敵の保護法	310
天敵誘引剤	300
天敵誘引物質	132, 300
伝統的生物的防除	320
テンナンショウ属	151
同時適応	164
動植物食性	324
糖度	315
動物媒花	160
トウモロコシ	312
特殊化	161
土壌根圏	88
土壌病原菌	91
トマト	268
ドラクラ属	155
トラップ	127
トランスクリプトーム解析	79
トランスゼアチン	76
トランスポーター	90
トリプトファン	245
トレードオフ	161
トレードオフ緩和	164

な行

内生菌	101
苗	317
ナトリウムイオンチャネル	104
ナミハダニ（*Tetranychus urticae*）	3, 121
匂い受容植物の感度	5
匂いの類似性	49
匂い物質	274
匂い物質結合タンパク質	278
ニコチン	210
二次細胞壁形成	196
二次代謝物質	99
認識	66
ヌクレオチド結合ロイシンリッチリピート受容体	246
＝NLR	
盗み聞き	56
ヌルデ（*Rhus javanica*）	191
ヌルデシロアブラムシ（*Schlechtendalia chinensis*）	191
ヌルデフシダニ	191
根寄生雑草	84
農生態系	32
能動的送粉	183
農薬	312

は行

バイオスティミュラント	200, 228, 290
バイオセンサー	283
バイオフィルム	105
バイオマス	224
配糖化酵素	270
配糖体	267
ハエ目	152
ハスモンヨトウ	283
ハスモンヨトウ幼虫（*Spodoptera litura*）	8
パターン認識受容体	245

= PRR
パターン誘導性免疫 ………… 245
= PTI
ハチ目 ……………………… 152
発芽刺激物質 ……………… 84
花色変化 …………………… 163
バニラ ……………………… 138
ハマキコウラコマユバチ …… 135
バリオボラックス属 ………… 210
バンカー植物（バンカープラント）
 ……………………… 310, 322
 = banker plant
汎化食餌偽装（Generalized food deception） ………… 150
繁殖成長 …………………… 28
繁殖地提供型送粉系 ………… 179
パントテン酸 ……………… 228
ハンノキ（*Alnus glutinosa*） …… 4
ハンノキハムシ（*Agelastica alni*）
 ………………………………… 4
飛行コスト ………………… 165
非宿主植物 ………………… 86
微生物関連分子パターン …… 246, 277
 = MAMPs
微生物叢 …………………… 243
病原菌 ……………………… 243
病原体 ……………………… 245
病虫害防除 ………………… 34
表皮細胞 …………………… 286
ピレトリン量 ……………… 4
品質向上 …………………… 316
フィードバック …………… 60
風洞 ………………………… 135
フェロモン ………………… 152
不均一栄養環境 …………… 75
不織布 ……………………… 55
腐生菌 ……………………… 102
ブナ ……………………… 5, 31, 34
ブナアオシャチホコ ……… 45
ブナハバチ ………………… 45
腐肉擬態 …………………… 154
プライベートチャンネル …… 185
ブラシノステロイド ………… 248

フラボノイド ……………… 249
フランキア ………………… 238
ブレンド …………………… 8
ブレンド比 ………………… 304
プロヒドロジャスモン …… 310, 331
分げつ ……………………… 315
分枝成長 …………………… 74
分泌シグナル ……………… 196
ベイツ型食餌擬態（Batesian food-source mimicry） ……… 150
ペクチン …………………… 224
防衛遺伝子 ………………… 23
防衛物質 …………………… 147
訪花姿勢 …………………… 166
包括適応度 ………………… 56
防御応答 …………………… 104, 266
胞子 ………………………… 249
放飼増強的生物的防除 …… 320
捕食寄生者 ………………… 328
捕食者 ……………………… 98, 328
捕食性天敵 …………… 116, 124, 142
捕食能力 …………………… 125
補助餌源 …………………… 121
補助植物 …………………… 322
保全的生物的防除 ………… 320
ポリアミン ………………… 330
ポリシチン ………………… 258
ポリネーター ……………… 334
ボルネオール（borneol） …… 8

ま行

マイクロ電極 ……………… 105
マイクロ流体デバイス …… 102
膜電位（membrane potential） … 104
マメ科植物 ………………… 230
マルハナバチ ……………… 162, 336
蜜源植物 …………………… 306
密植条件 …………………… 87
緑のかおり（みどりの香り，緑の香り）
 ……… 5, 12, 57, 258, 277, 282, 293
 = green leaf volatiles (GLVs), 緑葉揮発性化合物

ミロシナーゼ ……………………… 118
ムシクサ（*Veronica peregrina*）
　……………………………… 198
ムシクサコバンゾウムシ（*Gymnaetron miyoshii* Miyoshi）……………… 198
虫癭（むしこぶ）………………… 190
虫癭形成昆虫 …………………… 190
無条件刺激 ……………………… 134
無報酬化 ………………………… 150
メソコズム ……………………… 94
メタノール ……………………… 222
メタノール資化性酵母 ………… 223
メタノール資化性細菌 ………… 223
メタノールセンサー …………… 225
メタノール脱水素酵素 ………… 227
メタン …………………………… 222
メタンサイクル ………………… 222
メタン資化性細菌 ……………… 223
メックワーム …………………… 262
免疫 ……………………………… 243
免疫受容体 ……………………… 244
木部形成 ………………………… 196
モニタリング …………………… 132
モノテルペン …………………… 44
モモアカアブラムシ …………… 121
モンシロチョウ（*Pieris rapae*）
　……………………………… 142

や行

野外操作実験 …………………… 34
夜行性 …………………………… 142
野生イネ ………………………… 74
野生種 …………………………… 268
野生送粉昆虫 …………………… 335
野生タバコ ……………………… 24
ヤナギルリハムシ（*Plagiodera versicolora*）……………………… 4, 142
ヤノハナフシアブラムシ ……… 191
ヤブガラシ ……………………… 122
ヤマザクラ ……………………… 97
誘引 ……………………………… 126
誘引と報酬法 …………………… 306

有効距離 ………………………… 5
遊走子 …………………………… 110
誘導防衛 ………………………… 54
ユキモチソウ …………………… 156
油滴 ……………………………… 147
葉圏 ……………………………… 222
ヨーロッパハンノキ …………… 23, 35
葉肉細胞 ………………………… 286
溶媒抽出法 ……………………… 38
葉面散布 ………………………… 229
横向きに咲く花 ………………… 166
ヨセミテ国立公園 ……………… 25
ヨモギ …………………………… 313

ら行

ラメット ………………………… 74
ラン科 …………………………… 150
卵菌（Oomycetes）……………… 110
リアルタイムイメージング …… 283
リガンド ………………………… 244
利他的 …………………………… 49
リポキトオリゴ糖 ……………… 249
リママメ ………………………… 32, 121
リママメ株 ……………………… 3
両種食害株 ……………………… 145
緑葉揮発性化合物 …… 5, 12, 57, 258, 277, 282, 293
　＝green leaf volatiles (GLVs)，緑のかおり（みどりの香り，緑の香り）
リン ……………………………… 243
リン欠乏 ………………………… 86
リン枯渇応答 …………………… 248
　＝PSR
隣接植物 ………………………… 89
林分構造 ………………………… 41
連合学習 ………………………… 134

わ行

腋芽 ……………………………… 74
ワタアブラムシ（*Aphis gossypii*）
　……………………………… 9

植物の多次元コミュニケーションダイナミクス
分子メカニズムから農業応用の可能性まで

発 行 日	2025年2月16日　初版第一刷発行
監 修 者	髙林　純示
発 行 者	吉田　隆
発 行 所	株式会社エヌ・ティー・エス
	〒102-0091　東京都千代田区北の丸公園2-1　科学技術館2階
	TEL.03-5224-5430　http://www.nts-book.co.jp
印刷・製本	藤原印刷株式会社

ISBN978-4-86043-942-2

Ⓒ 2025　髙林純示, 他

落丁・乱丁本はお取り替えいたします。無断複写・転写を禁じます。定価はケースに表示しております。本書の内容に関し追加・訂正情報が生じた場合は、㈱エヌ・ティー・エスホームページにて掲載いたします。

＊ホームページを閲覧する環境のない方は、当社営業部(03-5224-5430)へお問い合わせください。

関連図書 NTSの本

	図書名	発刊年	体裁		本体価格
1	バイオスティミュラントハンドブック 〜植物の生理活性プロセスから資材開発、適用事例まで〜	2022年	B5	500頁	54,000円
2	バイオフィルム革新的制御技術	2023年	B5	372頁	54,000円
3	光合成研究と産業応用最前線	2014年	B5	446頁	35,000円
4	量子生命科学ハンドブック	2024年	B5	372頁	62,000円
5	温度ストレスによる生体応答ダイナミクス	2023年	B5	384頁	52,000円
6	実践 ニオイの解析・分析技術 〜香気成分のプロファイリングから商品開発への応用まで〜	2019年	B5	288頁	34,000円
7	代替プロテインによる食品素材開発 〜植物肉・昆虫食・藻類利用食・培養肉が導く食のイノベーション〜	2021年	B5	322頁	42,000円
8	スマート農業 〜自動走行、ロボット技術、ICT・AIの利活用からデータ連携まで〜	2019年	B5	444頁	45,000円
9	青果物のおいしさの科学	2024年	B5	628頁	50,000円
10	極限環境微生物の先端科学と社会実装最前線	2023年	B5	504頁	50,000円
11	微生物資源の整備と利活用の戦略	2023年	B5	578頁	58,000円
12	生命金属ダイナミクス 〜生体内における金属の挙動と制御〜	2021年	B5	564頁	54,000円
13	ミトコンドリアダイナミクス 〜機能研究から疾患・老化まで〜	2021年	B5	458頁	49,000円
14	ゲノム編集食品 〜農林水産分野への応用と持続的社会の実現〜	2021年	B5	338頁	42,000円
15	薬用植物辞典	2016年	B5	720頁	27,000円
16	青果物の鮮度評価・保持技術 〜収穫後の生理・化学的特性から輸出事例まで〜	2019年	B5	412頁	40,000円
17	植物工場生産システムと流通技術の最前線	2013年	B5	568頁	41,800円
18	生薬写真素材集	2010年	CD-ROM		28,000円
19	生物の科学 遺伝（2024/09） バラ研究最前線	2024年	B5	80頁	1,600円
20	生物の科学 遺伝（2023/05） 花ハス：歴史と最新研究―人との関わりを紐解く	2023年	B5	80頁	1,600円
21	生物の科学 遺伝（2023/01） 植食性テントウムシの生物学	2023年	B5	80頁	1,600円
22	生物の科学 遺伝（2022/11） 藻類バイオ：微細藻類の魅力と実力〜バイオリファイナリーによるSDGsへの挑戦	2022年	B5	88頁	1,600円